高等职业教育“十四五”BIM技术及应用系列教材

BIM技术
项目管理应用

主　编　陈晶晶　王志磊　张　文
副主编　刘亚楠　袁明慧　沈　杰
参　编　朱　立　刘思海　张洪建
　　　　师伟凯

南京大学出版社

图书在版编目(CIP)数据

BIM技术项目管理应用 / 陈晶晶，王志磊，张文主编
. — 南京 ：南京大学出版社，2022.8
ISBN 978-7-305-25973-9

Ⅰ. ①B… Ⅱ. ①陈… ②王… ③张… Ⅲ. ①建筑设计—计算机辅助设计—应用软件—应用—建筑工程—项目管理—教材 Ⅳ. ①TU71-39

中国版本图书馆CIP数据核字(2022)第134610号

出版发行 南京大学出版社
社　　址 南京市汉口路22号　　邮　编 210093
出 版 人 金鑫荣

书　　名 BIM技术项目管理应用
主　　编 陈晶晶　王志磊　张　文
责任编辑 朱彦霖　　编辑热线 025-83597482

照　　排 南京南琳图文制作有限公司
印　　刷 南京人民印刷厂有限责任公司
开　　本 787×1092　1/16　印张 19.75　字数 512千
版　　次 2022年8月第1版　2022年8月第1次印刷
ISBN 978-7-305-25973-9
定　　价 49.80元

网址：http://www.njupco.com
官方微博：http://weibo.com/njupco
官方微信号：njutumu
销售咨询热线：(025) 83594756

前　言

BIM 技术引入国内建筑工程领域后，被视为建筑行业“甩图板”之后的又一次革命，引起了社会各界的高度关注，短时间内在大量的工程项目中得到应用实践。

我国建设项目具有投资规模大、建设周期长、参建单位众多、项目功能要求高以及全寿命周期信息量大等特点，建设项目管理的工作具有复杂性，传统的信息沟通和管理方式已远远不能满足要求。实践证明，信息的错误传达和不完备是造成众多索赔与争议事件的根本原因，而 BIM 技术通过三维的信息传达模式以及协同平台，可以为实现设计、施工一体化提供良好的技术平台和解决思路，为解决建设工程领域目前在管理中出现的协调性差、整体性不强以及 BIM 技术与项目管理结合度不够等问题提供可能。BIM 作为一种更利于建筑工程信息化全生命期管理的技术，未来在建筑领域的普遍应用已不容置疑。

全书共七章，前五章为理论部分，系统地介绍了 BIM 技术在项目全寿命周期的应用点和实施过程，主要内容包括：BIM 技术简介、BIM 在项目管理中的作用与价值、BIM 在项目策划阶段的应用、BIM 在设计阶段的应用、BIM 在施工及运维阶段的应用。后两章为实操部分，分别介绍了基于 BIM5D 的施工项目管理和施工场地布置软件实操。

本书在编写的过程中参考了大量专业文献，汲取了行业专家的经验，参考和借鉴了有关专业书籍内容以及 BIM 中国网、筑龙 BIM 网、中国 BIM 门户等论坛相关网友的 BIM 应用心得体会。在此，向这些作者表示衷心的感谢！

由于本书编者水平有限，时间紧张，不妥之处在所难免，恳请广大读者批评指正。

编　者

2022 年 5 月

目　录

扫码查看讲解视频

简介

基础准备应用

技术应用

生产应用

商务应用

软件实操视频

第1章

BIM技术简介

BIM的行业背景

1.1 BIM技术概述

当人类跨入新的世纪，网络技术与信息技术正在改变这个世界的形态与面貌。各大电商平台正在把世人全部变成经销商，而借助各类社交网络平台，真人秀也在世界各个角落此起彼伏。

网络、信息技术的发展也同样促进工程建设信息化的发展。进入21世纪后，一个被称之为“BIM”的新技术正逐渐改变工程建设行业。目前BIM技术已经成为当前工程建设行业的信息化主流。“BIM”是Building Information Modeling的缩写，中文译为“建筑信息模型”。BIM技术是一种应用于工程设计、建造、管理的数据化工具，通过对建筑的数据化、信息化模型整合，在项目策划、运行和维护的全生命周期过程中进行共享和传递，使工程技术人员及管理人员通过BIM模型对建筑信息做出正确理解和高效决策。大量的实践证明，应用BIM技术的工程项目都不同程度地提高了建设质量和劳动生产率，减少工程变更、返工和浪费，节省建设成本，提高建设企业的经济效益，取得了良好的经济效果。

BIM是指在建设工程及设施的规划、设计、施工以及运营维护阶段全寿命周期创建和管理建筑信息的全过程。对这一概念进行理解可以参考美国国家BIM标准。

(1) BIM是一个设施(建设项目)物理和功能特性的数字表达。为了满足工程在不同阶段的表达，BIM模型应有不同的表达深度。该深度称之为模型深度等级(Level of Detail，LOD)。例如，对于建筑而言，在方案阶段可仅表达至具有高度和外观轮廓的基本几何图形，而在施工图阶段，应表达包括墙、门、窗细节在内的更深层级的模型。国际上，通常采用LOD100至LOD500来表达不同阶段的模型深度。不同的LOD等级决定着模型的详细程度，也决定着BIM模型的成果要求。LOD是BIM领域中非常重要的概念。通过在工程进行的不同阶段调整模型的LOD，BIM可对项目的物理和功能的数字信息有不同程度的表达。

(2) BIM是一个共享的知识资源，是一个分享有关这个设施的信息，为该设施从概念形成到拆除的全生命周期中的所有决策提供可靠依据。建筑全生命周期管理(Building Lifecycle Management，BLM)是将工程建设过程中包括规划、设计、招投标、施工、竣工验收及物业管理等过程视作一个整体，形成衔接各个环节的综合管理平台。通过相应的信息平台，创建、管理及共享同一完整的工程信息，减少工程建设各阶段衔接及各参与方之间的信息丢失，提高工程的建设效率。图 1-1-1 为 BIM 在建筑全生命周期过程中信息传递的方式。

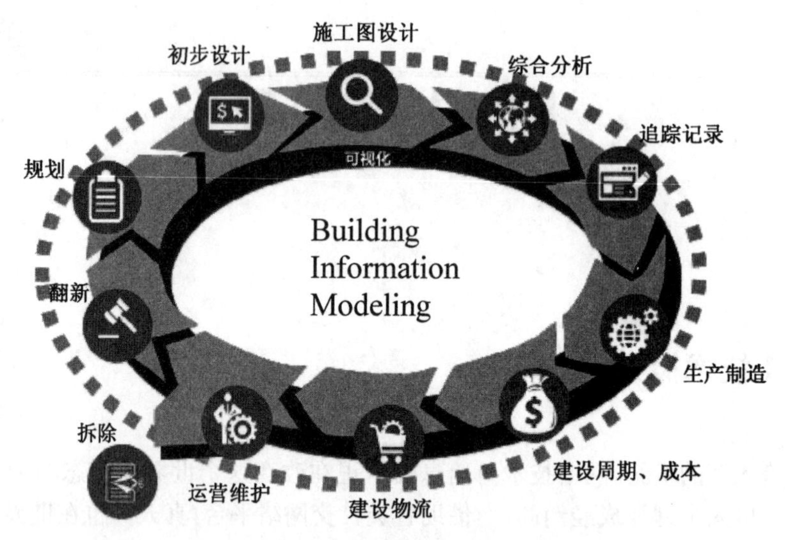

图 1-1-1　BIM 在建筑全生命周期中的作用

(3) 在项目的不同阶段，不同利益相关方通过在 BIM 中插入、提取、更新和修改信息，以支持和反映其各自职责的协同作业。

BIM 可以同时代表“Building Information Modeling”(建筑信息模型)和“Building Information Management”(建筑信息管理)的含义和内容。就概念的侧重点不同而言，“Building Information Modeling”(建筑信息模型)关注的重点是模型的资源特性与数字化表达；“Building Information Management”(建筑信息管理)关注的重点是基于模型信息对工程项目全生命期信息共享的业务流程的组织和控制；BIM 已由侧重于数字信息模型的创建，衍生为包括前两个概念在内的涵盖创建、管理与运用的总体范围。

1.2　BIM 优势与价值

1.2.1　BIM 的优势

BIM 是继 CAD 之后的新技术，BIM 在 CAD 的基础上扩展更多的软件应用，如工程造价、进度安排等。此外 BIM 还蕴藏着服务于设备管理等方面的潜能。

鉴于 BIM 技术较 CAD 技术具有如上所示的种种优势，无疑给工程建设各方带来巨大的益处，具体见表 1-2-1。

表 1-2-1　BIM 技术提供给建设各方的益处

应用方	BIM 技术好处
业主	实现规划方案预演、场地分析、建筑性能预测和成本估算
设计单位	实现可视化设计、协同设计、性能化设计、工程量统计和管线综合
施工单位	实现施工进度模拟、数字化建造、物料跟踪、可视化管理和施工配合
运营维护单位	实现虚拟现实和漫游、资产、空间等管理、建筑系统分析和灾害.应急模拟
软件商	软件的用户数量和销售价格迅速增长
	为满足项目各方提出的各种需求，不断开发、完善软件的功能
	能从软件后续升级和技术支持中获得收益

1.2.2　BIM 的价值

工程建设中 BIM 技术的综合应用是分阶段进行的。同时，因为参与方的不同，其应用点与价值也有不同的侧重，有对建筑技术提升的价值，也有对管理提升的价值以及对建筑生产过程与产品提升的作用，综合起来，目前有以下几方面供参考：

1. 信息完整，快捷查阅

在过去纯手工绘图或借助 CAD 的辅助设计条件下，从业者所面临的是海量独立、分散的设计文件，而 BIM 模型是一个有关产品规格和性能特征等的集成数据库，从业者现在利用计算机的优势，按照相关的维护规则，可以随时查阅最新的完整的实时数据。

2. 协同工作，保障品质

传统方式在整个全生命周期的过程中，由于建造的特点，各阶段割裂，各参与方独立，形成过程性和结果性的信息孤岛。每个阶段的完成，均会产生信息衰减，影响了建造过程以及最终结果。而 BIM 可以作为连接中心枢纽，使各方随时传递和交流项目信息，同时，能够把传递和交流的情况保留下来，支撑各参与方在完整及时的信息条件和沟通条件下工作，建立起保障生产及工作品质的基础。

3. 三维展示，所见所得

与二维展示不同，三维立体展示，不仅是视觉上的革命，更重要的是认知上的解放。它不需要抽象地理解建筑产品或建筑过程，直观地从模型上就可以获得“实际”效果，同时，建好的 BIM 模型可以作为二次渲染开发的模型基础，大大提高了三维渲染效果的精度与效率，不仅给人以真实感和直接的视觉冲击，还可以支持对方案的论证，提高方案的效果感染力。BIM 的三维展示作用具有非常重要的价值，自身及与 GIS、VR、AR 等技术的结合应用需要不断挖掘。

4. 分析验证，优化方案

利用 BIM 技术，建筑师和工程师在设计过程中创建的虚拟建筑模型已经包含了大量的设计信息(几何信息、材料性能、构件属性等),只要将模型导入相关的性能化分析软件,就可以得到相应的分析结果,原本需要专业人士花费大量时间输入大量专业数据的过程,如今可以自动完成,这大大缩短了性能化分析的周期,提高了设计方案的质量,同时也使设计公司能够为业主提供更专业的技能和服务。

5. 自动计算,优化资源

BIM是一个富含工程信息的数据库,可以真实地提供包括造价在内的项目管理需要的工程量信息,借助这些信息,计算机可以快速对各种构件进行统计分析,大大减少了烦琐的人工操作和潜在错误,实现工程量信息与设计方案的完全一致。通过BIM获得的准确的工程量统计可以用于前期设计过程中的成本估算、在业主预算范围内进行不同设计方案的探索或者不同设计方案建造成本的比较,以及施工开始前的工程量预算和过程中的变更以及施工完成后的工程量结(决)算,大大减少了资源采购、物流和仓储环节的浪费,为实现限额领料、消耗控制提供技术支持。

6. 虚拟施工

三维可视化功能再加上时间维度,可以进行虚拟施工。随时随地直观快速地将施工计划与实际进展进行对比,同时进行有效协同,施工方、监理方、甚至非工程行业出身的业主等都能对工程项目的各种问题和情况了如指掌。

7. 数字建造,提升质效

通过BIM模型与数字化建造系统的结合,建筑行业也可以采用类似的方法来实现建筑施工流程的自动化。建筑中的许多构件可以异地加工,然后运到建筑施工现场,装配到建筑中(例如门窗、预制混凝土结构和钢结构等构件)。通过数字化建造,可以自动完成建筑物构件的预制,这些通过工厂精密机械技术制造出来的构件不仅减少了建造误差,并且大幅度提高构件制造的生产率,使得整个建筑建造的工期缩短并且容易掌控。

8. 数据集成,支持运维

BIM不仅是设计建筑物的模型,还是包含了规则属性的管控模型。对运营人员来说,BIM模型是一种实时模型。它可以利用最先进的信息设备来随时获取建筑物内外信息,不仅包括建筑物的构件、设备设施等的信息,还能不断追踪与检测流动人群、流动设施、温度等动态信息。

1.3 BIM应用的相关软硬件

1.3.1 BIM应用的相关软件简介

BIM在应用过程中,实现工程的目标不能仅依靠单一软件来完成。以民用建筑设计阶段为例,设计院在完成设计时,通常需要涉及建筑、结构、给排水、暖通及电气五大专业的设计软件。以建筑专业完成建筑专业施工图纸工作为例，除需要使用建筑专业的BIM建模软件创建建筑专业模型外，还需要利用基于BIM模型的绿建分析工具完成建筑日照及节能分析，利用BIM模型整合工具整合结构、给排水、暖通以及电气专业的BIM模型，借以形成完整的建筑空间，后期可能还需要利用基于BIM的展示软件，完成VR(虚拟现实)展示、视频渲染输出等工作，方便与项目各方进行可视化沟通。

根据BIM软件的主要应用特点对BIM软件进行分类是常用的一种分类方式。图1-3-1展示了常见的BIM软件的功能划分方式。根据BIM软件的定位，从内到外划分为四个主要层次：模型创建工具、模型辅助工具、模型管理工具及企业级管理系统四个层级。

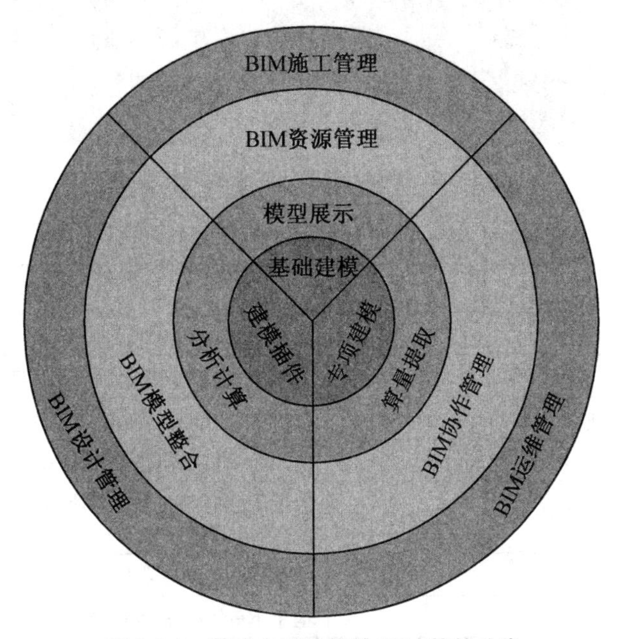

图1-3-1　基于主要功能的BIM软件分类

1. 模型创建工具

BIM基础建模工具是创建BIM模型的基础软件，主要用于创建BIM的基础模型，例如采用Revit软件创建建筑、结构、给排水等建筑信息模型。常见的BIM基础建模工具有Autodesk Revit系列、Bentley Open Design系列BIM软件等。因此，在选择BIM建模软件时，除考虑对专业功能的满足程度外，还应考虑数据的格式。与BIM基础建模软件配套的通常还包括用于提高建模效率的插件类软件。这类软件通常是在基础建模软件基础上通过软件二次开发创造的效率工具，用于提升建模的效率。例如，基于Revit的建模大师软件，目前已经有将二维图纸自动转换为三维BIM模型的插件。在BIM工作的过程中，还需要针对钢结构、幕墙等专业进行专项深化设计，针对这些应用的软件称之为专项建模工具，如图1-3-2。

常见建模型创建工具如表1-3-1所示。

图 1-3-2 Tekla 创建的钢结构深化模型

表 1-3-1 常见建模软件及插件

软件类别	软件名称	主要功能
基础建模	Autodesk Revit	适用于建筑行业的通用 BIM 模型创建软件
	Autodesk Civil 3D	适用于测绘、铁路、公路行业的模型创建软件
	Bentley Open Building Designer	适用于建筑行业的通用 BIM 模型创建软件
	Bentley Open Site Designer	适用于测绘、铁路、公路行业的模型创建软件
	Dassault Catia	源于航空领域的强大模型创建软件，适用于桥梁、隧道、水电等行业
建模插件	MagiCAD	基于 Revit 的专业机电管线深化软件
	建模大师	基于 Revit 的多功能插件
	Dynamo	Autodesk 研发的参数化建模插件，可与 Revit 及 Civil 3D 配合使用
	GC(Generative Components)	方案设计修改软件
	BIMSpace 房建设计产品集	基于 BIM 正向设计理念的全专业一体化 BIM 正向设计解决方案。

在 BIM 软件体系中，基础建模软件是 BIM 数据核心，它通常决定了 BIM 软件的环境生态。由于各核心建模软件的数据格式不同，虽然可以通过 IFC 等通用中间格式在不同的建模软件中进行数据传递，但通常仅可在信息层面进行交换，对于三维几何图形虽然可以传递显示，但却无法在其他软件中进行再次修改和编辑，限制了 BIM 模型的进一步应用。建模插件通常基于基础建模软件进行的二次开发，运行时离不开基础建模软件，更无法实现跨越不同的软件运行和使用。因此核心建模软件决定了 BIM 工作的生态环境。例如，在工程项目中确定使用 Autodesk Revit 作为基础模型创建的工具，就需要在各环节中采用以 Revit 为核心的软件，包括模型辅助软件、模型管理软件乃至企业级系统管理平台。确定基础建模软件是 BIM 在策划准备工作中重要的工作内容之一，需要结合软件的特征以及工程应用的目标进行选择。

2. 模型辅助工具

在BIM软件体系中，还有一类基于BIM模型，完成BIM模型以外的应用和功能拓展软件，例如VR展示、结构分析计算、算量提取等。将BIM模型的应用进一步拓展至不同的领域，常见的软件有Fuzor、Lumion、Twinmotion、Enscape等。这些软件工具可以直接读取BIM模型软件创建的模型，甚至可以保留在BIM软件中设置的材质信息以及BIM模型中的属性信息，在软件中利用先进的实时渲染引擎和极强的交互展示的模式，提供丰富的展示手段，生成相机动画、渲染静态或动态场景、实时VR交互等。图1-3-3为基于Twinmotion软件完成的实时渲染展示成果。

图1-3-3　Twinmotion软件实时渲染效果

分析计算工具通常基于BIM模型进行专项计算分析。例如基于BIM模型的结构分析工具，用于计算分析结构模型的受力情况，绿建分析工具可以用于分析日照、噪声完成建筑物理指标的分析计算。图1-3-4为Autodesk公司出口的Robot Structural Analysis软件，

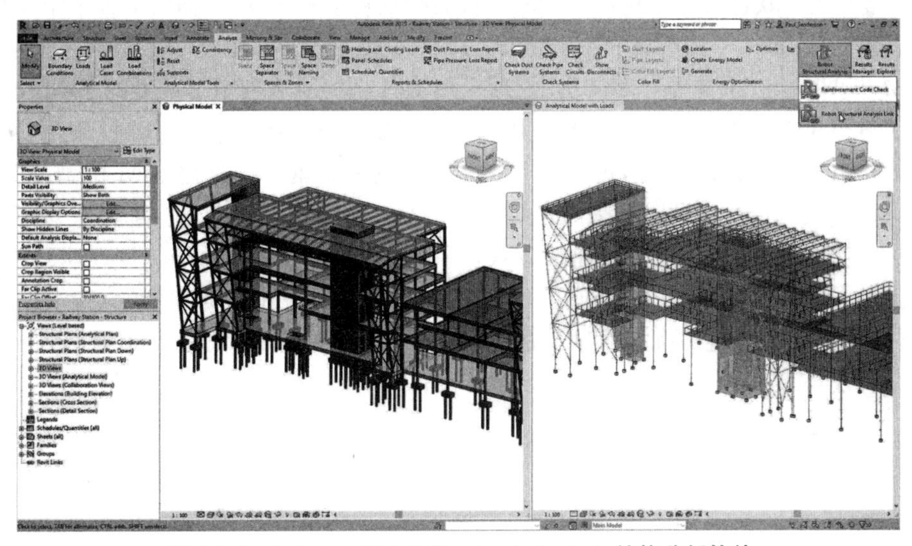

图1-3-4　Autodesk Robot Structural Analysis结构分析软件

它可以直接在 Revit 软件中启动并自动导入 Revit 创建的结构模型，并对其进行有限元结构计算分析，以满足结构分析计算的要求。

虽然 BIM 建模软件中通常具备明细表统计等功能，但在工程算量领域，仍然有较大的差距，通过算量工具，可以弥补这一差别。算量提取工具通常基于 BIM 模型创建软件工具中创建的 BIM 模型按照算量信息的规则将模型进行映射，将 BIM 模型转换为算量模型，并进一步生成满足算量要求的工程量清单。常见的模型辅助工具如表 1-3-2 所示。

表 1-3-2　常见模型辅助工具

软件类别	软件名称	主要功能
模型展示工具	Fuzor	BIM 模型实时渲染、虚拟现实、进度模拟软件
	Lumion	BIM 模型实时渲染、虚拟现实软件
	Twinmotion	基于 Unreal 引擎的模型实时渲染、虚拟现实软件
	Enscape	BIM 模型实时渲染、虚拟现实制作软件
绿色建筑分析软件	Ecotect	建筑日照热环境、光环境等多方面分析计算软件
建筑结构分析软件	Autodesk Robot	基于有限元的结构分析计算软件
	YJK-A	盈建科开发的建筑结构分析软件
算量提取	品茗 BIM 算量软件	杭州品茗出品的算量工具
	晨曦 BIM 算量	福建晨曦科技推出的基于 Revit 的算量软件

3. 模型管理工具

在 BIM 的基础模型和模型辅助工具之外，还有一类针对 BIM 工作的模型管理工具。包括 BIM 资源管理工具、BIM 模型检查工具及 BIM 协作管理工具。BIM 资源库是基础建模的基础库，例如 BIM 模型中常用的门、窗、梁、管线接头等基础图元，可以将其管理在 BIM 资源库中作为 BIM 模型资源，方便使用。族库资源通常为管理系统，是 BIM 工作的基础资源。图 1-3-5 为广联达研发的构件坞软件界面，该软件为 Revit 用户提供了数千个常用的族资源，可随时在 Revit 中调用。

BIM 模型整合工具是基本的 BIM 管理应用工具，表 1-3-3 列举了常见的 BIM 模型管理工具相关软件的名称及主要功能。当使用多个不同的 BIM 软件创建 BIM 模型时，例如，采用 Revit 创建了结构 BIM 模型，再采用 Tekla 软件创建了钢结构深化 BIM 模型，如需要将上述 BIM 模型进行整合，则需要采用模型整合工具。通常模型整合工具都具有兼容多种数据模型的能力，同时还能够以轻量化的方式显示模型。图 1-3-6 为在 Navisworks 中整合了多个专业的场景。在该场景中，集成了建筑、结构、机电各专业 BIM 模型及支吊架深化模型，并显示了对当前位置的批注信息及状态以及管线的相关 BIM 属性信息。

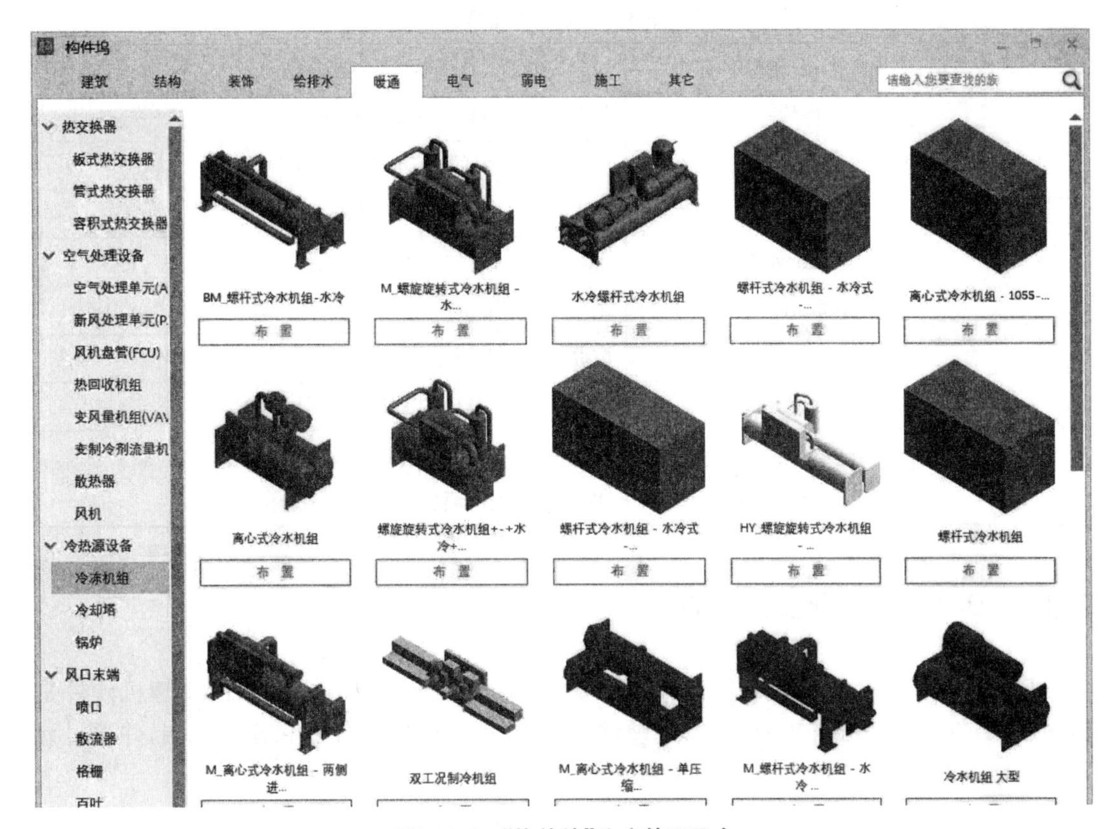

图 1-3-5　“构件坞”族库管理平台

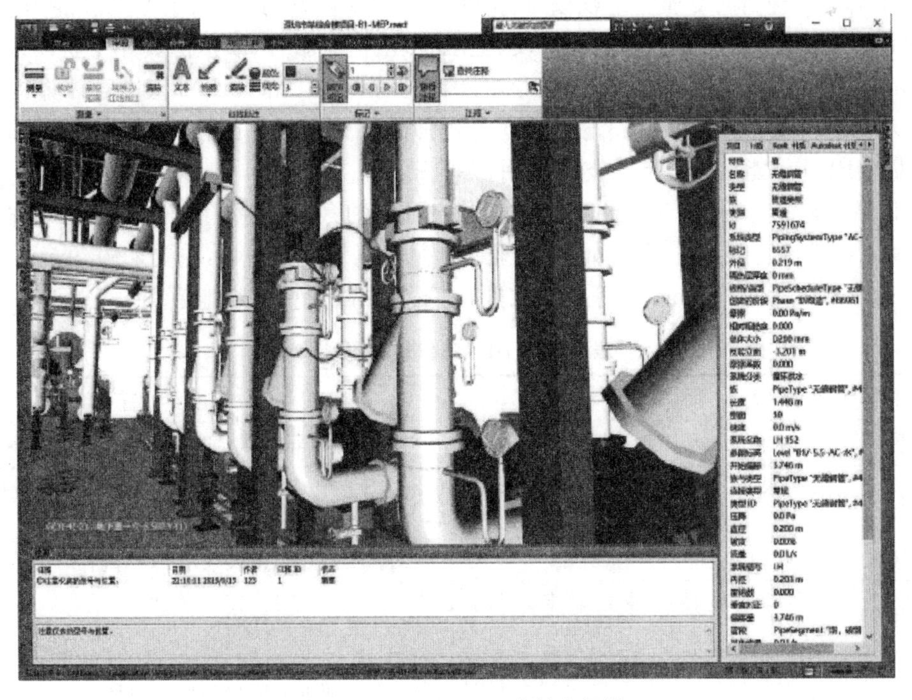

图 1-3-6　Navisworks 中整合场景

表 1-3-3 常见模型管理工具

软件类别	软件名称	主要功能
BIM 资源管理	构件坞	广联达研发的 Revit 族库管理器
	族库大师	红瓦科技研发的 Revit 族库管理器
	族立得	鸿业软件出品的族库管理器
BIM 整合工具	Navisworks	Autodesk 公司的 BIM 整合工具
	Solibri	基于 IFC 格式的信息检查软件
	BIM 5D	广联达公司出品的模型及成本信息整合工具
	Navigator	Bentley 公司推出的 BIM 整合及浏览工具
BIM 协作管理	Vault	Autodesk 公司出品的协同工作平台
	Project Wise	Bentley 公司出品的协同工作平台

1.3.2 BIM 应用的相关硬件简介

BIM 技术应用对计算机硬件有严格的要求，配置符合 BIM 应用要求的计算机硬件是 BIM 应用的基础。BIM 相关的计算机硬件主要包括工作站、服务器和移动终端，并通过计算机网络进行连接。

1. 工作站

工作站是一种面向专业应用领域，具备强大的数据运算与图形、图像处理能力，为满足工程设计、动画制作、科学研究、软件开发、金融管理、信息服务、模拟仿真等专业领域而设计开发的高性能计算机，亦被作为高性能专业计算机的统称。由于 BIM 应用对计算机性能有较高要求，因此图形工作站通常作为 BIM 工程师的第一选择。工作站对于保障 BIM 工作效率、发挥 BIM 效能具有重要的支撑作用。

工作站的配置主要受所在行业、工作强度及应用软件影响，各种应用软件对于工作站的配置要求可在对应软件官网上查询，例如，某企业主要从事房屋建筑设计，主要采用 SketchUp 8.0、Autodesk Revit 2020、Lumion9 等工作软件，则工作站配置可参考如下表 1-3-4。

表 1-3-4 BIM 工作站配置说明

组件	配置要求	推荐配置
操作系统	64 位 Windows 操作系统	64 位 Windows7 或 Windows10 操作系统
CPU	采用 SSE2 技术的单核或多核 Intel Xeon 或 i-Series 处理器或 AMD 等效处理器	4～8 个 CPU 核心，主频 3.0GHz 以上（PC 机系列主频 3.5GHz 以上）
内存	8GB 以上	16GB 以上，建议采用 ECC 内存
显卡	2GB 以上显存的独立显卡，同时支持 DirectX 和 OpenGL	4GB 以上显存的专业图形显卡
硬盘	系统盘有大于 100GB 的空白空间的 SSD 固态硬盘	全部硬盘采用 SSD 固态硬盘

2. 服务器

服务器是计算机的一种，主要配件包括处理器、硬盘、内存、系统总线等。和普通计算机相比，由于需要提供更可靠的服务，服务器在处理能力、稳定性、可靠性、安全性、可扩展性、可管理性等方面要求较高。服务器通常是 7×24 小时运行，因此可靠性和稳定性是其区别于普通计算机最核心的指标。

根据提供的服务器类型不同，服务器又分为文件服务器、应用服务器、数据库服务器、Web 服务器等。以上四类服务器在 BIM 中都有应用，并根据应用类型不同而配置各有差异。

在 BIM 应用中，文件服务器主要用于存储 BIM 共享文件与核心文件，比如 Revit 的中心文件、BIM 阶段成果文件。由于 BIM 数据已经成为企业和项目的核心数据，数据安全性要求较高，因此通常推荐配置专业的存储服务器。如果条件允许，可加配备份服务器。

应用服务器主要用于部署 BIM 软件的服务端与授权端，主要保证 BIM 软件服务端的计算和文件传输，因此通常对于计算能力有一定要求。

数据库服务器由运行在局域网中的一台或多台计算机和数据库管理系统软件共同构成，为 BIM 应用程序提供数据服务。部分大型 BIM 软件需要部署数据库服务器，其目的是为了提升软件运行性能，同时提高数据库的可靠性和安全性。

Web 服务器也称为 WWW(World Wide Web)服务器，主要功能是提供网上信息浏览服务。一般而言，B/S 架构(Browser/Server，浏览器/服务器模式)的应用软件或系统均需要部署 Web 服务器，如各种 BIM 轻量化平台、BIM 项目管理平台等。

3. 移动终端

移动终端，也叫移动通信终端，是指能够执行与无线接口上的传输有关的所有功能的终端装置。广义上，移动终端包括手机、笔记本、平板电脑、POS 机、车载电脑等。狭义上，移动终端主要指智能手机和平板电脑，如图 1-3-7 所示。移动终端有便携性、无线性、多样性、连通性、移动性和简单性等六大特征。

图 1-3-7　ipad 端

在BIM应用中，移动终端应用已经成为重要的组成部分，在BIM模型快速浏览、BM模型轻量化审批、BIM数据移动端提交和修改、二维码应用，现场进度对比、质量安全检查等施工现场、运维管理等领域广泛应用。

1.4 BIM相关政策与标准

住建部2011年发布《2011—2015年建筑业信息化发展纲要》，第一次将BIM纳入信息化标准建设内容；2013年推出《关于推进建筑信息模型应用的指导意见》；2016年发布《2016—2020年建筑业信息化发展纲要》，BIM成为"十三五"建筑业重点推广的五大信息技术之首。进入2017年，国家和地方加大BIM政策与标准落地，《建筑业10项新技术（2017版）》将BIM列为信息技术之首。在住建部政策引导下，我国各省市地区也在加快推进BIM技术在本地区的发展与应用。北京、上海、广东、福建、湖南、山东等省市地区陆续出台相关BIM技术标准和应用指导意见，从中央到地方全力推广BIM在我国的发展。我国在BIM技术方面的研究始于2000年左右，于此前后对IFC标准有了一定研究。"十一五"期间出台了《建筑业信息化关键技术研究与应用》，将重大科技项目中BIM的应用作为研究重点。2007年中国建筑标准设计研究院参与编制了《建筑对象数字化定义》(JG/T 198—2007)。2009～2010年，国家住宅工程中心、清华大学、中建国际顾问公司、Autodesk公司等联合开展了"中国BIM标准框架研究"工作，同时也参与了欧盟的合作项目，2010年参考NBIMS提出了中国建筑信息模型标准框架(China Building Information Model Standards，简称CBIMS)。"十二五"至今，我国各界对BIM技术的推广力度越来越大。

住房城乡建设部于2012年和2013年共发布6项BIM国家标准制定项目，6项标准包括BIM技术的统一标准1项、基础标准2项和执行标准3项。目前已颁发的1项统一标准、1项基础标准和2项执行标准：2016年12月颁布《建筑信息模型应用统一标准》(GB/T 51212—2016)，2017年7月1日起实施，这是我国第一部建筑信息模型(BIM)应用的工程建设标准；2017年5月颁布《建筑信息模型施工应用标准》(GB/T 51235—2017)，这是我国第一部建筑工程施工领域的BIM应用标准，自2018年1月1日起实施；2017年10月25日颁布《建筑信息模型分类和编码标准》(GB/T 51269—2017)，自2018年5月1日实施；2018年12月26日颁布《建筑信息模型设计交付标准》(GB/T 51301—2018)，自2019年6月1日开始实施；《建筑信息模型存储标准》(GB/T 51447—2021)，自2022年2月1日起实施；《制造工业工程设计信息模型应用标准》(GB/T 51362—2019)，自2019年10月1日起实施。在国家级BIM标准不断推进的同时，各地也针对BIM技术应用出台了部分相关标准，如北京市地方标准《民用建筑信息模型设计标准》等。同时还出台了一些细分领域标准，如门窗、幕墙等行业制定相关BIM标准及规范，以及企业自己制定的企业内的BIM技术实施导则。这些标准、规范、准则，共同构成了完整的中国BIM标准序列，但国家层面的BIM标准无疑具有统领性地位，具有更高的效力和指导性。

BIM技术应用

案例赏析1

第2章

BIM 在项目管理中的作用与价值

2.1 BIM 在项目管理中的作用与价值

随着信息技术的不断革新、项目管理模式和项目流程的不断创新，建筑业的快速发展对项目管理提出了更高要求。传统的项目管理模式下，不同阶段不同单位之间存在信息不对称，项目数据获取不及时、不准确等现象，直接影响工程项目全寿命周期内的信息交流及共享；图纸以二维设计图为主，不方便各专业之间的沟通交流；资料保存以纸质媒介为主，种类众多，数量庞大，容易造成重要数据丢失；不同单位之间、不同专业之间相互协调难度大，无法实现精细化管理，很难体现建设管理方、设计方、施工方等参建单位的协同优势。

将 BIM 技术应用于项目管理，是国家信息化战略需求，也是项目全寿命周期可持续发展的需要，是建筑业信息化发展的必然趋势。

基于 BIM 的项目管理具有以下优势：

1. 全过程目标控制

基于统一的 BIM 数据模型，实现项目全过程进度、造价、质量、安全等数据收集、调用、对比，加强全过程目标控制。

2. 数据实时共享

基于统一的 BIM 数据模型，不同阶段不同参与方可根据项目实际情况及需要添加各项数据信息，并随时查询所需项目信息，实现项目全寿命周期内的信息无障碍交流及共享。

3. 数据关联一致性

基于统一的 BIM 数据模型，实现全过程数据关联，保证数据的有效性。

综上所述，采用 BIM 技术可使工程项目在决策、设计、施工和运营维护等阶段有效地实现信息共享交流，提高精细化管控水平。

2.2 BIM在项目各方管理中的应用

2.2.1 业主方BIM应用

1. 业主方BIM应用需求

业主方是建设项目的发起者、建设工程生产过程的总组织者，也是项目建设的最终责任者，业主方的项目管理是建设项目管理的核心。因此，业主方的项目管理在项目全生命周期各个阶段都应有所体现。

为更好实现项目全寿命周期项目管理，业主方BIM应用需求主要有以下几点：

(1) 可视化的投资方案

BIM应用应能反映项目的功能，满足业主的需求，实现投资目标。

(2) 可视化的项目管理

BIM应用应支持设计、施工阶段的动态管理，及时消除差错，控制建设周期及项目投资；

(3) 可视化的物业管理

通过BIM与施工过程记录信息的关联，BIM应用不仅为后续的物业管理带来便利，并且可以在未来进行的翻新、改造、扩建过程中为业主及项目团队提供有效的历史信息。

2. 业主方BIM项目管理的应用点

根据项目管理的全过程，业主单位BIM项目管理的应用点应包含投资决策阶段、设计阶段、招投标阶段、施工阶段、运营维护阶段。各阶段的BIM应用点如下：

(1) 投资决策阶段

① 可视化展示

依据项目的方案图纸进行BIM模型的创建，并根据三通一平后的状况把现状图纸和资料导入到基于BIM技术的建模软件，进行三维可视化展示。

② 周边环境、场地模拟分析

通过对项目周边环境，如道路、景观、已有建筑等进行三维建模；对项目场地模拟项目建筑物的定位、方位等要素，进行综合分析；对项目开发可行性分析，将项目的初步规划方案进行可视化展示，供业主进行可行性决策。

(2) 设计阶段

① 协同平台应用

基于协同设计平台，发布设计信息；采集不同参与方数据信息；业主方实时观测数据更新，实现图纸、模型的协同。

② 设计方案分析、比较

通过三维模型方案展示，对设计方案进行对比、调整；利用BIM软件对设计方案的自然通风环境、日照、风环境、热工、景观可视度、噪音等方面进行模拟分析。

③ 多专业协调

以建筑信息模型为载体，提高图纸检查效率，实现设计团队多专业协调管理，辅助复杂节点的深化和展示，完成设计方案的协调，实现精细化设计。

(3) 招投标阶段

① 数字化招标、评标

通过 BIM 技术实现数字化招标，直观展示招标项目相关条件；基于 BIM 技术实现数字化评标，生成招标数据库，量化各项指标，实现数据共享和信息透明化，规范招投标行为，减少纸质资料产生，降低成本。

② 招标工程量统计

利用 BIM 软件完成模型搭建，能够自动快速统计工程量、主要材料工程量，减少工程量清单编制的工作量，提高效率。

③ 招标控制价编制

结合 BIM 模型和工程量清单文件，通过 BIM 计价软件、完成招标控制价的编制。

(4) 施工阶段

① 施工进度模拟

利用 BIM 模型，结合施工进度计划和工程造价文件，完成 5D 施工进度模拟，对施工现场进行监控、指导和安排如图 2-2-1 所示。

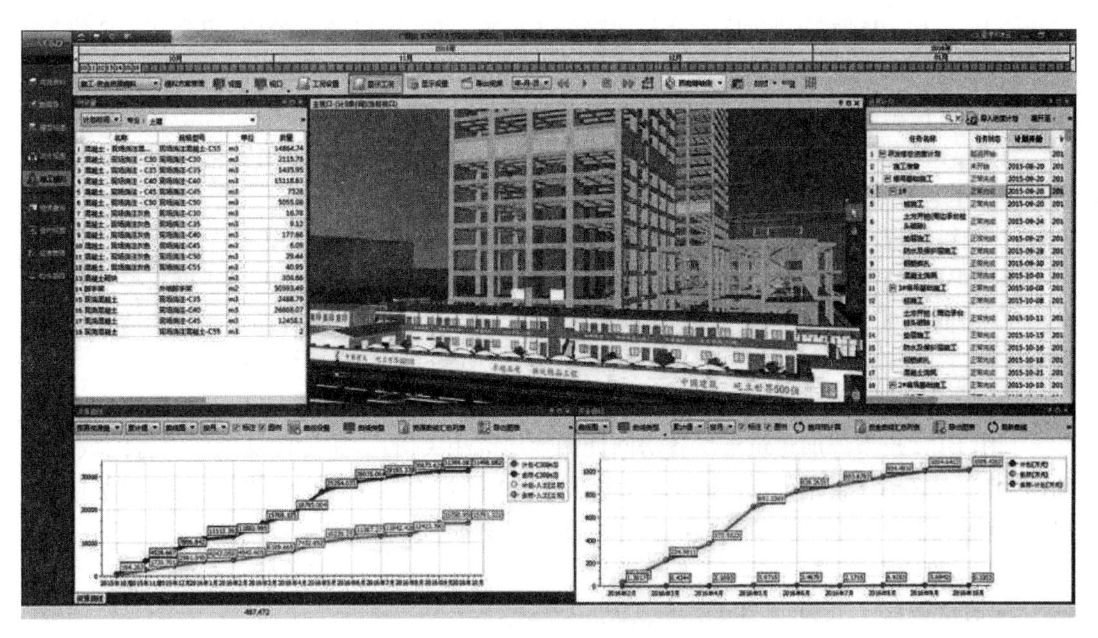

图 2-2-1　广联达 BIM5D 施工进度模拟

② 物料跟踪

对项目中所需的土建、机电、幕墙和装修所需要的材料进行监控，保证业主项目中成本的控制，如智慧物料解决方案实现物资进出场全方位精益管理；运用物联网技术和地磅周边硬件智能监控作弊行为，自动采集精准数据；运用数据集成和云计算技术，及时掌握一手数据，有效积累、保值、增值物料数据资产；运用互联网和大数据技术，多项目数据监测，全维度智能分析；运用移动互联网技术，随时随地掌控现场情况、识别风险，零距离集约管控、可视化决策，如图 2-2-2 所示。

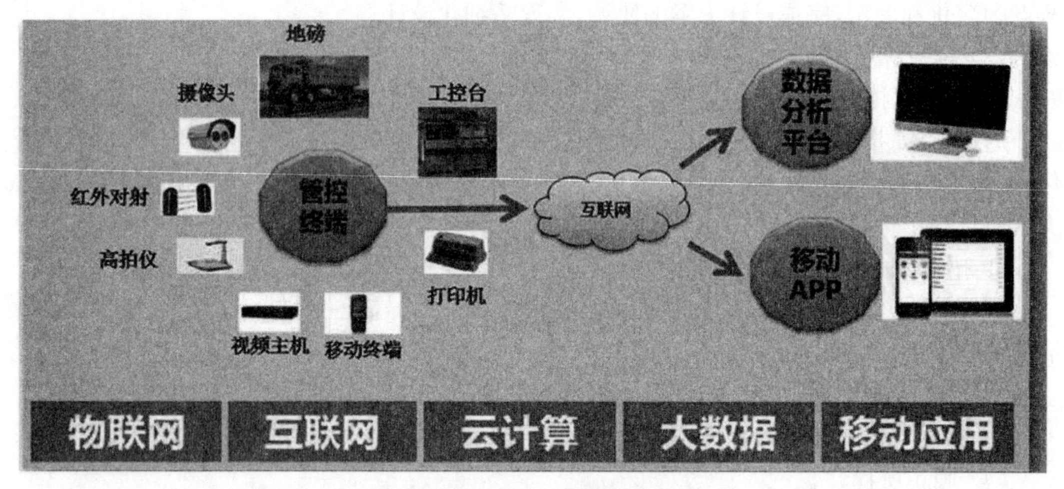

图 2-2-2　基于 BIM 的物料管理平台

③ 质量控制、验收

利用三维可视化图纸会审，及时发现图纸问题，并提出解决方案；及时跟进工程变更和实际情况，完成 BIM 模型实时调整，与实际施工保持一致；项目验收阶段，可利用 BIM 模型与实际项目参照对比，检验工程质量。

④ 造价控制

将 BIM 模型与进度、造价进行链接，统计不同时间节点所需费用来安排项目资金计划；实现结算工程量、造价的准确快速统计，有效结算造价。

⑤ 资料管理

基于 BIM 技术的协同管理平台，完成项目不同阶段模型、文本（包括验收单、检测报告、合格证、洽商变更单等）、视频等资料的收集、存储及统一管理，为后期运维管理提供基础资料。

(5) 销售推广阶段

利用 BIM 模型添加建筑楼层各房间使用性质等相关信息，作为楼盘推广销售的数据基础；并结合 VR/AR 技术、3D 体验馆等，实现建筑内样板间沉浸式场景体验，展示建筑性能、户型、日照、能耗及定价等，提高了销售推广的真实体验性。

(6) 运维管理阶段

① 信息查询

BIM 应用可实现设备信息的三维标注，可实时查询设备名称规格、型号、厂家等参数，可调用维修状况，仪表数值等维护管理文件。

② 设备管理

BIM 应用可实现设备隐蔽工程、特殊检修记录可视化展示，设置设备日常管理提醒，合理制定维护计划，减少设备日常维护管理难度。

③ 空间管理

BIM 应用分析现有空间的使用情况合理分配建筑物空间，确保空间资源的最大利用率。

④ 突发事件应急处理

对安全防护要求高的设备可采用BIM技术进行安全预警模拟，应对突发事件，进行准确快速的处置。

2.2.2　勘察设计方BIM应用

1. 设计方BIM应用需求

勘察设计阶段涉及工程勘察、管线综合、性能化分析、工程量统计以及协同设计等工作，是影响整个项目投资的重要阶段，也是项目管理的一项难点。

作为项目的主要参与方之一，设计方的项目管理工作主要在设计阶段进行，其任务包含与设计相关的安全管理、投资控制，设计本身的成本控制、进度控制、质量控制，设计合同管理与信息管理，与设计工作相关的组织及协调等。

设计方通过BIM应用，实现勘察成果、设计成果数据分析处理的可视化，利于信息传递，方便各方沟通与理解；突出设计效果，更好地表达设计意图，满足业主需求；方便多专业协同设计。因此，设计方BIM应用需求主要如下：

(1) 可视化设计表达

通过BIM模型创建，突出设计效果，提升设计效率；通过可视化展示和设计会审，直观、有效展示设计意图和设计信息，利于各方沟通交流，满足业主方需求；

(2) 协同设计

利用多专业BIM模型进行协同设计，直观、有效、快速进行碰撞检查，减少设计错误，提高设计质量；快捷进行绿色建筑性能分析应用，通过BIM模型，对建筑的声学、光学以及建筑物的能耗、舒适度等性能模拟分析，优化建筑设计。

2. 设计方BIM应用点

设计方BIM应用点主要有以下：

(1) 三维设计

当前，二维图纸是我国建筑设计行业最终交付的设计成果，也是项目施工管理的标准。由于专业限制、建筑复杂造型要求等原因，二维图纸在设计表达上存在信息流失缺陷。

BIM技术的应用，通过参数化设计模型的搭建，实现二维图纸和三维形象的统一，直观形象地展现建筑效果，对于复杂造型的展示效果尤为突出。基于BIM的三维设计不仅能够精确表达建筑的几何特征，还能将非几何信息集成到三维构件中，如材料物理特性、设计属性、价格参数、厂商信息等，实时切换二维和三维的界面，生成二维图纸。

(2) 协同设计

通过BIM协同技术建立交互式协同设计平台，所有专业设计人员依据统一的设计标准在同一平台完成设计任务并上传，同时能及时查阅其他专业人员的设计进程和成果，减少不同专业之间的错漏碰缺；规范设计文件资料、流程审批管理，实现分类归档、文件统一管理。

(3) 建筑性能模拟分析

为更好满足业主和居住使用者对建筑的需求和价值利用，对建筑性能进行优化设计，基于 BIM 技术进行室外风环境、室内自然通风、自然采光、小区热环境、建筑环境噪声等性能指标模拟分析，实现最优方案选择。

(4) 三维动画展示

利用 BIM 三维模型，生成设计成果可视化动画视频，更直观展示设计意图及项目相关模拟分析，方便与业主的沟通，便于非专业人员对项目的性能、成本等进行准确决策性判断。

(5) 碰撞检测

二维图纸空间表达受限，往往导致专业内部、专业与专业之间的设计内容很难在施工前发现问题。利用 BIM 可视化技术，在项目开工前对各专业及涉及多专业的建筑、结构、装修、机电设备、管线等进行管线综合及碰撞检查，及时发现模型中的冲突，彻底消除施工中可能存在的碰撞问题，优化设计方案，减少设计、施工变更，降低返工带来的损失和风险。

(6) 设计变更

设计变更是指设计单位依据建设单位要求调整，或对原设计内容进行修改、完善、优化。传统模式下，需要对所有视图进行逐一修改，工作烦琐重复，难免存在遗漏。基于 BIM 技术的设计变更，以模型修改为基础，即可实现相应视图相对应节点的修改，减少二次变更发生率，缩短设计变更时间，提高效率。

2.2.3 施工方 BIM 应用

1. 施工方 BIM 应用需求

施工方是项目的组织实施者，也是竣工模型的提交者。施工方 BIM 应用以指导现场实施为目标，提高效率和降低成本；通过模型不断完善深化，最终形成满足运维管理阶段应用需求的竣工模型。

(1) 理解设计意图

可视化的图纸会审能更好地反映设计意图，能帮助施工人员更快更好地解读工程信息，并尽早发现设计错误，减少后期返工。

(2) 降低施工风险

利用模型进行直观的“施工模拟”，预先演练施工难点，更大程度地消除施工过程中的不确定因素和不可预见的因素，保证施工顺利进行。

(3) 把握施工细节

结合现场实际情况，在设计方提供的模型基础上进行施工深化设计，深化细节问题和施工细部做法，更直观更切合实际地对现场施工工人进行技术交底，指导现场施工。

(4) 提供信息化管理手段

利用 BIM 平台对施工现场实施管控，更好地实现进度、质量、成本、安全等目标。

2. 施工方 BIM 应用点

(1) BIM 与投标

企业投标过程中，利用 BIM 数据库完成数据整理，对投标进行分析评价；利用 BIM 模型，预先模拟施工重难点，提早采取应对措施；核算工程量，提高投标效率；辅助施工方案的编制,模拟施工方案,对重要施工区域或部位方案的合理性进行检查,优化方案;三维渲染动画,对施工方案进行更为直观的宣传介绍,减少沟通障碍。

(2) BIM 与深化设计

利用 BIM 技术进行施工方的深化设计,在设计单位所提交的施工图纸及 BIM 模型基础上,对施工图纸及 BIM 模型进行审核,根据实际情况、建筑建材市场信息等对建筑、结构、机电专业的施工图 BIM 模型进行修改、完善,指导现场施工。

在施工图 BIM 模型的基础上,进行各专业模型间的碰撞检测,对模型中直接碰撞进行实时修改,优化净空,优化管线排布方案,简化协调问题,减少错误损失和返工。

(3) BIM 与施工管理

BIM 应用与施工方施工管理过程中,对项目的进度、质量、成本、安全等进行控制与管理,有效组织协调,实现项目的精细化管理。

① 进度管理

在项目实施建造过程中,实时跟踪工程进度,对进度进行动态管控;模拟施工进度计划,优化进度计划的编制,对进度偏差及时查找原因,采取措施纠偏。如通过进度软件与 BIM5D 软件相结合可以实现进度的实时跟踪与纠偏。

准确获取项目基础数据,制定精确的"人材机"计划,保证进度需求的前提下最优化设备、材料供应计划安排,实现资源有效配置。

② 质量控制

在施工过程中,利用深化设计综合 BIM 模型和施工方案、工艺指导现场施工。利用 BIM 放样机器人对模型放样,并结合三维激光扫描生成施工现场实际数据,与深化设计模型进行精度对比,及时发现现场施工实物及工艺的错误,修正 BIM 模型误差,整改施工现场,避免出现因现场与图纸、模型不一致而导致的返工、洽商等问题。

依托 BIM 平台,施工方可利用 RFID(无线射频识别)技术对材料、现场构件管理的全过程信息进行跟踪记录,并与构件部位进行关联,控制材料、构件质量,使材料、构件管理透明化、精细化;及时记录并反馈现场的质量问题,关联到模型构件,便于统计与日后复查;利用 BIM 平台,可自动生成报表,推送相应责任人,并实时短信提醒,实现项目管理的标准化、流程化。

图 2-2-3　BIM 放样机器人

③ 成本控制

创建 BIM 模型的 5D 关联数据库，准确快速地提取构件工程量，自动计算工程实物量，提高工程量计算的精确度；将模型与商务信息链接，通过合同、计划与实际施工的消耗量、分项单价、分项合价等数据的多算对比，及时发现项目问题，实现对项目成本风险的有效管控，辅助项目进行资源及整体造价的控制；减少施工阶段的工程变更，减少结算数据的争议。

④ 安全管理

建立 VR 安全体验室，利用 BIM 和虚拟仿真 VR 技术，对现场人员进行分类沉浸式体验，提升安全培训效果；综合各专业的 BIM 模型，建立漫游模拟功能，查找工程现场可能存在的安全隐患，建立 BIM 标准化安全防护施工模型，对现场安全防护进行标准化设计；施工场地布置模拟，规划现场材料堆放；可视化的施工空间模拟，让工人更直观形象了解施工现场空间情况，评估施工进展的可用性、安全性。

例如中建集团与广联达公司就曾在项目现场建立了“BIM＋VR”安全管理体验馆，如图 2-2-4 所示。该系统是基于施工现场 BIM 模型构件，通过现场 BIM 模型和虚拟危险源的结合，让体验者可以走进真实的虚拟现实场景中，通过沉浸式和互动式体验让体验者得到更深刻的安全意识教育，提升全员的生产安全意识水平。体验馆核心功能主要是身份识别登录、配备身份识别设备满足多人同时教育培训登记、教育报表自动生成、自动生成包含时间、体验者信息、内容等表单档案存档记录、秒传劳务系统、对接劳务实名制系统，一键轻松上传，更科学地劳务信息管理等。相对于传统的实体安全体验区，它具有科技应用水平高、培训成效好、安装部署快、使用成本低等显著特点。

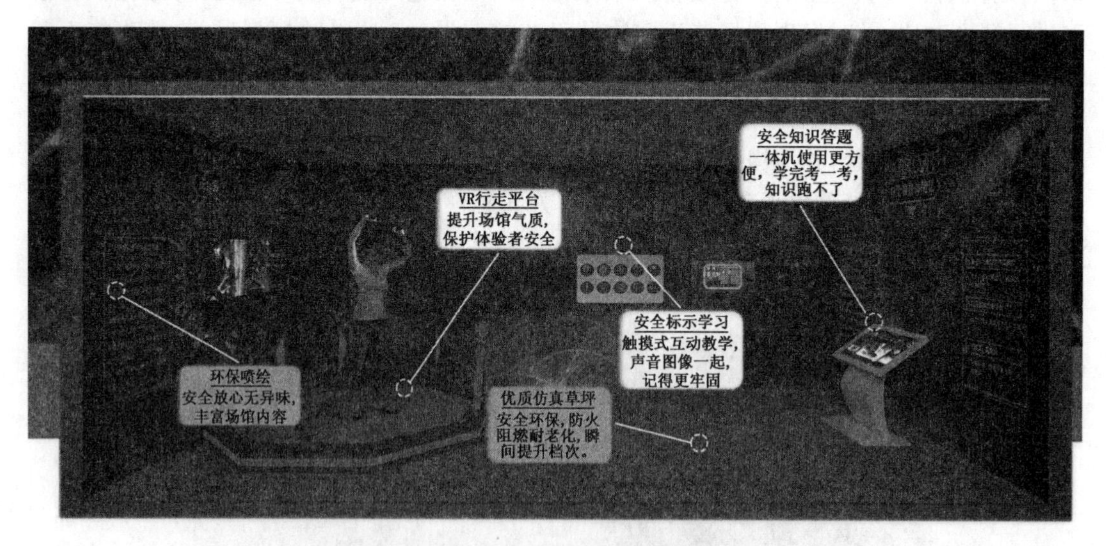

图 2-2-4　BIM＋VR 虚拟安全体验室

对建筑构件在施工不同时段的力学性能和变形状态进行仿真模拟，对施工过程进行实时监测，分析施工过程中结构内力和变形的变化规律，建立安全性能分析模型。

2.2.4　监理咨询方 BIM 应用

1. 监理方 BIM 应用

建设单位通过招标方式，委托有资质、有能力的监理方，对项目的质量、投资、进度、安全等进行监管。监理方不仅要维护建设单位的利益，还要考虑施工单位的利益，协调沟通各参与方。

监理方是受业主方委托的专业技术机构，对设计、施工和运维各不同阶段，执行监督和管理的职责。

监理方不是项目实施者，BIM 技术应用目前处于实践、探索阶段，代表建设方监督和管理各参建单位的 BIM 技术应用。监理方通过大量工程接触和了解 BIM 应用技术，储备 BIM 技术人才，积累 BIM 技术应用经验，提升应用 BIM 技术对项目进行监督管理能力和效率。如果监理方承担业主方的咨询服务，应当能为业主方提供公平公正的 BIM 实施建议，具备编制 BIM 应用规划的能力。

2. 咨询方 BIM 应用

项目造价咨询方是建筑企业的工程造价部门或独立的工程造价咨询机构，为建筑工程项目提供概算、预算、结算及竣工结(决)算报告的编制和审核。

BIM 技术的应用改变了传统工程量计算模式，能够提高造价咨询单位工程量计算时间和效率，加强对市场信息的把控，延伸造价咨询的深度和广度，为项目全寿命周期项目管理服务。BIM 咨询方为企业战略或专业服务提供 BIM 咨询，BIM 咨询顾问从企业层面，帮助决策层对企业 BIM 应用提供决策，要求对项目管理各阶段实施、BIM 技术应用都要熟练；BIM 专业服务商根据企业要求完成具体的 BIM 任务。

2.2.5　运维方 BIM 应用

运维方是指项目交付使用后，对建筑物业进行运营管理的部门或机构，可以是业主自己的物业运营管理部门，也可以是独立的物业运营管理公司。运维方是负责对建筑物、附属设备等各项设施、相关场地和周围环境进行专业化管理和服务的机构。

运维方通过 BIM 技术应用，能够更好更直观地参与到规划设计阶段；提高设计成果文件品质，并能及时地统计设备参数，便于前期运维成本的测算，从后期运维角度为设计方案决策提供意见和建议；在施工建造阶段，运用 BIM 技术直观检查计划进展、参与阶段性验收和竣工验收，保留真实的设备、管线竣工数据模型；在运维管理阶段，帮助提高运维质量、安全、备品备件周转和反应速度，配合维修保养，及时更新 BIM 数据库。

1. BIM 与设备维护

在设计、施工三维模型的基础上，运维方添加设备基本信息参数、使用说明及维护保养记录等信息，建立 BIM 设备维护管理系统。通过可视化模型，实现物业设备基本信息的查询、管理，如设备型号、生产厂家、安装时间等；实时监测设备运行状况，安排设备维护保养与更换计划；在系统中更新维护保养过程，规范步骤和流程，提高效率，减少错误发生，积累信息和经验。利用 BIM 设备维护管理系统，直观展示设备信息及保养维护过程，可完成新员工培训；对系统数据统计分析，生成报表，直观展示设备情况。

实现设备应急管理，对有故障的设备，利用 RFID 射频码或条形码，直接扫描可确定 BIM 模型中设备对象的相关信息及应急处理手册，及时作出应急处理；通过 BIM 设备维护管理系统可查询到控制该设备的上游设备信息，做好进一步的应急处理方法。

2. BIM 与租赁管理

建立基于 BIM 的物业租赁管理系统，将 BIM 模型与出租物业的面积、客户信息、租赁合同、租金、租期等租赁相关信息关联，及时跟进信息变化。在物业出租前，利用 BIM 技术，通过三维交互式模型数据展示物业的基本情况，对客户需求进行个性化定制设计；在物业出租后，利用虚拟物业查询相关信息，应对突发情况，更好地提供服务管理。

2.2.6 政府机构 BIM 应用

1. 政府机构分类

与建设工程项目相关的政府机构大致可以分为三种类型：

(1) 建设工程主体：政府机构作为建设工程项目的投资方、开发方、使用方等，如城市重点项目管理办公室等；

(2) 行业管理部门：在项目生命周期中行使进行管理的政府机构，如规划局、国土局、环保局、交通局、公路局、市政局等；

(3) 城市政府：城市的行政管理部门或专门管理“数字城市”的机构。

2. 政府机构 BIM 应用

BIM 技术在项目全生命周期的应用，能够辅助政府机构实现城市精细化管理，改变传统的粗放式管理方式，促进政府机构从职能性政府向服务型政府转变。

政府机构 BIM 技术的应用根据政府职能不同，有所区别。BIM 技术可应用于城市公共基础设施的具体项目建设中；也可作为各级政府职能部门颁布相应引导 BIM 技术推广应用的政策、法规、相关技术标准等；更高层次上作为城市智慧化发展工具，搭建各级政府职能部门 BIM 城市应用数据库，为城市可持续发展提供决策管理支持服务。

政府机构常见 BIM 应用如下：

(1) BIM 与城市规划

城市规划管理部门通过虚拟现实(VR)技术与 GIS 技术形成城市三维交互式空间数据，形成城市三维景观综合管理；相应职能部门制定城市三维建模技术规范，为城市三维模型数据的收集、处理、制作提供统一标准，实现智慧城市数据的共享，提高城市建设管理的决策效率和服务水平。

在城市旧城改造中，通过建立城市规划三维模型，对人居环境进行模拟分析，如模拟建筑物空间结构的日照、风环境、热工、空间景观可视度、噪声分析等，评估城市规划微观环境，优化高层、超高层的人居舒适度，修正控制性详细规划。

(2) BIM 与城市环境保护

利用 BIM 三维数据库，集成城市环境的现状检测数据和管理数据，对城市环境进行分析，检测环境污染情况。

如以城市三维数据为基础，结合建筑内人口信息、城市水体污染、固体废物、大气、噪声监测数据，形成城市可视化虚拟环境，对污水排放情况、水体、大气、土壤等环保情况进行监控，及时发现污染源，做好应对措施。

(3) BIM 与城市管理

BIM 技术可加强城市建设中的建设管理、公共资产管理，过程更直观、便捷、安全。

通过 BIM 技术的基础数据，集成建筑物内部空间数据，方便对建筑园区空间，可视化平台查询数据，对物业设施、物业状态、能源进行智慧管理。

BIM 技术在城市基础设施建设中发挥着越来越重要的角色，为政府的高效城市管理提供基础保障。

2.2.7　供货单位 BIM 应用

供货单位作为项目建设中的参与方，需要对供货单位的成本，供货的进度、质量、安全、合同、信息进行控制和管理，负责供货有关的组织与协调，其总体利益服务于项目的整体利益和供货单位本身的利益。

供货单位项目管理主要集中在施工阶段，其 BIM 应用需求来源于设计、招投标、施工、运维阶段。

1. 设计阶段

开发、使用包含设备全面、全阶段信息的产品 BIM 数据库，配合设计样板进行产品、设备设计选型。

2. 招投标阶段

根据设计 BIM 模型，可视化展示产品信息，匹配符合设计要求的产品型号，并提供对应的全信息模型。

3. 施工阶段

配合施工单位完成产品物流追踪；提供合同产品、设备的 BIM 模型；完成产品、设备吊装或安装模拟演示；根据施工组织设计 BIM 应用指导配送产品、货物。

4. 运维阶段

向运维管控单位提供产品数据信息；配合维修保养，运维管控单位及时更新 BIM 数据库。

2.3 BIM 在项目协同中的应用

2.3.1 协同的概念

协同即协调，是指两个或两个以上的不同资源或个体，一致地完成某一过程。项目管理中涉及的参与方、专业多，信息沟通交流不便，需要参与人员密切配合和协作，共同完成最终任务。因此，项目实施过程中各参与方在各阶段进行信息数据协同管理意义重大。

基于 BIM 技术的三维模型，应用 BIM 协同平台完成相应工作任务，方便各参与方之间的沟通协调，实现项目中各信息的集成和人员的协同管理，提高项目管理效率。

2.3.2 协同平台的建立

BIM 协同平台以 BIM 模型为基础，贯穿建设项目全生命周期，是一个面向用户协同管理的信息化整体解决方案，如图 2-3-1 所示。通过信息化手段，各参建方基于统一模型，实时采集、管理数据，提高各参建方的沟通效率及管理能力。应用 BIM 协同平台是工程建设行业发展的必然趋势。

为了保证各专业内和专业之间信息模型的无缝衔接和传递，并利用 BIM 模型辅助深化设计、节点施工、指导现场实施，BIM 协同平台应当具有以下几种功能：

1. 多方协同作业

协同平台能实现多用户管理，通过精细化权限分配，标准化统一管理，实现企业与企业之间、多专业之间、专业内的多人异地协同作业。

2. 与其他软、硬件的兼容性

协同平台能够兼容不同专业应用软件，为不同阶段不同专业人员提供应用基础。并能与其他信息设备连接，如人机交互、物联网等，实现信息采集、监测、管理的交互融合集成应用。

3. 数据信息存储、编辑、管理

BIM 技术的协同平台应具备良好的信息存储功能。构建 BIM 数据库进行信息存储，支持模型、文件的随时随地查询、浏览、审核、共享等流程。

在 BIM 数据库的基础上，构建图形编辑平台，实现建筑信息模型的实时编辑、多种格式转换等操作。

文件管理过程支持多种浏览方式，如 PC 端、移动端和 Web 端，满足不同场景的使用需求。协同平台能够追溯历史记录，便于后期信息跟踪。

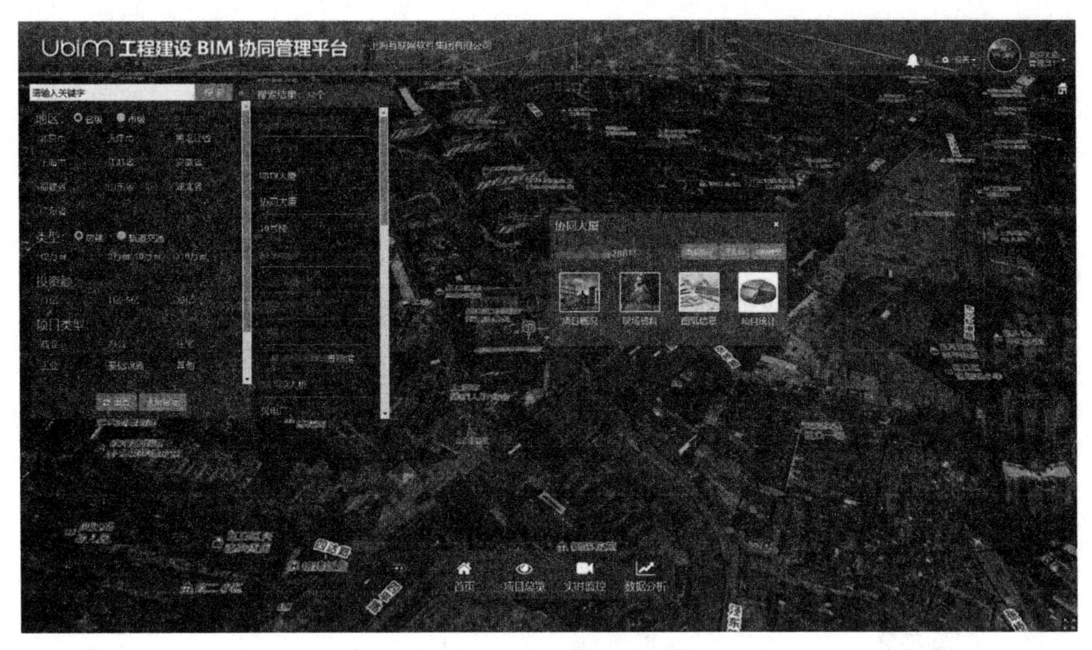

图 2-3-1　BIM 协同管理平台

4. 人员管理

基于 BIM 协同平台，管理者通过设置合理分配权限，满足不同阶段不同参与方专业人员的管理需求，从而实现项目人员高效的管理和协作。

2.3.3　项目各参与方的协同管理体系建立

项目全寿命周期涉及的参与方众多，各自任务和职责不同，各参与方之间良好的沟通协调意义重大。基于 BIM 技术的各参与方协同管理体系应包含以下内容：

1. 基于 BIM 协同平台的信息管理

协同平台具有较强的模型信息存储能力，项目各参与方通过不同数据接口将各自的模型信息数据导入协同平台，实现数据集成管理，模型数据相互关联，实现更新，信息的变动会通过协同平台设置的不同方式，如短信、微信、邮件、平台通知等，统一告知到各相关参与方的相应责任人，不同责任人对模型相关信息进行修正，完成协同作业。

2. 基于 BIM 协同平台的职责管理

不同参与方在不同阶段的职责不同，在同一协同平台上需要进行职责权限划分，完成不同阶段应该承担的职责和任务。各参与方根据权限和组织构架加入协同平台实现团队协作，创建、分配任务，信息沟通上传，浏览、修改模型等。

3. 基于 BIM 协同平台的流程管理

各参与方通过 BIM 协同平台直观了解整个项目模型建立的状况、协同人员的动态等，利用协同平台对日常管理工作进行标准化、流程化管理，尽可能减少常规化流程审核延误带来的损失，更好地安排工作进度，实现与其他参与方的高效对接，避免不必要的工期延误。

4. 会议沟通协调

各参与方定期组织会议进行直接沟通协调，对 BIM 实施过程中的图纸深化、各专业工作面展开等情况进行反馈和交流，对后续 BIM 开展情况提出下一步目标和实施措施，如图 2-3-2 所示。

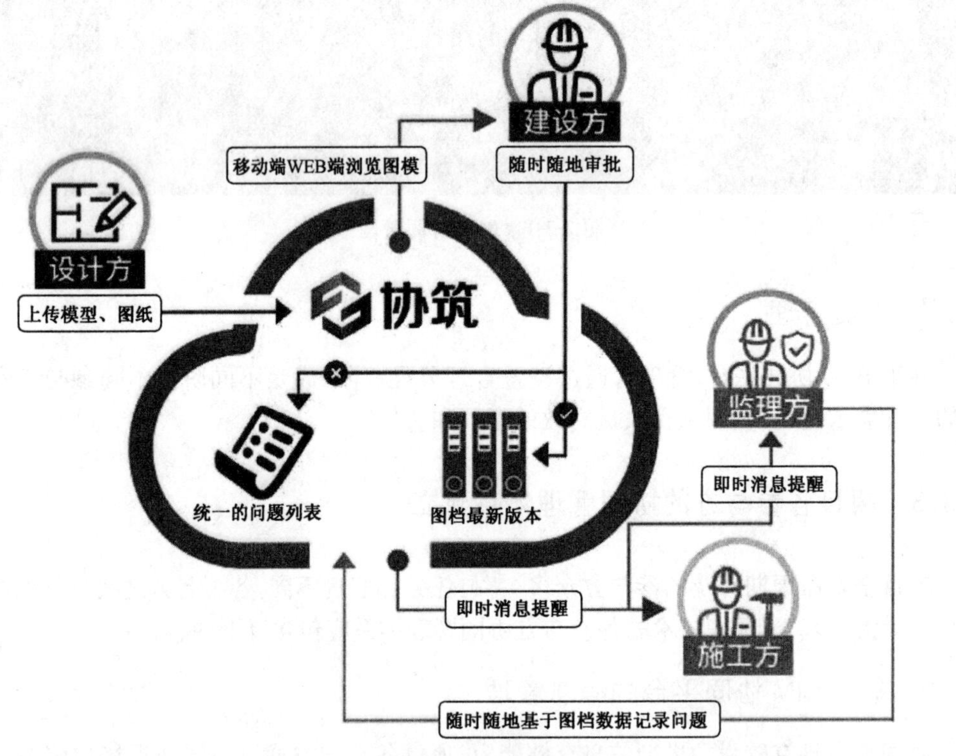

图 2-3-2　项目参与各方沟通协调

2.4　BIM 技术应用流程

BIM 技术应用涉及项目全寿命周期，不同项目虽然 BIM 应用目标、应用点及成果等会有所不同，但在不同阶段均以类似模式进行。具体如下：

(1) 明确项目 BIM 应用需求；

(2) 制定 BIM 实施计划；

(3) 实施 BIM 应用；

(4) 交付 BIM 成果;
(5) 评估 BIM 应用。

2.4.1 明确项目 BIM 需求

从不同参与方及项目的需求出发,分析潜在的不同需求,识别不同层次需求的优先级,并能够转化为具体的、可度量的应用目标,为后期 BIM 应用计划做好准备,从而进行合理的 BIM 应用资源配置。

BIM 需求可以分为三个层次等级:技术应用层面、项目管理层面和企业管理层面。

1. 技术应用层面

在技术层面上应用某种或多种 BIM 技术,从而实现项目目标,更好地为项目管理服务,如决策阶段利用无人机倾斜摄影,结合 BIM 技术进行周边环境可视化展示,为建设单位提供更直观的决策依据。

2. 项目管理层面

组建专业 BIM 团队,制定 BIM 实施标准,指导 BIM 实施,在项目管理层面上实现建设项目相关的目标,缩短项目施工工期、提高质量,降低变更带来的成本损失,如在设计阶段,利用 BIM 技术的碰撞检查,尽早发现设计方案中专业内和专业间的错漏碰缺问题,提高设计质量。

3. 企业管理层面

BIM 协同管理平台可与企业信息化建设结合,项目各方可以实现企业日常办公、运营与决策信息化管理,增强项目与企业的流程化链接,扩展项目 BIM 的全寿命周期应用深度和广度,从而实现企业总体战略目标。

2.4.2 编制 BIM 实施计划

确定项目需求后,编制相应 BIM 实施计划。通过制定 BIM 实施计划,明确 BIM 实施目标在 BIM 实施中的角色和责任;确定 BIM 实施流程等,为项目顺利进展提供标准。

1. 实施目标

结合项目 BIM 应用需求,对应技术应用、项目管理、企业管理三个角度,明确 BIM 实施目标,明确各个目标对应的 BIM 应用点,从而确定 BIM 应用的范围及基本原则。

2. 人员组织模式

(1) 组织管理模式

根据项目的需求和已有条件,确定 BIM 应用组织模式和组织架构。

根据 BIM 实施主体和应用阶段不同,BIM 应用组织管理模式可分为设计单位主导,施工单位主导，设计方、施工方主导，建设单位主导和咨询单位辅助模式。

这几种模式的区别在于负责模型创建、模型维护、提供 BIM 技术指导的单位不同。设计单位主导的组织管理模式是目前应用最广泛的模式，重点应用于设计阶段的设计工作，无法协同施工阶段 BIM 应用；施工单位主导的模式 BIM 应用侧重点在施工阶段，后期运维管理阶段模型维护支撑不足；设计方、施工方主导是指设计阶段、施工阶段分别由设计方、施工方负责 BIM 模型创建完善，不同阶段 BIM 应用协调衔接有难度；建设单位主导的模式能充分发挥项目全寿命周期 BIM 应用价值，但对建设单位 BIM 人员的要求较高，成本较高；咨询单位辅助的管理模式以咨询单位为主导，BIM 专业技术水平高，但在实施过程中与设计单位、施工单位沟通、协调工程量大。

(2) BIM 团队

结合项目实际情况，组建专业 BIM 团队，并明确其分工和职责。一般来讲，项目级 BIM 团队中应包含各专业的 BIM 工程师、软件开发工程师、管理咨询师、培训讲师等。

3. 不同阶段 BIM 实施流程及进度安排

根据项目组织管理模式的不同，项目 BIM 实施流程不同。以设计方、施工方主导 BIM 建设为例，根据项目建设的阶段和实施单位，设计阶段设计单位完成 BIM 规划、设计模型，并进行建筑分析、优化，移交施工承包单位；施工阶段由施工单位在该模型基础进一步深化、完善数据信息，并作为竣工模型提交；运维管理阶段由业主或运维管理单位在该模型基础上，完成设备设施维护、空间管理等任务。在全过程中，BIM 应用需要满足项目整体进度要求，需要编制 BIM 技术应用总控制计划和阶段节点计划。

4. 资源配置

根据具体 BIM 应用点项目各方，分析涉及的 BIM 应用软件和硬件配备，编制软件、硬件配置计划。

BIM 应用涉及的时间跨度大，工作任务覆盖面大，任何单一的软件工具都无法支持项目全部目标的实现。

目前项目全寿命周期 BIM 应用难度大，BIM 应用主要以单点应用为主，需要结合项目和企业的实际情况，以及具体 BIM 应用点，选择合适的软件用于基础建模、BIM 应用、二次开发、协同管理，保证 BIM 数据的统一和可延续性。

BIM 应用需要以硬件作为支撑，项目各方需根据项目实际情况选择性配备计算机、工作站、服务器等基础硬件，根据项目需求选择性配备三维扫描仪、放样机器人、无人机等，保障项目 BIM 应用的顺利进行。

5. 实施标准

项目 BIM 实施前，需要制定 BIM 实施标准，对模型建立、应用细节进行规定说明。项目级 BIM 实施标准可参照美国 NBIMS 标准（如图 2-4-1）、新加坡 BIM 指南、英国 AEC (UK)BIM 设计标准、中国 CBIMS 标准以及各类地方 BIM 标准等，BIM 实施标准主要包含项目 BIM 建模要求、审查及优化、交付要求等。

图 2-4-1　美国 NBIMS 标准

(1) 建模要求

建模要求主要指建模的规则和精度。大型项目的模型体量大、专业多、楼层多、构件多，为保证各专业内、专业间的模型协同，需要设置一定的建模规则，明确模型划分和基本建模要求，具体包含命名规则、模型精度，模型存储大小、格式，模型准确度、完整性等质量控制、模型整合标准等。

(2) 审查及优化标准

不同专业应区分不同 BIM 模型审查及优化标准。如建筑专业模型、需要重点核对消防防火分区、防火卷帘、疏散通道等内容，复核建筑变更，校核各专业间是否碰撞等。

(3) 交付标准

设计阶段设计方完成设计任务和施工阶段施工方完成施工任务，需要提交通过审查的 BIM 模型，用作下一阶段 BIM 应用的基础。因此不同阶段不同单位模型交付标准也不同。交付的 BIM 模型应当经过审查、优化，符合相应的建模要求和精度，包含的信息内容完整。

6. 保障措施

在项目 BIM 实施过程中，需要采取必要的措施来保障项目顺利进行，具体的保障措施包含组织措施、管理措施、技术措施。

2.4.3 项目后评价

项目后评价是指对已经完成的项目进行预期目标、实施过程、效益、影响的客观研究分析，总结项目成败原因和经验教训，及时有效反馈信息，为后期项目的 BIM 应用决策和管理提供建议，从而提高投资效益。

根据评价内容不同，项目后评价可以分为项目目标评价、项目效益评价和项目可持续评价；根据评价时间不同，可以分为跟踪评价、实施效果评价和影响评价。

1. 项目目标评价

根据项目进程，判断项目目标是否符合项目实施计划，如策划与设计阶段的 BIM 应用目标有项目场地选择、概念模型构建，进行建设条件分析，具体目标实现判断标准可包括建立场地 BIM 模型、三维概念模型，进行项目选址分析、空间环境分析、建设条件分析等。

在目标实现基础上分析项目达到预定目标的程度；是否存在偏差，如有偏差，需进一步总结产生偏离的主观和客观原因；为保证实现预期目标，对项目实施中的不可预见因素采取了哪些应对措施；最后总结目标的合理性、明确性和可操作性，为后续项目提供参考意见和建议。

2. 项目效益评价

分析项目 BIM 应用带来的经济效益和社会效益、帮助投资者做出正确的投资决策；生产效率的提高情况；BIM 技术人员的栽培力度及企业整体组织构架的完善程度；顾客的满意度及企业的竞争实力。总结项目经验，提高自身管理水平。

3. 项目可持续评价

对项目 BIM 应用中影响可持续发展的制约因素进行分析，分析顾客对项目最终成果的满意度、BIM 应用对后续项目的影响因素，分析项目对企业的影响因素，并提出完善具体详细的措施建议。

BIM技术应用

案例赏析2

第3章

BIM在项目策划阶段的应用

3.1 项目策划阶段概述

策划又称“策略方案”或“战术计划”(Strategical /Tactical Planning)，是指为了达成某种特定的目标，借助一定的科学方法，为决策、计划而构思、设计、制作策划方案的过程。

策划的作用是以最低的投入或最小的代价达到预期目的，让策划对象赢得更高的经济效益、社会效益。策划人为实现上述目标在科学调查研究的基础上，对现有资源进行优化整合，并进行全面、细致的构思谋划，从而制定详细、可操作性强的并可在执行中进一步完善的方案。

在一个项目中引入BIM技术，需要在应用前根据项目的特点和情况，进行详细周密的策划，开展准备工作。BIM在项目策划中的应用包括确定BIM应用目标、约定BIM模型标准、确定BIM应用范围、构建BIM组织构架、确定信息交互方式等内容。

3.2 BIM实施目标确定

在选择某个建设项目进行BIM应用实施之前，BIM规划团队首先要为项目确定BIM目标，这些BIM目标必须是具体的、可衡量的以及能够有效促进建设项目的规划、设计、施工和运营的。

有些BIM目标对应一个BIM应用，也有一些BIM目标需要若干个BIM应用共同完成。在定义BIM目标的过程中可以用优先级表示某个BIM目标对该建设项目设计、施工、运营的重要性。

BIM需要达到什么样的目标，是BIM实施前的需要明确的工作，不同层次的BIM目标将直接影响BIM的策划和准备工作。表3-2-1是某个建设项目所定义的BIM目标案例。

表3-2-1　某建设项目定义的BIM目标案例

序号	BIM目标	涉及的BIM应用
1	控制、审查设计进度	设计协同管理
2	评估变更带来的成本变化	工程量统计，成本分析

（续表）

序号	BIM 目标	涉及的 BIM 应用
3	提高设计各专业效率	设计审查、3D 协调、协同设计
4	绿色设计理念	能耗分析，节地分析，节水分析，环境评价
5	施工进度控制	建立 4D 模型
6	施工方案优化	施工模拟
7	运维管理	构建运维模型

BIM 目标可划分三个层次等级：技术应用层面、项目管理层面和企业管理层面。

3.2.1 技术应用层面

从技术应用层面实现 BIM 目标一般指为提高技术水平，而采用一项或几项 BIM 技术，利用 BIM 的强大功能完成某项工作。例如：通过能量模型的快速模拟得到一个能源效率更高的设计方案，改善能效分析的质量；利用 BIM 模型结构化的功能，对模型中构件进行划分，从而进行材料统计的操作，最终达到材料管理的目的。

从技术应用层面达到某种程度的 BIM 目标，是目前国内 BIM 工作开展的主要内容。以建设项目规划、设计、施工、运营各阶段为例，采用先进的 BIM 技术，改变传统的技术手段，达到更好地为工程服务的目的，传统技术手段与 BIM 技术辅助对比如表 3-2-2 所示。

从目前 BIM 应用情况来看，技术应用层面的 BIM 目标最易实现，所产生的经济效益和影响最明显，只有在技术领域内大量实现 BIM 应用，才有可能在管理领域采用 BIM 的思维方式。首先达到技术层面的 BIM 目标是实现建筑业信息化管理的前提条件和必经之路。

表 3-2-2　传统技术手段与 BIM 技术辅助对比

<table>
<tr><th>编号</th><th>所属阶段</th><th>技术工作</th><th>传统技术手段</th><th>BIM 技术辅助</th></tr>
<tr><td>1</td><td rowspan="3">规划阶段</td><td>场地分析</td><td>文档、图片描述</td><td>3D 表现</td></tr>
<tr><td>2</td><td>采光日照分析</td><td>公式计算</td><td rowspan="2">3D 动态模型</td></tr>
<tr><td>3</td><td>能耗分析</td><td>公式计算</td></tr>
<tr><td>4</td><td rowspan="3">设计阶段</td><td>建筑方案分析</td><td>文档描述、计算</td><td>3D 演示</td></tr>
<tr><td>5</td><td>结构受力分析</td><td>公式计算</td><td>模型受力计算</td></tr>
<tr><td>6</td><td>设计结果交付</td><td>2D 出图、效果图</td><td>3D 建模、模型</td></tr>
<tr><td>7</td><td rowspan="6">施工阶段</td><td>深化设计与加工</td><td>2D 图</td><td>3D 协调、自动生产</td></tr>
<tr><td>8</td><td>施工方案</td><td>文档、图片描述</td><td>3D 模拟</td></tr>
<tr><td>9</td><td>施工进度</td><td>进度计划文本</td><td>4D 模拟</td></tr>
<tr><td>10</td><td>材料管理</td><td>文档管理</td><td>结构化模型管理</td></tr>
<tr><td>11</td><td>成本分析</td><td>事后分析、事后管理</td><td>过程控制</td></tr>
<tr><td>12</td><td>施工现场</td><td>静态描述</td><td>动态模拟</td></tr>
</table>

（续表）

编号	所属阶段	技术工作	传统技术手段	BIM技术辅助
13	运营阶段	维修计划	靠经验编制	科学合理编制
14		设备管理	日常传统维护	远程操作
15		应急预案	靠经验编制	科学数据支撑

3.2.2　项目管理层面

越来越多的工程项目在招投标阶段就要求投标人具备相应的BIM团队规模、部门设置和BIM体系标准；在项目管理阶段要求承包方具备相应的BIM操作能力、技术水平和BIM管理经验。然而，目前BIM在项目管理层面的实施中出现了以下问题：

(1) 投标中盲目响应招标文件的BIM要求；

(2) 没有BIM执行标准和实施规划；

(3) 团队东拼西凑，投标时设立的BIM部门和团队目标无法兑现落实；

(4) 由于BIM标准的欠缺，模型质量低，BIM操作能力和技术水平不尽人意；

(5) BIM技术仅停留在办公室，未落实到工程管理中。

为提高项目管理水平，采用BIM技术，按照BIM"全过程、全寿命"辅助工程建设的原则，改变原有的工作模式和管理流程，建立以BIM为中心的项目管理模式，涵盖项目的投资、规划、设计、施工、运营各个阶段。

BIM既是一种工具，也是一种管理模式，在建设项目中采用BIM技术的根本目的是为了更好地管理项目。BIM技术也只有在项目管理中"生根"，才有生存发展的空间，否则浪费了大量的人力物力，却没有得到相应的回报，这也是国内大多数BIM工程失败的主要原因。

因此，BIM不是一场"秀"，BIM技术必须和项目管理紧密结合在一起，BIM应当成为建筑领域工程师手中的工具，通过其强大功能的示范作用，逐渐代替传统工具，实实在在地为项目管理发挥巨大的作用。

基于BIM技术的工程项目管理信息系统，在以下方面对工程项目进行管理，以充分发挥基于BIM的项目管理理念：

(1) 项目前期管理模块主要是对前期策划所形成的文件和BIM成果进行保存和维护，并提供查询的功能的模块。

(2) 招标投标管理模块是在工程招投标阶段，施工单位对照招标方提供的工程量清单，进行工程量校核，此外还包括对流程、WBS(Work Breakdown Structure，工作分解结构)及合同约定的管理的模块。

(3) 进度管理模块是基于BIM技术实现的是对进度的比对和分析的模块。这不同于4D模拟。4D模拟仅是记录和追溯。

(4) 质量管理模块是用于对设计质量、施工质量和设备安装质量等的控制和管理的模块。质量管理是一个质量保证体系，通过以验收为核心流程的规范管理和质量文档来实现。

(5) 投资控制管理模块是在项目实施过程中进行动态成本分析时，能将模型信息、流程和 WBS 工作任务分解紧密联系在一起进行投资控制的模块。其中模型信息中反映了成本的要素，流程反映的是对资金的控制，WBS 反映的是以某种方式划分的施工流程。

(6) 合同管理模块是对工程项目中相关合同的策划、签订、履行、变更、索赔和争议解决的管理的模块。

(7) 物资设备管理模块是基于工程量统计的材料管理，不仅在施工阶段而且在运营阶段，为项目管理者提供了运营维护的便利的模块。

(8) 后期运行评价管理模块是在项目结束后，记录项目管理过程中的数据，为管理者提供了基于数据库的知识积累的模块。

3.2.3 企业管理层面

企业信息化建设的基本思路：根据公司战略目标、组织结构和业务流程，建立以项目管理为核心，资源合理利用为目标及面向未来的知识利用与管理的信息化平台，采用信息技术实现公司运营与决策管理，增强企业管控能力，实现公司总体战略目标。

建筑企业正在加快从职能化管理向流程化管理模式的转变，且在向流程化管理转型时，信息系统承担了重要的信息传递和固化流程的任务，基于 BIM 技术的信息化管理平台将促进业务标准化和流程化，成为管理创新的驱动力。除模型管理外，基于 BIM 技术信息化平台还应包括以下五部分：

(1) OA 办公系统；

(2) 企业运营管理系统；

(3) 决策支持系统；

(4) 预算管理系统；

(5) 远程接入系统。

3.2.4 BIM 平台分析

BIM 的精髓在于“协同”，因此应根据应用 BIM 技术目标的不同，选择合适的“协同”方式——BIM 信息整合交互平台，从而实现数据信息共享和决策判断。根据应用 BIM 技术目标的不同，对 BIM 平台选择和分析可参考表 3-2-3。

表 3-2-3 BIM 平台选择和分析

BIM 目标	平台特点	BIM 平台选择	备注
技术应用层面	侧重于数据整合及数据操作	Navisworks	兼容多种数据格式，查阅、漫游、标注、碰撞检测、进度及方案模拟、动画制作等
		Tekla BIMsight	强调 3C，即合并模型(Combining models)、检查碰撞(Checking for conflicts)及沟通(Communicating)
		Bentley Navigator	可视化图形环境，碰撞检测、施工进度模拟以及渲染动画

（续表）

BIM目标	平台特点	BIM平台选择	备注
		Trimble Vico Office Suite	BIM5D数据整合，成本分析
		Synchro	
项目管理层面	侧重于信息数据交流	Autodesk Vault	根据权限的文档及流程管理
		Autodesk Buzzsaw	
		Trello	团队协同管理
		Bentley Projectwise	基于平台的文档、模型管理
		Dassault Enovia	基于树形结构的3D模型管理，实现协同设计、数据共享
企业管理层面	侧重于决策及判断	宝智坚思 Greata	商务、办公、进度、绩效管理
		Dassault Enovia	基于3D模型的数据库管理，引入权限和流程设置，可作为企业内部流程管理的平台

3.3 BIM模型约定及策划

在BIM应用过程中，BIM模型是最基础的技术资料，所有的操作和应用都是在模型基础上进行的。

理想的BIM模型情况是：BIM模型是建设过程之初，由设计单位进行构建，并完成在此模型基础之上的规划设计、建筑设计、结构设计；在随后的施工阶段，该模型移交给施工承包单位，施工单位在此基础上，完成深化设计的内容在模型上的反映，完成施工过程中信息的添加，完成运维阶段所需信息的添加，最终作为竣工资料的一部分，将该模型提交给业主；到了运维阶段，业主或运维单位在该模型基础上，制定项目运营维护计划和空间管理方案，进行应急预案制定和人流疏散分析，查阅检索机电设备信息等。

然而，在现实操作中，BIM模型的来源不尽相同，有设计单位提供的设计模型，也有BIM咨询单位为责任人构建模型，更多的情况是施工单位自行建模。

模型的质量直接决定BIM应用的优劣，无论以上哪种渠道的模型，都需要在BIM建模规则和操作标准上事先达成统一的约定，以执行手册的形式确定下来，在建模过程中贯彻执行，建模完成后严格审核。

3.3.1 模型划分和基本建模要求

模型的划分与具体工程特点密切相关。以超高层建筑建模为例，可按单体建筑物所处区域划分模型，对于结构模型可针对不同内容，分别建立子模型，详见表3-3-1。

表 3-3-1　超高层建筑模型界面划分

专业	区域拆分	模型界面划分
建筑	主楼、裙房、地下结构	按楼层划分
结构	主楼、裙房、地下结构	按楼层划分，再按钢结构、混凝土结构、剪力墙划分
机电	主楼、裙房、地下、市政管线	按楼层或施工缝划分
总图	道路、室外总体、绿化	按区域划分

BIM 模型的构建方式是围绕不同的 BIM 应用展开的，有什么样的 BIM 应用，就要相应执行什么样的建模原则。

构建模型需遵循如下三个基本原则。

1. 一致性

模型必须与 2D 图纸一致，模型中无多余、重复、冲突构件。

在项目各个阶段(方案、扩初、深化、施工、竣工)，模型要跟随深化设计及时更新。模型反映对象名称、材料、型号等关键信息。

2. 合理性

模型的构建要符合实际情况，例如，施工阶段应用 BIM 时，模型必须分层建立并加入楼层信息，不允许出现一根柱子从底层到顶层贯通等与实际情况不符的建模方式。墙体、柱结构等跨楼层的结构，建模时必须按层断开建模，并按照实际起止标高构建。

3. 准确性

梁、墙构件横向起止坐标必须按实际情况设定，避免出现梁、墙构件与柱重合情况。楼板与柱、梁的重合关系应根据实际情况建模。

所有墙板模型单元上的开洞都必须采用编辑边界的形式绘制，以保证模型内容与工程实际情况一致。

对以工程量统计为目的的建模项目，还需参考《建设工程工程量清单计价规范》(GB 50500—2013)及其附录工程量计算规则进行建模。

总之，建立模型需要考虑 BIM 应用的目的、建模工作量、准确性和建模成本的平衡，做到既要满足 BIM 应用，又不过度建模，避免造成工作量的浪费。

3.3.2　文件目录结构

由于建设项目的体量较大，构建的模型也比较大，就要拆分成多个模型，但过多的模型文件也会带来文件管理和组织的问题。其次，由于模型大，需要参与项目的人员也多，所以文件目录的目录结构非常重要。

国外的 BIM 标准在这方面都有相应的指引，图 3-3-1 是洛杉矶社区学院(Los Angeles Community College District，LACCD)的 BIM 标准中关于 BIM 模型文件的目录结构。

不同的建模主体，其目录组织是会有区别的。图 3-3-1 所示的目录结构偏向设计阶段

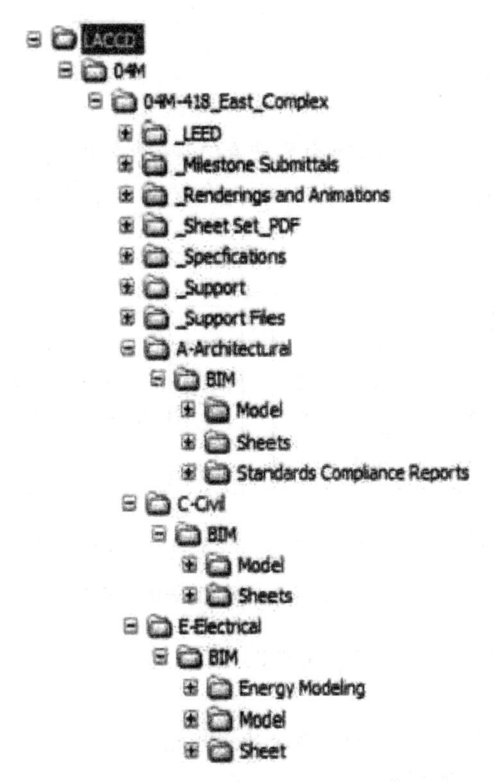

图 3-3-1　BIM 模型文件目录结构(设计阶段应用)

应用,是以专业为主线进行目录组织的。

若项目的应用是在施工和运维阶段,在目录组织上则应采用以区域为主线,避免各专业模型整合时要跨目录链接的问题,在一个区域里存放所有专业的文件,更容易管理,如图 3-3-2 所示。

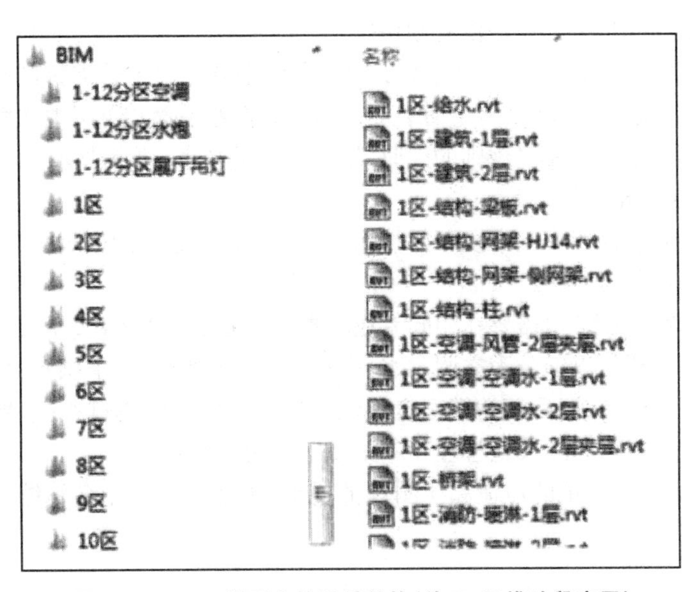

图 3-3-2　BIM 模型文件目录结构(施工、运维阶段应用)

3.3.3　文件命名规则

有了清晰的文件目录组织，还需要有清晰的文件命名规则。香港房屋署(Hong Kong Housing Authority)的 BIM 标准手册里，把文件命名分 8 个字段、24 个字符进行命名，如图 3-3-3 所示。

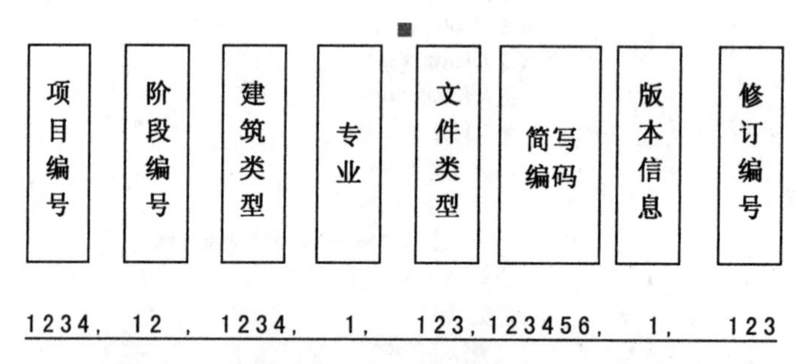

图 3-3-3　香港房屋署 BIM 标准手册文件命名规则

从文件名就可以很容易地解读出该文件的来源，例如：

TM18_BL KAA-M-1F

其中“TM18”—项目名称“TuenMunArea18”的缩写；

“--”项目阶段编号，没有则留空；

“BLKA”—建筑类型为 BlockA；

“A”—建筑专业，“S”为结构专业，“C”为市政专业；

“-M”—模型文件，“-L-”则为被链接，“-T-”为临时文件；

“1F 文件简述：1 层，空内容则留空；

“--”版本信息，A-Z，没有则留空；

——修订编号，001，002，……没有则留空。

BIM 模型文件名不宜过长，否则将不易辨认文件来源。由于香港特区政府文件习惯沿用英语，用英文字母做缩写可以满足命名要求，但如果文件命名使用中文做缩写就有些困难。所以，在参照这个文件命名规则的同时，结合中文的特点，可参考如下规则“项目简称—区域—专业—系统—楼层”。

与英文缩写不同，使用中文字段不好控制长度，所以不规定字段长度，但用“—”区分，以分隔出字段含义，例如：某项目—1 区—空调—空调水—2 层。

机电设备专业涉及系统，需要在相同专业下再区分系统，如空调专业要区分空调水和风管，有需要时空调水还可以细分为空调供水、空调回水、冷凝水、热水供水、热水回水等。对于大型项目，模型划分越细，后续的模型应用就越灵活。而在建模过程中，划分系统几乎不会增加多少工作量，却为后续模型管理和应用带来极大的便利。

根据我国建筑表示标记的习惯和绘图规范要求，可参考的模型名称缩写见表 3-3-2(仅列出常用构件)。

表 3-3-2　模型名称缩写习惯列表

构件类型		简写	构件类型		简写	构件类型		简写
梁	过梁	GL	柱	构造柱	GZ	剪力墙柱	约束边缘构件	YBZ
	圈梁	QL		框架柱	KZ		构造边缘构件	GBZ
	基础梁	JL		框支柱	KZZ		非边缘暗柱	AZ
	楼梯梁	TL		芯柱	XZ		扶壁柱	FBZ
	框架梁	KL		梁上柱	LZ	剪力墙梁	连梁	LL
	屋面框架梁	WKL		剪力墙上柱	QZ		暗梁	AL
	框支梁	KZL		建筑柱	JZ		边框梁	BKL
	非框架梁	L	墙	承重墙	CZQ	基础	基础主梁	JZL
	悬挑梁	XL		围护墙	WHQ		基础次梁	JCL
	吊车梁	DL		剪力墙	JLQ		基础平板	JLPB
有梁板	楼面板	LB		隔墙	GQ		基础连梁	JLL
	屋面板	WB	柱基承台	阶形承台	CTJ	其他	屋架	WJ
	悬挑板	XB		坡形承台	CTP		桩	ZH
	楼梯板	TB		承台梁	CTL		雨篷	YP
无梁板	柱上板带	ZSB		地下框架梁	DKL		阳台	YT
	跨中板带	KZB					预埋件	M
	纵筋加强带	JQD					天花板	THB

对于一些小型项目，可能一个模型文件就包括了一个项目的所有内容，“项目简称”是必须的。若项目模型都拆分得比较细，文件很多，在严格按照文件目录组织的框架下，文件命名可取消“项目简称”字段，以减少文件名长度。总之，模型文件命名和模型划分是密不可分的，需要在清晰度和管理的有效性、便利性上取得平衡。所以，在项目前期需要对项目规模、专业组成，尤其是 BIM 应用目标进行充分的研究，才能确保项目顺利进行。

3.3.4　模型深度划分

BIM 模型是整个 BIM 工作的基础，所有的 BIM 应用都是在模型上完成的，明确哪些内容需要建模、需要详细到何种程度，既要满足应用需求，又要避免过度建模。

在项目之初，就应考虑到底需要在 BIM 模型中包含多少程度的细节。细节度过低会导致信息不足；细节度过高又会导致模型的操作效率低下。规定项目的 3D 模型需细化到何种程度，到达此程度后就可以停止 3D 建模，转向 2D 详图工作，以准备出图。

在完善 3D 形体的同时，可以使用 2D 线条来改善 2D 视图的效果，同时不过度增加硬件需求。尽量多使用详图和增强技术，在不牺牲模型完整性的前提下，尽可能降低模型的复杂度。

由于国内在 BIM 模型标准方面还没有统一的规定，故结合工程经验，美国建筑师协会将模型深度等级分为五级，分别为 LOD 100～LOD 500，按表 3-3-3 列出，供读者参考。

表 3-3-3 模型深度等级划分与描述

LOD 100	方案设计阶段	具备基本形状,粗略的尺寸和形状,包括非几何数据,仅线、面积、位置
LOD 200	初步设计阶段	近似几何尺寸,形状和方向,能够反映物体本身大致的几何特性。主要外观尺寸不得变更,细部尺寸可调整,构件宜包含几何尺寸、材质、产品信息(电压、功率)等
LOD 300	施工图设计阶段	物体主要组成部分必须在几何上表述准确,能够反映物体的实际外形,保证不会在施工模拟和碰撞检查中产生错误判断,构件应包含几何尺寸、材质、产品信息(如电压、功率)等。模型包含信息量与施工图设计完成时的CAD 图纸上的信息量应该保持一致
LOD 400	施工阶段	详细的模型实体,最终确定模型尺寸,能够根据该模型进行构件的加工制造,构件除包括几何尺寸、材质、产品信息外,还应附加模型的施工信息,包括生产、运输、安装等方面
LOD 500	竣工提交阶段	除最终确定的模型尺寸外,还应包括其他竣工资料提交时所需的信息,资料应包括工艺设备的技术参数、产品说明书/运行操作手册、保养及维修手册、售后信息等

例如:① 若 BIM 应用在设计阶段的能耗分析或结构受力分析方面,该 BIM 模型可称之为"生态模型"或"结构模型",模型等级在 LOD 100～LOD 200 之间;② 若 BIM 应用在施工阶段的施工流程模拟或方案演示方面,该模型可称之为"流程模型"或"方案模型",模型等级在 LOD 300～LOD 400 之间;③ 若 BIM 应用在运维阶段运营管理方面,该模型称之为"运维模型",模型等级最高,为 LOD 500 等级,包括所有深化设计的内容、施工过程信息以及满足运营要求的各种信息。

建筑、结构、给排水、暖通、电气专业 LOD 100～LOD 500 等级的模型,其信息列表可参考表 3-3-4～表 3-3-5。

表 3-3-4 建筑专业 LOD 100～LOD 500 等级 BIM 模型信息种类列表

深度等级	LOD 100	LOD 200	LOD 300	LOD 400	LOD 500
场地	不表示	简单的场地布置,部分构件用体量表示	按图纸精确建模、景观、人物、植物、道路贴近真实		
墙	包含墙体物理属性(长度、厚度、高度及表面颜色)	增加材质信息,含粗略面层划分	详细面层信息、材质要求、防火等级,附节点详图	墙材生产信息,运输进场信息、安装操作单位等	运营信息(技术参数、供应商、维护信息等)
建筑柱	物理属性,尺寸、高度	带装饰面,材质	规格尺寸、砂浆等级、填充图案等	生产信息,运输进场信息,安装操作单位等	运营信息(技术参数、供应商、维护信息)
门窗	同类型的基本材质	按实际需求插入门、窗	门窗大样图,门窗详图	进场日期、安装日期、安装单位	门窗五金件及门窗的厂商信息、物业管理信息

（续表）

深度等级	LOD 100	LOD 200	LOD 300	LOD 400	LOD 500
屋顶	悬挑、厚度、坡度	材质、檐口、封檐带、排水沟	规格尺寸、砂浆等级、填充图案等	材料进场日期、安装日期、安装单位	材质、供应商信息、技术参数
楼板	物理特征（宽度、厚度、材质）	楼板分层，降板，洞口，楼板边缘	楼板分层细部作法，洞口更全	材料进场日期、安装日期、安装单位	材料、技术参数、供应商信息
天花板	用一块整板代替，只体现边界	厚度，局部降板，准确分割，并有材质信息	龙骨、预留洞口、风口等，带节点详图	材料进场日期、安装日期、安装单位	全部参数信息
楼梯（含坡道、台阶）	几何形体	详细建模，有栏杆	楼梯详图	运输进场日期、安装单位、安装日期	运营信息（技术参数、供应商）
电梯（台梯）	电梯门，带简单二维符号表示	详细的二维符号表示	节点详图	进场日期、安装日期和单位	运营信息（技术参数、供应商）
家具	无	简单布置	详细布置，并且二维表示	进场日期、安装日期和单位	运营信息（技术参数、供应商）

表 3-3-5　结构专业 LOD 100～LOD 500 等级 BIM 模型信息种类列表

混凝土结构					
深度等级	LOD 100	LOD 200	LOD 300	LOD 400	LOD 500
板	物理属性，板厚、板长、板宽，表面材质、颜色	类型属性，材质，二维填充表示	材料信息，分层做法，楼板详图，附带节点详图（钢筋布置图）	板材生产信息，运输进场信息、安装操作单位等	运营信息（技术参数、供应商、维护信息等）
梁	物理属性，梁长、宽、高、表面材质，颜色	类型属性，具有异型梁表示详细轮廓，材质，二维填充表示	材料信息，梁标识，附带节点详图（钢筋布置图）	生产信息，运输进场信息、安装操作单位等	运营信息（技术参数、供应商、维护信息等）
柱	物理属性，柱长、宽、高、表面材质、颜色	类型属性，具有异型柱表示详细轮廓，材质，二维填充表示	材料信息，柱标识，附带节点详图（钢筋布置图）	生产信息，运输进场信息、安装操作单位等	劳动信息（技术参数、供应商、维护信息等）
梁柱节点	不表示，自然搭接	表示锚固长度，材质	钢筋型号，连接方式，节点详图	生产信息，运输进场信息、安装操作单位等	运营信息（技术参数、供应商、维护信息等）
墙	物理属性，墙厚、长、宽，表面材质、颜色	类型属性，材质，二维填充表示	材料信息，分层做法墙身大样详图，空口加固等节点详图（钢筋布置图）	生产信息，运输进场信息、安装操作单位等	运营信息（技术参数、供应商、维护信息等）

（续表）

混凝土结构

深度等级	LOD 100	LOD 200	LOD 300	LOD 400	LOD 500
预埋及吊环	不表示	物理属性，长、宽、高，物理轮廓。表面材质颜色类型属性，材质，二维填充表示	材料信息，大样详图，节点详图（钢筋布置图）	生产信息、运输进场信息、安装操作单位等	运营信息（技术参数、供应商、维护信息等）

地基基础

深度等级	LOD 100	LOD 200	LOD 300	LOD 400	LOD 500
基础	不表示	物理属性，基础长、宽、高，基础轮廓。类型属性、材料、二维填充表示	材料信息，基础大样详图，节点详图（钢筋布置图）	材料进场日期、操作单位与安装日期	技术参数，材料供应商
基坑工程	不表示	物理属性，基坑长、宽、高，表面	基坑维护结构构件长、宽、高及具体轮廓，节点详图（钢筋布置图）	操作日期，操作单位	

钢结构

<table>
<tr><th>深度等级</th><th>LOD 100</th><th>LOD 200</th><th>LOD 300</th><th>LOD 400</th><th>LOD 500</th></tr>
<tr><td>柱</td><td>物理属性，钢柱长、宽、高，表面材质、颜色</td><td>类型属性，根据钢柱型号表示详细轮廓、材质、二维填充表示</td><td>材料要求，钢柱标识，附带节点详图</td><td>操作安装日期，操作安装单位</td><td>材料技术参数、材料供应商、产品合格证等</td></tr>
<tr><td>桁架</td><td>物理属性，桁架长、宽、高，无杆件表示，用体量代替，表面材质、颜色</td><td>类型属性，根据桁架类型搭建杆件位置，材质，二维填充表示</td><td>材料信息，桁架标识，桁架杆件连接构造，附带节点详图</td><td rowspan="3">操作安装日期，操作安装单位</td><td rowspan="3">材料技术参数、材料供应商、产品合格证等</td></tr>
<tr><td>梁</td><td>物理属性，梁长、宽、高，表面材质、颜色</td><td>类型属性，根据钢材型号表示详细轮廓，材质，二维填充表示</td><td>材料信息，钢梁标识，附带节点详图</td></tr>
<tr><td>柱脚</td><td>不表示</td><td>柱脚长、宽、高用体量表示，二维填充表示</td><td>柱脚详细轮廓信息，材料信息，柱脚标识，附带节点详图</td></tr>
</table>

表 3-3-6　给排水专业 LOD 100～LOD 500 等级 BIM 模型信息种类列表

深度等级	LOD 100	LOD 200	LOD 300	LOD 400	LOD 500
管道	只有管道类型、管径、主管标高	有支管标高	加保温层、管道进设备机房BIM	产品批次、生产日期信息；运输进场日期；施工安装日期、操作单位	管道技术参数、厂家、型号等信息
阀门	不表示	绘制统一的阀门	按阀门的分类绘制		按实际阀门的参数绘制(出产厂家、型号、规格等)
附件	不表示	统一形状	按类别绘制		按实际项目中要求的参数绘制(出产厂家、型号、规格等)
仪表	不表示	统一规格的仪表	按类别绘制		
卫生器具	不表示	简单的体量	具体的类别形状及尺寸		将产品的参数添加到元素当中(出产厂家、型号、规格等)
设备	不表示	有长宽高的简单体量	具体的形状及尺寸		

表 3-3-7　暖通专业 LOD 100～LOD 500 等级 BIM 模型信息种类列表

暖通风道系统					
深度等级	LOD 100	LOD 200	LOD 300	LOD 400	LOD 500
风管道	不表示	只绘主管线，标高可自行定义，按照系统添加不同的颜色	绘制支管线，管线有准确的标高、管径尺寸、添加保温	产品批次，生产日期信息；运输进场日期；施工安装日期，操作单位	将产品的参数添加到元素当中(出产厂家，型号、规格等)
管件	不表示	绘制主管线上的管件	绘制支管线上的管件	产品批次，生产日期信息；运输进场日期；施工安装日期，操作单位	将产品的参数添加到元素当中(出产厂家、型号、规格等)
附件	不表示	绘制主管线上的附件	绘制支管线上的附件，添加连接件		
末端	不表示	只是示意，无尺寸与标高要求	有具体的外形尺寸，添加连接件		
阀门	不表示	不表示	有具体的外形尺寸，添加连接件		
机械设备	不表示	不表示	具体几何参数信息，添加连接件		
暖通水管道系统					
深度等级	LOD 100	LOD 200	LOD 300	LOD 400	LOD 500
暖通水管道	不表示	只绘主管线，标高可自行定义，按照系统添加不同的颜色	绘制支管线，管线有准确的标高、管径尺寸，添加保温、坡度	产品批次、生产日期信息；运输进场日期；施工安装日期、操作单位	添加技术参数、说明及厂家信息、材质
管件	不表示	绘制主管线上的管件	绘制支管线上的管件		

（续表）

<table>
<tr><th colspan="6">暖通水管道系统</th></tr>
<tr><th>深度等级</th><th>LOD 100</th><th>LOD 200</th><th>LOD 300</th><th>LOD 400</th><th>LOD 500</th></tr>
<tr><td>附件</td><td>不表示</td><td>绘制主管线上的附件</td><td>绘制支管线上的附件，添加连接件</td><td rowspan="4">产品批次、生产日期信息；运输进场日期；施工安装日期、操作单位</td><td rowspan="4">添加技术参数、说明及厂家信息、材质</td></tr>
<tr><td>阀门</td><td rowspan="3">不表示</td><td rowspan="3">不表示</td><td rowspan="3">有具体的外形尺寸，添加连接件</td></tr>
<tr><td>设备</td></tr>
<tr><td>仪表</td></tr>
</table>

表 3-3-8　电气专业 LOD 100～LOD 500 等级 BIM 模型信息种类列表

<table>
<tr><th colspan="6">电气工程</th></tr>
<tr><th>深度等级</th><th>LOD 100</th><th>LOD 200</th><th>LOD 300</th><th>LOD 400</th><th>LOD 500</th></tr>
<tr><td>设备</td><td>不建模</td><td>基本族</td><td>基本族、名称、符合标准的二维符号，相应的标高</td><td rowspan="3">添加生产信息、运输进场信息和安装单位、安装日期等信息</td><td rowspan="3">按现场实际安装的产品型号深化模型；添加技术参数、说明及厂家信息、材质</td></tr>
<tr><td>母线格架线槽</td><td>不建模</td><td>基本路由</td><td>基本路由、尺寸标高</td></tr>
<tr><td>管路</td><td>不建模</td><td>基本路由、根数</td><td>基本路由、根数、所属系统</td></tr>
<tr><th colspan="6">工艺设备</th></tr>
<tr><th>深度等级</th><th>LOD 100</th><th>LOD 200</th><th>LOD 300</th><th>LOD 400</th><th>LOD 500</th></tr>
<tr><td>水泵</td><td rowspan="6">不建模</td><td rowspan="6">基本类别和族</td><td rowspan="6">长、宽、高限制，技术参数和设计要求</td><td rowspan="6">添加生产信息、运输进场信息和安装日期信息</td><td rowspan="6">按现场实际安装的产品型号深化模型；添加技术参数、产品说明书/运行操作手册、保养及维修手册、售后信息等</td></tr>
<tr><td>污泥泵</td></tr>
<tr><td>风机</td></tr>
<tr><td>流量计</td></tr>
<tr><td>阀门</td></tr>
<tr><td>其他消毒设备</td></tr>
</table>

3.3.5　模型交付形式

1. 设计单位交付模型

设计方完成施工图设计，同时提交业主 BIM 模型，通过审查后交付施工阶段使用，为保证 BIM 工作质量，对模型质量要求如下：

(1) 所提交的模型，必须都已经过碰撞检查，无碰撞问题存在；

(2) 严格按照规划的建模要求创建模型，深度等级达到 LOD 300；

(3) 严格保证 BIM 模型与二维 CAD 图纸包含信息一致；

(4) 根据约定的软件进行模型构建；

(5) 为限制文件大小，所有模型在提交时必须清除未使用项，删除所有导入文件和外部参照链接；

(6) 与模型文件一同提交的说明文档中必须包括模型的原点坐标描述、模型建立所参照的 CAD 图纸情况。

2. 施工单位交付模型

施工方完成施工安装，同时提交业主 BIM 模型，即为竣工模型，通过审查后将其交付运维阶段，作为试运营方在运营阶段 BIM 实施的模型资料，为保证 BIM 工作质量，对竣工模型质量要求如下：

(1) 所提交的模型，必须都已经经过碰撞检查，无碰撞问题存在；

(2) 严格按照规划的建模要求，在施工图模型 LOD 300 深度的基础上添加施工信息和产品信息，将模型深化到 LOD 500 等级；

(3) 严格保证 BIM 模型与二维 CAD 竣工图纸包含信息一致；

(4) 深化设计内容反映至模型；

(5) 施工过程中的临时结构反映至模型；

(6) 竣工模型在施工图模型 LOD 300 深度的基础上添加以下信息：生产信息（生产厂家、生产日期等）、运输信息（进场信息、存储信息）、安装信息（浇筑、安装日期，操作单位）和产品信息（技术参数、供应商、产品合格证等）。

在工程实施过程中，根据设计方和施工方模型建造的进展情况，需向业主方和项目管理方分别进行若干次的模型提交，模型提交时间节点、内容要求、格式要求见表 3-3-9。

表 3-3-9　某项目模型交付形式和深度的要求

提交方	提交时间	深度	提交内容格式
设计单位	方案设计完成	LOD 100	文件夹 1：模型资料至少包含两项文件：模型文件、说明文档。模型文件夹及文件命名符合规定的命名格式。 文件夹 2：CAD 图纸文件和设计说明书，内部可有子文件夹。 文件夹 3：针对过程中的 BIM 应用所形成的成果性文件及其相关说明，如有多项应用，内部设子文件夹
设计单位	初步设计完成	LOD 200	
设计单位	施工图设计完成	LOD 300	
施工单位	竣工完成	LOD 500	

3.3.6　模型更新原则

BIM 模型在使用过程中，由于设计变更、用途调整、深化设计协调等原因，将伴随大量的模型修改和更新工作，事实上，模型的更新和维护是保证 BIM 模型信息数据准确有效的重要途径。模型更新往往遵循以下规则：

(1) 已出具设计变更单，或通过其他形式已确认修改内容的，需即时更新模型；

(2) 需要在相关模型基础上进行相应 BIM 应用的，应用前需根据实际情况更新模型；

(3) 模型发生重大修改的，需立即更新模型；

(4) 除此之外，模型应至少保证每 60 天更新一次。

3.4 BIM 实施总体安排

3.4.1 总体思路

什么样的 BIM 目标就对应什么样的 BIM 实施总体安排，并由目标衍生出对应的 BIM 应用，再根据 BIM 应用制定相应的 BIM 流程。由 BIM 目标、应用及流程确定 BIM 信息交换要求和基础设施要求。BIM 实施前的评估流程参考图 3-4-1 所示。

在实际操作过程中，根据项目的特点，结合参建各方对 BIM 系统的实际操控能力，对比 BIM 主导单位制定的目标，可在施工过程中实施的 BIM 应用有：

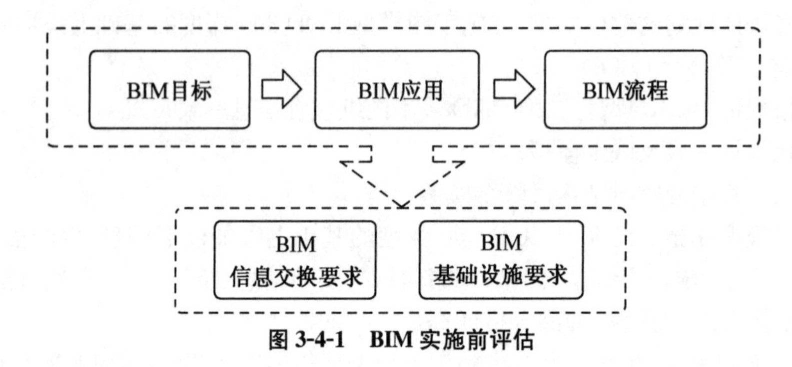

图 3-4-1　BIM 实施前评估

(1) 模型维护；
(2) 深化设计——三维协调；
(3) 施工方案模拟；
(4) 施工总流程演示；
(5) 工程量统计；
(6) 材料管理；
(7) 现场管理。

根据上述列举的 BIM 应用，明确项目实施 BIM 的总体思路，如图 3-4-2 所示。

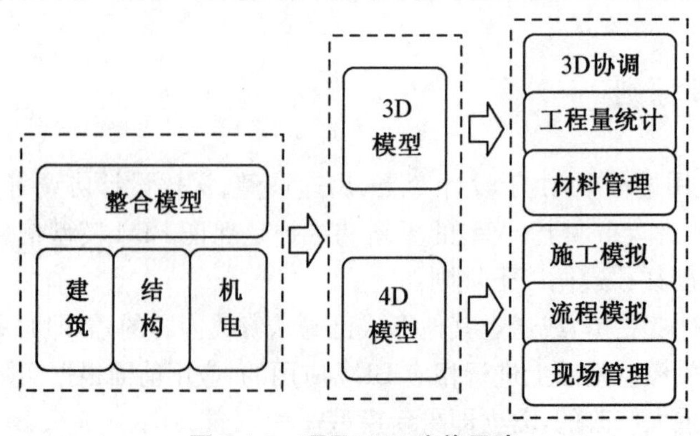

图 3-4-2　项目 BIM 实施思路

3.4.2 团队组织构架

BIM不是一个人、一家企业能够完成的事业，而需要所有参建单位共同参与。“独善其身”做不好BIM，“协同”才是BIM的灵魂所在。

对于一个项目来说，BIM模型和其包含的信息，应在所有参建单位之间充分交互、即时更新，随着建筑过程的进展，模型深度不断增加，信息量日益丰富，这需要所有参建单位各司其职，共同维护好BIM模型和信息。

对于业主主导的BIM工作，业主方职责在于文件确认、技术方案确认、规则核定与确认、规则管理、监督执行、设计协调、施工协调、模型审核。

若引入BIM咨询单位，其职责在于总体策划、制定规则、界面划分、招标文件BIM条款编制、组织模型的提交与审查、相关技术指导与培训。

设计单位和施工单位需完成BIM在各自阶段的应用并提交成果；监理单位应负责对现场模型比对、设计变更发生时确认设计模型的更新，审核施工信息，督促施工方确保施工模型与现场的一致性。

各类产品供应商和供货商应负责做好其提供的产品的模型信息整理、上传、更新工作。

最终模型和数据信息在运营商那里整合，根据运营需求，开展运营方案制订、维修计划制订、储备统计、空间管理等工作。

在工程项目建设中，BIM团队在整个组织管理构架的位置有多种形式，在辅助工程建设方面，各有自身的特色和优缺点。

1. 常规BIM团队组织构架

以施工单位主导BIM工作为例，常见的组织管理构架主要为成立BIM工作室，负责BIM技术的应用，如图3-4-3所示。此方式的特点在于，团队技术能力较易控制，能迅速解

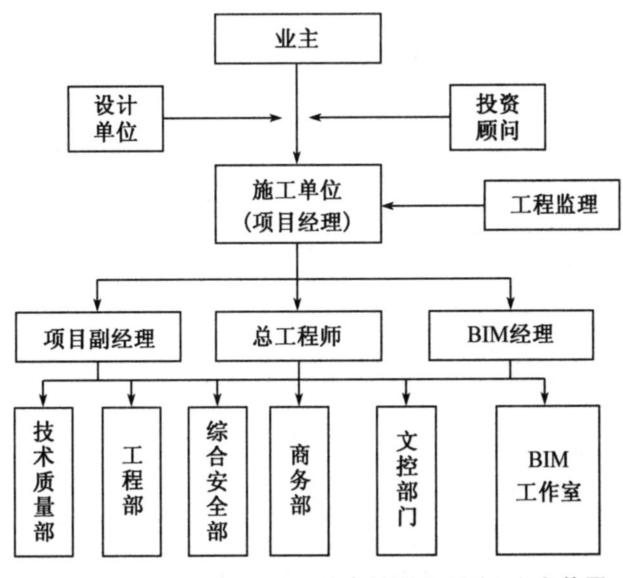

图3-4-3　以施工单位为主导的常规BIM团队组织架构图

决工程中的问题，缺点在于不利于BIM技术的发展及推广，BIM技术仅局限在一个较小的团队中，由于缺少沟通，无法及时反映工程实际情况，BIM技术联系实际的程度依赖于BIM经理的职业素质和责任心，BIM技术往往会流于形式，计划、实际两张皮，从长远看，该组织结构的设置也不利于BIM技术人员的成长。

在BIM技术普及的当下，BIM人才较为稀缺，不可避免会在项目管理中采用此种机构设置方式。

2. 较高级BIM团队组织构架

当BIM技术发展到一定程度，一定数量的传统技术专业管理人员已掌握BIM技术，或企业BIM发展水平较高，技术人员除接受传统技术培养外，还系统地掌握了BIM技术，则可取消项目管理中BIM工作室的设置，将具备BIM技能的人员分散至各个部门，将BIM技术作为一种基础性工具来支持日常工作。技术人员能主动地用BIM技术解决问题，这将大大提高BIM技术在工程管理中的应用程度，充分发挥技术优势。

3. 理想的BIM团队组织构架

BIM作为一项全新的技术手段，推动传统建筑行业变革，也必将产生新的工作岗位和职责需求，BIM总监的职位应运而生。BIM总监由业主指定，传递业主的投资理念和项目诉求，由BIM总监代表业主制订设计任务书和BIM要求，接受设计单位交付的BIM成果，控制BIM模型的质量，形成基于BIM的数据库。投资顾问、工程监理、施工单位各条线技术人员共享建筑信息资料，投资顾问根据BIM数据库提取工程量清单，形成投资成本分析；工程监理和施工单位根据BIM数据库确定施工内容、制订施工方案、组织安排生产。

BIM的精髓在于协同，协同的方式包括共享和同步，在这样一个理想的组织机构内，由BIM团队来产生和维护BIM数据库，其他项目方共享数据，并随之产生新的数据，新的数据再次共享，不同项目方各取所需，充分发挥BIM应用的巨大优势。理想的BIM团队组织构架如图3-4-4所示。

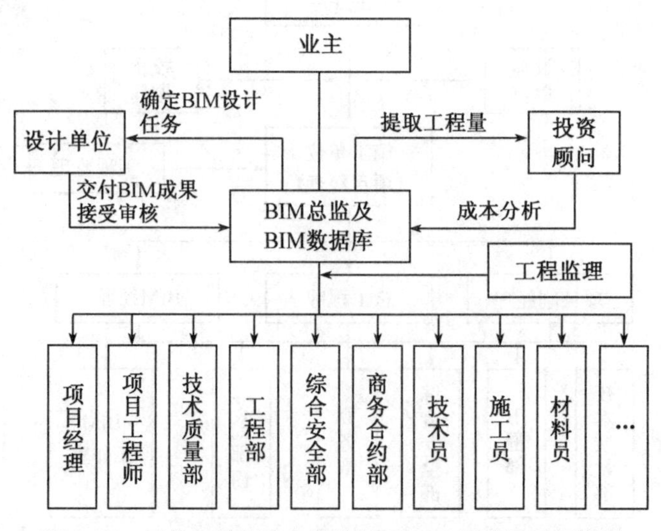

图3-4-4　以施工单位为主导的理想BIM团队组织架构图

4. 企业内部 BIM 团队组织构架

各参建单位，根据自身机构设置特点和项目情况，可组建 BIM 中心，以支撑多项目的 BIM 技术应用，从事项目 BIM 技术管理，为本单位 BIM 技术发展进行人员储备、团队培养。可参考的 BIM 团队组织构架如图 3-4-5 所示，从建模、信息交互、应用、维护几个方面配备人员。

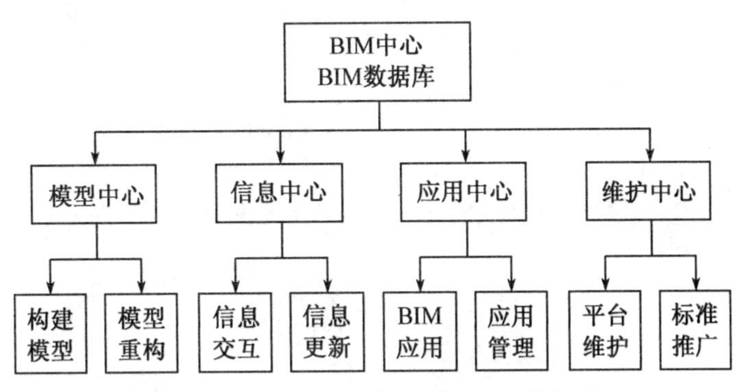

图 3-4-5　企业内部 BIM 中心组织构架图

3.4.3　应用工作内容简介

每一个特定的 BIM 应用都有其详细工作的顺序，包括每个过程的责任方、参考信息的内容和每一个过程中创建和共享的信息交换要求。

以某工程为例，项目 BIM 策划实施背景为：

(1) 设计单位仅提供二维图纸。

(2) 施工总承包单位根据设计资料构建模型，并管理 BIM 模型。

(3) 分包单位负责深化设计模型及配合工作。

BIM 应用包括：

应用 1 模型构建，建立 BIM 模型，供后续操作使用。

应用 2 模型维护，通过信息添加和深化，将施工图模型完善成竣工图模型。

应用 3 三维协调，综合设计协调，排除建筑、结构、机电、装饰等专业间冲突。

应用 4 快速成型，采用三维打印或数字化机床生产加工异形构配件。

应用 5 三维扫描，三维扫描测量及放线定位。

应用 6 材料管理，材料跟踪及物流管理。

应用 7 进度模拟，施工进度模拟。

应用 8 施工优化，利用 BIM 技术优化施工方案。

应用 9 现场管理，现场安全及场地控制管理。

应用 10 工程量统计及分析，统计工程量，分析成本。

应用 11 BIM 竣工模型交付和过程记录，提交最终完整 BIM 模型，并记录过程资料。

以施工单位为主要工作对象，BIM 工作的流程可参考图 3-4-6。

下面对部分 BIM 应用，简述其工作内容：

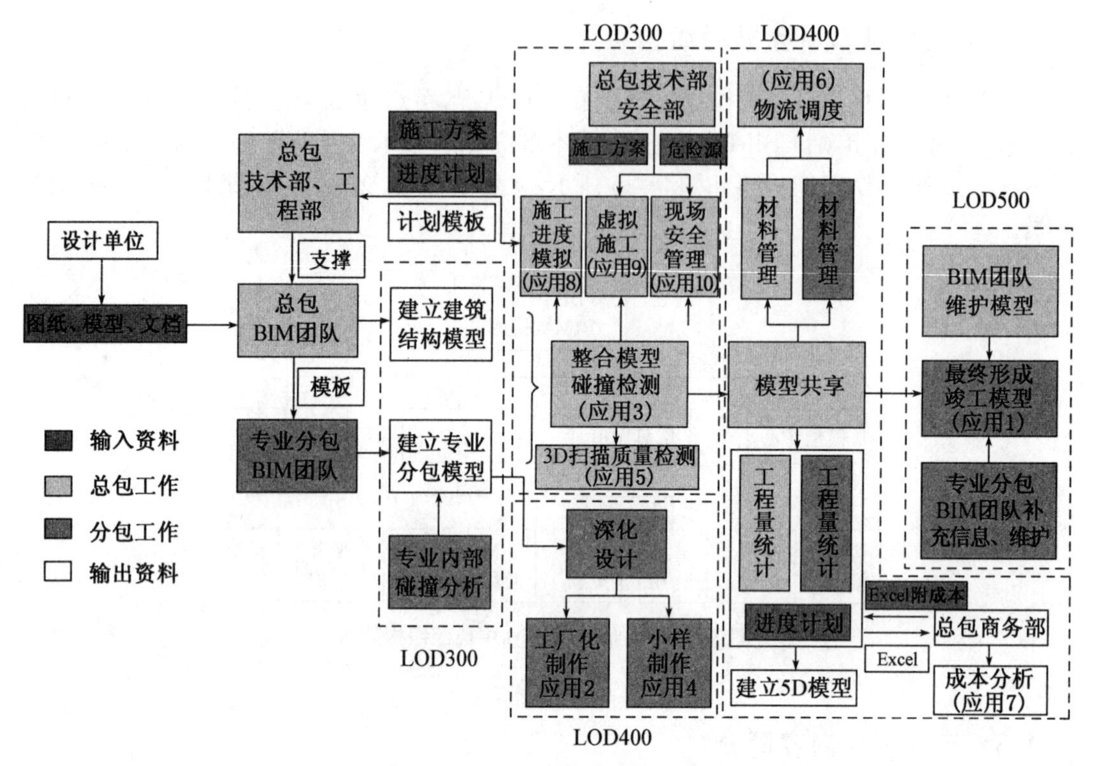

图 3-4-6　BIM 工作流程参考图

1. 模型构建

完成模型构建，根据设计资料信息（包括材质等），表现设计意图及功能要求。具体工作内容包括：

（1）三维可视化为 BIM 应用的重要内容，在构建模型后，建筑、结构、机电各专业应首先沟通，检查模型与设计方案差异。

（2）对模型的检查主要集中在对工程量统计的对比、设计模型的零碰撞检查和构件的材料、规格检查等方面。

（3）构件的材料、规格检查，针对设计说明及设计图纸中的表达，对照模型进行逐一确认，保证模型的材质、规格等信息和 2D 图纸中的表述一致。

（4）根据工程难点、特点和业主所关注的重点，安排足够的技术人员进行三维可视化制作，进行建筑、结构、机电各专业的功能化分析。

2. 模型维护

完成施工建模、输入施工信息，达到竣工模型要求，如图 3-4-7 所示。

工作内容：

（1）完成日常的施工建模工作，包括临时辅助设施、支撑体系等。按照项目 BIM 规划的要求，参考工程部进度计划条目命名方式，完成模型构件命名。

（2）按照设计说明及设计图纸中的表达，根据材料报审审批情况，完成构件材料综合信息输入。

(3) 根据工程进度,输入主要建筑构件、设备的施工安装时间,主要依据为挖土令、混凝土浇灌令、打桩令、吊装令等。

(4) 综合考虑运营管理对信息的基本要求,为运营管理阶段的使用,建立模型信息基础。

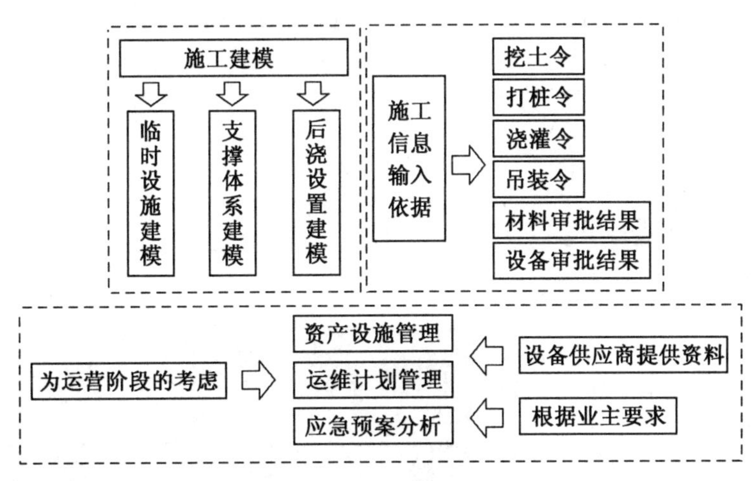

图 3-4-7　模型信息添加流程图

3. 三维协调

在复杂的工程中,存在种类繁多的机电管线与建筑结构的空间碰撞问题,碰撞结果输出的形式、碰撞问题描述的详细程度、找寻碰撞位置的方法,在 BIM 软件中有较成熟的应用方案,如图 3-4-8 所示。

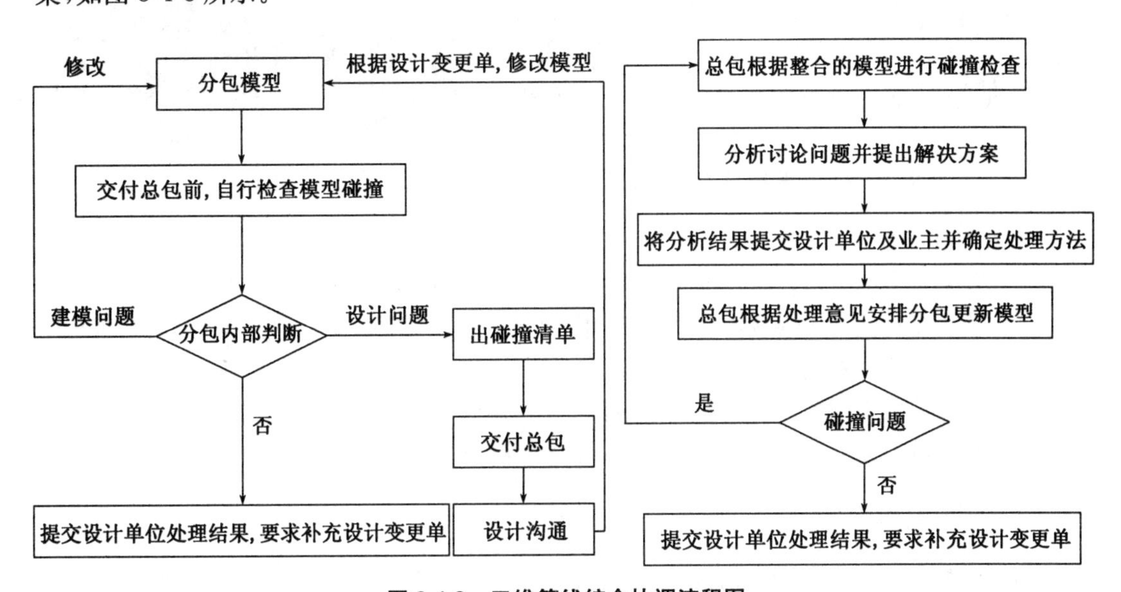

图 3-4-8　三维管线综合协调流程图

工作内容：

(1) 三维协调为工程的重要内容，在接收设计模型后，应首先与设计方、业主沟通，确定模型的分区范围。

(2) 根据土建施工进度计划，并充分估计到审批流程的时间，制订详细的深化设计、碰撞检测、材料加工、设备采购进货、机电安装的完成计划。

(3) 根据深化设计的进度，进行建筑、结构、机电各工种之间的三维碰撞协调分析，对于体量较小的单体建筑，一次完成全部碰撞检查；对于体量较大的单体建筑，可采用分层分区的方式进行划分，逐次完成碰撞检查。

4. 工程量统计与分析

通过对日常模型的维护，完善工程量的统计，为工程决算提供计算依据，如图 3-4-9 所示。

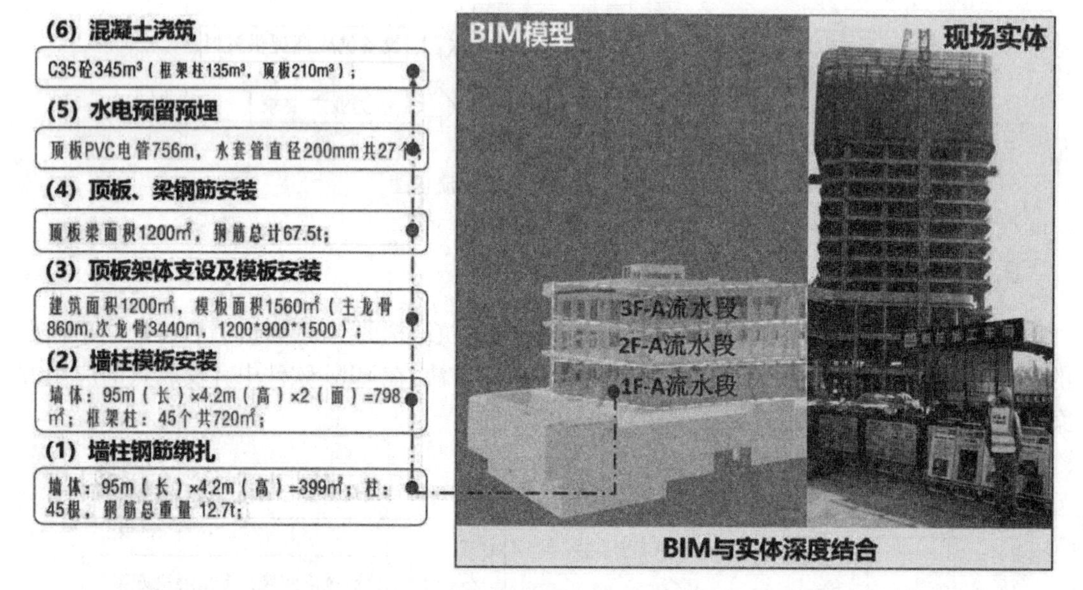

图 3-4-9　基于 BIM 的工程算量统计（由广联达科技股份有限公司提供）

工作内容：

(1) 根据施工模型，对照设计变更单、业主要求等模型修改依据，完成工程量统计。

(2) 建立反映施工进度成本管理的 5D 模型，估算成本消耗情况，进行资源消耗、现金流情况、成本分析，每月报总包商务部门。

(3) 统计阶段工程实际工程量配合阶段工程款申请。

(4) 根据最终的竣工模型，提供工程决算的计算依据。

5. 进度模拟

施工进度模拟可以直观、精确地反映整个项目的施工过程和重要环节，如图 3-4-10 所示。

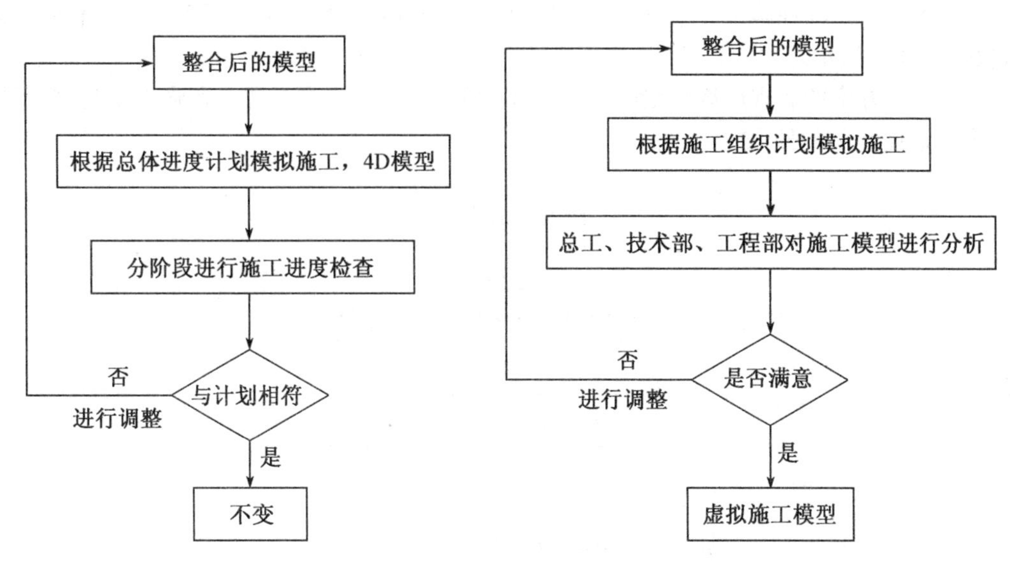

图 3-4-10　项目进度模拟与虚拟施工流程图

工作内容：

(1) 在项目建造过程中制订合理的施工方案，掌握施工工艺方法。

(2) 优化使用施工资源以及科学地进行场地布置，对整个工程的施工进度、资源和质量进行统一管理和控制，以缩短工期、降低成本、提高质量。

(3) 施工总流程，应根据月、季、年进度计划的制定，以双周周报、月报的形式进行提交。

(4) 施工总流程链接成本信息，对照实际发生成本，进行全过程成本监控。

(5) 根据施工进度情况，动态调整施工总流程模型，在调整中对重要节点进行监控，如深化设计时间、加工时间、设备采购时间、安装时间等，发现问题，立即上报，避免影响工程进度。

6. 施工优化

施工方案优化主要通过对施工方案的经济、技术比较，选择最优的施工方案，达到加快施工进度并能保证施工质量和施工安全，降低消耗的目的，如图 3-4-11 所示。

施工方案的优化有助于提升施工质量和减少施工返工。通过三维可视化的 BIM 模型，沟通的效率大大提高，BIM 模型代替图纸成为施工过程中的交流工具，提升了施工方案优化的质量。

工作内容：

(1) 对于存在较大争议的施工方案，围绕技术可行性、工期、成本、安全等方面进行方案优化。

(2) 施工方案演示及优化的资料，应在施工方案报审中体现，并作为施工方案不可缺少的一部分提交业主和监理审批。

(3) 在施工组织设计编制阶段，应明确施工方案 BIM 演示的范围，深刻理解“全寿命全过程”的含义，挑选重要的施工环节进行施工方案演示，重要环节指的是结构复杂、施工工艺复杂、影响因素复杂的施工环节。

(4) 紧密联系专项施工方案的编制,动态调整模型,此模型不用于工程量统计和信息录入,仅作为施工演示。

(5) 施工方案的表现应满足清晰、直观、详细的要求,反映施工顺序和施工工艺,先后顺序上遵照进度计划的原则。

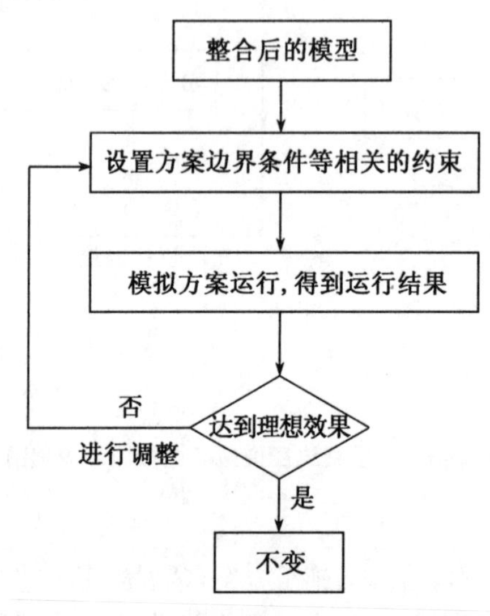

图 3-4-11 方案模拟及优化流程图

7. BIM 竣工模型提交和过程记录

工作内容:

(1) 根据工程分部分项验收步骤,不晚于分部分项验收时间内提交分部分项竣工模型,竣工模型信息的添加参考表 3-3-4～表 3-3-8 关于 LOD 500 的技术要求。

(2) 基于 BIM 的项目管理工作,探索以 BIM 工具来实现项目管理的质量控制目标、进度控制目标、投资控制目标和安全控制目标,真正改变传统建筑业的粗放式的管理现状,实现精细化的管理。

(3) BIM 应用的过程资料非常重要,为此,要求 BIM 操作全过程记录,对于重点原则和操作标准的内容,应形成相应的规章制度执行,所形成的资料作为后续或其他工程的参考。

3.4.4 应用软件选择

美国 BIM 专家 D. K. Smith 先生在其著作中下了这样一个论断:“依靠一个软件解决所有问题的时代已经一去不复返了。”国内学者何关培也提到 BIM 的一个特点——BIM 不是一个软件的事,其实 BIM 不止不是一个软件的事,准确一点应该说 BIM 不是一类软件的事,而且每一类软件的选择也不止是一个产品,这样一来要充分发挥 BIM 价值为项目创造效益涉及的常用 BIM 软件数量就有十几个到几十个之多了。

下面通过对目前在全球具有一定市场影响或占有率,并且在国内市场具有一定认识和应用的 BIM 软件进行分类，希望能够对 BIM 软件有个简单的梳理和总体认知。

BIM 软件按其职能作用可划分为工具软件、整合软件和平台软件；按其所属地区和公司可分为"美国派"——Autodesk（欧特克）、"法国派"——Dassault（达索）、"北欧派"——Tekla（泰克拉）等；按其适合使用的项目类别可分为土建结构、钢结构、曲面异型结构、幕墙结构、管道结构等。

工具软件包括建模工具软件、性能化分析软件、BIM 应用实现软件等，例如，Autodesk 公司的 Revit 系列、Ecotect 系统，Dassault 公司的 Catia 系统，以及 Tekla、Rhino、ArchiCAD、MagiCAD 等，此外还包括各种单一或某几项 BIM 功能的工具软件，实现其强大的功能，如 Synchro、Vico 等。

整合软件是各软件开发商重点为本公司系统产品研发的软件平台，如 Autodesk 公司的 Navisworks、Dassault 公司的 Delmia 系统、Bentley 公司的 Projectwiser 等。

平台软件是各软件开发商为实现模型信息交互而开发的虚拟交换平台，包括 Autodesk 公司的 BIM 360、Vault 等，Dassault 公司的著名产品 Enovia 等。

对于不同的建筑结构类别，适合土建结构的 BIM 软件多选择 Autodesk 公司的 Revit，Tekla 则特别适合钢结构的模型构建，幕墙结构多选择 Rhino 软件，而管道结构更多选择 Bentley 的产品，能较好实现曲面异型结构的软件有 Rhino 和 Catia 系列。

在实际操作中，则要根据项目的特点和 BIM 团队的实际能力，正确选择适合自己使用的 BIM 软件，因为一旦确定了某类 BIM 产品，构建出 BIM 模型，在模型格式不完全兼容的条件下，模型格式转换将造成模型构件和信息的丢失。笔者曾将 Revit 模型转换格式，读入到其他软件产品中，模型的读取程度因软件而异，但都存在不同程度的信息丢失现象，故不建议在 BIM 操作过程中频繁转换格式互相读取模型。

以某污水处理厂项目工程为例，在规划阶段严格规定 BIM 软件的选择，工程各阶段应用点及推荐的软件保存格式、请见表 3-4-1～表 3-4-5，供读者参考。

表 3-4-1　方案设计阶段应用点及推荐软件

序号	实施方	应用点	应用具体内容	推荐软件
1	设计单位	场地建模	依据场地三通一平后的状况进行三维建模，为后期建模提供场地模型	Civil 3D、Revit
2		场地漫游	对已有的场地三维模型进行漫游设置，并导出动画	Revit、Navisworks
3		方案建模	对项目进行建筑专业三维建模，达到方案深度	Revit、AutoCAD

表 3-4-2　设计阶段应用点及推荐软件

序号	实施方	应用点	应用具体内容	推荐软件
1	设计单位	初设建模	结合初步设计进行全专业（建筑、结构、机电）三维建模	Revit、AutoCAD
2		初步设计 3D 漫游	对已有的初步设计模型进行漫游设置，并导出动画	Revit、Navisvorks、Showcase
3		能耗分析	GPS 导入 eQUEST 模拟分析	eQUEST

序号	实施方	应用点	应用具体内容	推荐软件
4		声环境分析	Revit 导入 Ecotect 模拟分析	Ecotect
5		办公室日照与采光分析	Revit 导入 Ecotect 模拟分析	Ecotect
6		办公室通风情况分析	Revit 导入 Ecotect 模拟分析	Ecotect
7		施工图设计建模	结合施工图设计进行全专业(建筑、结构、机电)三维建模	Revit、AutoCAD
8		施工图设计模型碰撞检查	将施工图设计全专业(建筑、结构、机电)模型放到统一平台,在三维空间中发现平面设计的错漏碰缺,并处理完成	Revit、Navisworks
9		施工图设计模型3D 漫游	对已有的设计模型进行漫游设置,并导出动画	Revit、Navisworks、Showcase
10		工艺设计方案比选	针对不同的工艺设计方案,分别建模演示,并进行优劣分析,做出选择	Revit、Navisworks、Showcase
11		工程量统计	利用 Revit 明细表功能及扣减规则,添加成本参数,完成清单统计	Revit
12		工艺模拟	对工艺、循环灌溉工艺进行模拟	Delmia

表 3-4-3　施工阶段应用点及推荐软件

序号	实施方	应用点	应用具体内容	推荐软件
1	施工单位	工期进度模拟	施工总工期与施工进度的模拟	Revit、Navisworks
2		施工建模	持续在施工图模型的基础上进行模型深化,并加载施工信息,直到形成竣工模型	Revit
3		施工方案模拟,优选	同施工方案演示,多施工方案演示,后进行人工比选	Revit、Navisworks、Delmia
4		施工方案演示	某一阶段/节点施工方案的演示	Revit、Navisworks、Delmia
5		深化模型碰撞检查	辅助深化设计后 3D 协调问题	Revit、Navisworks
6		工程量统计	可进行匡算,但如要精确计算,尚有难度,需要与专业的算量软件有接口,因其有专门的计算规则	鲁班

表 3-4-4　试运营阶段应用点及推荐软件

序号	实施方	应用点	应用具体内容	推荐软件
1	试运营单位	工艺模拟/复核	对综合水厂涉及的补水工艺、循环工艺、灌溉工艺进行模拟，并进行完善	Delmia
2		资产设计管理	通过三维模型与管理系统的结合，对综合水厂主要设施(水泵、污泥泵、风机、流量计、阀门、紫外消毒设备)进行管理	Revit
3		运维计划管理	对综合水厂的运维计划进行策划，根据设备运行状况及时安排维护、保养、更换计划，规范设备维护保养步骤和流程	Enovia
4		运行方案优化、比选	对不同运行模式进行优化，确定不同运行模式的选择条件情况，比较各种运营指标	Enovia
5		应急预案演示与分析	模拟各种突发状况，并对各种与之对应应急预案的实施情况进行模拟分析	Revit、Delmia、其他软件

表 3-4-5　主要软件保存格式

应用	软件	保存格式
三维建模软件	Autodesk Revit	RVT
模型整合平台	Navisworks	NWC/NWD
二维绘图软件	AutoCAD	DWG/DXF
文档生成软件	Microsoft Office	DOC

3.4.5　信息交互方式

前面讨论了那么多的 BIM 模型和应用，不可否认，目前 BIM 的应用还停留在操作层面的单打独斗上，涉及工程管理 BIM 深入应用的项目还不够成熟。目前缺少的是对建筑模型信息的管理，具体体现在：未建立适合 BIM 发展的管理模式；未建立适合 BIM 管理的工作流程，归根结底是没有建立一个适合 BIM 信息交互协调的平台。

工程项目信息管理面临着如下的挑战：

虽然有多种三维 BIM 软件技术的应用，但缺乏统一的数据管理平台，对于建立 BIM 模型后如何深入应用，缺乏有效管理手段。

虽然计算机辅助日常工作已经普及，但大量工程信息分散存储在若干终端电脑，缺乏集中的信息交流与沟通管理平台，施工变更、采购信息、项目计划等信息无法及时有效地进行传递。

虽然应用了部分自动化办公及项目工程管理软件，但还未建立基于 BIM 三维可视化的项目协同管理平台，未实现三维模型基础上的项目全过程管理。

虽然工程项目后期都会进行项目归档，但缺乏有效的手段在项目进行过程中进行实时存档、记录；结合三维模型，通过管理流程及表单规范项目操作，便于及时追溯及查询，同时作为知识库进行积累和沉淀。

事实上，BIM 的精髓在于通过信息交互实现协同工作，然而信息交互采用什么样的形式呢？我们使用先进的 BIM 工具，而信息的传输还能停留在采用移动储存介质（如 U 盘、移动硬盘）来完成吗？这种传统的传递信息模式不能满足信息交互、消除信息孤岛的要求。

因此，BIM 应用作为一种工具，其信息必须在一个信息通畅交流的平台上运行，所有参建单位都共同参与，信息即时传输，才能发挥出 BIM 的巨大能量。不使用协同的平台，没有真正意义上的 BIM，靠单打独斗地使用 BIM 的各项应用，线下还依然采用传统的工作方式，只会增加管理的烦琐程度，增加建筑工程管理成本，这或许是某些工程 BIM 应用失败的最大原因。

参考达索公司项目协同管理的理念，图 3-4-12 给出了基于 BIM 的工程项目协同管理平台的技术路线，在这个平台上，参建单位之间能够信息共享，达到减少内耗、完善设计协同、兼顾运营管理的目的，从而科学高效地管理项目。

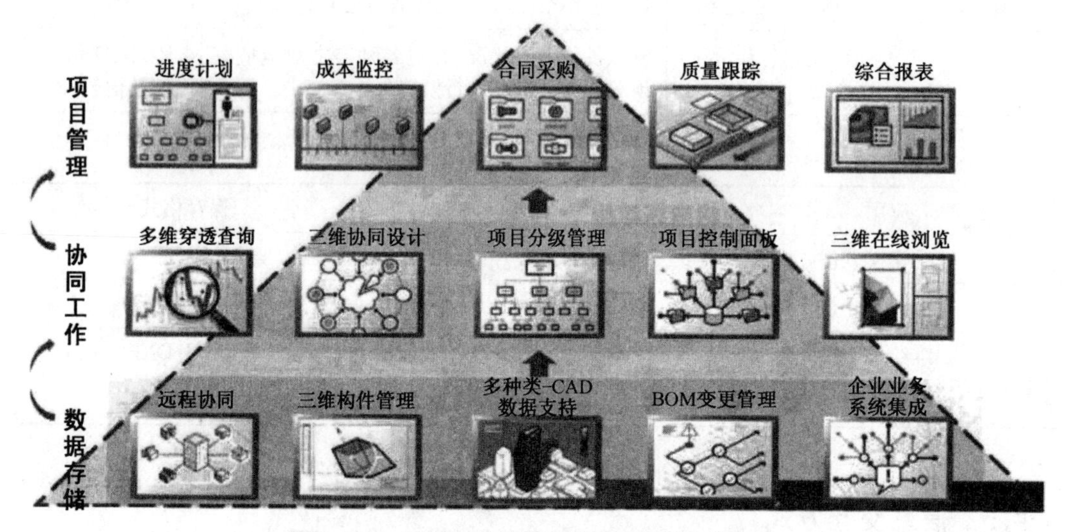

图 3-4-12　三维可视化项目协同管理平台架构图

该平台应该具备以下几个特点：

（1）智能化

首先该平台管理的不是模型文档的时间版本，而是对模型文档内容的智能化管理，即应为深入到模型内容的数据库管理，从而能对模型的更新版本进行管理。

（2）结构化

要想更有效地管理模型和 BIM 应用，必须对模型进行结构化的重构，在平台上建立基于二维数据列表和三维模型一一对应的结构化数据模式。

（3）兼容性

由于在 BIM 应用和操作中，不可避免地要采用多款软件才能达到某些 BIM 应用的目的，那么基于多款 BIM 软件的交互平台，必须解决不同格式 BIM 模型的兼容性问题，否则同样达不到信息充分交互的目的。

（4）适应性

该平台应该具有较强的适应性，能适应不同的项目特点和管理方式，即平台的设置和流程可采用自定义的方式，具有宽泛的适应能力。

(5) 可操作性

建筑领域，尤其是施工行业，技术人员对 IT 技术和平台操作的能力普遍不高，为防止增加产品应用的难度，提高可操作性，该平台应该在使用界面上简单易行，人性化操作。

基于 BIM 的工程项目协同管理平台，在对工程项目全过程中产生的各类信息(如三维模型、图纸、合同、文档等)进行集中管理的基础上，为工程项目团队提供一个信息交流和协同工作的环境，对工程项目中的数据存储、沟通交流、进度计划、质量监控、成本控制等进行统一的协作管理。

3.4.6　网络架构

根据 BIM 团队的成熟程度和项目管理团队对 BIM 掌握程度不同，BIM 团队将采用不同的网络架构。

1. 小协同的网络架构

在目前 BIM 团队普遍水平不高的情况下，可采用 BIM 实施与传统作业相结合的方式，即采用小协同的方式开展工作，如图 3-4-13 所示。

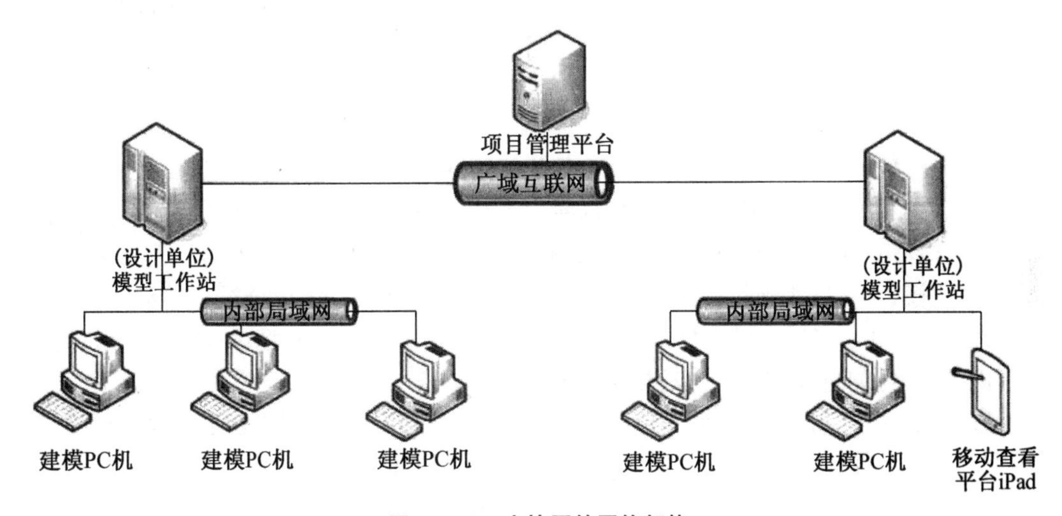

图 3-4-13　小协同的网络架构

设计、施工单位在各自办公场所分别设置 BIM 模型工作站和建模 PC 机，以进行设计协调和施工协调，而项目管理公司则通过项目管理平台对项目整体操作进行协调，重点控制从设计到施工的交接以及借助传统的工作方式，在设计与施工单位的技术支持下，管理设计阶段和施工阶段的 BIM 协调工作。

设计阶段和施工阶段分别由各自单位负责 BIM 模型的维护与管理，同时允许业主或管理公司以约定的方式浏览并注释审阅模型，协调各方。

2. 多方参与的网络架构

BIM 的项目管理方对 BIM 技术掌握发展到较高阶段，同时已构建了基于 BIM 的信息管理平台，平台技术已相对成熟，BIM 标准在行业领域已经建立并供各参建单位遵守执行，在 BIM 实施过程中贯彻执行信息交互的理念，可采用基于信息交互平台的管理方式：由 BIM 管理公司提供信息交互平台的网络服务器，设计、施工、监理、供货商等不同 BIM 主体可根据分配的账号和权限，登陆平台，在平台上进行项目设计、施工管理、文档流转、产品展示，所有的模型数据和设计、施工的全过程信息都保存在网络服务器内，流程可以用来记录、追溯、分析，形成多方参与的网络架构，如图 3-4-14 所示。

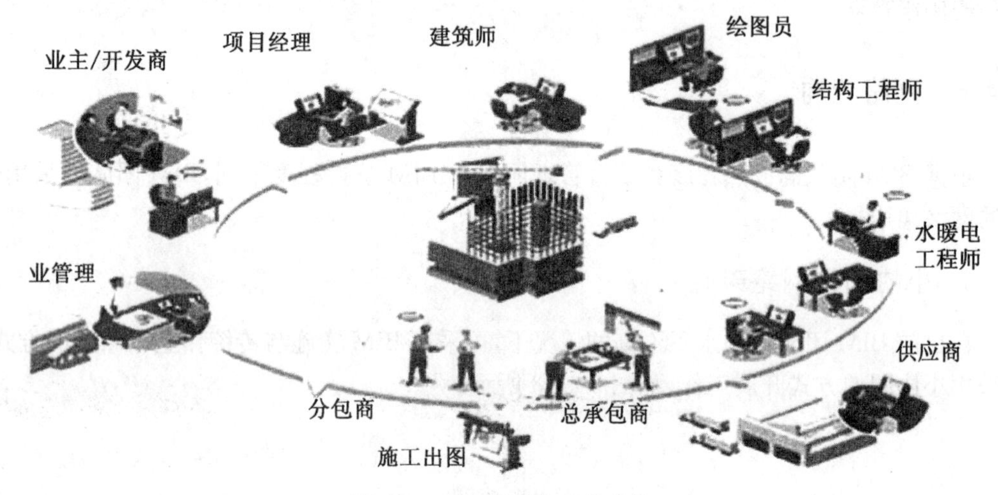

图 3-4-14　多方参与网络架构

基于三维数据将整个项目过程中的工程信息管理起来，不仅三维构建数据，而且所有与项目相关联的二维信息都集成在一个数据库中进行统一管理。建立一个工程项目内部及外部协同工作环境，使得项目过程中的信息能够快速有效地共享交流，并及时得到反馈。基于三维可视化模型，对工程项目的变更、进度、成本进行实时监控，实现全过程的动态管理，真正意义上实现 BIM 应用的最大化。所有项目过程中的信息，将统一记录在管理平台的数据中心，提供可追溯的查询并作为知识沉淀，永久保存下来。

在建设过程中，由系统记录所有参建单位的建设行为，管理公司直接进行设计模型和施工模型的管理与维护，可体现更高的管理水平和更为成熟的 BIM 应用能力。

BIM技术应用

案例赏析3

第4章

BIM在设计阶段的应用

4.1 BIM在初步设计阶段的应用

4.1.1 初步设计的内涵及基于BIM的工作流程

1. 初步设计的内涵

初步设计是在已批准的项目可行性研究报告或项目方案设计的基础上展开，设计师对项目方案设计的进一步深化，此阶段需要拟定项目设计原则、设计标准，详细考虑建筑、结构和机电等各专业的设计方案，对所涉及的各专业技术问题进行研究，各专业方案的技术矛盾进行协调，合理地确定项目总投资和经济指标，并论证其技术上的适用性、可靠性和经济上的合理性。

在初步设计阶段采用BIM技术，利用BIM技术的优势，可以直接生成各类视图，保证各专业模型的关联性、一致性，此方式能够直观、全面地表达建筑构件空间关系，真正实现专业内及专业间的综合协调，在此过程中可以避免或解决大量的设计冲突问题，大幅提升设计质量。

2. 基于BIM的初步设计工作流程

BIM技术在初步设计阶段的应用主要目标在于优化建筑形体、建筑布局，以及在同一模型中构建建筑、结构、机电各专业设计方案细节，协调各专业间的空间关系。基于BIM的初步设计一般工作流程如图4-1-1：

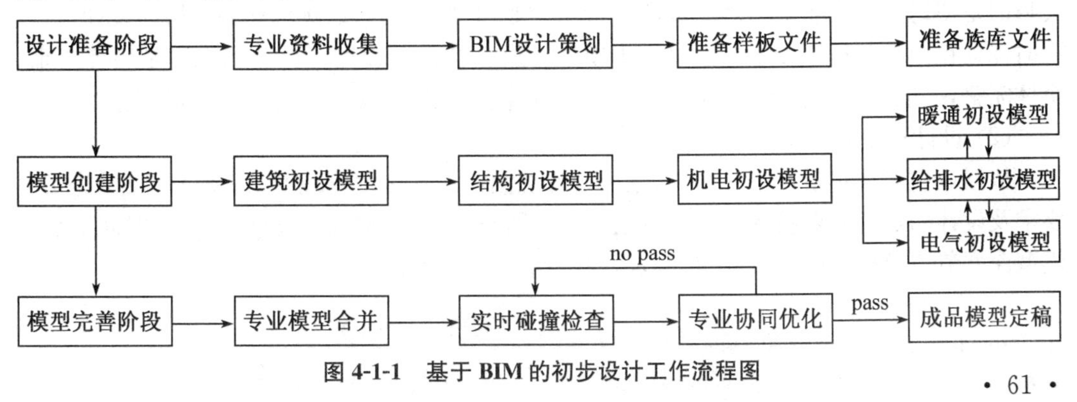

图4-1-1 基于BIM的初步设计工作流程图

在基于 BIM 的设计工作模式中，施工图设计阶段的不少工作前移到了初步设计阶段，特别是在机电专业方面，原来在施工图设计阶段的深化内容也前移到此阶段完成，由于 BIM 技术打破传统设计模式，可以将各专业的模型信息进行有效传递，让各专业在三维环境下直接进行设计，在工作流程和数据流转方面，都使设计效率有明显提升。

4.1.2 初步设计模型创建

1. 设计前的准备工作

设计单位承接项目设计任务后，首先成立项目设计师团队，包括：建筑、结构、水暖电气安装等相关专业设计师，并委任项目经理，由其负责与业主方进行沟通协调，负责全过程的设计组织工作，设计进度、设计质量及设计成果把控和设计成果审核等。

设计师团队成立后，首先由项目经理负责编制一份全面的基于 BIM 技术的项目设计计划书，根据设计团队的业务经验、组织流程及本身的 BIM 技能水平，制定切实可行的执行计划，通过计划书使参与设计的各专业工程师能够明确自己承担的任务，能够理解各自的角色和责任，清晰地了解 BIM 技术在项目设计中应用范围、目标及交付成果。

根据项目设计的特点和制定的项目设计计划书，需要收集各专业相关的原始数据和设计资料：

(1) 项目建设所在地的建筑传统设计风格，人们生活习惯，宗教信仰等；

(2) 气象资料：项目所在地区的日照、温度、湿度、雨雪、风向、风速以及冻土深度等；

(3) 地形、地质、水文资料：项目建设地点的地形及标高，土壤种类及承载力，地下水位以及地震烈度等；

(4) 地下水电、设备管线等资料：建设地点地下的给水、排水、电缆等管线布置，以及基地上的架空线等供电线路情况；

(5) 设计项目的有关指标：国家或所在省市地区有关设计项目的定额指标，例如办公楼的办公面积或单人使用面积指标，学校教室的面积定额，以及建筑用地、用材等指标。

在初步设计阶段，各专业把相关的原始数据和设计资料收集完成后，运用 BIM 技术设计，因模型大小受软硬件的影响，为了保证设计模型持续的使用和优化，应对该项目 BIM 技术设计运用进行策划。

(1) 模型拆分

根据整个项目的特点，对项目模型按建筑分区、专业及系统等进行拆分，模型拆分的主要目的是使每个设计者清晰地了解所负责的专业模型的边界，以顺利地展开协同设计工作，同时保证在模型数据逐步增加的过程中硬件有足够的运行速度。拆分的原则是边界清晰、个体完整，一般由该项目的 BIM 设计团队的项目经理根据工程特点和自身经验进行划分。

(2) 设计进度安排

依据业主对项目设计委托合同，结合设计院内部设计深度管理要求、项目建设推进实际要求及设计团队各专业技术力量配备情况，在项目初期制定设计进度计划，安排时间节点与模型深度节点及相应的人员配置，制定好各专业间协同时间。

(3) 制定建模原则，做好项目样板、族文件准备工作

在项目运用 BIM 技术进行设计时，相同的建筑构件可能有多种建模方法，为了方便各专业设计人员对模型的修改与协同、管理与维护，需要在项目设计准备阶段统一策划，制定统一的建模原则，并事先做好尺寸单位和模数等相关参数的约定；项目设计前，准备好项目样板文件和族文件，建模时应优先考虑调用已有族库中的模型，如族库中不存在的，又在项目中需大量使用的族，则应新建族文件并在项目中共享。

2. 各专业模型的创建方法、内容及流程

(1) 建筑专业 BIM 模型创建

目前建筑专业国内常用的 BIM 模型创建软件主要有 Autodesk Revit、Graphisoft ArchiCAD、Bentley Microstation 等，其中 Autodesk Revit 软件应用较为广泛，内含建筑、结构和水暖电三个专业的设计工具模块。本书主要介绍 Revit 软件。

一般建筑模型创建方法如下：

① 定义项目模板，根据项目类型，定义适合设计项目的模板，准备好项目样板文件和族文件，建模时应优先考虑调用已有族库中的模板文件，可以方便创建模型，也可以节约创建模型时间。

② 创建标高，在 Revit 软件中，创建标高必须在立面和剖面视图中才能使用，因此在正式开始项目设计前，必须事先打开一个立面视图，通过绘制命令直接绘制，还可以通过复制、阵列等方法创建，然后设置标高的样式。

③ 创建轴网，在平面视图中创建轴网，可以通过命令直接绘制，也可以通过复制、阵列等方法创建，可以从类型选择器下选择合适的轴线类型，也可以通过编辑类型属性创建新的轴线类型。

④ 创建基本构件模型，主要包括：墙体、柱子、门窗、楼板、楼梯、幕墙、屋面、台阶、栏杆等

初步设计 BIM 建筑模型创建要求如表 4-1-1 所示。

表 4-1-1　BIM 建筑模型创建要求

<table>
<tr><th>序号</th><th>构件类型</th><th>构件内容</th><th>模型应具备的信息</th></tr>
<tr><td rowspan="3">一</td><td rowspan="3">建筑主体构件</td><td>墙体、建筑柱、楼板</td><td rowspan="9">① 构件的几何尺寸、定位信息、物理性能、材质、等级、构造、工艺等
② 节能设计：材料选择、物理性能、构造设计等
③ 无障碍设计：设施材质、物理性能、参数指标等
④ 防火设计：防火等级、防火分区、各相关构件材料和防火要求等
⑤ 新材料、新工艺的做法说明</td></tr>
<tr><td>楼梯、屋面、幕墙</td></tr>
<tr><td>门窗、台阶、坡道</td></tr>
<tr><td rowspan="3">二</td><td rowspan="3">建筑功能构件</td><td>栏杆、扶手</td></tr>
<tr><td>吊顶、楼地面</td></tr>
<tr><td>保温、隔声、吸音</td></tr>
<tr><td rowspan="3">三</td><td rowspan="3">建筑设施构件</td><td>马桶、浴缸、台盆</td></tr>
<tr><td>厨柜、水池、吊柜</td></tr>
<tr><td>桌、椅、沙发、茶几</td></tr>
</table>

初步设计 BIM 建筑模型创建流程如图 4-1-2。

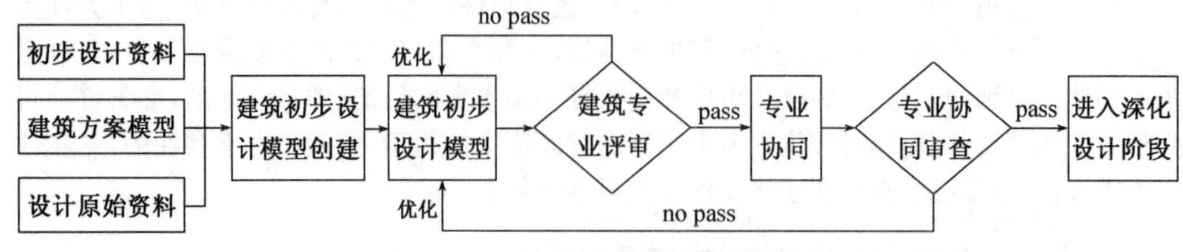

图 4-1-2　BIM 建筑模型创建流程

(2) 结构专业 BIM 模型创建

目前,结构专业建模常用方法是在 YJK、PKPM、Midas 等软件完成结构模型创建和技术分析,然后通过信息交换软件(插件或专门的软件工具)导入到 Revit 软件完成多专业综合、协调及碰撞检查等;也可以应用 Revit 软件直接进行结构建模,建模完成后,运用 Revit 自身的碰撞检查功能,进行查找建模过程中出现的错漏碰缺,然后进行下一步优化和完善模型。再将完善后的 Revit 模型导入结构分析软件,进行计算分析,计算分析符合要求后,将计算分析完成后的结构分析模型重新导入到 Revit 软件中,创建符合我国平法施工图规范的"标签族",将这些"标签族"按平法标准图集要求附加到正确的位置上,即附加到需要注写配筋信息的构件上,便可以生成结构平法施工图。

初步设计 BIM 结构模型创建要求如表 4-1-2。

表 4-1-2　BIM 结构模型创建要求

序号	构件类型	构件内容	模型应具备的信息
一	基础构件	桩基、独立基础	① 构件的几何尺寸、定位、物理性能、材质、等级、构造等信息 ② 构件的配筋信息,钢筋平法标注信息 ③ 构件的挠度、裂缝的控制信息 ④ 结构设计规范中要求的控制指标:结构周期比、位移比等信息 ⑤ 新材料、新工艺的做法、使用相关信息
		条形基础、筏板基础	
二	混凝土结构构件	结构柱、剪力墙	
		结构梁、挑梁	
		结构楼板、结构楼梯	
三	钢结构构件	钢柱、钢梁	
		钢檩条、钢支撑	
		钢桁架、网架	

初步设计 BIM 结构模型创建流程如图 4-1-3 所示。

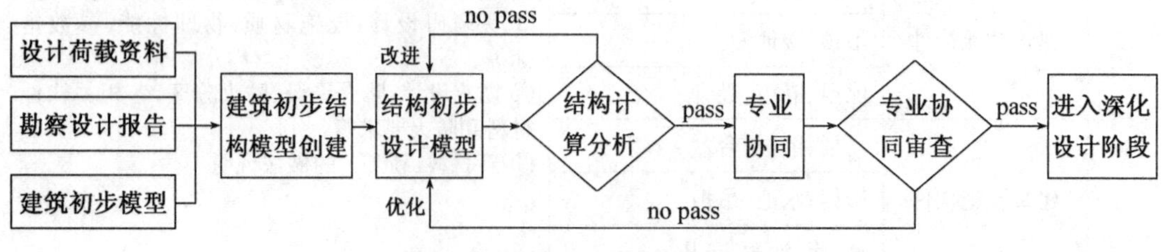

图 4-1-3　BIM 结构模型创建流程

(3) 暖通专业 BIM 模型创建

一般暖通模型创建方法如下：

① 设备及项目样板

Revit 项目样板中已包含暖通设备及设备规格及参数，可直接由样板中选择对应设备并进行布置，若项目样板中自有的设备或设备规格型号可自行载入，如无设备数据模型，则需自行建立或联系相关单位提供。

② 风管及管道创建

在风管及管道模型创建过程中，布置好设备及末端之后，可根据系统关系创建管道系统，并使用生成布局及布局解决方案调整自动布置相应管线，并将布局方案转换为管线占位符，在之后的工作中转换为实际管线，并使用管道尺寸计算功能自动计算管线尺寸，注意管道需要添加堵头及管帽，传统设计中一般不考虑，需要特殊注意。

Revit 自带风管系统分类中无新风、排烟两系统，其中排烟应归并为排风系统分类，新风系统应归并为送风系统分类；关于新风系统连接至风机盘管送风口，或变风量系统回风中混入新风或排风类情况，物理连接容易实现，但逻辑连接会导致系统计算错误；解决方法为在接入新风的风管上设置新风风口，并完成物理连接，将盘管送风口送风参数调整为“系统”并将风盘、新风口及送风口连接成系统进行计算。

初步设计 BIM 暖通模型创建要求如表 4-1-3。

表 4-1-3　BIM 暖通模型创建要求

序号	设备类型	模型内容	模型应具备的信息
一	冷热源机房设备	冷热源机房主要设备、主要管道的模型及布置	① 建筑空间参数信息，所有暖通设计范围内应具有空间参数，并经过计算，进行空间定位信息 ② 明确选定设备规格及性能参数信息 ③ 管道材质、型号、参数、物理性能及空间布局信息 ④ 系统配置信息 ⑤ 设备、管道安装工艺信息 ⑥ 管道连接方式及材质信息
二	采暖系统	采暖系统的散热器、采暖干管及主要系统附件的模型及布置	
三	通风、空调及防排烟系统	通风、空调及防排烟系统主要设备的模型及布置，主要管道、风道及系统主要附件的模型及布置	

初步设计 BIM 暖通模型创建流程如图 4-1-4 所示。

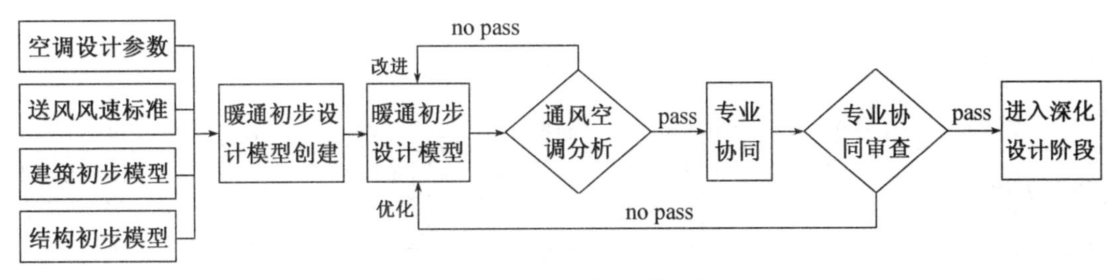

图 4-1-4　BIM 暖通模型创建流程

(4) 给排水专业 BIM 模型创建

一般给排水模型创建方法如下:

① 给排水设备及装置插入放置

在 Revit 软件中,可以将给排水设备及装置插入放置到给水排水管道系统中,并与现有管道分段对齐,在放置它们的位置可自动连接。这些插入的设备及装置具有相同但方向相反的连接件,并且能与其连接件的方向精确地对齐。在必要时将自动插入过渡件,以便与管道分段的尺寸相匹配。

② 管道绘制设置

在绘制给排水管道时,首先需要为将放置的管道类型指定默认管件,如果尚未为选定的管道类型指定默认管件,请转到管道类型指定默认管件为该管道类型指定默认管件,然后可以在立面视图和剖面视图中绘制管道。

在立面视图中绘制管道时,使用的工具和方法与在平面视图中进行绘制时所用的工具和方法相同。但是,由于以不同的透视图查看布局,因此结果可能与预期有所不同。在立面视图中绘制的管道是相对于立面视图平面而绘制的。如果在立面视图中绘制,应当保持三维视图或平面视图可见,以便查看操作的结果。

在剖面视图中绘制管道时,使用的工具和方法与在平面视图中进行绘制时所用的工具和方法相同。但是,由于以不同的透视图查看布局,因此结果可能与预期有所不同。在剖面视图中绘制的管道是相对于剖面视图平面绘制的。如果在剖面视图中绘制,应当保持三维视图或平面视图可见,以便查看操作的结果。

初步设计 BIM 给排水模型创建要求如表 4-1-4。

表 4-1-4　BIM 给排水模型创建要求

序号	设备类型	模型内容	模型应具备的信息
一	给排水 主要设备	水泵、水箱、水池、冷却塔、消火栓等设备	① 明确选定设备规格及性能参数信息所在建筑空间信息 ② 管道材质、型号、参数、物理性能 ③ 所有干管几何尺寸、空间定位信息 ④ 主要支管几何尺寸、布置定位信息 ⑤ 设备、管道安装工艺信息 ⑥ 管道连接方式及材质信息
二	干管及 主要支管	给排水所有干管及主要支管、附件、计量仪表等的模型及布置	
三	末端设备	水嘴、喷头及烟感等系统末端设备的模型及布置	

初步设计 BIM 给排水模型创建流程如图 4-1-5 所示。

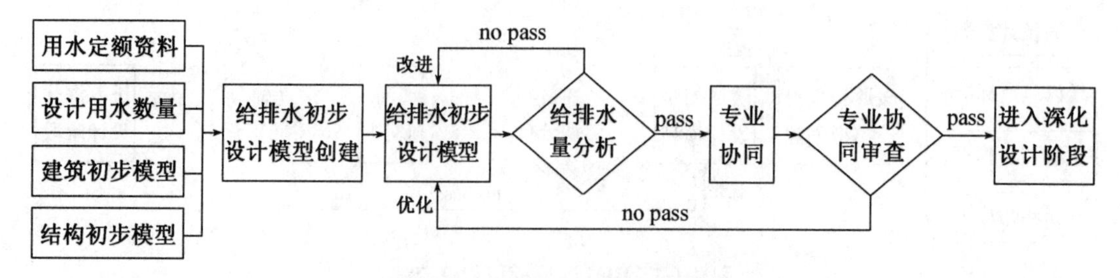

图 4-1-5　BIM 给排水模型创建流程

（5）电气专业 BIM 模型创建

一般电气模型创建方法如下：

Revit 软件集成了电气系统，电气设计师可以据此创建供配电、照明、消防、通信、安防等电气专业 BIM 模型。

① 项目创建。Revit 软件提供了两种工作方式：工作集模式和链接模式。工作集模式是所有专业都在一个模型中设计，这种方式会使模型文件很大，对硬件系统配制要求较高，这种模式可以与其他专业实现实时协同，能及时发现设计问题；链接模式是各个专业分别链接建筑模型，分别建立各专业的 BIM 模型，这种方式建立的模型文件相对比较小，但无法做到与其他专业实现实时协同。选定好工作方式之后，电气专业就可以进行项目创建工作。一般电气专业需要创建电力平面图、照明平面图、消防平面图、弱电平面图，平面图创建完成后需要修改"规程""子规程"和"过滤器"，使电气平面图按照一定的方式排序。通过调整详细程度和视图范围查看视图内容，如果设置不正确，可能会出现所查看的对象不存在的现象。

电气设置中主要对配线类型、电压、配电系统、电缆桥架尺寸、线管尺寸、负荷计算、配电盘明细表进行设置。需要注意的是电压和配电系统设置，如果设置不正确会出现无法创建电气系统的情况。在进行配电设计之前，在项目文件中需要载入相应的电气族如配电盘、插座、灯具等。

② 电气设备布置。一般电气设备布置，如插座、配电箱等，可以直接将设备添加到视图中，布置时根据设备安装位置选择布置在水平面上或者在垂直面上，布置桥架时需要注意桥架形式、水平对正方式、参照标高、偏移和桥架尺寸。为其他专业动力设备配电时，需要先从暖通和给水排水的文件中收集动力条件，采用链接模式工作的项目，需要将暖通或给水排水的文件链接到电气项目文件中，使用"链接"功能中的"复制/监视"功能，把相应的动力设备"复制"过来，采用工作集模式工作的项目可以直接从项目中收集动力条件。

③ 电气系统形成。电气设备放置完毕后，可以开始创建系统回路。例如配电系统，先选择"220/380 星形"形式，如果选项卡中没有出现可选择的配电系统，说明电气设置中的"配电系统"没有与该配电盘的电压和级数相匹配的项。这时要检查配电盘的连接件设置中的电压和级数，或是在电气设置中添加与之匹配的"配电系统"。选中区域中的一个回路的设备，单击功能区中"电力"，直接选中绘图区域中的配电盘创建回路。回路中所选的配电盘必须先指定配电系统，否则在系统创建时无法指定该配电盘，当线路逻辑连接完成后，可以为线路布置永久配线，形成配电系统。

初步设计 BIM 电气模型创建要求如表 4-1-5。

表 4-1-5 BIM 电气模型创建要求

序号	设备类型	模型内容	模型应具备的信息
一	供电系统	变电设备、发电设备布局配电箱、管线敷设路径	① 明确选定设备规格及性能参数信息所在建筑空间信息，设备功能、功率性能信息 ② 管道材质、型号、参数、物理性能 ③ 所有干管几何尺寸、空间定位信息
二	照明系统	照明设备、配电箱布局灯具、管线敷设路径	

（续表）

序号	设备类型	模型内容	模型应具备的信息
三	通信信息系统	通信设备、接收设备布局主要管线敷设路径	④ 主要支管几何尺寸、布置定位信息 ⑤ 设备、管道连接方式及材质信息 ⑥ 各系统调试说明
四	消防、安防系统	消防设备、安防设备布局应急照明、干线管路敷设	

初步设计 BIM 电气模型创建流程如图 4-1-6 所示。

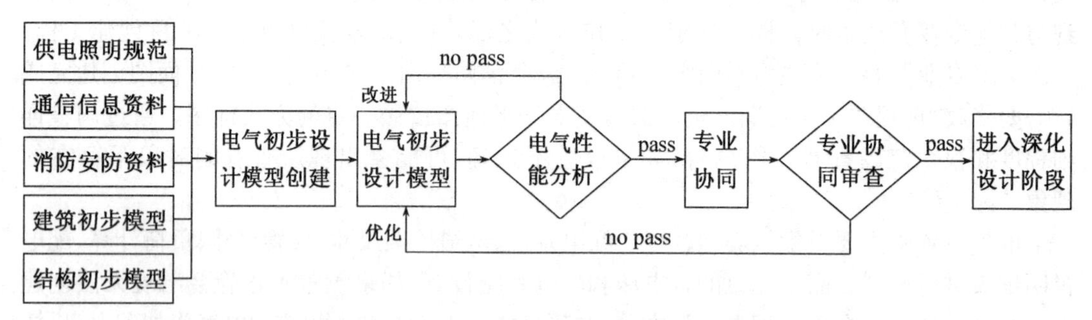

图 4-1-6　BIM 电气模型创建流程

3. 协同设计与碰撞检查

在建筑设计领域，基于二维 CAD 的传统设计项目中，各专业的设计人员在建筑方案的基础上，分别负责其专业内的设计工作，设计项目一般通过专业协调会及定期、节点相互提交设计资料实现专业间设计的协调。由于二维图纸不能直观表达构件的空间位置、特别是各种管道的高程，设计的过程中专业之间的冲突无法及时发现，更是无从协调，因此造成了在施工过程中专业间冲突不断、变更不断成为常有现象。

BIM 技术为工程设计的专业协调提供了两种途径，一种是在设计过程中通过有效的、适时的专业间协同工作避免产生大量的专业冲突问题，即协同设计；另一种是通过软件工具对各专业模型进行碰撞检查，查出碰撞点并修改和优化。碰撞检查是 BIM 技术的重要价值体现。实践证明，碰撞检查可以有效地减少施工阶段的变更数量，减少由于专业冲突造成的损失和返工。

(1) 协同设计

基于 CAD 工具软件的传统设计过程中，协同设计很大程度上是指基于网络的一种设计沟通交流手段，以及设计流程的组织管理形式，包括通过 CAD 文件、视频会议、通过建立网络资源库、借助网络管理软件等。

基于 BIM 技术的协同设计是指 BIM 设计师在 BIM 软件环境下用统一的设计标准来完成同一个设计项目，在设计过程中，各专业在同一模型中并行设计，实现设计数据实时更新，从而减少现行各专业之间（以及专业内部）由于沟通不畅或沟通不及时导致的错、漏、碰、缺，真正实现所有图纸信息元的单一性，实现一处修改其他自动修改，提升设计效率和设计质量。在初步设计阶段常用的 BIM 协同方法主要有三种：

① 中心文件方式协同。各专业根据参与人员的专业性质确定权限，划分工作范围，各

自独立完成工作，将成果汇总至中心文件，同时在各成员处有一个中心文件的实时镜像，可查看同伴的工作进度。这种多专业共用模型的方式对模型进行集中储存，数据交换的及时性强，但对服务器配置要求较高。Revit的工作集功能就是这种方式协同。

② 文件链接方式协同，这种方式也称为外部参照，相对简单方便，使用者可以依据需要随时加载模型文件，各专业之间的调整相对独立，尤其是对于大型模型在协同工作时，性能表现较好，特别是在软件的操作响应上。但数据相对分散，协作的时效性稍差。该方法适合大型项目、不同专业间或设计人员使用不同软件进行设计的情形。

③ 文件集成方式协同，这种方式是采用专业的集成工具软件，将不同模型数据都转换成工具软件的格式，再利用集成工具进行模型整合。

(2) 碰撞检查

随着社会的进步和发展，建设项目规模越来越大，形体和功能也越来越复杂，由于二维图纸不能直观表达构件的空间位置及异形构件，使得图纸中存在许多意想不到的碰撞盲区，并且各专业分工作业，仅依赖人工协调项目内容和分段，导致专业间设计成果存在碰撞和冲突。

基于BIM技术可将两个不同专业的模型合并在一个模型内，通过软件提供的空间冲突检查功能查找各专业构件之间的空间冲突可疑点，软件可以在发现可疑点时向操作者报警，经人工确认该冲突。冲突检查一般从初步设计后期开始进行，不同专业间反复进行“冲突检查→确认修改→更新模型”的设计过程，直到所有冲突都被清零。

一般情况下，工程设计各专业内容是由不同设计师分别建模设计，所以，任何两个专业之间都可能产生冲突，如：① 结构与建筑专业，楼梯、墙体、柱子等构件位置不一致，或梁底标高与门高度冲突；② 结构与机电专业，机电管道与梁柱位置冲突；③ 机电内部各专业，设备、管线路径冲突；④ 机电与装修，管线末端与室内吊顶冲突等等。碰撞检查是BIM技术在工程设计中应用最易实现、最直观，也是最容易产生价值的功能。

协同设计和碰撞检查是BIM技术在工程设计中信息化特性的直观体现。在此阶段，要把BIM技术从信息化工作的角度进行项目管理，同时要求设计师在提交BIM设计成果时，同步提交碰撞检查报告，并对非零碰撞项目进行归类和存在的原因报告。

4.2 BIM在深化设计阶段的应用

4.2.1 深化设计组织架构与工作流程

深化设计的类型可以分为专业性深化设计和综合性深化设计。专业性深化设计基于专业的BIM模型，主要涵盖土建结构、钢结构、幕墙、机电各专业、精装修的深化设计等。综合性深化设计基于综合的BIM模型，主要对各个专业深化设计初步成果进行校核、集成、协调、修正及优化，并形成综合平面图、综合剖面图。

传统设计沟通通过平面图交换意见，立体空间的想象需要靠设计者的知识及经验积累。即使在讨论阶段获得了共识，在实际执行时也经常有认知不一的情形出现，施工完成后若不符合使用者需求，还需重新施工，有时还存在深化程度不够，需要重新深化施工的情况。通过 BIM 技术的引入，每个专业角色很容易通过模型来沟通，从虚拟现实中浏览空间设计，在立体空间所见即所得，快速明确地锁定症结，通过软件更有效地检查出视觉上的盲点。BIM 模型在建筑项目中已经变成业务沟通的关键媒介，即使是不具备工程专业背景的人员都能参与其中。工程团队各方均能给予较多正面的需求意见，减少设计变更次数。

除了实时可视化的沟通，BIM 模型的深化设计加上即时数据集成，可获得一个最具时效性、最为合理的虚拟建筑，因此导出的施工图可以帮助各专业施工有序合理地进行，提高施工安装成功率，进而减少人力、材料以及时间上的浪费，一定程度上降低施工成本。

通过 BIM 的精确设计后，专业间交错碰撞大大降低，各专业分包利用模型开展施工方案、施工顺序讨论，可以直观、清晰地发现施工中可能产生的问题，并提前解决，从而大量减少施工过程的误会与纠纷，也为后阶段的数字化加工、数字建造打下坚实基础。

深化设计在整个项目中处于衔接初步设计与现场施工的中间环节，通常可以分为两种情况。其一，深化设计由施工单位组织和负责，每一个项目部都有各自的深化设计团队；其二，施工单位将深化设计业务分包给专门的深化单位，由该单位进行专业综合的深化设计及特色服务。这两种方式是目前国内较为普遍的运用模式，在各类项目的运用过程中各有特色。所以，施工单位的深化设计需根据项目特点和企业自身情况选择合理的组织方案。

下面介绍一套通用组织方案和工作流程供参考。

1. 组织架构

深化设计工作涉及诸多项目参与方，有建设单位、设计单位、顾问单位及承包单位等。由于 BIM 技术的应用，项目的组织架构也发生相应变化，在项目领导小组组织下增加了总包 BIM 团队及相应分包 BIM 人员，如图 4-2-1 所示。

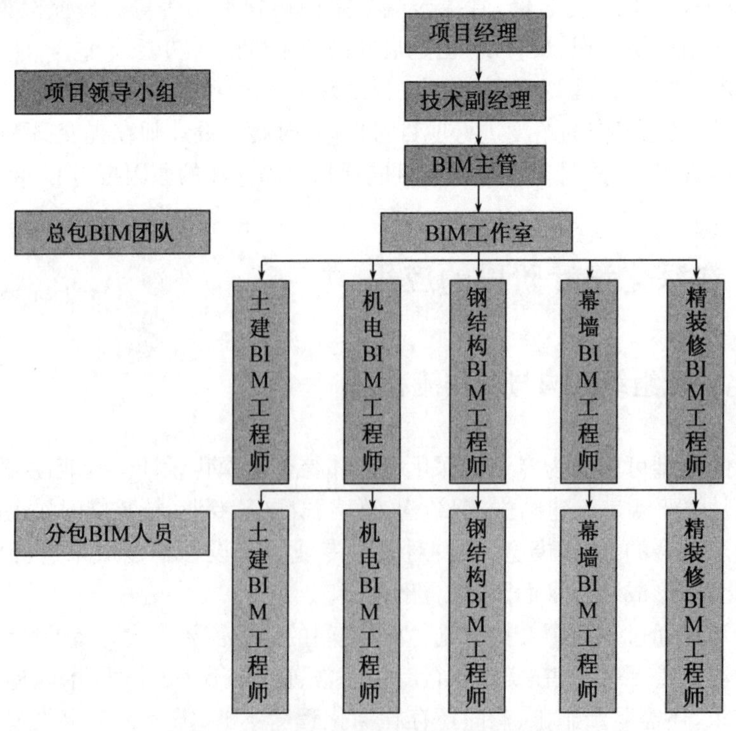

图 4-2-1 BIM 项目总承包组织架构图

其中，各角色的职责分工如下：

(1) 项目领导小组

项目领导小组应根据合同签署的要求对整个项目 BIM 深化设计工作负责，包括 BIM 实施导则、BIM 技术标准的制定、BIM 实施体系的组织管理，与各个参与方共同使用 BIM 进行施工信息协同，建立施工阶段的 BIM 模型辅助施工，并提供业主相应的 BIM 应用成果。同时，项目领导小组需要建立深化设计管理团队，整体管理和统筹协调深化设计的全部内容，包括负责将制订的深化设计实施方案递交、审批、执行；将签批的图纸在 BIM 模型中进行统一发布；监督各深化设计单位如期保质地完成深化设计；在 BIM 综合模型的基础上负责领导各个专业的深化设计；对总承包单位管理范围内各专业深化设计成果整合和审查；负责组织召开深化设计项目例会，协调解决深化设计过程中存在的各类问题。

(2) 总包 BIM 团队

总包 BIM 团队负责通过 BIM 模型进行综合性图纸的深化设计及协调；负责指定范围内的专业深化设计；负责指定范围内的专业深化设计成果的整合和审查；配合本专业与其他相关单位的深化设计工作。

(3) 分包 BIM 人员

分包 BIM 人员负责本单位承包范围内的深化设计；服从总包 BIM 团队或其他承包单位的管理；配合本专业与其他相关单位的深化设计工作。

项目领导小组对深化设计的整体管理主要体现在组织、计划、技术等方面的统筹协调上，通过对总包 BIM 团队的 BIM 模型的控制和管理，实现对下属施工单位和分包商的集中管理，确保深化设计在整个项目中的协调性与统一性。由总包 BIM 团队管理的分包 BIM 人员根据各自所承包的专业负责进行深化设计工作，并承担起全部技术责任。

对于各承包企业而言，企业内部的组织架构及人力资源也是实现企业级 BIM 实施战略目标的重要保证。随着 BIM 技术的推广应用，各承包企业内部的组织架构、人力资源等方面也会发生变化。因此，企业需要在原有的组织架构和人力资源上，进行重新规划和调整。企业级 BIM 在各承包企业的应用也会像现有的二维设计一样，成为企业员工基本的设计技能，建立健全的 BIM 标准和制度，拥有完善的组织架构和人力资源。

2. 工作流程

BIM 技术在深化设计中的应用，不仅改变了企业内部的组织架构和人力资源配置，也相应改变了深化设计及项目的工作流程。BIM 组织架构基于 BIM 的深化设计流程不能完全脱离现有的管理流程，但必须符合 BIM 技术的调整，特别是对于流程中的每一个环节涉及 BIM 的数据都要尽可能地做详尽规定，故在现有深化设计流程基础上进行更改，确保基于 BIM 的应用过程运转通畅，提高工作效率和工作质量。基于 BIM 的深化设计流程可参考图 4-2-2～4。

此外，对于不同专业的承包商，BIM 深化设计的流程更为细化，协作关系更为紧密。现以机电专业的 BIM 综合协调工作流程为例，如图 4-2-5 所示。

基于上述流程图，BIM 技术在整个项目中的运用情况与传统的深化设计相比，BIM 技术下的深化设计更加侧重于信息的协同和交互，通过总承包单位的整体统筹和施工方案的确定，利用 BIM 技术在深化设计过程中解决各类碰撞检测及优化问题。各个专业承包单位

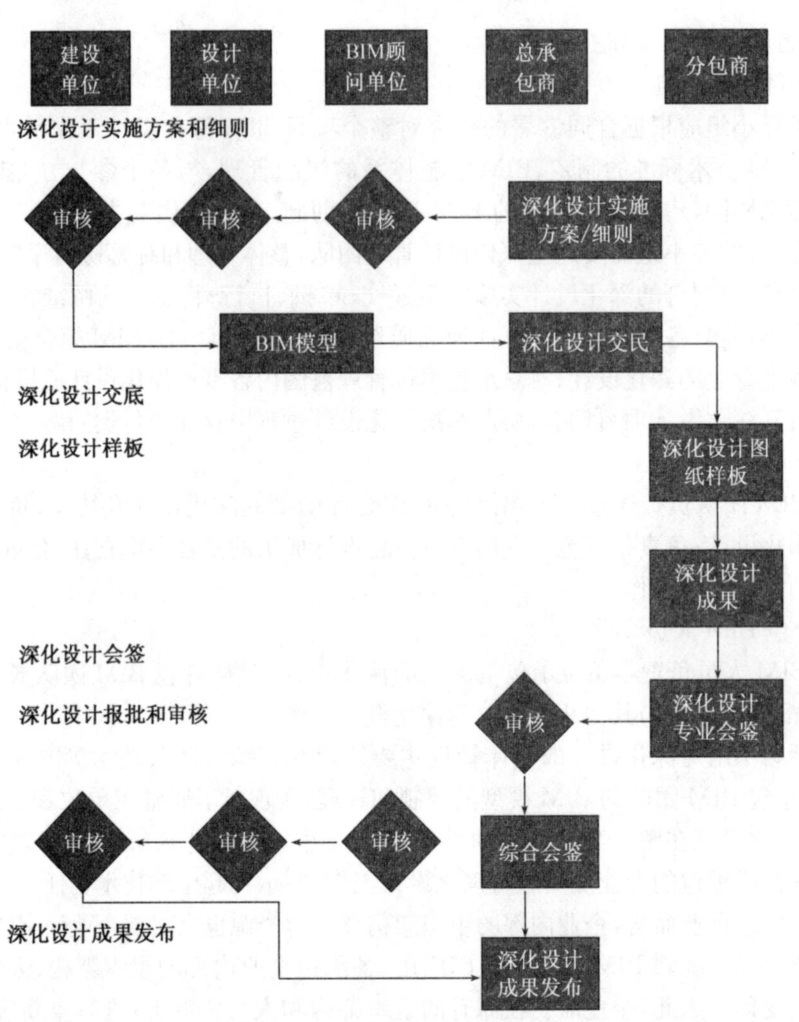

图 4-2-2　专业设计复核一般流程

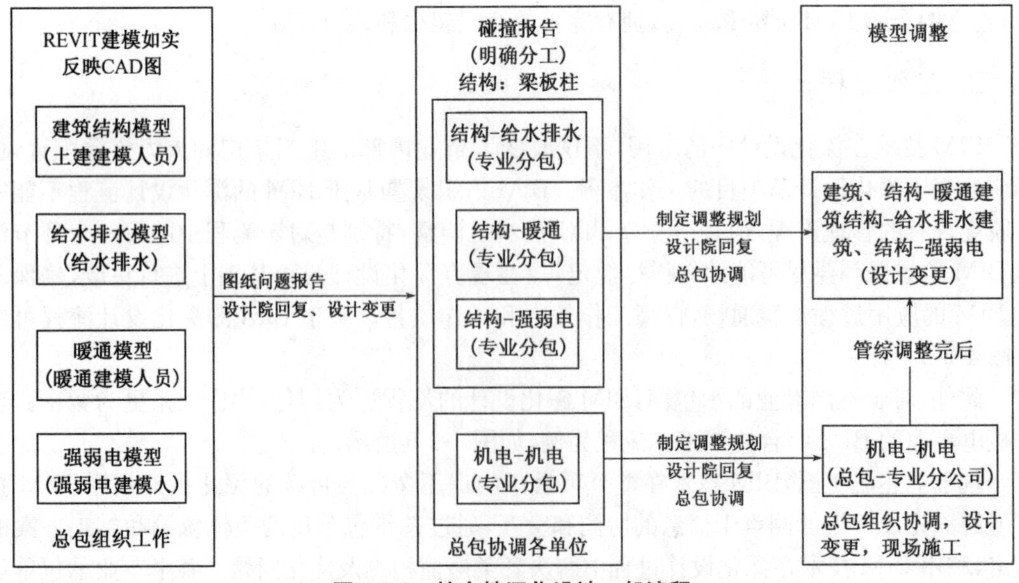

图 4-2-3　综合性深化设计一般流程

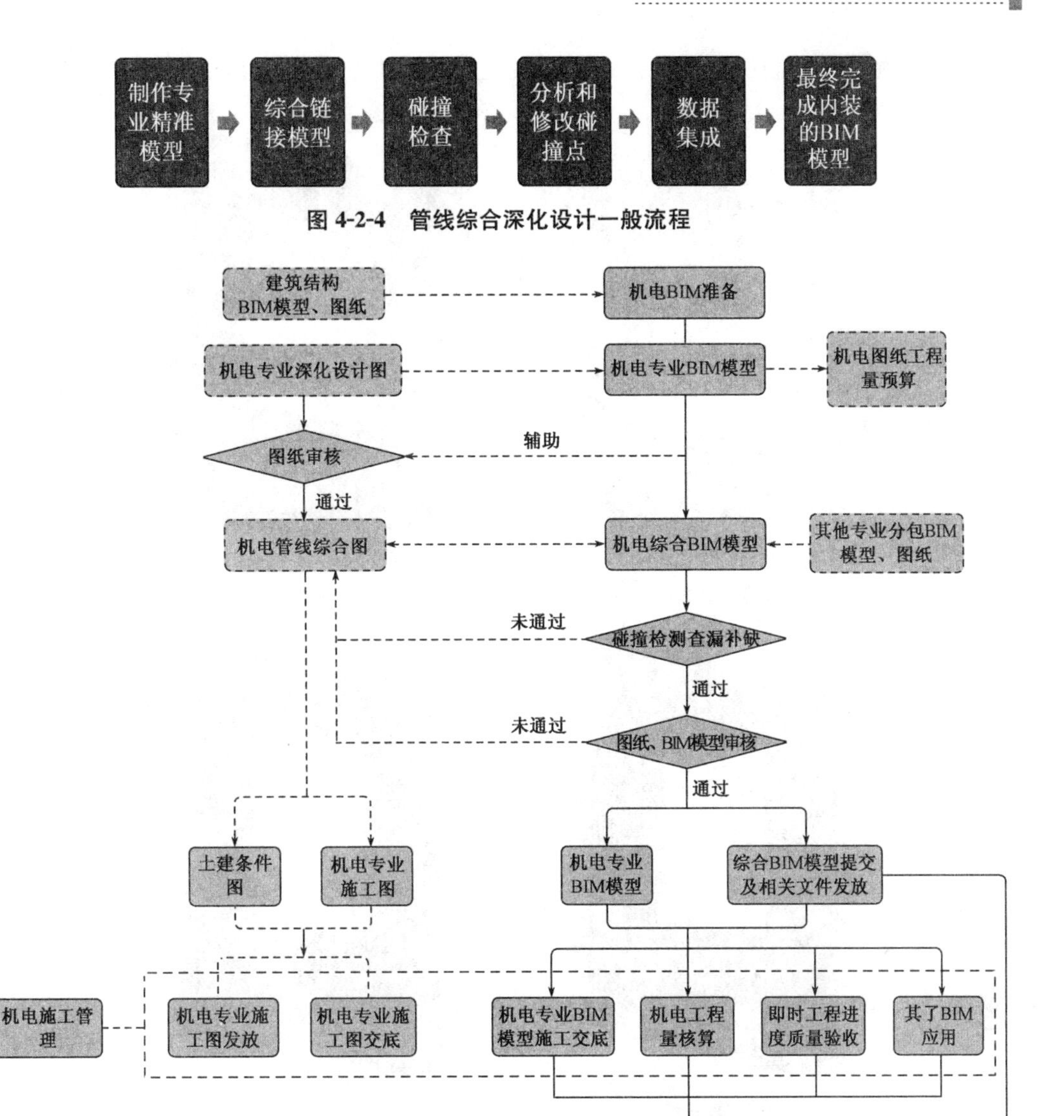

图 4-2-4　管线综合深化设计一般流程

图 4-2-5　机电专业的 BIM 综合协调工作流程

根据 BIM 模型进行专业深化设计的同时，也要保证各专业间的实时协同交互，在模型中直接对碰撞实施调整，简化操作中的协调问题。模型实时调整，即时显现，充分体现了 BIM 技术下数据联动性的特点，通过 BIM 模型可根据需求生成各类综合平面图、剖面图及立面图，减少二维图纸绘制工作量。

4.2.2　基于 BIM 的土建结构深化设计

基于 BIM 模型的土建结构，包括土建结构与门窗等构件、预留洞口、预埋件位置及各复杂部位等施工图纸进行深化，对关键复杂的墙板进行拆分，解决钢筋绑扎、顺序问题，能够指导现场钢筋绑扎施工，减少在工程施工阶段可能存在的错误损失和返工的可能性。

某工程复杂墙板拆分如图 4-2-6 所示，某工程复杂节点深化设计如图 4-2-7 所示。

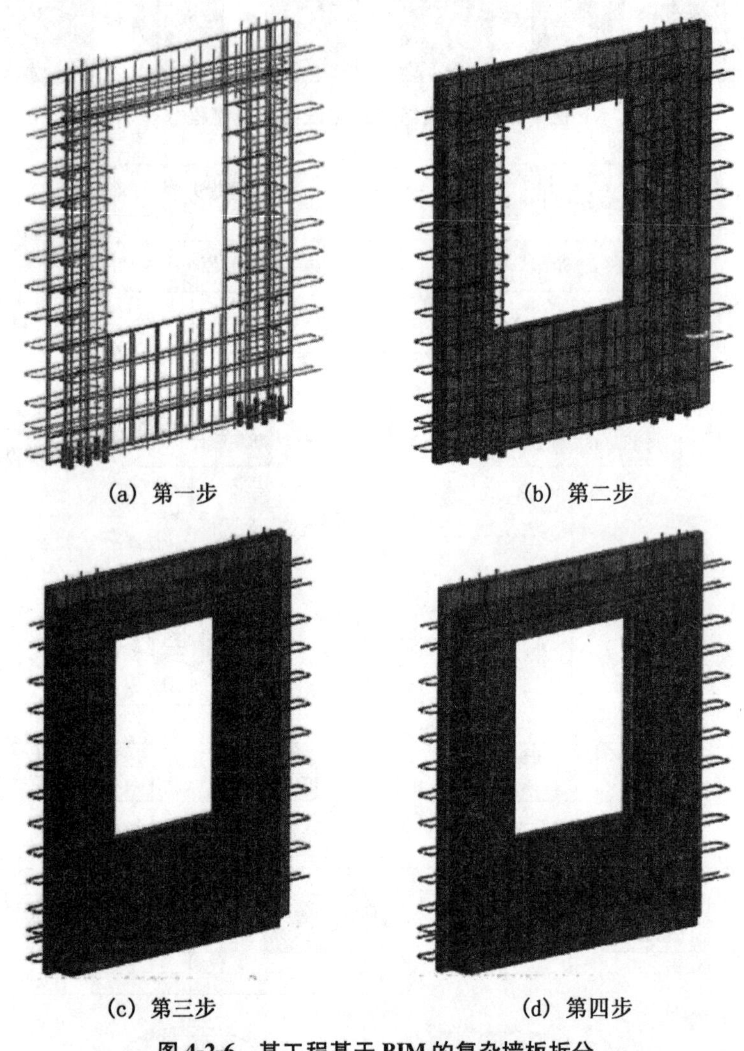

(a) 第一步　(b) 第二步

(c) 第三步　(d) 第四步

图 4-2-6　某工程基于 BIM 的复杂墙板拆分

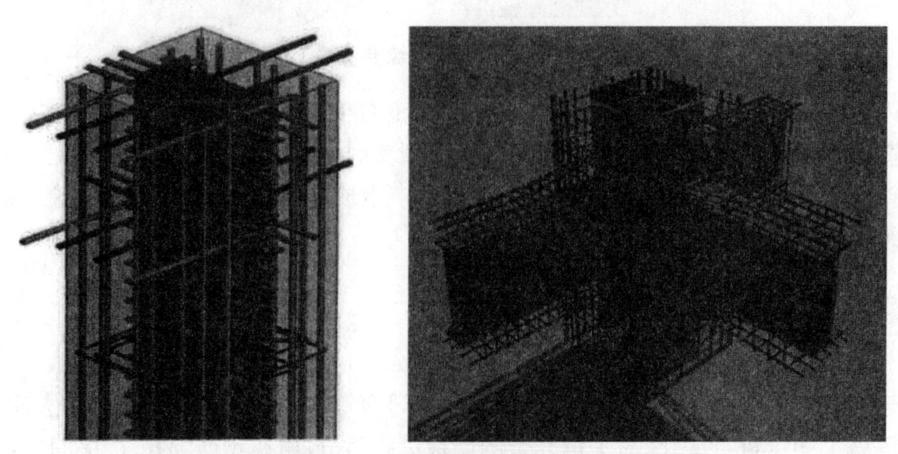

图 4-2-7　某工程角柱十字形钢及钢梁节点钢筋绑扎 BIM 模型

4.2.3　基于 BIM 的机电设备深化设计

随着建筑物规模和使用功能复杂程度的增大，无论设计企业还是施工企业甚至是业主对机电管线综合的要求愈加强烈。在 CAD 时代，设计企业主要由建筑或者机电专业牵头，将所有图纸打印成硫酸图，然后各专业将图纸叠在一起进行管线综合，由于二维图纸的信息缺失以及缺少直观的交流平台，导致管线综合是施工前让业主最不放心的技术环节。利用 BIM 技术搭建各专业的 BIM 模型，设计师能够在虚拟的三维环境下方便地发现设计中的碰撞冲突，从而大大提高了管线综合的设计能力和工作效率，见图 4-2-8。这不仅能及时排除项目施工环节中可能遇到的碰撞和冲突，显著减少由此产生的变更申请单，更能大大提高了施工现场的生产效率，降低了由于施工协调造成的成本增长和工期延误。

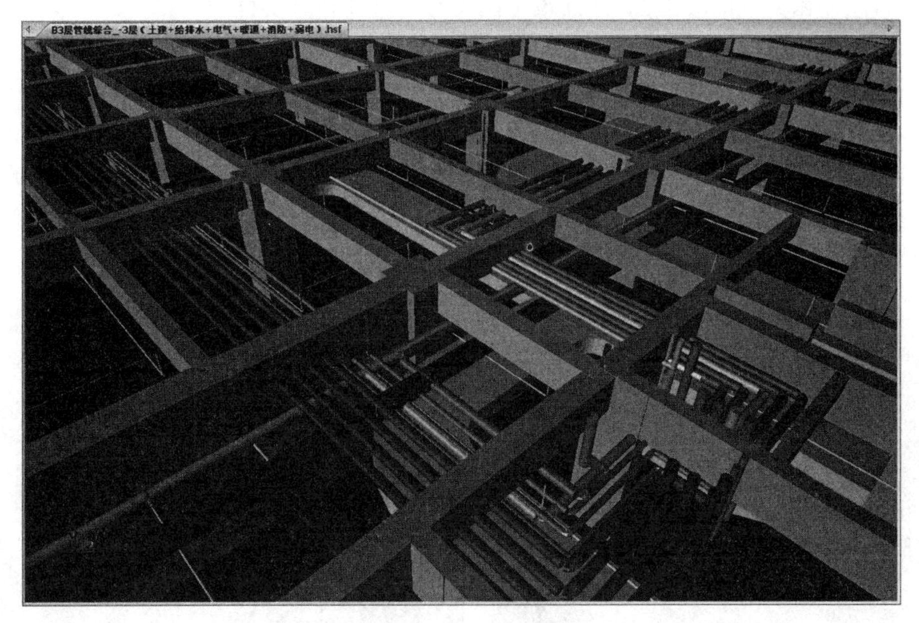

图 4-2-8　BIM 机电模型

1. 机电设备深化设计的主要依据

(1) 业主提供的初设图或施工图；
(2) 合同文件中的设备明细表；
(3) 业主招标过程中对承包方的技术答疑回复；
(4) 相关的国家及行业规范。

2. 深化设计的目的

应用 BIM 的机电设备深化设计能合理布置各专业管线，最大限度地增加建筑使用空间，减少由于管线冲突造成的二次施工。

深化设计能综合协调机房及各楼层平面区域或吊顶内各专业的路由，确保在有效的空间内合理布置各专业的管线，以保证吊顶的高度，同时保证机电各专业的有序施工；综合排布机房及各楼层平面区域内机电各专业管线，协调机电与土建、精装修专业的施工冲突。

深化设计能确定管线和预留洞的精确定位，减少对结构施工的影响，弥补原设计不足，减少因此造成的各种损失；核对各种设备的性能参数，提出完善的设备清单，并核定各种设备的订货技术要求，便于采购部门的采购；同时将数据传达给设计以检查设备基础、支吊架是否符合要求，协助结构设计绘制大型设备基础图。

深化设计能合理布置各专业机房的设备位置，保证设备的运行维修、安装等工作有足够的平面空间和垂直空间。

深化设计能综合协调竖向管井的管线布置，使管线的安装工作顺利地完成，并能保证有足够多的空间完成各种管线的检修和更换工作。

深化设计能辅助完成竣工图的制作，及时收集和整理施工图的各种变更通知单。在施工完成后，绘制出完成的竣工图，保证竣工图具有完整性和真实性。

以北京城市副中心为例，由于工程工期紧，任务重，设计院出图周期短，各专业之间交流较少，所有管线均没有标注标高。施工方拿到图纸之后，迅速建模并依靠现场施工经验给各系统制定相应标高。又因甲方净高要求较高，施工方在综合各系统之间关系的前提下，尽量紧密地排列管线，对于不满足净高要求的地方，给设计方提出建议并做了修改，并通过管综找出许多设计中出现的问题，及时反馈给设计方，避免了返工。最后施工方通过 BIM 模型对复杂节点及复杂节点的支吊架进行设计，保证施工质量和科学性，见图 4-2-9。

图 4-2-9 管综优化前后对比

施工方利用 BIM 技术对建筑物内错综复杂的机电管线及设备进行优化排布，根据碰撞点合理调整管线的位置，最优地利用有限的空间，提前消除各专业间的管线碰撞，加大室内的净空，减少变更洽商的发生，为后期的管线维护提供便利，保证施工进度及质量。该项目地下管综解决碰撞点 20 000 余处，见图 4-2-10。

优化前

优化后

图 4-2-10 管综碰接解决

4.2.4 基于 BIM 的钢结构深化设计

钢结构 BIM 三维实体建模出图进行深化设计的本质就是进行电脑预拼装、实现“所见即所得”的过程。首先，所有的杆件、节点连接、螺栓焊缝、混凝土梁柱等信息都通过三维实体建模进入整体模型，该三维实体模型与以后实际建造的建筑完全一致；其次，所有加工详图(包括布置图、构件图、零件图等)均是利用三视图原理投影生成，图纸中所有尺寸，包括杆件长度、断面尺寸、杆件相交角度等均是从三维实体模型上直接投影产生的。

三维实体建模出图进行深化设计的过程，基本可分为四个阶段，具体流程如图 4-2-11 所示，每一个深化设计阶段都将有校对人员参与，实施过程控制，由校对人员审核通过后才能出图，并进行下一阶段的工作。

第一阶段，根据结构施工图建立轴线布置和搭建杆件实体模型。导入 AutoCAD 中的单线布置，并进行相应的校核和检查，保证两套软件设计出来的构件数据理论上完全吻合，从而确保构件定位和拼装的精度。创建轴线系统及创建、选定工程中所要用到的截面类型、几何参数。

第二阶段，根据设计院图纸对模型中的杆件连接节点、构造、加工和安装工艺细节进行安装和处理。在整体模型建立后，需要对每个节点进行装配，结合工厂制作条件、运输条件，考虑现场拼装、安装方案及土建条件。

第三阶段，对搭建的模型进行碰撞校核，并由审核人员进行整体校核、审查。所有连接节点装配完成之后，运用“碰撞校核”功能进行所有的碰撞校核，以检查出设计人员在建模过程中的误差，这一功能执行后能自动列出结构上存在碰撞的情况，以便设计人员去核实更正，通过多次执行，最终消除一切详图设计误差。

第四阶段，基于 3D 实体模型的设计出图。运用建模软件的图纸功能自动产生图纸，并对图纸进行必要的调整，同时产生供加工和安装的辅助数据(如材料清单、构件清单、油漆面积等)。节点装配完成之后，根据设计准则中编号原则对构件及节点进行编号。编号后就可

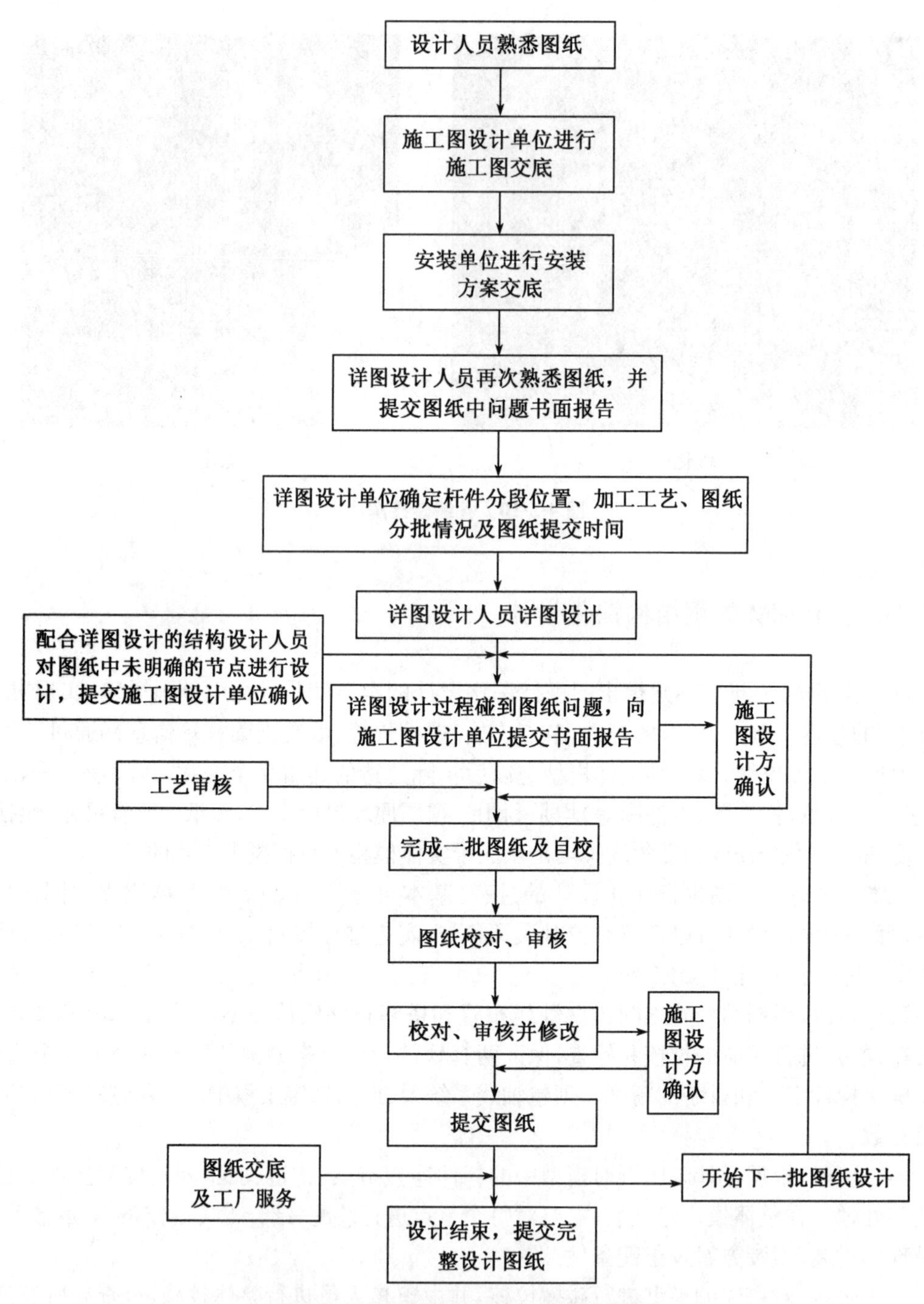

图 4-2-11　钢结构深化设计流程示意图

以产生布置图、构件图、零件图等，并根据设计准则修改图纸类别、图幅大小、出图比例等。

某工程钢网架支座节点深化设计 BIM 模型如图 4-2-12 所示，基于 BIM 模型自动生成的施工图纸如图 4-2-13 所示。

图 4-2-12　网架支座深化设计模型

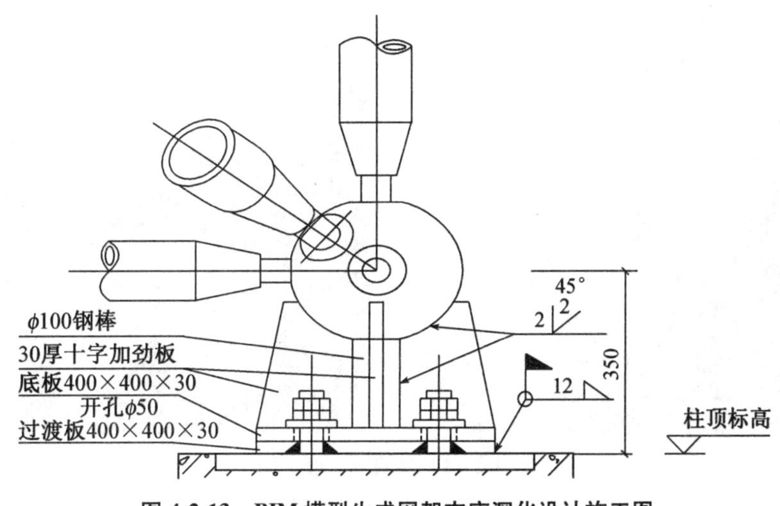

图 4-2-13　BIM 模型生成网架支座深化设计施工图

所有加工详图(包括布置图、构件图、零件图等)均是利用三视图原理投影、剖面生成深化图纸,图纸上的所有尺寸,包括杆件长度、断面尺寸、杆件相交角度均是在杆件模型上直接投影产生的。因此由此完成的钢结构深化图在理论上是没有误差的,可以保证钢构件精度达到理想状态。统计选定构件的用钢量,并按照构件类别、材质、构件长度进行归并和排序,同时还输出构件数量、单重、总重及表面积等统计信息。

通过 3D 建模的前三个阶段,我们可以清楚地看到钢结构深化设计的过程就是参数化建模的过程,输入的参数作为函数自变量(包括杆件的尺寸、材质、坐标点、螺栓、焊缝形式、成本等)及通过一系列函数计算而成的信息和模型一起被存储起来,形成了模型数据库集,而第四各阶段正是通过数据库集的输出形成的结果。可视化的模型和可结构化的参数数据库,构成了钢结构 BIM 模型,我们可以通过变更参数的方式方便地修改杆件的属性,也可以通过输出一系列标准格式(如 IFC、XML、IGS、DSTV 等),与其他专业的 BIM 进行协同,更为重要的是几乎成为钢结构制作企业的生产和管理数据源。

采用 BIM 技术对钢结构复杂节点进行深化设计,提前对重要部位的安装进行动态展示、施工方案预演和比选，实现三维指导施工，从而更加直观地传递设计意图，避免返工。

4.2.5 基于 BIM 的玻璃幕墙深化设计

玻璃幕墙深化设计主要是对于整幢建筑的幕墙中的收口部位进行细化补充设计，优化设计和修正局部不安全不合理的地方。

基于 BIM 技术根据建筑设计的幕墙二维节点图，在结构模型以及幕墙表皮模型中间创建不同节点的模型。然后根据碰撞检查、设计规范以及外观要求对节点进行优化调整，形成完善的节点模型。最后，根据节点进行大面积建模。通过最终深化完成的幕墙模型生成加工图、施工图以及物料清单。加工厂将模型生成的加工图直接导入数控机床进行加工，构件尺寸与设计尺寸基本吻合，加工后根据物料清单对构件进行编号，构件运至现场后可直接对应编号进行安装。

某工程幕墙深化设计如图 4-2-14 所示。

图 4-2-14 幕墙深化设计图

4.2.6 基于 BIM 的装饰工程深化设计

1. 建筑内装修深化设计概述

建筑装饰装修工程具有建筑工程的相同特点：工程量大工期长；机械化施工程度差、生产效率低；工程资金投入大。同时，它与建筑工程相比较具有如下不同特性：**单一性**(不可重复性)，在特定建筑物内进行单项或者局部施工，并影响整体建筑物的质量；**附着性**，将各种装饰材料科学有序地固定在被装饰的实体上；**组合性**(复杂性)，各种材质的装饰材料拼接及各专业外露设备与装饰材料的拼接；**多功能性**，满足建筑物的声、光、感观、使用等多用途；**可更换性**，装饰施工应既牢固又便于拆卸，方便修理；**工艺转换快**，施工工序多，单道工序施工时间短，工种交叉作业，**要求不同工种衔接严密**。因此，建筑装饰装修施工组织设计的任务是在施工前根据合同要求、工程特点及与之配套的专业施工要求，对人力、资金、材料、机具、施工方法、施工作业环境等主要因素，运用科学的方法和手段进行科学的计划、合理的组织和有效的控制，从而在保证完成合同约定的工程质量、施工进度、环境保护等目标的基础上，最大限度地降低工程成本和消耗。

采用 BIM 技术进行深化设计是在建筑装饰装修工程施工组织设计的统一安排下，按科学规律组织施工，建立正常的施工程序，有计划地开展各项施工作业，保证劳动力和各项资源的正常供应，协调各施工队、组、各工种、各种资源之间以及空间安排布置与时间的相互关系等，完成合同目标的重要技术手段。

目前行业内精装修单位 BIM 应用水平整体处于起步阶段，大多数单位还无法直接利用 BIM 进行深化设计，还停留在二维深化设计 BIM 翻模的阶段。项目管理人员应用 BIM 技术进行内装修深化设计时需提前进行策划，确定应用 BIM 进行深化设计的范围与深度，以及模型出图后再进行图纸深化的配合过程，使图纸和模型互为参考、相互补充，提高整个深化设计图纸的质量。目前圈内装修单位的 BIM 深化设计工作主要针对简单的其他专业产生碰撞的内容，包括隔墙龙骨、吊顶龙骨、天花吊杆等。

由于建筑内装修深化设计涉及细节多，造型复杂内容多，故目前市场上深化设计工具种类较多。有诸如 Autodesk Revit、ArchiCAD 等 BIM 类设计软件，也包含 SketchUp、Rhino、3DMax 等三维软件。在使用类似 SketchUp 等三维软件进行深化设计时，需要确保模型元素的相关信息能准确反映建筑装饰装修工程的真实数据，模型可与其他 BIM 平台进行共享与应用。

建筑内装修深化设计 BIM 软件宜具有下列专业功能：① 具备建筑地面、抹灰工程（内外墙面地面）、外墙防水工程、地面防水工程、门窗、吊顶、饰面板、涂饰、裱糊与软包、细部等建模的能力；② 节点设计计算；③ 模型的碰撞检查；④ 深化设计图生成。

建筑内装修深化设计流程主要包括：

(1) 基准模型获取

由于建筑内装修的特殊性，其深化设计 BIM 模型必须在主体结构 BIM 模型基础上以此为基础进行深化设计。基准模型的获取可来源于主体结构深化设计 BIM 模型或三维激光扫描点云模型。

① 主体结构深化设计 BIM 模型

建筑内装修深化设计可直接在主体结构深化设计 BIM 模型基础上进行，但由于主体结构施工存在不可避免的人为误差和施工偏差，使得现场实际施工模型往往存在与深化设计成果不一致的情况。在深化设计成果与现场实施存在偏差的情况下，如果还以此进行建筑内装修的深化设计，势必对深化设计的精确度造成影响。故在主体结构未实施时，可采用主体结构深化设计 BIM 模型作为基准模型进行深化设计，在主体结构实施完成后，需要将主体结构模型与现场实际施工情况比对，修正模型后，才能作为建筑内装修深化设计的基准模型。

② 三维激光扫描点云模型

三维激光扫描技术又称“实景复制技术”，是利用激光测距的原理，通过记录被测物体表面大量的密集的点的三维坐标、反射率和纹理等信息，可快速复建出被测目标的三维模型及线、面、体等各种图形数据。应用三维激光扫描技术可针对现有三维实物快速测得物体的轮廓集合数据，并加以建构、编辑、修改生成通用输出格式的曲面数字化模型，从而为现场施工、改造、修缮等提供指导。

如前文所述，现场实际施工模型往往存在与深化设计成果不一致的情况。在理论值（主体结构深化设计成果）与实际值（现场实际施工成果）不一致的情况下，如果还以理论值进行建筑内装修的深化设计，势必对深化设计的精确度造成影响。为解决此问题，项目可引入三维激光扫描技术来获取基准模型。

项目管理人员在结构施工完成之后可开展扫描工作，得到与实际坐标和高程相匹配的高精度主体结构点云模型。此点云数据通过相应的插件载入到深化设计 BIM 平台后，点云模型便可以作为参考导入深化设计 BIM 模型之中，设计师可以直观地对比“现场实际情况”进行深化设计，提前避免因现场施工误差造成的返工与拆改，提前确认本专业深化设计成果的可靠性，有效提高深化设计的效率和准确度，如图 4-2-15。

图 4-2-15　基于激光扫描模型的内装修深化设计

（2）内装修深化设计

建筑内装饰深化设计是直接利用方案设计模型为基础进行三维可视化深化设计，或以二维深化设计图纸为基础，在建模过程中发现的设计问题及时反馈给设计师，设计师在深化设计时以模型中各构件的相对关系作为重要的参考依据，共同完善与提高项目深化设计质量，如图 4-2-16。

建筑内装饰的非异形模型元素可采用 Autodesk Revit、ArchiCAD 等常规 BIM 软件进行设计。对于异形元素，深化设计人员可通过其他三维软件进行设计并导入至 BIM 平台。以 Rhino 为例，深化设计人员可通过 Rhino 建立异形元素模型，然后将 Rhino 模型导出为 SketchUp 的 skp 格式文件或者 ACIS 的 sat 格式文件，导入 Revit 体量或者内建体量环境，在 Revit 中赋予模型元素相应的非几何信息，见图 4-2-17。

建筑内装饰深化设计模型细度需满足表 4-2-1 的要求。

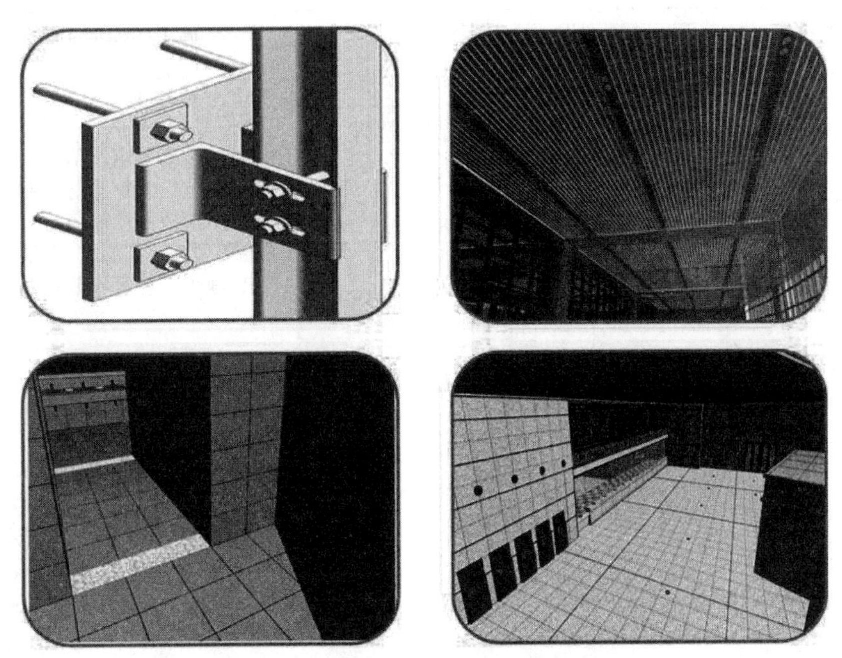

图 4-2-16　基于 BIM 模型的装修深化设计

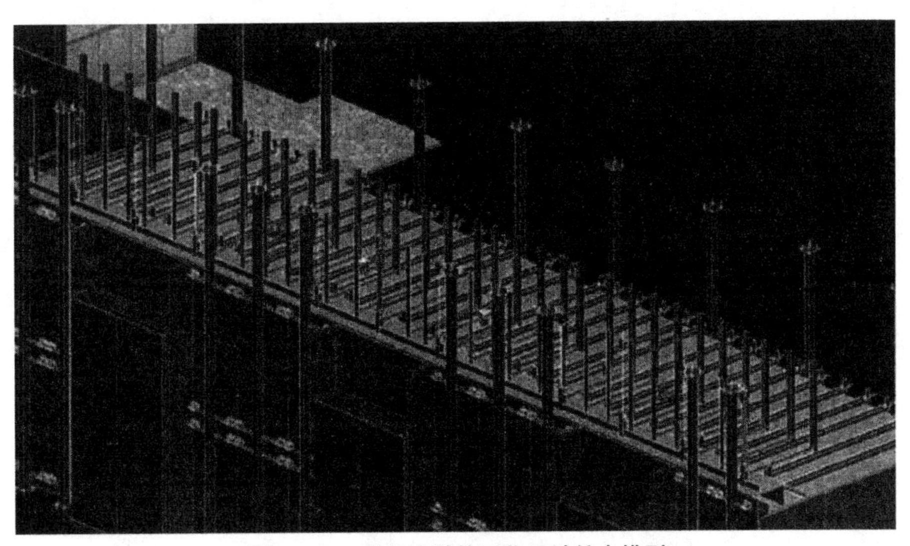

图 4-2-17　建筑内装饰深化设计综合模型

表 4-2-1　建筑内装饰深化设计模型元素及信息

<table>
<tr><th>模型元素类型</th><th>模型元素</th><th>模型元素信息</th></tr>
<tr><td>上游模型</td><td>施工图设计模型元素</td><td>施工图模型元素信息</td></tr>
<tr><td>地面</td><td>面层、黏结层、防水层、找平层、结构层</td><td rowspan="6">几何信息：尺寸大小等形状信息。平面位置、标高等定位信息。
非几何信息：规格型号、材料和材质信息、技术参数等产品信息。
系统类型、连接方式、安装部位、安装要求、施工工艺等安装信息。</td></tr>
<tr><td>墙面</td><td>饰面层、面砖、涂料、龙骨、黏结层、踢脚</td></tr>
<tr><td>吊顶</td><td>矿棉板、石膏板、龙骨骨架、吊杆、检修口、灯槽</td></tr>
<tr><td>门窗</td><td>门窗洞、门板、门窗套、门窗框、玻璃</td></tr>
<tr><td>固定家具</td><td>固定家具、活动家具</td></tr>
<tr><td>卫生间</td><td>马桶、洗脸盆、浴缸、淋浴间、地漏、配件</td></tr>
</table>

BIM技术应用

案例赏析4

第5章

BIM在施工及运维阶段的应用

BIM技术施工管理辅助指运用BIM技术辅助解决施工管理中的难题，发挥BIM技术信息化的优势提高信息的利用率，并结合各类BIM管理平台、设备的应用加快信息在项目间的流转速度和准确度。而对于标书编写的辅助则在于根据各章节内容特点的准确阐述BIM技术如何发挥管理作用，以及选取什么样的管理平台或硬件设备。总体来说对于工程管理中常见的各类管理难点有以下的BIM技术进行克服，见表5-1。

表5-1　工程管理中的重难点

序号	工作内容	常见重难点	解决方法
1	工期管理	(1) 进度优化； (2) 基于BIM平台的PDCA进度管控方法	(1) 4D进度管理； (2) BIM协同平台综合管理
2	施工工艺管理	(1) 基于BIM可视化优势的方案验证、优化和交底； (2) 3D打印和VR技术的方案预演	(1) 施工方案辅助； (2) 虚拟/混合现实技术； (3) 放样机器人
3	质量管理	(1) 模型带到现场； (2) 质量问题上传协同平台； (3) 激光扫描技术实测实量	(1) 施工过程管理； (2) 三维激光扫描技术
4	安全管理	(1) 安全措施可视化； (2) 安全问题上传协同平台； (3) 虚拟现实安全体验馆	(1) 施工过程管理； (2) 协同平台管理； (3) 虚拟/混合现实技术
5	专业协调管理	管理平台在总承包管理中的应用	(1) 协同平台管理； (2) 运维信息模型
5	造价管理	(1) BIM综合协调提前解决下项目潜在问题； (2) BIM精细化管理优化资源配置； (3) 工程量提取及变更管理	(1) 综合协调管理； (2) BIM5D管理

5.1　基于BIM的施工合同管理

在施工合同运营管理中，传统的施工合同管理模式已经很难满足当前建筑合同的运行要求。施工合同管理的主要作用是在施工过程中减少不必要的损失。但是在实际项目中，由于建筑工程建设周期耗时长，环境复杂，同时需要施工单位与建设单位、设计单位和监理单位等多方的密切配合，所以在建设项目的实施过程中，加强施工合同管理是很有必要的。基于 BIM 的施工合同管理其实就是根据相关的实际操作，优化相关合同条款。

由于 BIM 技术在国内处于刚起步的发展阶段，再加上工程管理的 BIM 标准还不够成熟，缺乏相关的工程合同管理文件等，使得工程项目寿命周期各个阶段的 BIM 应用也缺乏相应的合同管理制度，这也是 BIM 技术在国内建筑行业全面应用存在的主要问题。BIM 技术在施工阶段的应用，施工方缺乏规范化的 BIM 管理工作流程。尤其是在管理方面，基于传统的工程合同文本无法做到对 BIM 技术应用的规范化管理和相应的合同条款的规定。解决 BIM 技术在国内建筑工程领域中全面应用的主要障碍的办法就是根据国情制定相应的 BIM 工程合同管理体制。

由于当前工程项目复杂程度的增加、参与方的不断增多、项目管理范围的扩大，也必然增加了施工单位合同管理的难度。BIM 技术在工程项目中的应用，基于传统的工程合同文本增加附件式的 BIM 合同条款，在项目前期进行 BIM 项目的工作方式的规划，明确项目各个参与方之间的工作范围、相关责任，在工程合同管理中可以高效可视化地对项目进行管理，在优化合同管理的同时，最大限度地帮助业主进行全过程的工程项目管理工作。

传统的施工合同都是基于一般的文档形式依据项目各个参与方之间的交流协商进行制定，尤其是大型复杂项目有时难以达到项目实际情况的要求。所以在项目的执行过程中，就会出现工作的纠纷，项目参与方之间的相互推诿，责任难以划分，导致合同索赔的发生，影响工程进度，甚至难以保证工程的质量，以至于业主不仅成本控制没有达标，乃至后期的质量维护都成为难以解决的问题。BIM 技术在施工合同管理中的仿真模拟，就是根据项目的实际情况，在对项目进行模拟仿真的基础上，制订责任明确、各种方案优化的合同条款。项目施工方案的制订可以利用 BIM 技术对各个施工方的施工方案进行模拟，同时在模拟的基础上进行施工方案的优化，增加中标的机会。对于人员组织方案和材料供应方案，在不同的项目管理模式的基础上，利用 BIM 技术模拟方案，可以对项目人员的投入是否符合项目管理跨度的要求，材料供应地点选择是否符合工程进度计划的进行等问题进行标注。BIM 对于施工合同管理的仿真模拟，可以有效地实现工程合同的高效执行，节约项目各个阶段的资金、时间的投入，实现工程合同管理的可视化。

在参与方众多的大型复杂项目的管理中，通过合同进行管理沟通的业主方和项目各个参与方之间，在合同的执行过程中难免出现管理的交叉干扰。项目管理跨度、工作范围的扩大，各个合同关系方之间的工作路径、工作界面、工作范围会出现不同程度的碰撞，比如业主方与施工方等因为不同的造价方式而出现的清单模式的不同而发生纠纷，影响项目的进度也在所难免。BIM 技术在众多参与方之间进行工程合同管理中的干扰检测，对于合同的签订、合同的执行、合同的管理产生积极的效果。利用 BIM 进行造价模式的仿真，可以避免在施工过程中和施工结算过程中由于进度款的结算误差而出现纠纷而导致经济、质量问题的发生。BIM 对于施工合同管理中的干扰检测，可以帮助施工单位实现合同工作内容的“零碰撞”。

通过对 BIM 模型的特点及功能分析，可以推断在施工合同管理中应用 BIM 至少能够实现以下四大目标：

1. 施工合同范围更加明确,减少工程变更

BIM模型以3D视图表达建筑物实体,克服2D视图表达的冗余、抽象等问题,让项目设计、施工、运营全过程回归到建筑物的本面目——3D立体实物图,所见即所得。BIM模型的3D表达,能够提供项目准确的空间关系,有利于工作界面、工作内容的划分,施工合同范围更容易明确。同时BIM模型能够及时发现项目中不合理部分,减少工程变更,提高管理能力。

2. 降低风险

建筑工程中引用BIM的目的是降低成本和减少风险,BIM技术对建设项目的各阶段产生了重要的影响,它对工程项目全生命周期都能产生跟踪和预测作用。从合同传统的分配原则分析,风险的提出指的是较为狭义的风险,如ICE合同范本与FIDIC合同范本都是采用可预见性风险分配原理,这个原理没有充分考虑到双方对风险事件的偏好和能力问题,所以在风险分配上存在一定的局限性。NEC(英国土木工程师新合同)是该合同管理体系的典型运用,它强调分配的公平性,但同样无法理性有效地合理分配,可见传统的合同风险管理分配原则很难做到公平公正。作为影响整个建筑全生命周期的BIM技术,技术的不断完善使得信息的掌控和资源的分配得到逐步提高,有限的资源能够有效地获取,各方面资源管理逐步完善,风险的处理能力也能不断加强,弥补了传统方法的不足,施工方与其他参与各方的权利义务更加平等。运用BIM技术进行合同风险分配,一方面能考虑到项目各方的风险偏好,另一方面也考虑到了现实过程中风险的不断变化对施工方造成的影响。

3. 降低合同签约成本,提升管理水平

BIM模型集成了项目全部信息,项目参与方共享同一模型,即保证了项目信息在传递过程中的一致性,减少了沟通成本。另外,BIM模型能够实现工程量统计、成本测算、工期计划等一系列功能,可以节约施工方相当一部分人力、物力、财力,从而降低施工运营成本。将BIM模型应用于项目全过程管理,能够实现施工集成式管理,加快决策进度,提高决策质量,有助于项目管理水平的提升。

4. 强化合同文件管理,增加盈利可能

施工合同是施工项目管理的核心,是规范和确定施工方权利义务关系的重要凭证。任何项目的实施,均需通过签订一系列的合同来实现,因此整个项目实施过程中,合同数量少则几十个多则上百个,合同文件管理工作异常繁重。而BIM应用中很有特色的文档管理也有助于解决上述难题。BIM能够储存、记录并生成一系列的文档,如工程量统计表、材料清单、进度计划等。这些均是施工合同管理的基础性资料,该部分资料齐整与否直接反映项目合同管理的水平高低。完善的施工合同文件管理体系能够有效地避免索赔、扯皮现象。如果证据充分,甚至可以发起索赔,增加盈利的可能。

综上所述,在施工合同管理中应用BIM,可以有效地缩短签约时间,减少失误,节约资源,提高效率,从而实现项目的经济效益和社会效益相统一。

5.2 BIM的虚拟施工应用

5.2.1 专项施工方案模拟

通过BIM技术指导编制专项施工方案，可以直观地对复杂工序进行分析，将复杂部位简单化、透明化，提前模拟方案编制后的现场施工状态，对现场可能存在的危险源、安全隐患、消防隐患等提前排查，对专项方案的施工工序进行合理排布，有利于提高方案的专项性、合理性。现场实施技术方案结合BIM可视化功能，对外脚手架搭设方案进行模拟，提前规避出转角、檐口、外挑结构较难搭设部位，如图5-2-1所示。

图5-2-1 脚手架搭设方案

5.2.2 关键工艺展示

工程施工的关键部位(如预应力钢结构的关键构件及部位)的安装相对复杂，因此合理的安装方案非常重要。正确的安装方法能够省时省费，传统方法只有工程实施时才能得到验证，这就可能造成二次返工等问题。同时，传统方法是施工人员在完全领会设计意图之后，再传达给建筑工人，过于专业的术语及步骤对于工人来说难以完全领会。BIM技术的虚拟施工应用能够提前对重要部位的安装进行动态展示，提供施工方案讨论和技术交流的虚拟现实信息。

某工程基于BIM的关键节点安装方案演示如图5-2-2所示。

1. 角柱安装

2. 安装连接主梁

3. 逆时针安装其余钢柱和主梁

4. 安装施工便道

5. 串吊施工次梁

6. 楼层板安装和混凝土浇筑

图 5-2-2　BIM 安装节点图

5.2.3　施工现场临时设施规划

一个项目从施工进场开始，首先要面对的是如何对整个项目的施工现场进行合理的场地布置。要尽可能地减少大型机械和临时设施反复调整平面位置，要尽可能最大限度地利用大型机械设施的性能。以往做临时场地布置，是将一张张平面图叠起来看，考虑的因素难免有缺漏，往往等施工开始时才发现不是这里影响了垂直风管安装的施工，就是那里影响了幕墙结构的施工。

现在将 BIM 技术提前应用到施工现场临时设施规划阶段就是为了避免上述可能发生的问题，从而更好地指导施工，为施工企业降低施工风险与运营成本。

1. 大型施工机械设施规划

(1) 塔吊规划

重型塔吊是大型工程中不可或缺的部分，它的运行范围和位置一直都是工程项目计划和场地布置的重要考虑因素之一。如今的 BIM 模型往往都是参数化的模型，利用 BIM 模型不仅可以展现塔吊的外形和姿态，也可以在空间上反映塔吊的占位及相互影响，如图 5-2-3 和图 5-2-4 所示。

上海某超高层项目大部分时间需要同时使用 4 台大型塔吊，4 台塔吊相互间的距离十分近，相邻两台塔吊间存在很大的冲突区域，所以在塔吊的使用过程中必须注意相互避让。在工程进行过程中存在 4 台塔吊可能相互影响的状态：

① 相邻塔吊机身旋转时相互干扰；

② 双机抬吊时塔吊巴杆十分接近；

③ 台风时节塔吊受风摇摆干扰；

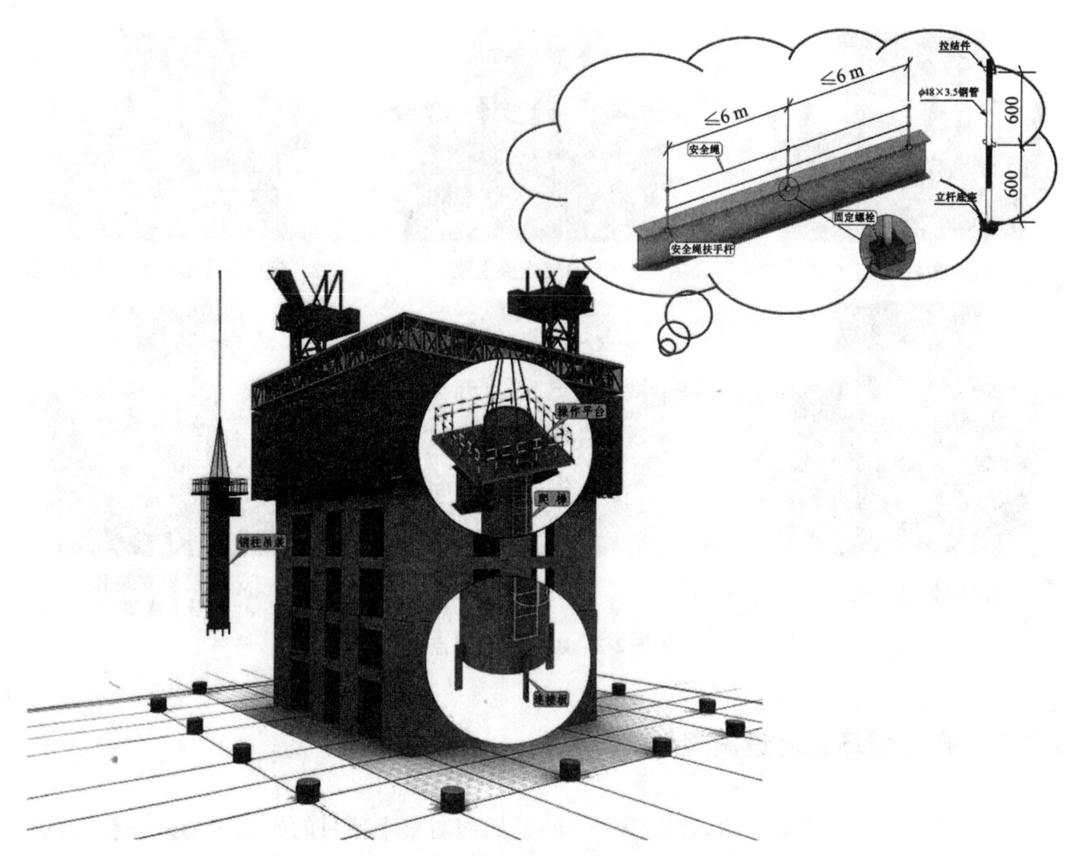

图 5-2-3　某项目核心筒外框钢构吊装塔吊施工方案模拟

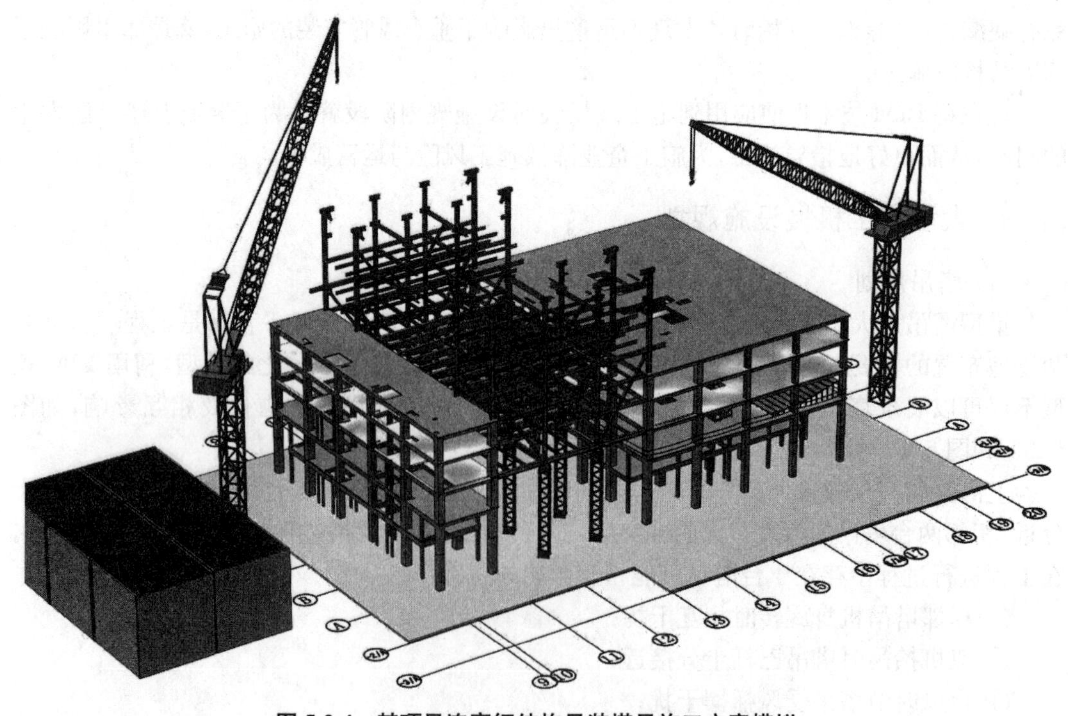

图 5-2-4　某项目连廊钢结构吊装塔吊施工方案模拟

④ 相邻塔吊辅助装配塔吊爬升框时相互贴近。

因此，有必要准确判断这四种情况发生时塔吊行止位置。以前通常采用两种方法判断：其一，在 AutoCAD 图纸上进行测量和计算，分析塔吊的极限状态；其二，在现场塔吊边运行边察看。这两种方法各有不足之处，利用图纸测算，往往不够直观，每次都不得不在平面或者立面图上片面地分析，利用抽象思维弥补视觉观察上的不足，这样做不仅费时费力，而且容易出错。使用塔吊实际运作来分析的方法虽然可以直观准确地判断临界状态，但是往往需要花费很长的时间，塔吊不能直接为工程服务或多或少都会影响施工进度。现在利用 BIM 软件进行塔吊的参数化建模，并引入现场的模型进行分析，既可以从三维的视角来观察塔吊的状态，又能方便地调整塔吊的姿态以判断临界状态。同时不影响现场施工，节约工期和能源。

通过修改模型里的参数数值，针对这四种情况分别将模型调整至塔吊的临界状态（图 5-2-5），参考模型就可以指导塔吊安全运行，如图 5-2-6。

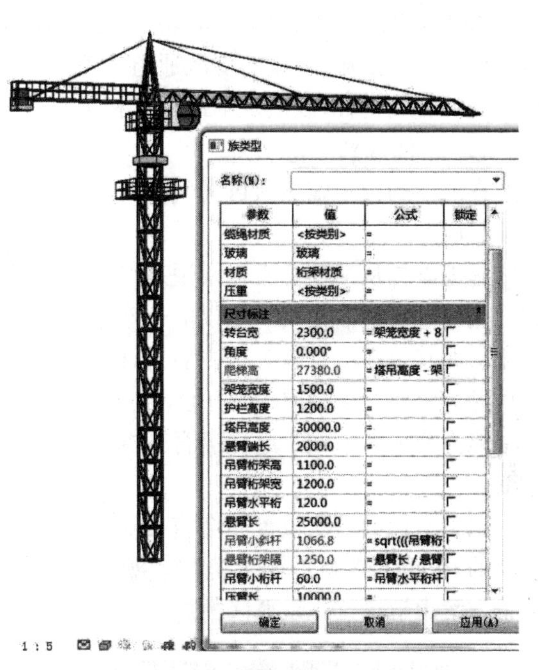

图 5-2-5　塔吊的参数设置

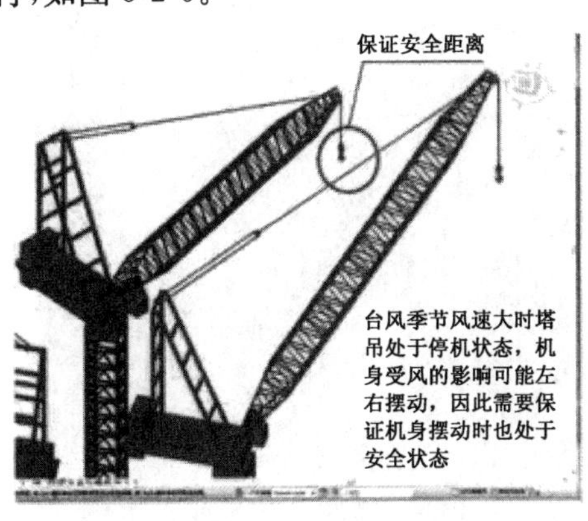

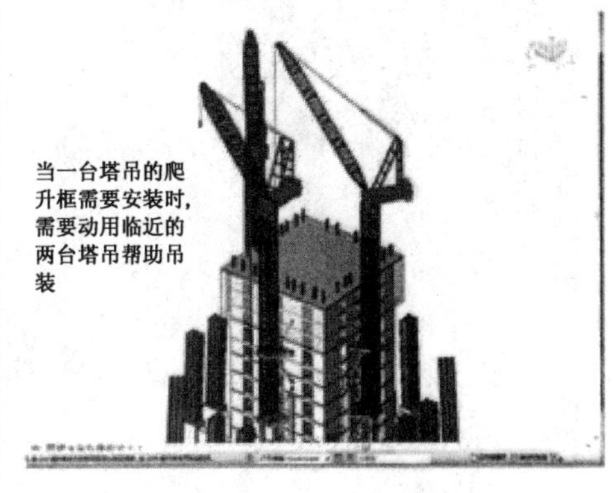

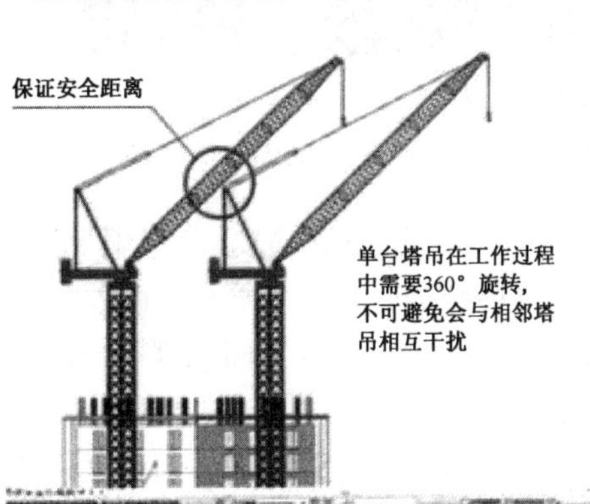

图 5-2-6　塔吊的安全运行

2. 施工电梯规划

在现有的建筑场地模型中,可以根据施工方案来虚拟布置施工电梯的平面位置,并根据BIM 模型直观地判断出施工电梯所在的位置和电梯与建筑物主体结构的连接关系,以及今后场地布置中人流、物流的疏散通道的关系,还可以在施工前就了解今后外幕墙施工与施工电梯间的碰撞位置,以便及早地出具相关的外幕墙施工方案以及施工电梯的拆除方案。

(1) 平面规划

在以往的很多施工项目案例中,施工电梯布置的好坏往往能决定一个项目的施工进度与项目成本。

施工电梯从某种意义上来说,就是一个项目施工过程中的"高速道路",担负着项目物流和人流的垂直运输作用。如果能合理地、最大限度地利用施工电梯的运能,将大大加快施工进度。尤其是在项目施工到中后期,砌体结构、机电和装饰这 3 个专业混合施工时电梯位置显得尤为重要。应用 BIM 的电梯规划能通过模拟施工,直观地看出物流和人流的变化值,从中能提前测算出施工电梯的合理拆除时间为外墙施工收尾争取宝贵的时间,以确保施工进度。

施工电梯的搭建位置还会直接影响建筑物外立面施工。如图 5-2-7 的施工电梯规划,前期的 BIM 模拟施工,施工方能直观地看出其与建筑外墙的一个重叠区,并能提前在外墙施工方案中解决这一重叠区的施工问题,对外墙的构件加工能起到指导作用。

图 5-2-7 施工电梯规划

(2) 方案技术选型与模拟演示

施工电梯方案策划时,最先考虑的就是施工电梯的运输通道、高度、荷载以及数量。这些数据都是参照以往实践过的项目的经验数据,但这些数据是否真实可靠,在项目实施前都无法确认。现在可以利用 Revit 软件的建筑模型来选择对今后外立面施工影响最小的部位安装施工电梯。然后可以将 RVT 格式的模型文件、MPP 格式的项目进度计划一起导入广联达公司的 BIM5D 软件内,通过手动选择进度计划与模型构件之间的一一对应关联,就能完成一个 4D 的进度模拟模型,然后通过 5D 软件自带的劳动力分析功能,能准确快速地知道整个项目高峰期、平稳期施工的劳动力数据。通过这样的模拟计算分析就能较为准确地判断方案选型的可行性，同时也对施工安全性起到指导作用。在存在多套方案可供选择的情况下，利用 BIM 模型模拟能对多种方案进行更直观的对比，最终来选择一个既安全又节约工期和成本的方案。

(3) 建模标准

根据施工电梯的使用手册等相关资料，收集施工电梯各主要部件的外形轮廓尺寸、基础尺寸、导轨架及附墙架的尺寸、附墙架与墙的连接方式。施工电梯作为施工过程的机械设备，仅在施工阶段出现，因此在建模的精度方面要求不高，建模标准为能够反映施工电梯的外形尺寸，主要的大部件构成及技术参数，如导轨架、吊笼、附墙架(各种型号)、外笼、电源箱、对重、电缆装置与建筑的相互关系等。

(4) 与进度协调

通过 BIM 模型的搭建，能协调结构施工、外墙施工、内装施工等工作，通过建模模拟电梯的物流、人流与进度的关系合理安排电梯的搭拆时间。在施工过程中，受到各种场外因素干扰，施工进度不太可能按原先施工方案所制订的节点计划进行，故经常需要根据现场实际情况来做修正电梯规划。

3. 其他大型机械规划

其他大型机械在施工过程中虽然不是很起眼，但又随处可见。通过 BIM 技术来更合理布置大型机械，往往会对项目管理起到节约成本和工期的作用。

(1) 平面规划

图 5-2-8 机械平面规划

在平面规划中，制订施工方案时往往要在平面图上推敲这些大型机械的合理布置方案。但是单一地看平面的 CAD 图纸和施工方案，很难发现一些施工过程中大型机械使用的问题，但是应用 BIM 技术就可以通过 3D 模型较直观地选择更合理的平面规划布置，如图 5-2-8 所示。

(2) 方案技术选型与模拟演示

以往在做施工吊装方案时，大多数的计算结果都是尽量在确保安全性的前提下乘以一定的放大系数来对机械设备进行选型。有了 BIM 模型，就可以利用模型里输入的参数来做模拟施工，评估选型的可行性，同时也能对安全施工起到一定的指导作用。有时候在存在多套方案可供选择的情况下，利用 BIM 模型模拟能对多重方案进行直观的对比，最终来选择一个既安全又节约工期和成本的方案。

以往采用履带吊吊装过程中，一旦履带吊仰角过小，就容易发生前倾，导致事故发生。现在利用 BIM 技术模拟施工，可以预先对吊装方案进行实际可靠的指导，如图 5-2-9 所示。

图 5-2-9　履带吊模拟施工

(3) 建模标准

建筑工程主要用到的大型机械设备包括汽车吊、履带吊、塔吊等，这些机械建模时最关键的是参数的可设置性，因为不同的机械设备的控制参数是有差异的，比如履带吊的主要技术控制参数为起重量、起重高度和半径。考虑到模拟施工对履带吊动作真实性的需要，一般可以将履带吊分成以下几个部分：履带部分、机身部分、驾驶室及机身回转部分、机身吊臂连接部分、吊臂部分和吊钩部分。

(4) 进度协调

在施工过程中，往往因受到各种场外因素干扰，导致施工进度不可能按原先施工方案所制订的节点计划进行，经常需要根据现场实际情况来做修正，这同样也会影响到大型机械设备的进场时间和退场时间。以往没有 BIM 模拟施工的时候，对于这种进度变更情况，很难及时调整机械设备的进出场时间，经常会发生各种调配不利的问题，造成不必要的等工。现在，利用 BIM 技术的模拟施工应用可以很好地根据现场施工进度调整大型设备进出场的时间节点，以此来提高调配的效率，节约成本。

5.2.4　现场物流规划

1. 施工现场物流需求分析

施工现场是一个涉及各种需求的复杂场地，其中建筑行业对于物流也有自己特殊的需求。BIM 技术是一个信息收集系统，可以有效地将整个建筑物的相关信息录入收集并以直观的方式表现出来，但是其中的信息到底如何应用，必须结合相关的施工管理应用，故而首先介绍现场物流管理如何收集和整理信息。

(1) 材料的进场

建筑工程涉及各种材料，有些材料为半成品，有些材料是完成品，不同的材料既有通用要求，也有特殊要求。

材料进场应该有效地收集其运输路线、堆放场地及材料本身的信息，材料本身信息包含：

① 制造商的名称；

② 产品标识(如品牌名称、颜色、库存编号等)；

③ 任何其他的必要标识信息。

(2) 材料的存储

对于不同用途的材料，必须根据实际施工情况安排其储存场地，应该明确地收集其储存场地的信息和相关的进出场信息。

2. 基于 BIM 及 RFID 技术的物流管理及规划

BIM 技术首先能够起到很好的信息收集和管理功能，但是这些信息的收集一定要和现场密切结合才能发挥更大的作用，而物联网技术是一个很好的载体，它能够很好地将物体与网络信息关联，再与 BIM 技术进行信息对接，则 BIM 技术能真正地用于物流的管理与规划如图 5-2-10 所示。

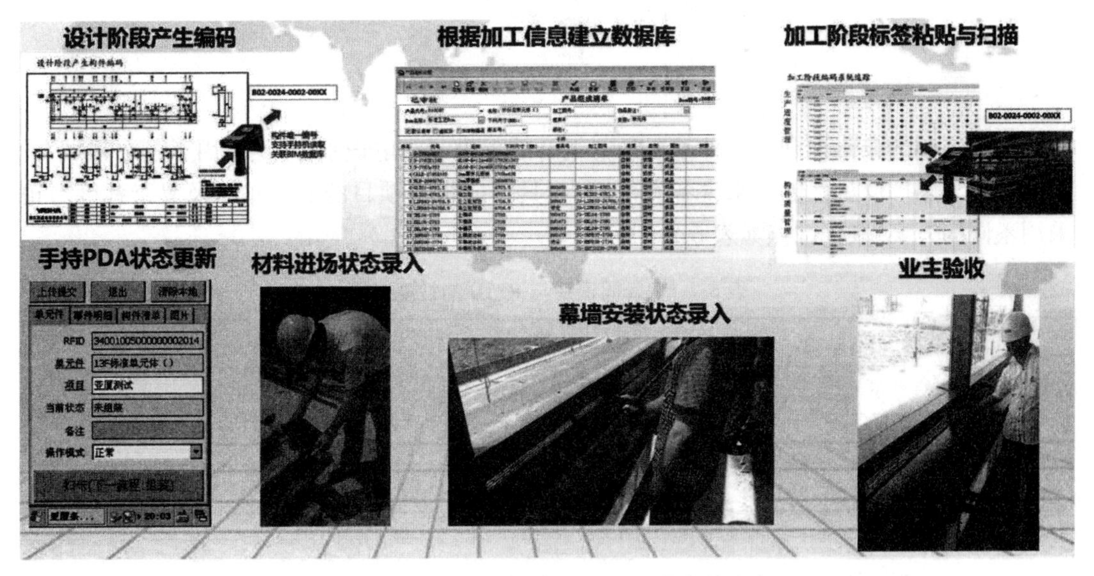

图 5-2-10　某项目 RFID 与 BIM 技术的结合

(1) RFID 技术和条码技术简介

RFID 即无线射频识别技术(Radio Frequency Identification)是一种非接触式的自动识别技术，用于信息采集，通常由读写器、RFID 标签组成。RFID 标签防水、防油，能穿透纸张、木材、塑胶等进行识别，可储存多种类信息且容量可达数十兆以上。RFID 技术与 ZigBee 技术结合构建安全信息管理模式可以主动预防高空坠物。利用 RFID 技术标记重型装备和建筑工人，当工人和设备进入危险工作领域将触发警告并立即通知工人及相关管理者，因此 RFID 标签十分适合应用于施工现场这种复杂多变的环境。

物联网是利用 RFID 或条形码、激光扫描器(条码扫描器)、传感器、全球定位系统等数据采集设备，按照约定的协议，通过互联网将任何人、物、空间相互连接，进行数据交换与信息共享，以实现智能化识别、定位、跟踪、监控和管理的一种网络应用。物联网技术的应用流程如图 5-2-11 所示。

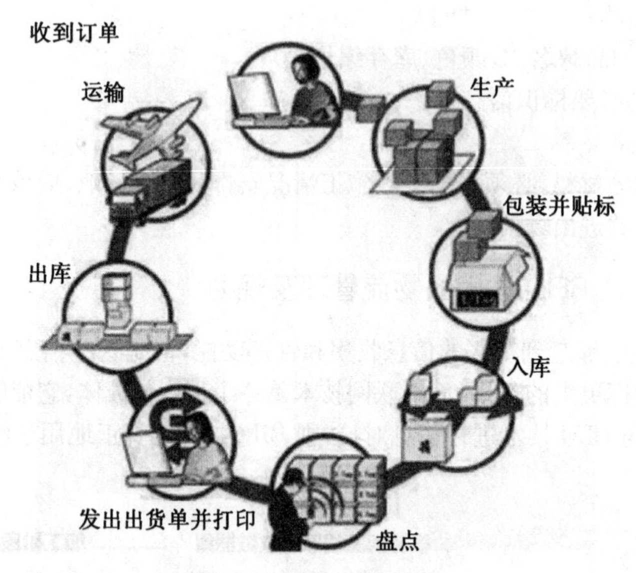

图 5-2-11 物联网应用流程

而二进制的条码识别是一种基于条空组合的二进制光电识别，广泛应用于各个领域。

条码与 RFID 从性能上来说各有优缺点，具体应根据项目的实际预算及复杂程度考虑采用不同的方案，其优缺点如表 5-2-1 所示。

表 5-2-1 条码识别与 RFID 的性能对比

系统参数	RFID	条码识别
信息量	大	小
标签成本	高	低
读写性能	读/写	只读
保密性	好	无
环境适应性	好	不好
识别速度	很高	低
读取距离	远	近
使用寿命	长	一次性
多标签识别	能	不能
系统成本	较高	较低

条码信息量较小，但如果均是文本信息的格式，基本已能满足普通的使用要求，且条码较为便宜。但是条码在土建领域使用有很多不足之处：

① 条码是基于二维纸质的识别技术，如果现场环境较为复杂，难以保证其标签的完整就可能影响正确识读。

② 条形码信息是只读的,不适合复杂作业流程的读写需求。

③ 条形码只能逐个扫描,工作量较大时影响工作效率。

④ 无论是条形码还是 RFID 均需要开发专用的系统以满足每个公司每个项目独一无二的工程流程和信息要求。

⑤ 建筑工程中有着较多的金属构件,对 RFID 的读取有一定的影响,虽然可以采取防金属干扰的措施,但会增加成本。故而对于部分构件还是可以采取条形码与 RFID 相结合的方式。

3. 基于 BIM 及 RFID 的物料管理

使用 RFID 与 BIM 技术进行结合需要配置如下软硬件:根据现场构件及材料的数量需要有一定的 RFID 芯片,同时考虑到土木工程的特殊性,部分 RFID 标签应具备防金属干扰功能。形式可以采取内置式或粘贴式。RFID 读取设备分为固定式和手持式,对于工地大门或堆场位置口,可考虑安装固定式设备以提高读取 RFID 的稳定性和降低成本,对于施工现场可采取手持式设备,如图 5-2-12 所示。

图 5-2-12　手持式 RFID 读取设备

RFID 技术与 BIM 技术结合可以用于物料及进度的管理。

① RFID 技术可以在施工场地与供应商之间获得更好、更准确的信息流。

② RFID 技术能够更加准确和及时地供货:将正确的物品以正确的时间和正确的顺序放置到正确的位置上。

③ RFID 技术通过准确识别每一个物品来避免严重缺损,避免使用错误的物品或错误的交货顺序而带来不必要麻烦或额外工作量。

④ RFID 技术加强与项目规划保持一致的能力,从而在整个项目的过程中减少劳动力的成本并避免合同违规受到罚款。

⑤ RFID 技术减少工厂和施工现场的缓冲库存量。

基于 BIM+RFID 的物料追溯平台应用的技术应用原理,如图 5-2-13。

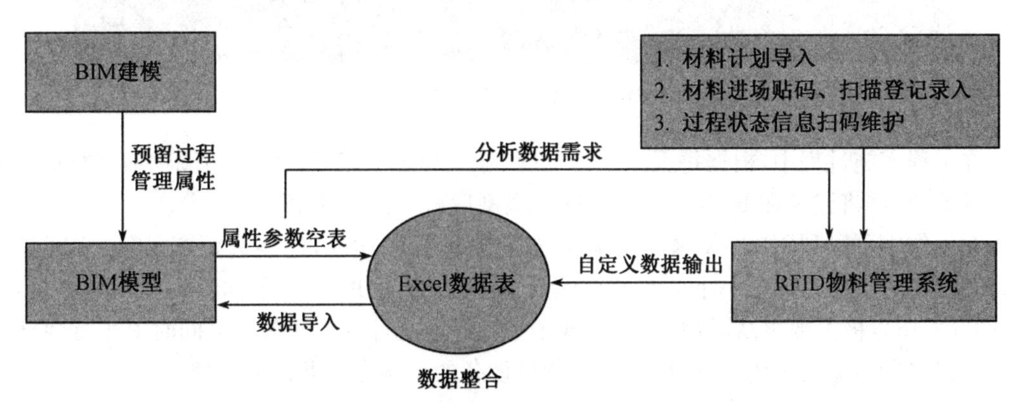

图 5-2-13　物料追溯平台技术应用原理

(1) 主要技术内容

① 平台基于物料属性规则建立标准化 BIM 模型,同时根据材料使用计划,确认需要追溯管理的设备、材料、构件,进行绑码、登记录入。

② 在物料生产、运输、安装等各阶段可随时通过 RFID 扫描设备扫码维护物料信息,并一键上传至 RFID 物料管理系统。

③ 更新 BIM 构件信息时利用 BIM 插件,一键导出需要更新属性信息的构件参数空表,同时自定义输出 RFID 物料管理系统中的物料工程信息,经数据匹配后利用 BIM 插件一键导入 BIM 模型,完成高效数据同步。BIM 技术和 RFID 技术的结合应用改变了传统的工程管理模式,极大缩短了现场数据采集再进行后期整理,以及将工程过程数据信息维护到 BIM 模型中的时间,提升了管理工效,节省大量时间成本和劳动力投入。

(2) 技术指标

本技术依托 BIM 技术与 RFID 技术结合得以实施,在工程实施过程中从两条线路同步实施推进,通过工程数据平台搭建、BIM 构建属性标准化建模构筑技术实施基础,RFID 手持设备数据采集维护,功能插件实现跨平台数据同步。

① 数据信息采集与维护

采用 RFID 手持设备以及电子标签进行数据信息采集维护。

整理需要追溯的物料清单并下载到 RFID 手持设备中,手持机即可在现场脱网工作。

当需追溯物料设备在工厂加工或进场时绑定电子标签并进行进场扫描登记(如图 5-2-14),可完善数据平台中物料的初期工程数据信息。

图 5-2-14　电子标签绑定

在工程实施过程中,根据每天的工作开展,随时利用手持设备对需追溯物料进行信息采集与维护,数据将记录在 RFID 手持设备中,联网后可一键更新至数据平台。

在工作中可以利用单个对象近距离扫描获取信息的功能,还能远距离(正向 120°范围内、无遮挡物,扫描距离不小于 7.5 米)、批量(单次扫描不少于 50 个标签)的获取物料信息(如图 5-2-15),极大地提高了物料盘点、现场实施进度统计的工作效率。同时电子标签还具有防水、防尘、耐磨损等优势,可以实现对物料设备的全寿命周期追溯管理。

图 5-2-15　物料数据采集维护

② 数据信息平台应用

按照数据维护需求，平台可以自定义输出数据的类别、顺序，如可以按照项目名称、供应商、物资名称、物资型号、单位、入场数量、入场日期、分包商、物资状态、安装日期、安装位置、验收日期、验收结果等具体内容定制导出工程信息，用于后期与 BIM 模型进行数据同步。

③ BIM 构建属性标准化建模

在 BIM 建模阶段，首先进行常规需要完成的模型搭建工作，包括设备的基本参数、编号信息等。同时还应根据现场物料管理需求为模型构件添加后期需要利用本课题研发功能维护的属性参数，确认添加后，模型内所有机械设备类别的构件已经成功添加了该项属性参数。

④ 双平台数据同步

利用插件可以导出需要添加工程数据信息的属性项空表，根据该表样式及需求自定义导出数据管理平台中的对应数据信息表，并与上述空表进行数据匹配，最后再次利用软件插件功能将完善后的表格数据一键导入 BIM 模型。可以批量对模型构件属性信息进行添加与修改，工程过程中发生变化的数据信息将直接覆盖模型中的原有数据，使 BIM 模型随着工程进度不断更新与完善，相比传统人工手动录入信息的模式极大地节省了时间和人员成本。

5.2.5　模板深化设计

模板及支撑工程是现浇钢筋混凝土结构施工工程的不可或缺的关键环节。模板及支撑工程的费用及工程量占据了现浇钢筋混凝土工程的较大比例。据有关统计资料显示，模板及支撑工程费用一般占结构费用的 30%～35%，用工数占结构总用工数的 40%～50%。传统的模板及支撑工程设计耗时费力，技术员会在模板支撑工程的设计环节花费大量的时间精力，不但要考虑安全性，同时还要考虑其经济性，计算绘图量十分大，然而最后效果却不尽人意。所以我们可以在模板及支撑工程的设计环节引入 BIM 来进行计算机辅助设计，寻求一个有效且高效的解决途径。

使用 BIM 技术辅助完成相关模板的设计工作，主要有两种工作方式，一是利用 BIM 技术含有大量信息的特点，将原本并不复杂，但是需要大量人力来完成的工作，设定好一定的排列规则，使用计算机有效利用 BIM 信息来编制程序自动完成一定的模板排列，加快工作的进度，从而达到节约人力并加快进度的效果；二是利用 BIM 技术的可视化的优点，将原本一些复杂的模板节点通过 BIM 模型进行模板的定制排布，并最终出模板深化设计图。同时运用 BIM 模型也有利于打通建筑业与制造业之间的通道，通过模型来更加有效地传递信息。

关于前一种方式，德国的 PERI 公司提供的 ELPOS 和 PERICAD 软件可以让使用者在 3D 环境下对现浇混凝土构件进行标准模板布局和详图应用，但是基于 CAD 环境，将来也将向 BIM 方向转变。国内也有些软件开始尝试，但是需要继续完善，以达到能够与其他 BIM 模型共享信息，并有效提高工作效率的最终目标。

总之，现有的不少模板设计软件本身已经有较为强大的模板配置和深化设计的功能了，但是共同问题在于本身需要将二维的图纸进行一定的转化才能进行配模，甚至有些软件只能在二维的基础上进行配模，不够直观。只有有效地利用 BIM 的三维功能及参数化调整功能才能更加快捷地完成，同时如果基于 BIM 模型的数据直接进行模板的排布也可以节约大量的工作量，保证工作的效率和准确性。

同时，目前市场上主流的 BIM 软件虽然本身较为偏重设计行业，但同样也可以利用其来进行一定模板深化设计的 BIM 应用，其基本流程为：基于建筑结构本身的 BIM 模型进行模板的深化设计→进行模板的 BIM 建模→调整深化设计→完成基于 BIM 的模板深化设计。图 5-2-16 反映的是一个复杂的筒体结构，通过 BIM 模型反映出其错综复杂的楼板平面位置及相关的标高关系，并通过 BIM 模型导出了相关数据，传递给机械制造业的 Solidworks 等软件进行后续的模板深化工作，顺利完成了异型模板的深化设计及制造。

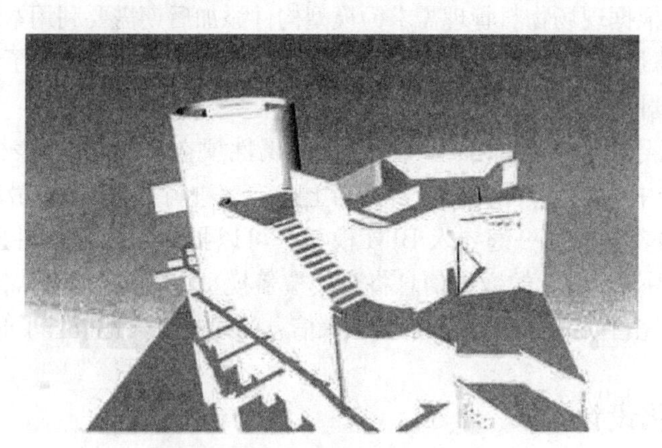

图 5-2-16　异型模板深化示意图

1. 基于 BIM 技术的混凝土定位及模板排架搭设技术

对于异型的混凝土结构而言，首先必须确保的就是模板排架的定位准确，搭设规范。只有在此基础上，再加强混凝土的振捣养护措施，才能确保现浇混凝土形状的准确。

以某交响乐团工程为例(如图 5-2-17)，这是一个马鞍形的混凝土排演厅及其附属结构，其马鞍形排演厅建筑面积为 1 544 m^2，为双层剪力墙及双层混凝土异型屋盖形式，其双墙的施工由于声学要求，其中不能保留模板结构，必须拆除，故而模板体系的排布值得好好研究，同时异型混凝土屋盖模板排架的搭设给常规施工也带来了很大的难度。

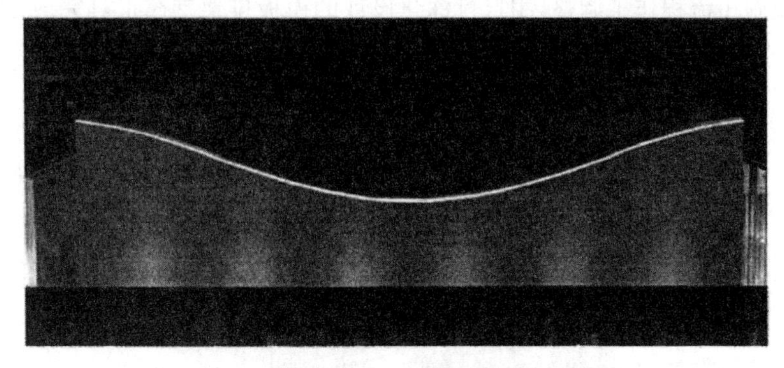

图 5-2-17　工程效果图

该项目的模板施工充分地利用了 BIM 软件具有完善的信息，能够很好地表现异型构件的几何属性的特点，使用了 Revit、Rhino 等软件来辅助完成相关模板的定位及施工，尤其是充分地利用了 Rhino 中的参数化定位等功能精确地控制了现场施工的误差，并减少了现场施工的工作量，大大地提升了工作效率。

底板模板为双层模板，施工中混凝土浇捣分为两次进行，首先浇捣下层混凝土，然后使用木方进行上层排架支撑体系的搭设，此部分模板将保留在混凝土中，项目部利用了 BIM 技术将底板模板排架搭设形式展示出来，进行了三维虚拟交底，提高了模板搭设的准确度，如图 5-2-18 所示。

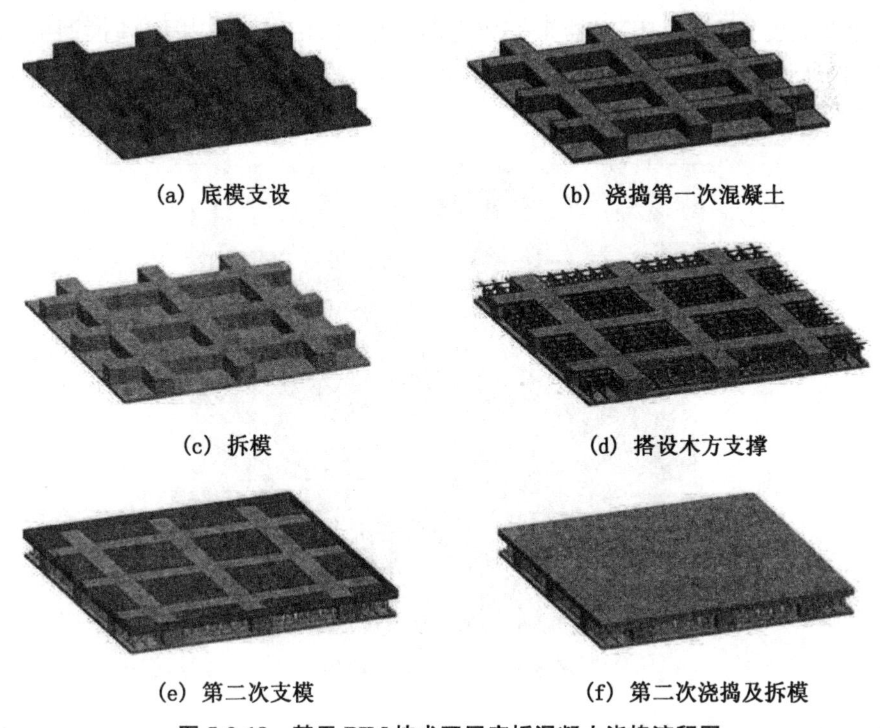

(a) 底模支设　(b) 浇捣第一次混凝土

(c) 拆模　(d) 搭设木方支撑

(e) 第二次支模　(f) 第二次浇捣及拆模

图 5-2-18　基于 BIM 技术双层底板混凝土浇捣流程图

双层墙体的施工相比之下要求更高,国外设计方出于声学效果的考虑,不允许空腔内留有任何形式、任何材质的模板及支撑材料。项目部利用 BIM 工具并结合工作经验,对模板本身的设计及施工流程作了调整,用自行深化设计的模板排架支撑工具完成了双层墙体的施工(图 5-2-19)。

图 5-2-19 双墙模板施工图

2. 异型曲面模板的数字化设计及加工

随着建筑设计手段的丰富,越来越复杂的建筑形态不断出现,也带来了越来越多的异型混凝土结构,BIM 技术可以有效地将异型曲面模板的构造通过三维可视的模式细化出来,便于工人安装。同时定型钢模等相关模板可以通过相关 CNC(Computer Numerical Control,计算机数字控制机床)机器来完成定制模板的加工,首先由 BIM 模型确定模板的具体样式,再通过人工编程,确定机器刀头的运行路径,完成模板的生成及切割,异型曲面模板如图 5-2-25 所示。

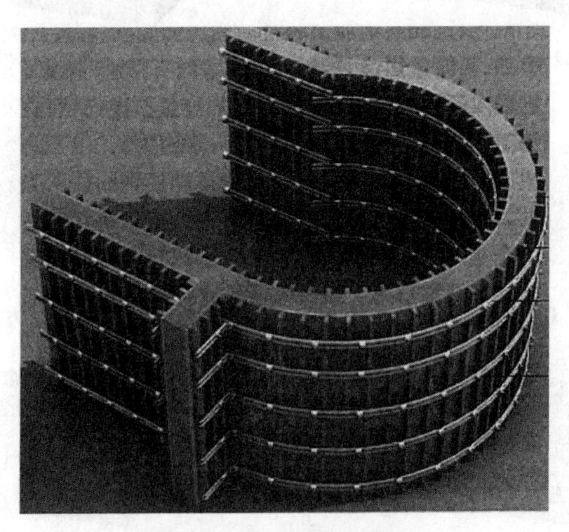

图 5-2-25 异型曲面模板

同时随着 3D 打印技术的发展,异型结构已经可以结合 3D 打印技术等先进的方式来完成相关的设计，这对于提高工作效率将是一个更大的改进，同时精确度也将更加完善。

目前 3D 打印主要存在的瓶颈还在于其打印材料的限制，故可以采用如下流程，利用多次翻模的技术来完成相关模板的制作，如图 5-2-26 所示。

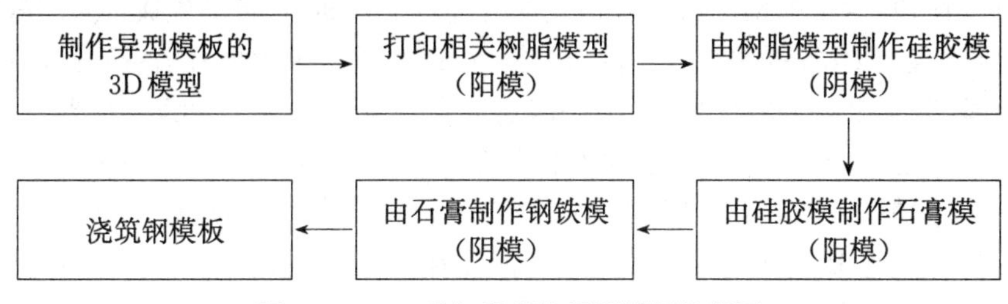

图 5-2-26　三维打印制作异型模板流程图

5.2.6　钢筋工程深化设计

钢筋工程也是钢筋混凝土结构施工中的一个关键环节，它是整个建筑工程中工程量计算的重点与难点。据统计，钢筋工程的计算量占总工程量的 50%～60%，其中列计算式的时间占 50%左右。在传统的钢筋工程施工过程中，要把一切都打理得井井有条是一件非常困难的事情。现有的钢筋施工管理过程中会面临着许多的问题，例如，钢筋翻样的技术要求高，工作量又巨大；钢筋翻样人才缺乏；钢筋现场加工的自动化程度低，效率低下，安全隐患多；钢筋切割出错率高，切错重切、切错材料等现象时有发生，造成了大量的浪费等。而且在钢筋实际的施工中，浪费钢筋的现象严重；钢筋的损耗率居高不下。同时，钢筋工程技术人员面临着青黄不接的现象。由于施工现场环境脏乱差，工作又累又苦，管理方式非常落后，即使钢筋技术工作的工资相对较高也难以吸引新一代的年轻人从事这个行业，更难留住一些高素质的人才，从而造成施工企业员工的整体素质在整个建筑行业迅速发展的同时没有显著地提高，这样就严重制约了建筑行业的进一步发展。所以，将建筑信息模型全面引入钢筋工程深化的过程中已然势在必行。

1. 钢筋工程软件介绍

目前市面上主流的 BIM 软件如 Autodesk Revit 系列及 Tekla 的混凝土系列，均有钢筋排布的功能，但由于这些 BIM 软件的侧重点基本为设计阶段，普遍存在的问题是，钢筋排布及设计深度不够，无法满足钢筋深化设计的要求。

而国内在原有钢筋算量软件的基础上，已有不少软件公司积极配合建筑业的大潮流，研制出适应于工地现场钢筋使用的 BIM 软件。BIM 数据模型是基于 3D 建模技术，在其基础上融入建筑构件的属性信息，封装成的多维度、多属性的信息载体。目前基于 BIM 的钢筋工程软件所采用的三维的表现方式与我国主流的平法表现方式尚未达成统一，这就会带来一系列后续的矛盾。而目前我国的规范等也均采用平法的表现方式，故这也在一定程度上制约了基于 BIM 的钢筋工程软件在国内工程项目上的进一步推广。但这两者的矛盾并非不可调和的，而是可相容的两种方法。目前采用平法表现方式的基于 BIM 的钢筋工程软件正成为各方面积极研究开发的新宠。已有不少软件公司结合中国的国情，考虑将平法表达与 BIM 技术结合开发软件。

此类国产 BIM 软件相比国外的软件各有优劣。优势在于：对于国内软件的开发者来说，其对国内相关的规定、规范均较为熟悉，能够更加贴合中国的实际应用情况。同时由于面向的是施工阶段，对于根据原材料及相关规范进行下料断料、自动生成排布图等均有不错的表现，并且已经与 BIM 技术结合得较为紧密，可以生成三维的带有信息的钢筋模型，有的软件甚至能够借助二维的图纸结合平法快速地生成三维模型，进行辅助交底及施工，并也能解决相当一部分的碰撞问题。但是其劣势同样也是存在的：对于复杂节点的处理，还是需要进行大量的人工辅助干预，同时其与 BIM 的整体信息共享交互的理论尚有一定的距离，不少软件可以导入其他 BIM 软件构建的模型，但是在其中生成的数据却无法导出给其他软件，无法做到信息的交互和共享。

2. 传统钢筋深化模式与 BIM 钢筋深化模式的区别

(1) 传统钢筋深化模式

传统的施工模式至今已有了长足的进步，施工的技术管理日新月异，然而飞速发展的当下对施工的质量、安全、成本都提出了更为苛刻的要求。现在行业内的企业普遍都有了一套适合企业和社会发展的体系，但是执行起来却非常困难，工程项目数据量大、各岗位间数据流通效率低、团队协调能力差等问题成为制约发展的主要因素。在传统的钢筋工程中常会碰到以下影响施工质量、效率的问题。

① 钢筋工程管理各条线获取数据难度大。施工项目会产生海量的工程数据，这些数据获取的及时性和准确性直接影响到各单位、班组的协调性水平和项目的精细化管理水平。然而，现实中工程管理人员的工程基础数据获取能力是比较差的，这使得采购计划不准确，限额领料难执行，短周期的多算对比无法实现，过程数据难以管控，“飞单”“被盗”等现象严重。

② 钢筋工程管理各条线协同、共享、合作效率低。施工项目的管理决策者获取工程数据的及时性和准确性都不够，严重制约了各条线管理者对项目管理的统筹能力。在各工种、各条线、各部门协同作业时往往凭借经验进行布局管理，各方的共享与合作难以实现，最终难免各自为政，钢筋工程成本骤升、浪费严重。

③ 工程资料难以保存。现在工程项目的大部分资料保存在纸质媒介上，由于工程项目的资料种类繁多、体量和保存难度过大、应用周期过长，工程项目从开始到竣工结束后大量的施工依据不易追溯，尤其若发生变更单、签证单、技术核定单、工程联系单等重要资料的遗失，则将对工程建设各方责任权利的确定与合同的履行造成重要影响。

④ 结构图纸钢筋排布检查与施工难点交底困难多。设计院出具的钢筋混凝土施工图纸中由于设计任务划分不同，设计人员的素质不同，图纸中存在各设计人员的相互协调问题。结构图纸钢筋排布不合理问题易导致设计变更、成本增加等问题，更给按时完成钢筋工程带来巨大难度。现在建筑物的造型越来越复杂，建筑施工周期越来越短，因此对于建筑施工的协调管理和技术交底要求越来越高，不同素质的施工人员、反复变化的设计图纸使按图施工的要求难于实现。在当前工程项目施工过程中，常常出现不同班组施工同一部位采用不同蓝图的情况，也出现了建筑成品与施工蓝图对不上的情况。钢筋加工的难度不断增大。

(2) BIM钢筋深化模式

在引入了BIM模式之后，上述这一系列问题都可以得到较好的解决。就以钢筋工程管理各条线获取数据难度大的问题为例，BIM模式会引入工程基础数据库作为解决方法。工程基础数据库由实物量数据和造价数据两部分构成，其中，实物量数据可以通过算量软件创建的BIM模型直接导入，造价数据可以通过造价软件导入。通过建立企业级项目基础数据库，可以自动汇总分散在各个项目中的工程模型，建立企业工程基础数据；自动拆分和统计不同部门所需数据，作为部门决策的依据；自动分析工程人、材、机数量，形成多工程对比，有效控制成本；通过协同分享提高部门间协同效率，并且建立与ERP的接口，使得成本分析数据信息化、自动化和智能化。这就很好地为钢筋工程各条线的数据共享提供了数据平台。

BIM模式的实施需要经常地去维护BIM模型，去核对钢筋排布。三维环境下进行的各构件配筋检查可以很快捷明了地发现不同构件配筋所发生的冲突，提前且全面地反映出钢筋工程的问题，从而可以良好地解决钢筋排布检查与施工难点交底困难多的问题。钢筋翻样人员可以不用再扎在"图海"里，费时费力还容易遗漏信息，造成返工与浪费。同时BIM模式下还可以进行虚拟的施工指导，使用三维模型进行交底，直观简洁，尤其是对于钢筋工程，很多采用平法很难表达的节点排布使用三维模型则可以得到出乎意料的良好效果。

3. 现浇钢筋混凝土深化设计中钢筋深化相关应用

(1) 复杂节点的表现

由于结构的形态日趋复杂，越来越多的工程钢筋节点处非常密集，施工有比较大的难度，同时不少设计采用型钢混凝土的结构形式，在本已密集的钢筋工程中加入了尺寸比较大的型钢，带来了新的矛盾。通常表现如下：

① 型钢与箍筋之间的矛盾，大量的箍筋需要在型钢上留孔或焊接。

② 型钢柱与混凝土梁接头部位钢筋的连接形式较为复杂，需要通过焊接、架设牛腿或贯通等方式来完成连接。

③ 多个构件相交之处钢筋较为密集，多层钢筋重叠，钢筋本身的标高控制及施工有着很大的难度。

采用BIM技术不能完全解决以上矛盾，但是可以为施工单位提供一种很好的手段与设计方进行交流，同时利用三维模型的直观性很好地模拟施工的工序，避免因为施工过程中的操作失误导致钢筋无法放置。

如图5-2-27所示案例，某工程采用劲性结构，其中箍筋为六肢箍，多穿型钢，且间距较小，施工难度较大，施工方采用Tekla软件将钢筋及其中的型钢构件模型建立出来，并标注详细的尺寸，以此为沟通工具与设计方沟通，取得了良好的效果。

(2) 钢筋的数字化加工

对于复杂的现浇混凝土结构，除了由模板定位保证其几何形状的正确以外，内部钢筋的绑扎和定位也是一项很大的挑战。

对于三维空间曲面的结构，常规的二维图纸很难表达曲形的钢筋，传统的钢筋加工机器也无法生产对应的钢筋。必须采用BIM软件建立三维钢筋模型，同时以合适的格式传递给相关的三维钢筋弯折机器(图5-2-28)，完成钢筋的加工。

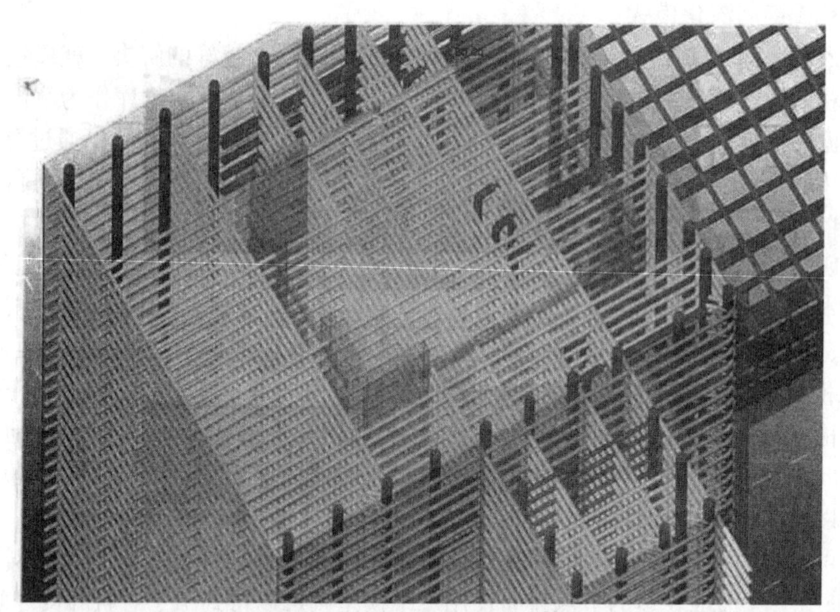

图 5-2-27　复杂节点钢筋表现图

(a) 钢筋弯折机外形图

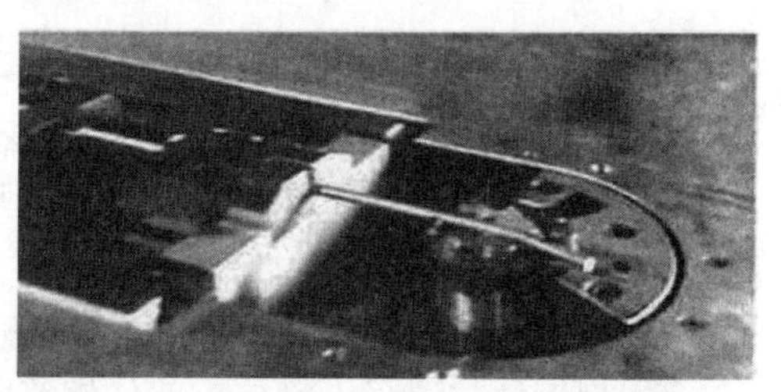

(b) 钢筋弯折机局部构造图

图 5-2-28　钢筋弯折机

(3) 国外钢筋工程深化成功案例

国外的某大桥工程,有着复杂的锚缆结构,锚缆相当沉重,而且需要在混凝土浇捣前作为支撑,大量的钢筋放置在每个锚缆的旁边,如何确保锚缆和钢筋位置的正确并保证混凝土的顺利浇捣成为技术难点。BIM 技术的使用很好地解决了这些问题,如图 5-2-29 所示。

(a) 某大桥工程的锚缆与钢筋位置示意图 1

(b) 某大桥工程的锚缆与钢筋位置示意图 2

图 5-2-29　某大桥钢筋模型的构件图

同时，桥梁钢筋的建模比想象中困难许多，这种斜拉桥具有高密度的钢筋和复杂的桥面与桥墩形状，使建模比一般的单纯结构更加困难与费时。在普通的钢筋混凝土结构中，常规的梁柱墙板等建筑构件都有充分的形状标准，可以用参数化的构件钢筋详图和配筋图加速建模的速度，桥梁元件则因为其曲率及独特的几何结构，需要自定化建模。

施工总承包方使用 Tekla Structure 的 ASCII、Excel 和其他资料格式提供钢筋材料的数量计算。桥梁 ASCII 报表资料被格式化成可以直接和自动导入到供应商的钢筋制造软件中的格式，内含所有的弯曲和切割资料。这套软件在工厂生产时驱动 CNC 机器，格式化是在软件商和承包商共同支撑之下完成的，也避免了很多人为作业的潜在错误，如图 5-2-30 所示。

图 5-2-30　钢筋模拟软件相关界面图

钢筋生产及加工流程如图 5-2-31 所示。

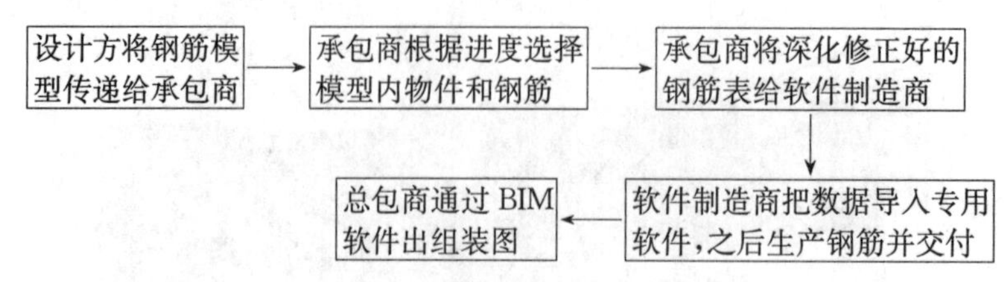

图 5-2-31　钢筋生产及加工流程图

5.2.7　构件虚拟拼装

1. 混凝土构件的虚拟拼装

在预制构件生产完成后，其相关的实际数据（如预埋件的实际位置、窗框的实际位置等参数）需要反馈到 BIM 模型中，对预制构件的 BIM 模型进行修正。出厂前，需要对修正的预制构件进行虚拟拼装（图 5-2-32），旨在检查生产中的细微偏差对安装精度的影响，若经虚拟拼装显示对安装精度影响在可控范围内，则可出厂进行现场安装；反之，不合格的预制构件则需要重新加工。

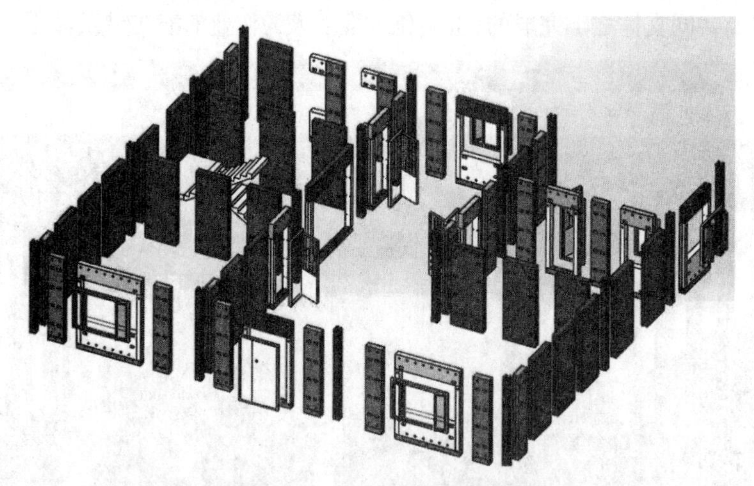

图 5-2-32　预制构件虚拟拼装

2. 钢构件的虚拟拼装

钢构件的虚拟拼装对于钢结构加工企业来说是一个十分有用的 BIM 应用，如图 5-2-33 所示，优势在于：

(1) 省去大块预拼装场地；

(2) 节省预拼装临时支撑措施；

(3) 降低劳动力使用；

(4) 减少加工周期。

图 5-2-33　钢构件虚拟拼装

这些优势都能够直接转化为成本的节约，以经济的形式直接回报加工企业，以节省工期的形式回报施工和建设单位。

要实现钢构件的虚拟预拼装，则首先要实现实物结构的虚拟化。实物结构虚拟化就是要把真实的构件准确地转变成数字模型。这种工作依据构件的大小有各种不同的转变方法，目前直接可用的设备包括全站仪、三坐标检测仪、激光扫描仪等。

5.2.8　幕墙工程虚拟拼装

单元式幕墙的两大优点是工厂化和短工期。其中，工厂化的理念是将组成建筑外围护结构的材料，包括面板、支撑龙骨及配件附件等，在工厂内统一加工并集成在一起。工厂化建造对技术和管理的要求高，其工作流程和环节也比传统的现场施工要复杂得多。随着现代建筑形式的多元化和复杂化发展趋势，传统的 CAD 设计工具和技术方法越来越难满足日益个性化的建筑需求，且设计、加工、运输、安装所产生的数据信息量越来越庞大，各环节之间信息传递的速度和正确性对工程项目有重大影响。

工厂化集成可以将体系极其复杂的幕墙拼装过程简单化、模块化、流程化，在工厂内把各种材料、不同的复杂几何形态等集成在一个单元内，现场挂装即可。施工现场工作环节大量减少，出错风险降低。

运用 BIM 技术可以有效地解决工厂化集成过程前、中、后的信息创建、管理和传递的问题。运用 BIM 模型、三维构件图纸、加工制造、组装模拟等手段，即可为幕墙工厂集成阶段的工作提供有效支持。同时，BIM 的应用还可将单元板块工厂集成过程中创建的信息传递至下一阶段的单元运输、板块存放等流程，并可进行全程跟踪和控制。

单元式幕墙的另一大优势是可大大缩短现场施工工期。20 世纪 30 年代美国出现第一块单元板块的初衷，也是为了缩短现场工期。在这方面，除了上面所描述的单元板块工厂化带来现场工作量减少的因素外，另一个方面就是可利用 BIM，结合时间因素进行现场施工模拟，有效地组织现场施工工作，提高效率和工程质量。

幕墙单元板块拼装流程

幕墙单元板块的拼装流程如图 5-2-34 所示。

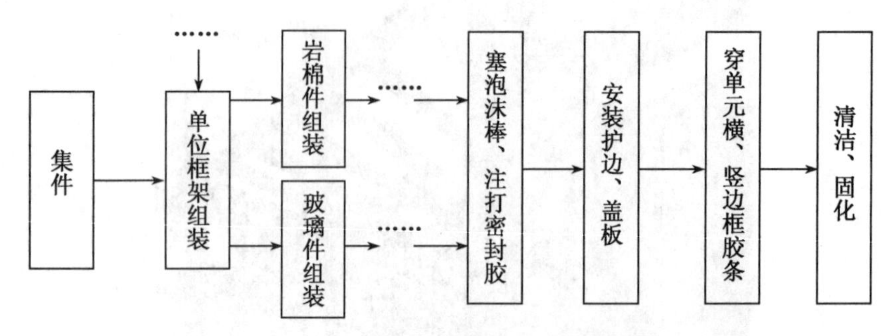

图 5-2-34　幕墙单元板块组装流程图

一般情况下,幕墙加工厂在工厂内设置单元板块拼装流水作业线——"单元式幕墙生产线"对单元板块进行拼装。根据项目的需求不同,在幕墙深化设计阶段,应根据所设计的单元板块的特点,设计针对性的拼装工艺流程。拼装工艺流程的合理性对单元板块的品质往往有着决定性的影响。

所以,选择一款合适的软件就可以达到事半功倍的效果。Inventor、Digital Project 等软件都能够胜任这样的工作。但是,相对来说,Inventor 使用成本更低,性价比较高。

(1) Autodesk Inventor 软件平台

Autodesk Inventor 软件为工程师提供了一套全面灵活的三维机械设计、仿真、工装模具的可视化和文档编制工具集,能够帮助制造商超越三维设计,体验数字样机解决方案。借助 Inventor 软件,工程师可以将二维 AutoCAD 绘图和三维数据整合到单一数字模型中,并生成最终产品的虚拟数字模型,以便于在实际制造前,对产品的外形、结构和功能进行验证。通过基于 Inventor 软件的数字样机解决方案,工程师能够以数字方式设计、可视化和仿真产品,进而提高产品质量,减少开发成本。

Autodesk Inventor 软件将数字化样机的解决方案带进了幕墙制造领域。采用 Inventor 软件可以方便地创建单元板块的可装配构件,并运用其仿真模拟功能创建单元板块的装配过程演示。

(2) 模拟拼装

如图 5-2-35,以某工程外幕墙 A1 系统标准单元板块为例,通过对不同方案的拼装模拟,可以直观地分析方案合理性。同时,通过对不同拼装流程的模拟,可以大大提升单元板块拼装精度,并且缩短拼装周期。

通过 Inventor 对单元板块拼装流程的仿真分析,最终将整个外幕墙单元板块拼装流程从 121 步优化为 78 步。同时,根据仿真过程中存在的精度不高的隐患,针对性地设计了四种可调节特制安装平台,与流水线配套使用,确保拼装精确到位。

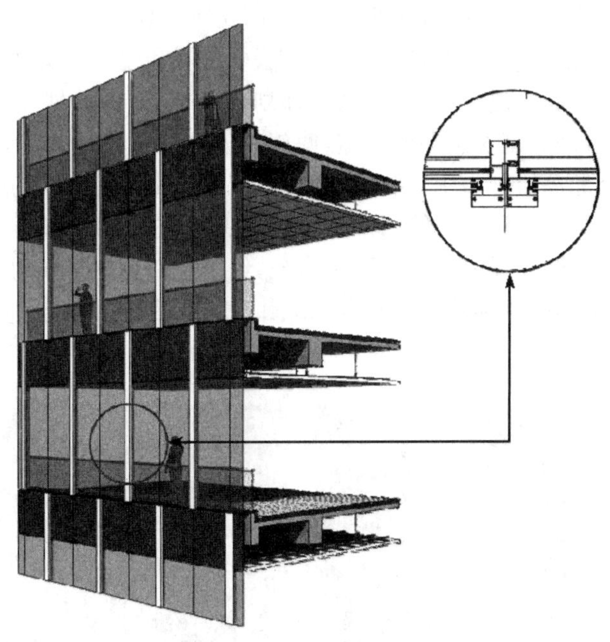

图 5-2-35　幕墙模拟拼装

5.2.9　机电设备工程虚拟拼装

在机电工程项目中施工进度模拟优化主要利用 Navisworks 软件对整个施工机电设备进行虚拟拼装模拟，方便现场管理人员及时对部分施工节点进行预演及虚拟拼装，并有效控制进度。此外，利用三维动画对计划方案进行模拟拼装，更容易让人理解整个进度计划流程，对于不足的环节可加以修改完善，对于所提出的新方案可再次通过动画模拟进行优化，直至进度计划方案合理可行。表 5-2-2 是传统方式和基于 BIM 的虚拟拼装方式下进度掌控的比较。

表 5-2-2　传统方式与基于 BIM 的虚拟拼装方式进度掌控比较

项目	传统方式	基于 BIM 的虚拟拼装方式
物资分配	粗略	精确
控制方式	通过关键节点控制	精确控制每项工作
现场情况	做了才知道	事前已规划好，仿真模拟现场情况
工作交叉	以人为判断为准	各专业按协调好的图纸施工

传统施工方案的编排一般由手工完成，烦琐、复杂且不精确，在通过 BIM 软件平台模拟应用后，这项工作变得简单易行。而且，通过基于 BIM 的 3D、4D 模型演示，管理者可以更科学更合理地对重点难点进行施工方案模拟预拼装及施工指导。施工方案的好坏对于控制整个施工工期的重要性不言而喻，BIM 的应用提高了专项施工方案的质量，使其更具有建设性。

在机电设备项目中通过 BIM 的软件平台，采用立体动画的方式，配合施工进度，可精确描述专项工程概况及施工场地情况，依据相关的法律法规和规范性文件、标准、图集、施工组织设计等模拟专项工程施工进度计划、劳动力计划、材料与设备计划等，找出专项施工方案的薄弱环节，有针对性地编制安全保障措施，使施工安全保证措施的制订更直观、更具有可操作性。例如深圳某超高层项目中，结合项目特点拟在施工前将不同的施工方案，如钢结构吊装方案、大型设备吊装方案、机电管线虚拟拼装方案等进行模拟，向该项目管理者和专家讨论组提供分专业、总体、专项等特色化演示服务，给予他们更为直观的感受，帮助确定更加合理的施工方案，为工程的顺利竣工提供保障，图 5-2-36 为深圳某超高层项目板式交换器施工虚拟吊装方案。

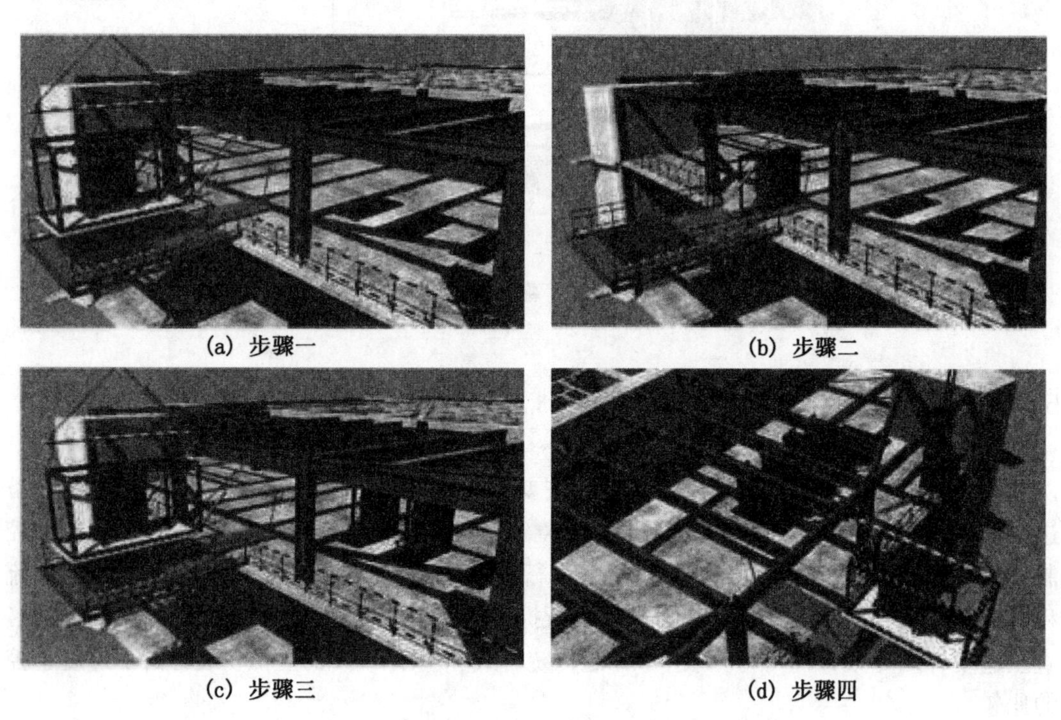

(a) 步骤一　(b) 步骤二

(c) 步骤三　(d) 步骤四

图 5-2-36　深圳某高层项目板式交换器施工虚拟吊装图

(1) 通过 BIM 软件平台可把经过各方充分沟通和交流后建立的四维可视化虚拟拼装模型作为施工阶段工程实施的指导性文件。通过基于 BIM 的 3D 模型演示，管理者可以更科学、更合理地制订施工方案，直接体现施工的界面顺序。例如，深圳某大厦 B1 层部分区联合支架及 C 形吊架安装模拟，如图 5-2-37 所示。

图 5-2-37　深圳某超高层项目 B1 层管线末端安装模拟

（2）进行机电工程虚拟拼装方案模拟：机电设备工程可视化虚拟拼装模型在施工阶段中可实现各专业均以四维可视化虚拟拼装模型为依据进行施工的组织和安排，清楚知道下一步工作内容，严格要求各施工单位按图施工，防止返工情况的发生。借助 BIM 技术在施工进行前对方案进行模拟，可找寻出问题并给予优化，同时进一步加强施工管理对项目施工进行动态控制。当现场施工情况与模型有偏差时及时调整并采取相应的措施。通过将施工模型与企业实际施工情况不断地对比、调整，提高企业施工控制能力，提高施工质量、确保施工安全。

5.3 基于 BIM 的施工进度管理

5.3.1 施工进度管理概念

建设工程项目管理是为成功实现工程项目所需要的质量、工期和成本等目标所进行的全过程、全方位的规划、组织、控制和协调。项目管理的主要任务是对施工现场与施工过程进行全面规划和组织，实现工程合同管理、质量控制、进度控制和成本控制。作为项目管理三大目标之一，施工进度管理是指在限定的工期内，编制出最佳的施工进度计划、并将该计划付诸实施。在工程项目建设过程中实施经审核批准的工程进度计划，采用适当的方法定期跟踪、检查工程实际进度状况，与计划进度对照、比较，找出两者之间的偏差，并对产生偏差的各种因素及影响工程目标的程度进行分析与评估，并组织、指导、协调、监督监理单位、承包商及相关单位及时采取有效措施调整工程进度计划，确保施工进度。在工程进度计划执行中不断循环往复，直至按设定的工期目标(项目竣工)也就是按合同约定的工期如期完成，或在保证工程质量和不增加工程造价的条件下提前完成。

5.3.2 传统施工进度管理存在的主要问题

1. 传统施工进度管理实践中的不足

(1) 项目信息丢失现象严重

工程项目施工是整个工程项目的有机组成部分，最终成果是要提交符合业主需求的工程产品。而在传统工程项目施工进度管理中，直接的信息基础是业主方提供的勘察设计成果，这些成果通常以二维图纸和相关文字说明构成。这些基础性信息是对项目业主需求和工程环境的一种专业化描述，本身就可能存在对业主需求的曲解或遗漏，再加上相关工程信息量都很大且不直观，施工方在进行信息解读时，往往还会加入自己一些先入为主的经验性理解，导致在工程分解时会出现曲解或遗漏，无法完整反映业主真正的需求和目标，最终在提交工程成果的过程中无法让业主满意。

(2) 无法有效发现施工进度计划中的潜在冲突

现代工程项目一般都具有规模大、工期长、复杂性高等特点，通常需要众多主体共同参与完成，在实践中，由于各工程分包商和供应商是依据工程施工总包单位提供的总体进度计划分头进行各自计划的编制，工程施工总包单位在进行计划合并时，难于及时发现众多合作主体进度计划中可能存在的冲突，常常导致在计划实施阶段出现施工作业与资源供应之间的不协调、施工作业面冲突等现象，严重影响工程进度目标的圆满实现。

(3) 施工进度跟踪分析困难

在工程施工过程中，为了实现有效的进度控制，必须阶段性动态审核计划进度和实际进度之间是否存在差异、形象进度实物工程量与计划工作量指标完成情况是否保持一致。由于传统的施工进度计划主要是基于文字、横道图和网络图进行表达，导致工程施工进度管理人员在工程形象进展与计划信息之间经常出现认知障碍，无法及时有效地发现和评估工程施工进展过程中出现的各种偏差。

(4) 在处理工程施工进度偏差时缺乏整体性

施工进度管理是整个工程施工管理的一个方面，事实上，进度管理还必须与成本管理和质量管理有机融合，因此，在处理工程施工进度偏差时，必须同时考虑到各种偏差应对措施的成本影响和质量约束，但是由于在实践工作中，进度管理与成本管理、质量管理往往是割裂的，仅仅从工程进度目标本身来进行各种应对措施的制订，会出现忽视其成本影响和质量要求的现象，最终影响项目整体目标的实现。

2. BIM在施工进度管理中的价值

BIM技术可以支持工程项目进度管理相关信息在规划、设计、建造和运营维护全过程无损传递和充分共享。BIM技术支持项目所有参建方在工程的全生命周期内以同一基准点进行协同工作，包括工程项目施工进度计划编制与控制。BIM技术的应用无疑拓宽了施工进度管理思路，可以有效解决传统施工进度管理方式方法中的一些问题与弊病，在施工进度管理中将发挥巨大的价值。

(1) 减少沟通障碍和信息丢失

BIM能直观高效地表达多维空间数据，避免用二维图纸作为信息传递媒介带来的信息损失，从而使项目参与人员在最短时间内领会复杂的勘察设计信息，减少沟通障碍和信息丢失。

(2) 支持施工主体实现"先试后建"

由于工程项目具有显著的一次性和个性化等特点，在传统的工程施工进度管理中，由于缺乏可行的"先试后建"技术支持，很多的设计错漏、施工组织方案的不合理之处，只能在实际的施工活动中才能被发现，这就给工程施工带来巨大的风险和不可预见成本。而利用BIM技术则支持管理者实现"先试后建"，提前发现当前的工程设计方案以及拟定的工程施工组织方案在时间和空间上存在的潜在冲突和缺陷，将被动管理转为主动管理，实现精简管理队伍、降低管理成本、降低项目风险的目标。

(3) 为工程参建主体提供有效的进度信息共享与协作环境

在基于BIM构建的工作环境中，所有工程参建方都在一个与现实施工环境相仿的可视化的环境下进行施工组织及各项业务活动，创造出一个直观高效的协同工作环境，有利于参建方直接进行直观顺畅的施工方案探讨与协调，支持工程施工进度问题的协同解决。

(4) 支持工程进度管理与资源管理的有机集成

基于BIM的施工进度管理，支持管理者实现各工作阶段所需的人员、材料和机械用量的精确计算，从而提高工作时间估计的精确度，保障资源分配的合理化。另外，在工作结构分解和活动定义时，通过与模型信息的关联，可以为进度模拟功能的实现作好准备。通过可视化环境，可从宏观和微观两个层面，对项目整体进度和局部进度进行4D反复模拟及动态优化分析，调整施工顺序，配置足够资源，编制更为科学可行的施工进度计划。

5.3.3 4D 模型概念及控制原理

4D 模型是指在原有的 3D 模型 XYZ 轴上，再加上一个时间轴，将模型在成形过程中以动态的三维模型仿真过程表现。4D 是多形态的表现方式，用户除了可以通过 4D 可视化的展示了解工程施工过程中所有重要组件的图形仿真，也可以依据施工的时程以及进度标示不同的颜色于 3D 模型上，来表达建筑模型组件实际的施工进度状况。如此一来不但可以清楚地了解工程施工状态，还可以通过 4D 可视化仿真找出组件的空间施工冲突，如图 5-3-1 所示。

图 5-3-1 施工进度模拟

施工进度控制是建设工程项目管理的有机组成部分，涉及工程施工的组织、资源等各个方面，采用了动态控制、信息反馈以及系统原理等多项理论与方法。基于 4D 技术的进度控制以 4D 模型为基础，将 4D 技术与传统施工进度控制理论与方法有机结合，在施工进度信息反馈、可视化模拟分析与动态控制方面具有突出优势。

1. 进度信息反馈

施工进度的有效控制必须依赖及时有效的实际进度采集与反馈机制。目前常用的工程施工实际进度采集主要通过日报等方式实现。基于 4D 模型，可以实现日报等工程实际进度信息的跟踪与集成的功能，将工程施工进度计划与实际进度有机地整合在一起，为后续基于 4D 模型进行施工进度分析、模拟与调整奠定了基础。

2. 可视化分析与模拟

基于 4D 技术的进度控制可实现工程施工计划(或实际工程进展)的三维可视化模拟，直观表现工程施工的施工进度计划(或实际工程进展)。同时，4D 模型也可实现三维形式的工程进展、延误情况对比分析、工程进展统计等功能，通过直观的图形、报表辅助工程进度调整、控制的决策过程。

3. 动态施工进度控制

施工进度控制是一个不断循环进行的动态过程。在这个过程中，管理者以进度计划编制或调整为起点，通过实际进度跟踪与采集获取工程实际进展数据，在利用关键线路或进度偏差分析等方式确定偏差产生的原因以及可能带来的影响，最终制订合适的进度计划调整方案。如此形成一个循环的动态过程，周而复始，实现对工程施工进度的有效控制。基于 4D 模型可实现动态的进度计划调整，并可方便地集成工程实际进展信息，通过三维可视化的模拟与分析辅助明确工程进度偏差、预测工程延误的影响。同时，4D 模型还可以支持不同进度计划调整方案的模拟分析，为更加合理地调整进度计划、保障工期提供了有力的支持。

基于 BIM 技术的施工进度管理体系的组成及流程如图 5-3-2 所示。

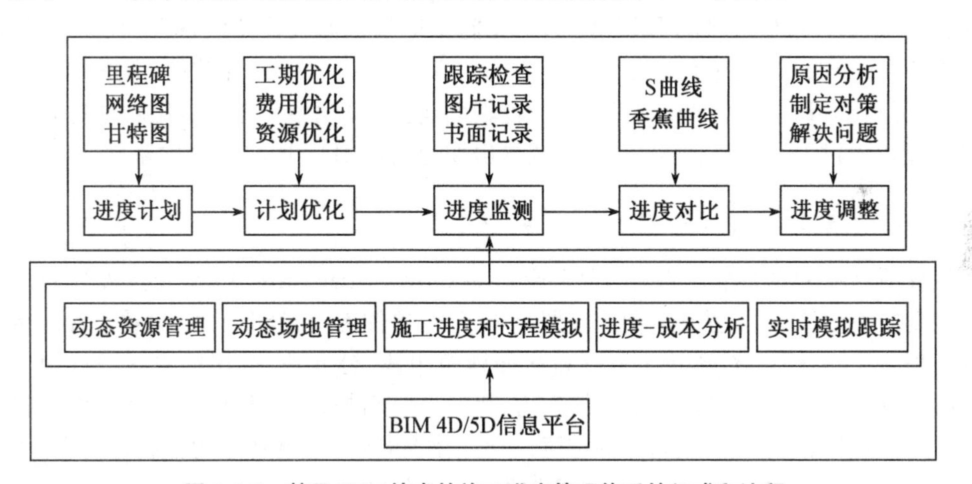

图 5-3-2　基于 BIM 技术的施工进度管理体系的组成和流程

4D-BIM 模型是在 4D 技术的基础上，将建筑物及其施工现场的 3D 模型与施工进度相链接，与资源、安全、质量、成本以及场地布置等施工信息集成一体所形成的 4D 信息模型。4D-BIM 模型由产品模型、4D 模型、过程模型以及施工信息组成，其中产品模型包含建筑物 3D 几何信息和基本属性信息，4D 模型将产品模型与施工进度相链接，过程模型是工程建造的动态模型，是以 WBS(工作分解结构)为核心，以进度为控制引擎，与产品模型相互作用形成不同时间阶段的施工状态，并动态关联相应的资源、安全、质量、成本以及场地布置等施工信息。基于 4D-BIM 模型的施工进度管理可实现施工进度、人力、材料、设备、成本、安全、质量和场地布置的动态集成管理、实时控制以及施工过程的可视化模拟。

5.3.4 基于 BIM 技术的施工进度控制工作内容

基于 BIM 技术的施工进度控制是通过应用基于 BIM 技术的施工管理或进度控制软件，以 4D－BIM 模型为基础进行进度计划的编制、跟踪、对比分析与调整，充分指导和调动项目各参与方协同工作，确保工程施工进度计划关键线路不延期、项目按时竣工的工程项目进度管理方法。其主要内容包括以下方面。

1. 建立协作流程

为满足建筑、桥梁、公路、地铁等不同工程项目的施工管理，应针对具体工程项目的特点和管理需求，面向建设方、施工总承包方及施工项目部等不同应用主体，对施工进度控制的协作流程、软件功能进行必要的调整和制定，明确不同项目参与方与职能部门的具体职责与权限范围，为不同参与方基于统一的 BIM 模型进行协同工作、保证数据一致性与完整性奠定基础。

2. 设计 BIM 建模

基于 BIM 技术进行施工进度控制，首先应解决模型来源问题。目前，模型的主要来源有两种：一是设计单位提供的 BIM 模型；二是施工单位根据设计图纸自行创建的模型。当前主要的设计 BIM 建模工具包括 Revit、ArchiCAD、Tekla、Catia 等软件，考虑建筑造型等需要，也可利用 3D MAX、Rhino 等应用软件辅助建立 3D 模型。上述应用软件建立的设计 BIM 模型可通过 IFC 及其他 3D 模型格式导出作为创建 4D－BIM 模型的基础。

3. WBS 与进度计划创建

工程项目施工的工作分解结构（Work Breakdown Structure，WBS）及进度计划是工程进度控制的关键基础，工程施工前应按照整体工程、单位工程、分部工程、分项工程从粗到细建立工程项目的 WBS，对建筑工程项目按照建筑单体、分专业、分层的方式进行划分。在 WBS 的基础上，根据工程规模、施工的人力、机械及材料投入情况，设定各项工作的起止时间及相互关系，从而形成工程施工的进度计划。在 WBS 与进度计划的编制过程中，可根据工程项目需求采用 Microsoft Project 等软件，快捷方便地建立工程项目的 WBS 与进度计划。上述软件建立的 WBS 与进度计划信息可通过相关的数据接口实现与基于 BIM 技术的施工管理或进度控制软件的双向数据集成。基于 BIM 技术的施工管理或进度控制软件也可提供相应的 WBS 与进度计划编辑功能，提供方便快捷的 WBS 与进度计划调整工具。

4. 4D－BIM 模型建模

由于模型划分、命名等的不同，设计 BIM 模型一般不能直接用于工程施工管理，需要对设计 BIM 模型进行必要的处理，并将模型与 WBS 和进度计划关联在一起，形成 4D－BIM 模型的过程模型。设计 BIM 模型的划分与处理应以工程施工的 WBS 为指导，并根据工程施工需求补充必要的信息，最后通过自动匹配或手动对应的方式建立模型与 WBS 和进度计划的关联关系，从而支持基于 BIM 技术的施工进度控制。同时，针对其他施工管理需求，应以 WBS 为核心将资源、成本、质量、安全等施工信息动态集成，形成支持工程施工管理的 4D－BIM 模型。

5. 实际施工进度录入

项目开工建设后，应通过日报等多种方式对工程的实际进展情况进行跟踪，并及时地录入基于 BIM 技术的施工管理或进度控制软件中，为后续实际进度与施工计划的对比分析、关键路线分析等提供必要的数据，进度计划表如图 5-3-3 所示。

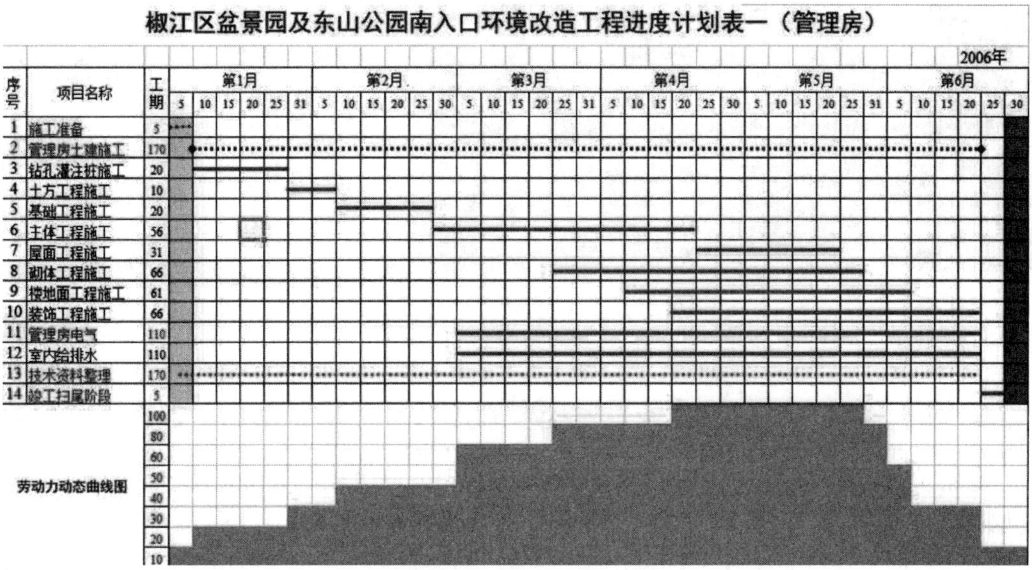

椒江区盆景园及东山公园南入口环境改造工程进度计划表一（管理房）

2006年

序号	项目名称	工期
1	施工准备	5
2	管理房土建施工	170
3	钻孔灌注桩施工	20
4	土方工程施工	10
5	基础工程施工	20
6	主体工程施工	56
7	屋面工程施工	31
8	砌体工程施工	66
9	楼地面工程施工	61
10	装饰工程施工	66
11	管理房电气	110
12	室内给排水	110
13	技术资料整理	170
14	竣工扫尾阶段	5

劳动力动态曲线图

100
80
60
50
40
30
20
10

图 5-3-3　进度计划表

6. 施工进度分析

4D－BIM 模型能提供丰富全面的工程施工数据，可方便地把握整个工程项目或任意 WBS 节点的施工进度，对其进度偏差、滞后原因及影响进行分析，并可动态计算分析过程项目的关键线路，为采取措施合理控制施工进度提供决策支持。施工进度分析包括进度追踪分析、关键线路分析、前置任务分析、进度滞后分析和进度冲突分析等。

7. 施工进度计划调整

基于 BIM 技术的施工进度管理可提供实际进度与计划进度对比和分析的结果（如图 5-3-4 任务状态分析），可在软件中对进度计划进行有效调整和控制，可通过直接点选模型、选择 WBS 节点等不同方式调整工程进度计划。当施工进度改变后，4D－BIM 模型将自动更新相关信息，并将受影响的任务及模型突出显示出来。同时，也可在 Microsoft Project 等软件中调整工程进度，并将数据同步到基于 BIM 技术的施工管理或进度控制软件中，从而实现对施工进度计划的有效调整。

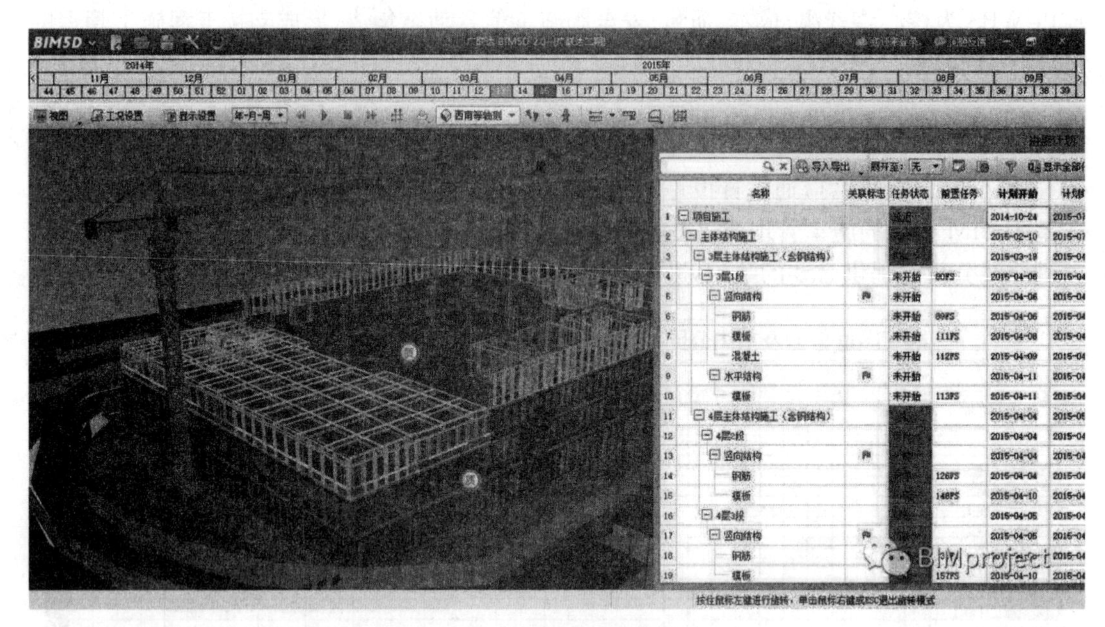

图 5-3-4　施工进度比较控制

8. 基于 4D－BIM 模型的施工过程模拟

利用 4D－BIM 模型，基于 BIM 技术的施工管理或进度控制软件可实现对整个工程或任意选定 WBS 节点的施工过程模拟，直观表现工程施工计划或实际施工进展情况，并可同步显示当前的工程量完成情况和施工详细信息。直观的 4D－BIM 模型施工过程模拟将为企业掌握工程进展、分析进度计划提供强有力的支持。

9. 施工信息动态查询与统计

施工方可基于 4D－BIM 模型，实时查看任意施工日期或时间段的整个工程、任意 WBS 节点和施工段或构件的施工进度以及详细的工程信息，生成周报、月报等各种统计报表。

10. 施工监理协同监管

作为工程项目施工的主要监管方，施工监理可通过基于 BIM 技术的施工管理或进度控制软件，利用 4D－BIM 模型动态跟踪和监督工程项目的实际进展。对施工方的进度计划、施工方案进行可视化的分析模拟和评价，协调各方工作，确保施工进度切实可行，保证工程项目按期竣工。

5.3.5　基于 BIM 技术的进度控制工作流程

根据进度控制工作内容，基于 BIM 技术的进度控制工作流程如图 5-3-5 所示。在建设项目确定采用 BIM 技术后，根据项目具体情况和工程项目 BIM 应用主体方的不同，首先制定基于 BIM 技术的施工进度控制协作流程，根据不同工作特点建立设计 BIM 模型。基于

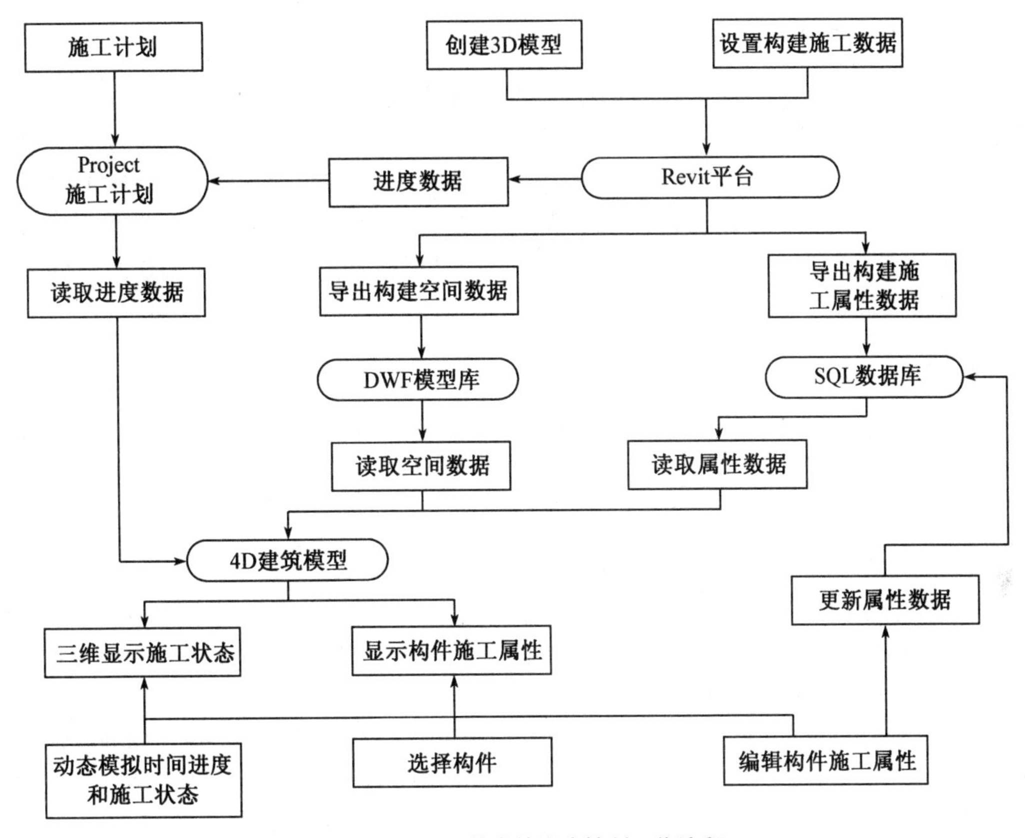

图 5-3-5　BIM 技术的进度控制工作流程

设计 BIM 模型，通过必要的调整，建立模型与 WBS 和进度计划的关联关系，并与资源、质量、安全等施工信息相集成，生成 4D-BIM 模型。项目开工建设后，通过实际施工进度录入、施工进度对比和分析、施工进度计划调整、基于 4D 模型的施工过程模拟、施工信息动态查询与统计以及监理单位的协同监管等工作环节，实现基于 BIM 技术的施工进度控制。

5.4　基于 BIM 的施工质量管理

5.4.1　工程项目质量的概念

工程项目质量是指国家现行的法律、法规、技术标准、设计文件及工程合同中对工程的安全、适用、经济、美观等特性提出的综合的要求。工程项目是按照建设工程项目承包合同条件形成的，其质量也是在相应合同条件下形成的，而合同条件是业主的需要，是质量的重要内容，通常表现在项目的适用性、可靠性、经济性、外观质量与环境协调等方面。

1. 工程项目质量的内容

工程项目是由分项工程、分部工程、单位工程及单项工程所构成的，就工程项目建设而言，是由一道道工序完成的。因此，工程项目质量包含工序质量、检验批质量、分项工程质量、分部工程质量、单位工程质量以及单项工程质量。同时，工程项目质量还包括工作质量。工作质量是指参与工程建设者为了保证工程项目质量所从事工作的水平和完善程度，工程项目质量的高低是业主、勘察、设计、施工、监理等单位各方面、各环节工程质量的综合反映，并不是单纯靠质量检验检查出来的，要保证工程项目质量就必须提高工作质量。

2. 工程项目质量阶段的划分

工程项目质量不仅包括项目活动或过程的结果，还包括活动或过程本身，即包括工程项目形成全过程。我国工程项目建设程序包括工程项目决策质量、工程项目设计质量、工程项目施工质量和工程项目验收保修质量。

(1) 项目决策阶段的质量控制

选择合理的建设场地，使项目的质量要求和标准符合投资者的意图，并与投资目标相协调；使建设项目与所在地区环境相协调，为项目的长期使用创造良好的运行环境和条件。

(2) 项目设计阶段的质量控制

选择好设计单位，要通过设计招标，必要时组织设计方案竞赛，从中选择能够保证质量的设计单位。保证各个部分的设计符合决策阶段确定的质量要求；保证各个部分设计符合有关的技术法规和技术标准的规定；保证各个专业设计之间协调；保证设计文件、图纸符合现场和施工的实际条件，其深度应满足施工要求。

(3) 项目施工阶段的质量控制

首先，展开施工招标，选择优秀施工单位，认真审核投标单位的标书中关于保证质量的实施和施工方案，必要时组织答辩，将质量作为选择施工单位的重要依据；其次，要保证严格按设计图纸进行施工，并形成符合合同规定质量要求的最终产品。管理流程如图 5-4-1 所示。

(4) 项目验收与保修阶段的质量控制

按照《建筑工程施工质量验收统一标准》组织验收，经验收合格后，备案签署合格证和使用证，监督承包商按国家法律、法规规定的内容和时间履行保修义务。

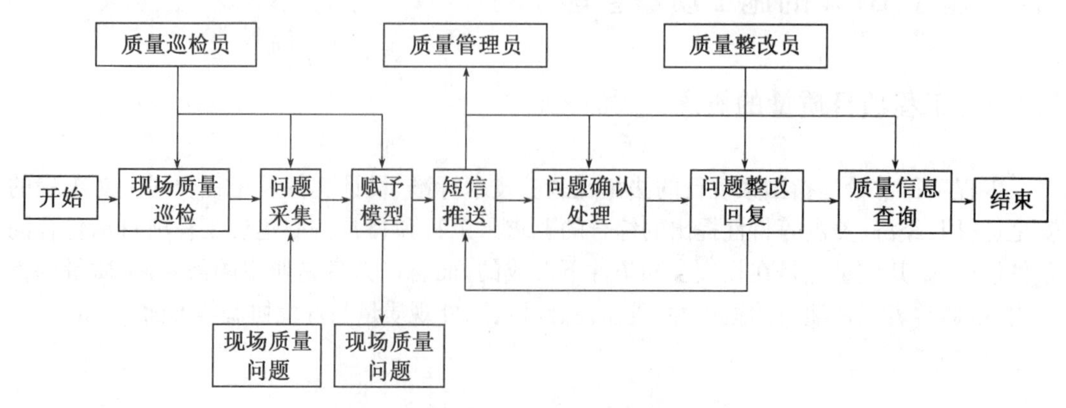

图 5-4-1　某项目施工阶段现场质量管理流程

3. 工程项目质量的特点

工程项目质量的特点由工程项目的特点决定，建筑工程项目特点主要体现在其施工生产上，而施工生产又由建筑产品特点反映，建筑产品特点体现在产品本身位置上的固定性、类型上的多样性、体积上的庞大性三个方面，从而建筑施工具有生产的单体性、生产的流动性、露天作业和生产周期长的特点。工程项目的特点，造就了工程项目质量具有适用性、耐久性、安全性、可靠性、经济性、与环境的协调性的特点。

5.4.2 工程项目的质量控制

(1) 事前质量控制

事前质量控制是在施工前进行质量控制，其具体内容有以下几方面：审查各承办单位的技术资质；对工程所需材料、构件、配件的质量进行检查和控制；对永久性生产设备和装备进行检查和控制，按审批同意的设计图纸组织采购和订货。施工方案和施工组织设计中应含有保证工程质量的可靠措施；对工程中采用的新材料、新工艺、新结构、新技术，应审查其技术鉴定；检查施工现场的测量标桩、建筑物的定位放线和高程水准点；完善质量保证体系，完善现场质量管理制度，组织设计交底和图纸会审。

(2) 事中质量控制

事中质量控制是在施工中进行质量控制，其具体内容有以下几方面：完善的工序控制；检查重要部位和作业过程；重点检查重要部位和专业过程；对完成的分部分项工程按照相应的质量评定标准和办法进行检查、验收；审查设计图纸变更和图纸修改；组织现场质量会议；及时分析通报质量情况。

(3) 事后质量控制

按规定质量评定标准和办法对已完成的分项分部工程、单位工程进行检查验收，审核质量检验报告及有关技术性文件，审核竣工图，整理工程项目质量的有关文件，并编目、建档。

5.4.3 BIM技术施工质量管理的先进性

BIM技术是以建筑工程项目的各项相关信息数据作为基础，进行建筑模型的建立，是将建筑本身及建造过程三维模型化和数据信息化，这些模型和信息在建筑的全生命周期(BLM)中可以持续地被各个参与者利用，达成对建筑和建造过程的控制和管理。BIM在施工质量管理的优势体现在以下几点。

1. 打通产业链减少多方协作时间

建立项目多协作方的BIM应用体系，减少了各方之间缺乏协作配合的情况，通过信息打通整个建筑产业链，根据实际工程经验，应用BIM技术可以减少专业之间协作配合的时间约20%(管线综合布设如图5-4-2所示)，为施工方赢得更多的施工时间，减少因协作失误产生的窝工、停工时间，减轻施工方工作负担，可以更好地投入施工工作。

图 5-4-2　管线综合

2. 设计效果的虚拟可视化，有效复核设计方案

由于 BIM 的可视化(图 5-4-3)，施工方能够直观地复核图纸，发现设计缺陷，利用 BIM 实体模型的特性，可进行更有效地进行分项工程的技术交底，减少了各施工工种之间的冲突。经多项工程应用统计，利用 BIM 技术可以降低造价约 20%，减少变更约 40%，减少了施工返工，有力地保证了施工质量。

(a) 管线优化前

(b) 管线优化后

图 5-4-3　可视化设计

3. 施工阶段多维效果的模拟和施工的监控

施工进度模拟、施工场地的布置模拟及施工方案和流程设计，可以对进度、造价、质量用 BIM 技术进行实时监控。在施工阶段利用基于 BIM 的专业软件为工程建立三维信息模型后，我们会得到虚拟的建筑作为项目建成后的效果(图 5-4-4)，因此 BIM 为我们展现了二维图纸所不能给予的视觉效果和认知角度，同时有效控制施工组织安排，有效掌握施工进度保证了工程质量，实现绿色环保低碳施工。

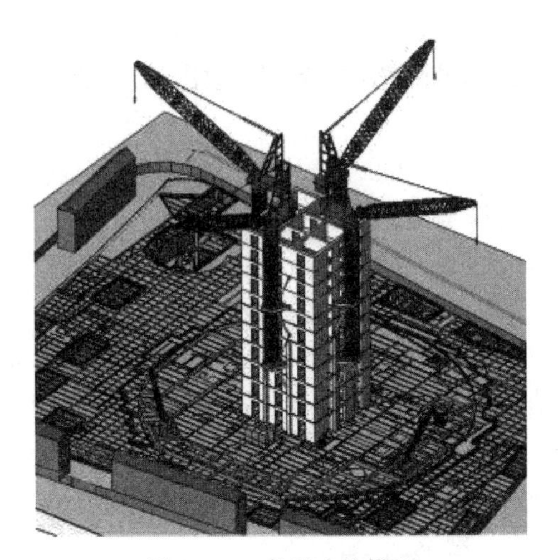

图 5-4-4　虚拟建筑模拟

5.4.4　BIM 技术在质量管理中的应用

1. 基于 BIM 模型的图纸复核

施工方 BIM 团队在三维建模过程中对设计图纸进行复核，对机电安装进行管线综合，保证管线综合布置精准。例如，对地下室管线按照各自的标高和定位均出图再交底，避免事后返工拆改；同时对预留孔洞提前定位出图，BIM 孔洞预留图解决了土建与安装之间的冲突问题。对设备机房深化设计，特别对地下室双速风机房、生活水泵房、消防水泵房、变电站、制冷机房、全热交换空调机组、地上空调机房等管线综合排布做了深化优化，避免方案粗糙导致的无法施工或强行施工，保证了施工质量。

施工方可借助三维可视化建立的 3D 模型及时发现问题，提高了施工方与其他各部门沟通效率，通过 BIM 多专业集成应用进行净空分析，提前发现净空高度不足问题，如楼梯梁原设计为下翻梁，查出此位置的净高不满足实际要求，跟设计部门沟通后，改为上翻梁，避免工期延误，大幅度减少返工。能够提前预见问题，减少危险因素，大幅度提升工作效率，提升建筑品质，提高业主满意度。

施工方利用 BIM 模型复核图纸能发现设计缺陷问题。如有些工程主楼与地下车库分开设计图纸，有些工程建筑图纸与设备图纸分别设计，各专业、各单体之间可能存在设计矛盾，此类问题如果只靠单栋楼图纸并不容易被发现。通过整合各单体 BIM 模型，就能非常直观地找到相应的设计缺陷问题，避免后期施工出现问题。利用各专业 BIM 模型进行各专业空间碰撞检查，提前发现问题，并进行预留洞定位及出图，包括混凝土墙体预留洞口定位和给水管及热水管穿墙预留洞定位。

利用 BIM 模型，现场技术人员可利用 BIM 辅助交底，完成预留洞口的筛选之后，利用 BIM 碰撞检查系统自动输出相应的预留洞口报告对设计方和过程中的变更进行碰撞复查。将第一阶段完成的土建专业及安装专业 BIM 模型输出相应碰撞文件，利用碰撞系统集成建筑全专业模型进行综合碰撞检查，详细定位每处碰撞点。通过 BIM 模型整合找到相关设计问题，交由项目总工审核，并由项目总工同设计院进行沟通，得到相关设计变更。通过系统碰撞检查及管线优化排布后，经过筛选，系统自动输出相应的预留洞口报告，形成技术交底单，对施工班组进行技术交底。

施工方 BIM 团队在设计方提供的二次深化设计的基础上，完善三维 BIM 模型，对模型内机电专业设备管线之间、管线与建筑结构部分之间、结构构件之间进行检查，根据测试结果反馈设计方配合调整设计图纸。在结构施工前，绘制一次结构留洞图，解决设计互相冲突问题。

施工过程经过碰撞复核、管线综合（图 5-4-5）后的安装模型，按照实测结构标高建立结构模型、设备层、标准层、地下室等。经实际测量后，调整模型，保证模型与现场一致，为后期的工作做准备。

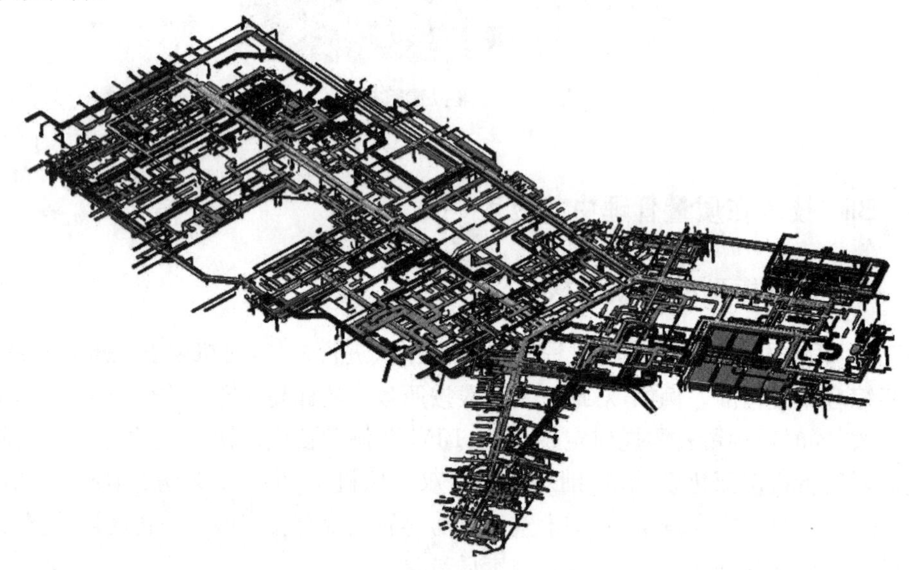

图 5-4-5　管线综合优化排布

2. 综合场地布设模拟及高大支模区域查找

综合场地布设模拟（图 5-4-6）是对不同阶段的施工现场进行材料堆放、吊装机械、临时设施进行科学合理排布，从而提高工作效率，提升建筑质量。高大支模区域其施工难度大，安装风险高，将施工过程中要采用高大支模处的位置从 BIM 模型中自动统计出来，并辅以截图说明，为编制专项施工方案提供数据支撑。

施工方采用三维可视化指导施工与技术交底，对砌体结构综合排布三维可视化指导施工与技术交底、二次结构施工方案模拟及砌体排布（图 5-4-7）。利用 BIM 技术可降低对现场管理人员的经验要求。

利用 BIM 模型对现场的砌体在施工中进行排布，做出相应砌体墙的砌体排布图，精确控制砌体的材料用量、具体位置，解决通过二维平面图纸想象的缺陷。同时利用 BIM 模型便于统计二次结构通过和项目总工沟通明确构造柱的具体施工部位，利用 BIM 模型来制定相关二次结构构造柱及门洞过梁等构件涉及工程量信息的统计。

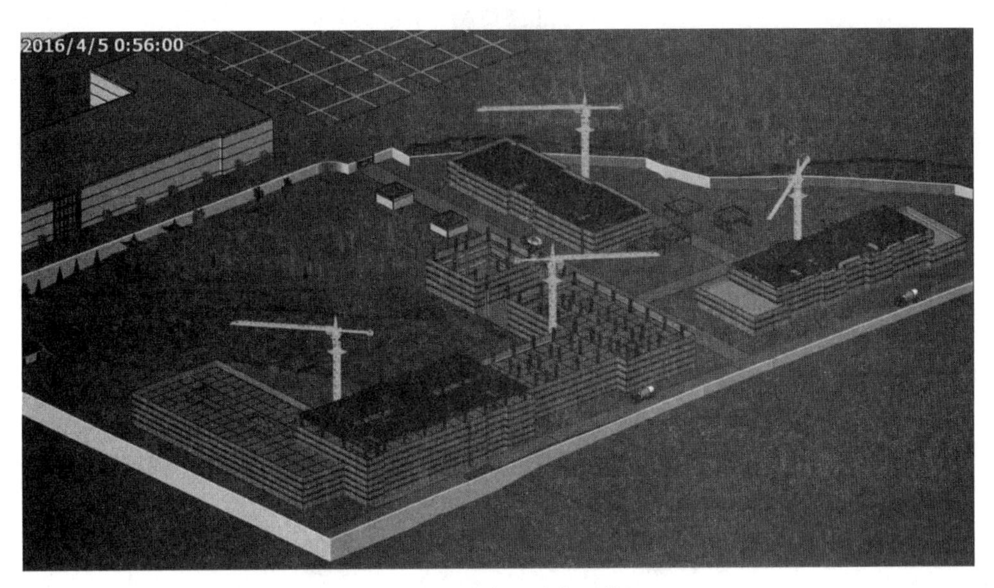

图5-4-6　综合场地布设模拟

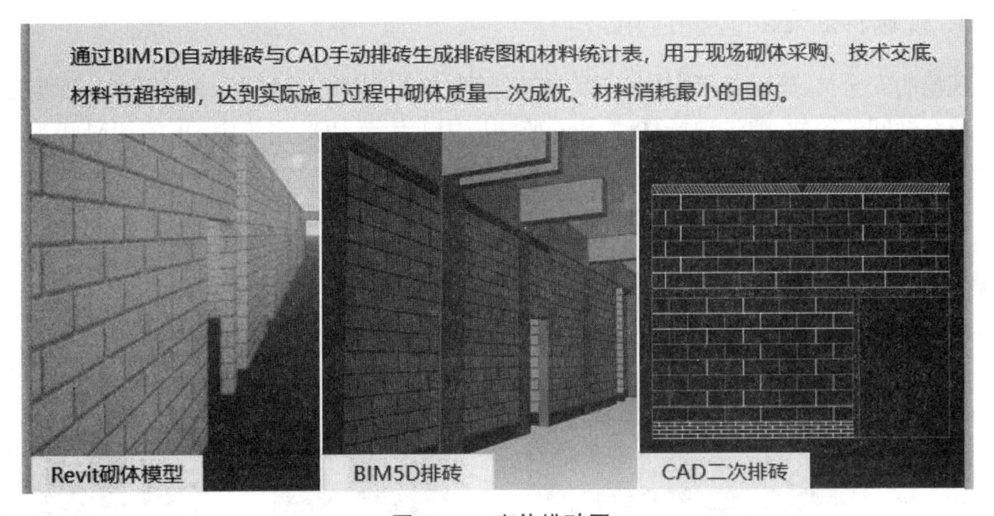

图5-4-7　砌体排砖图

3. 复杂节点的处理

复杂节点施工一直是施工重难点。可采用BIM对复杂节点(如钢筋与型钢节点)的方案进行模拟(如图5-4-8),再运用BIM软件对现场实际下料情况进行复核,对比分析,既确保了钢筋工程的质量,又避免了钢筋的浪费。让交底人、被交底人沟通效率大幅提升,还可以通过不断积累形成项目数据库,有权限的人员可以调取查看,有效地进行复杂节点的质量管控。

图 5-4-8 钢筋与型钢节复杂节点的方案模拟

4. 现场移动 iBan 监测应用

现场的安全员、施工员可在施工现场随时随地拍摄现场安全防护、施工节点、现场施工做法或有疑问的照片，通过现场移动 iBan 监测应用上传至 PDS 系统中，并在 BIM 模型确认部位查找问题，如图 5-4-9 所示。

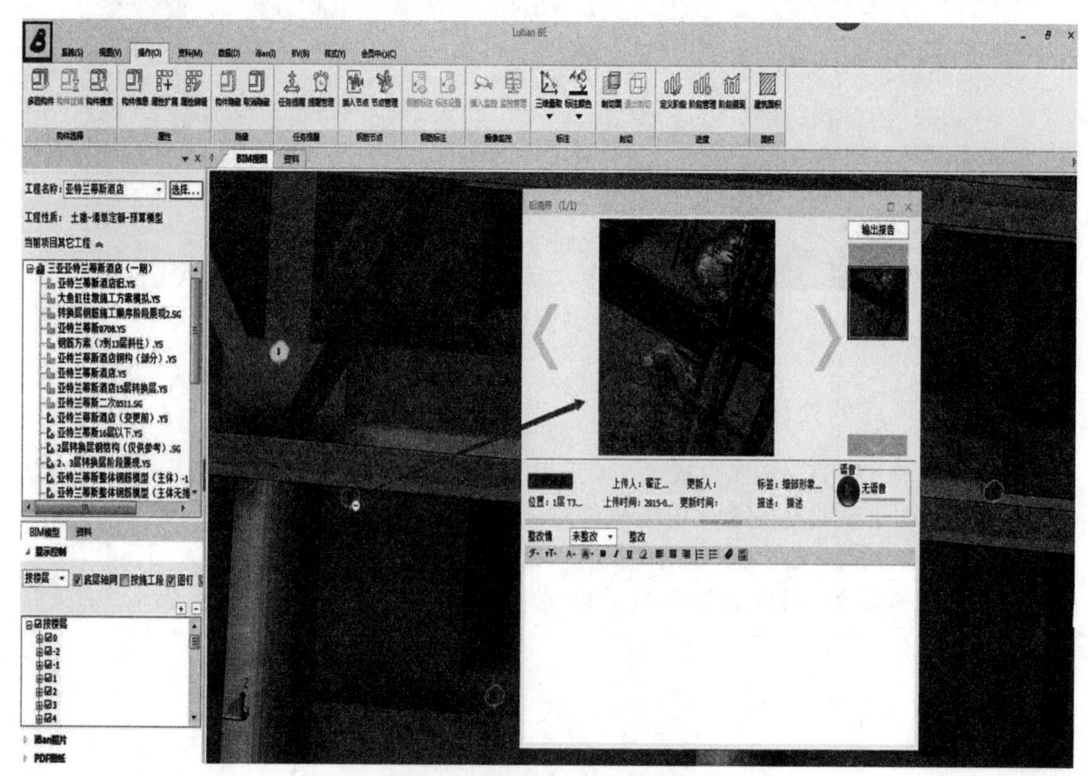

图 5-4-9 现场移动 iBan 监测应用

5. 数字化加工

施工方可以利用 BIM 模型的各项数据信息，对安装构件快速放样，实现工厂预制，将模型用到现场放线控制中，满足施工精度要求。通过模型与现场实物对比，采用数字化验收，实现施工质量的事后控制。

5.4.5　基于 BIM 技术项目参数的施工质量控制

工程项目施工质量的好坏决定建筑寿命的长短，所以对施工阶段的严格把关是实现建筑全过程质量控制的关键。建筑项目图纸较多，不同专业的设计相互独立，加上识图人员的理解水平有限，现场技术人员难以对关键节点进行全面的技术交底，这些都是造成施工质量不佳的原因。同时，传统的施工质量控制主要依靠质检员在构件完成后的抽检，抽检结果不理想将会导致大量构件返工。若能提前做好施工质量控制，严格把控，可以降低返工频率和节约成本含时间，保证建筑的质量和工期。另外，在施工质量控制时，若质检人员对检测的梁、板、柱、砌体等构件的检测时间和检测要求不了解，将导致检测的结果不符合相关要求。反应不及时，就使建筑在早期存在质量问题，影响建筑整体的使用寿命。

在施工质量控制中引入 BIM 技术，可以提高施工质量管理的效率。要做好建筑项目的施工质量管理，首要解决的问题是准确定位构件所处的位置。然而，在实际应用过程中，工程项目体量巨大，质检人员是难以准确确定构件的位置信息的。借助 BIM 技术，可有效解决这一问题。首先，在建筑信息模型构建中，系统自动对构件进行编码，形成其固有的 ID 识别码，方便工作人员在应用模型的过程中准确定位和查找。查找到所需要检查的构件后，然后依据《混凝土结构工程施工质量验收规范》中关于混凝土结构的质量要求做出质量是否合格的判断并记录下来。采集到相关数据后，把质量控制要点通过技术交底确定好，根据《混凝土结构工程施工质量验收规范》，提取相关构件的相关数据和质量验收要求，通过 BIM 软件共享参数平台，形成一个三维模型信息数据库。当质检人员进行质量控制时，就可以根据质量控制的要求，检查时调用，严把质量关。此外，质检人员也可以通过共享参数平台，把实时检查结果输入模型，反馈给施工相关负责人，让其做出相关的处理，使项目顺利进行。

5.4.6　基于 BIM 技术外接数据库的质量管理

在工程项目质量管理中，不同的参建主体所要得到的质量信息有所不同。例如，施工方主要关注的是构件的用料和制作方式方法是否符合规定；监理方主要关注的是构件的质量是否满足相关质量验收规范的要求；而对于业主来说，关注的焦点只是项目整体质量的综合情况。综上所述，在质量管理过程中，信息是否正确表达与准确迅速传递对提高整个项目的质量管理水平非常重要。传统的质量管理方法主要通过现场采集照片、事后文档分析和表格整理等形式在相关人员手中传递和交流，这不仅会造成沟通不及时，且由于资料繁杂，更易导致信息缺漏，容易给施工方造成损失。因此，质量资料的高效管理问题亟须解决。基于 BIM 技术外接数据库的质量管理方法，可将质量信息保存在建筑模型属性当中，供相关人员查阅，以便提高质量管理效率，保证信息沟通的快速性和准确性。

5.5 基于 BIM 的施工安全管理

多年来，我国在建筑工程安全生产和管理方面做了大量工作，取得了显著的成绩。逐步建立了以“一法三条例”为基础的法律法规制度体系，实现了质量安全监管有法可依。建立了企业自控、监理监督、业主验收、政府监管、社会评价的质量安全体系，着力强化企业的主体责任，增强企业质量安全保证能力，建立了覆盖全国所有县(市)的工程质量安全监督机构，对限额以上工程实施监督，严肃查处工程质量安全事故和违法违规行为，有效地预防和控制了安全事故的发生，建筑工程安全生产水平不断提升。

随着社会的发展和不断进步，建筑业也在飞速发展。产业规模持续增长，支柱地位日益增强。2015 年全国建筑业总产值达 180 757 亿元，比上年增长 2.3%。同时，建筑工程项目规模越来越趋于大型化、综合化、高层化、复杂化、系统化，异形建筑也越来越多。施工技术和新型机械设备在不断更新，施工环境和条件日趋复杂，建筑施工的安全生产形势面临更加严峻的挑战。

5.5.1 施工安全生产现状

建筑业在持续发展的过程中，不管从工程技术、工程管理、劳动就业及安全事故的控制方面均取得了很大的进步。2021 年全国建筑业(包括铁道、交通、水利等专业)工程共发生事故 2 288 起、死亡 2 607 人，事故数和死亡人数分别下降 11.4%和 6.5%(据国家安全生产监督管理总局《全国安全生产各类伤亡事故统计表》)，其中，建筑和市政工程共发生建筑施工事故 1 015 起、死亡 1 193 人，与上年相较，事故起数下降了 11.28%，死亡人数下降 9.89%；其中共发生建筑施工一次死亡 3 人以上重大事故 43 起、死亡 170 人(未发生死亡 10 人以上特大事故)，与上年相较，事故起数上升了 2.38%，死亡人数下降了 2.86%。但当前安全生产形势依然不容乐观，较大事故时有发生，特别是造成群死群伤的事故还没有完全遏制，人民生命财产安全依然面临相关风险，建筑业依然是一个高危行业。

5.5.2 施工安全生产管理现状

建筑施工安全问题虽然在近些年得到改善，但建筑安全管理水平仍存在很大的提升空间。目前建筑施工安全生产管理的现状来看，不管是政府主管部门，还是具体到工程项目的施工管理，还存在诸多问题，导致安全事故发生的原因很多，包括直接原因和间接原因。施工现场作为建筑产品的直接生产制造地，加大资金投入、加强施工安全管理、强化施工现场施工安全生产防护条件，应该作为工程项目施工安全生产管理的重点工作。有数据表明施工生产过程中的安全管理不完善或者人为失误造成的事故约占 95%。因此，在现有的资源条件下，相关法律法规日益完善的大背景下，如何进行高效、精确、标准、科学地安全生产管理，是进一步提高我国建筑业生产安全水平，大量减少建筑安全事故的关键所在。

5.5.3　基于 BIM 技术的施工安全管理的优势

1. 精细化管理

基于 BIM 的项目管理通过三维表现技术、互联网技术、物联网技术、大数据技术等使各个专业设计协同化、精细化、施工质量可控化、工程进度和安全技术管理的可视化，一方面提升了施工管理的效率，另一方面能更方便和有效地对安全问题进行追溯和查询，从而达到施工安全过程的精细化管理。如上海中心大厦项目，项目方通过对相似项目的管理实例进行多次分析比较，决定采用建设单位主导、参建单位参与的基于 BIM 技术的“三位一体”精细化管理模式。

2. 协同一体化管理

基于 BIM 模型的项目信息管理，可以将项目的建设、设计、施工、监理等各建设相关单位及决策、招投标、施工运维等阶段的信息进行整合和集成存储在 BIM 平台中，方便信息的随时调取，从而加强项目各参与方、各专业的信息协调，减少因为项目建设持续时间长、信息量大而带来的管理不便问题。同时在施工阶段，利用相关软件可以有选择地采用设计阶段建立的 3D 模型，建立项目综合信息模型数据库。除了能获得设计阶段的关键信息和数据，还能为施工阶段的安全目标的实现提供依据和保障。

施工单位作为项目建设的一个重要的参与方，在施工阶段如果能处于这样一个信息共享的平台和一体化协同工作的管理模式，那么项目的安全目标的实现将会更加容易。目前承包商普遍认为利用 BIM 技术可有效提高施工质量并能控制返工率，这在一定程度上会降低事故的发生频次。

在项目中利用 BIM 建立三维模型能让项目部管理人员提前对工作面的危险源进行判断，在危险源附近快速地进行防护设施模型的布置，直观地提前排查安全死角；将防护设施模型的布置给项目管理人员进行模型和仿真模拟交底，确保现场按照布置模型执行；利用 BIM 及相应的灾害分析模拟软件，提前对灾害发生过程进行模拟，分析灾害发生的原因，制定相应措施避免灾害的再次发生，并编制人员疏散、救援的灾害应急预案。基于 BIM 技术将智能芯片植入项目现场劳务人员安全帽中，对其进入施工现场时间、所在位置等方面进行动态查询和掌握。

BIM 技术在安全管理方面可以发挥其独特的作用，不仅可以帮助施工管理者从场容场貌、安全防护、安全措施、外脚手架、机械设备等方面建立文明管理方案，指导安全文明施工。更可以从施工前的危险源辨识到施工期间的安全监测以及建筑工人施工时的实时监控和安全预警，保证施工环境信息定时更新，从而最大程度上降低现场安全事故发生的可能。

实践表明，把 BIM 技术运用在建筑工程项目施工安全管理中，可以为项目安全管理提供更多的思路、方法和技术支持，进而极大地提高项目安全管理水平。管理模式的改善可以减少或避免项目实施过程中的安全事故及其带来的损失。不仅如此，如果在一个项目的全生命周期阶段使用 BIM 技术，同时进行设计阶段、施工阶段、运营阶段的安全策划和安全管理，推行信息化、协同化的管理模式，必能达到预先排除安全隐患，减少事故发生的目的，最终使项目总体效果达到最佳。

5.5.4 BIM 技术在施工安全管理中的具体应用

建筑工程项目施工安全管理是指在施工过程中为保证安全施工所采取的全部管理活动，即通过对各生产要素的控制，使施工过程中不安全行为和不安全状态得以减少或控制，达到控制安全风险，消除安全事故，实现施工安全管理目标。

BIM 及相关信息技术的安全管理可涵盖建筑生命周期的各个阶段。如设计阶段的碰撞检测，BIM 技术可以帮助排除这些失误，带来设计图纸质量上的提升。施工图纸质量提升，将会带来返工的减少与更加稳定的结构体系，进而提高安全施工和安全管理的效率。

施工过程中充分利用 BIM 技术的数字化、空间化、定量化、全面化、可操作化、持久化等特点，结合相关信息技术，项目参与者在施工前先进行三维交互式施工全过程模拟。通过模拟，在可视化的基础上合理规划施工场地，避免施工场地和空间的作业冲突，保证施工作业安全。项目参与者可以更准确地辨识潜在的安全隐患以及监控施工动态，更直观地分析评估现场施工条件和风险，制定更为合理的安全防范措施，达到对整个施工过程进行可视化和即时性的管理，避免安全事故发生。

下面就 BIM 技术在施工安全管理中的具体应用进行介绍。

1. 危险源识别

危险源是指在一个系统中，具有潜在释放危险的因素，于一定的条件下有可能转化为安全事故发生的部位、区域、场所、空间、设备、岗位及位置。为了便于对危险源进行识别和分析，可以根据危险源在事故中起到的作用不同分为第一类危险源、第二类危险源。

第一类危险源是指生产过程中存在的，可能发生意外释放的能量或有害物质；第二类危险源是指导致约束能量或有害物质的限制措施破坏或失效的各种因素，主要包括物的故障、人的失误和环境因素等。建筑工程安全事故的发生，通常是由这两类危险源共同作用导致的。根据引起事故的类型将危险源造成的事故分为 20 类，其中建筑工程施工生产中最主要的事故类型主要有高空坠落、物体打击、机械伤害、坍塌事故、火灾和触电事故等。而事故发生的位置主要有洞口和临边、脚手架、塔吊、基坑、模板、井字架和龙门架、施工机具、外用电梯、临时设施等。这些也都是近几年建筑工程事故的主要类型和发生位置。

尽管项目的施工企业各不相同，施工现场环境千差万别，但如果能事先对危险、有害因素的识别，找出可能存在的危险和危害，就能够对所存在的危险和危害采取相应的措施，从而大大提高施工时的安全性。

项目管理人员通过 BIM 模型预先识别洞口和临边等危险源，利用层次分析、蒙特卡罗法、模糊数学等安全评价方法进行安全度分析评价，如果可靠则可以执行，如果不安全将返回安全专项施工方案设计，重新修改安全措施并调整 BIM 施工模型，再次进行安全评价，直至符合安全要求再进行下一步工作。

专职安全员在现场监督检查时，可以预先查看模型上对应现场的位置，有针对性地对现场施工人员操作不合理的地方进行纠正。同时管理人员可以利用移动端设备将现场质量安全问题以图片的形式实时上传到平台服务器中，挂接在模型和现场对应的位置上(如图

5-5-1)，让项目管理人员在办公室内就能实时把握施工进程，观察施工状况，查看施工现场的安全措施是否到位，有利于及时跟踪和反馈。

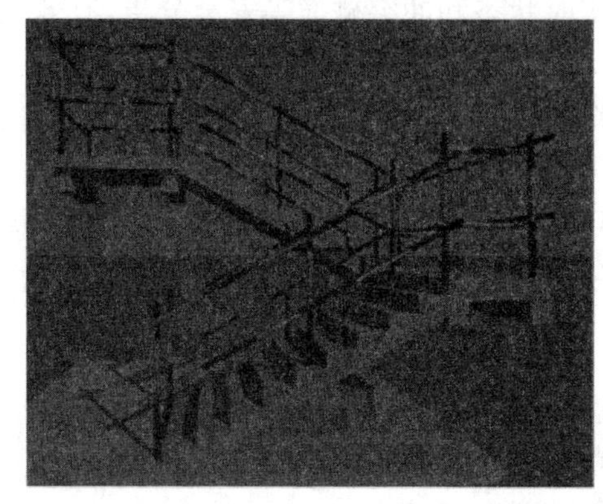

图 5-5-1　危险源标注与防护

2. 动态的施工安全监控

建筑施工过程涉及多方责任主体，包括项目业主、施工单位、设计方、监理单位等。建筑工人流动大、施工作业立体交叉、施工环境复杂多变，现场安全监控因素多、难度大。通过目测和人工检查、督促整改的方法进行安全监控，并不能及时有效地预防控制事故的发生。

随着科技的发展，用于施工现场安全监控的技术手段不断进步和更新，采用 GPS、视频摄像等技术，在一定程度上缓解了人工监控的压力，提高了管理水平和效率(如图 5-5-2)。但是对于安全监控状态的判断还是主要依靠管理人员的经验，监控信息依然通过手工进行录入，监控状态反映不及时、不准确，受主观影响较大，且监督人员很难做到对施工现场所有人进行实时的跟踪，不能实现安全监控的实时性、自动化与信息化。此外信息的传递与沟通多采用纸质文件和口头讲述的形式，信息传递滞后且利用效率低下。事故发生后，不利于及时处理与致因的追溯。因此，传统的安全监控方法已不适用于目前的建筑施工现场的安全管理。

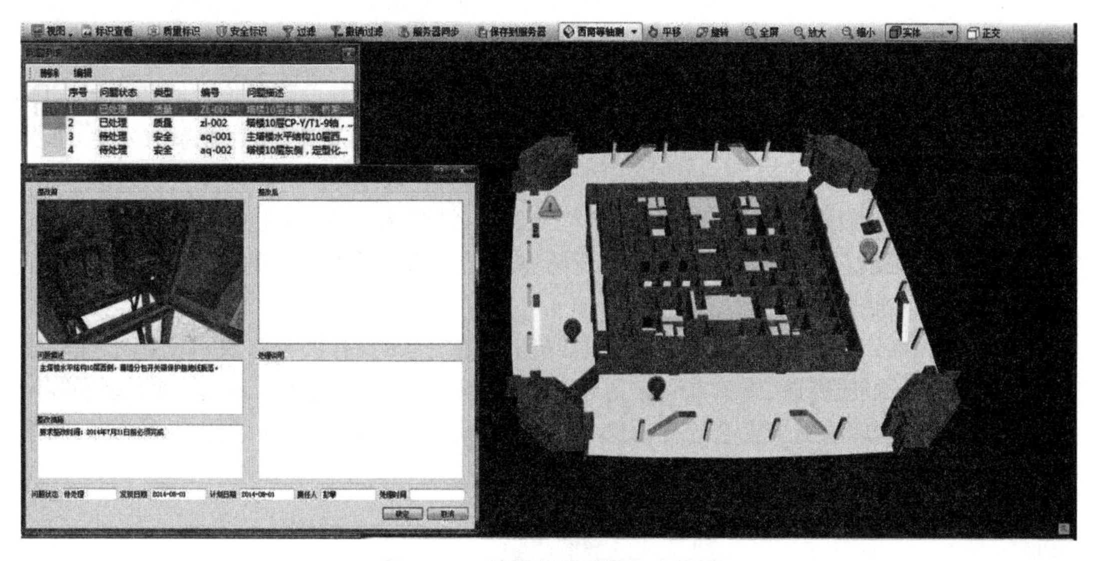

图 5-5-2　某项目的质量安全管理

在施工现场安全监控上，BIM 技术支持各阶段不同参与方之间的信息交流和共享，三维可视化在安全监控危险源上实例验证效果显著。随着跟进施工进度，可以将基于 BIM 平台的 4D 模型和时变结构分析方法结合，进行结构实时状态和冲突碰撞等安全分析，有效捕捉施工过程中可能存在的危险状况。

例如，可以利用三维激光扫描仪，在现场选定关键的检查验收部位进行扫描实测，扫描完成后，经过软件处理生成点云模型，将其与 BIM 模型进行对比，找出施工误差，进行结构验算，保证施工安全。图 5-5-3 为上海中心大厦项目外围钢结构的一处现场监测和 BIM 模型的数据对比 15 层外围钢结构 BIM 模型与 15 层外围钢结构点云数据鱼嘴部分在拟合情况下比较结果，均偏差为 9.2 mm。偏差走向为第二次扫描未拟合情况下是向内偏移。

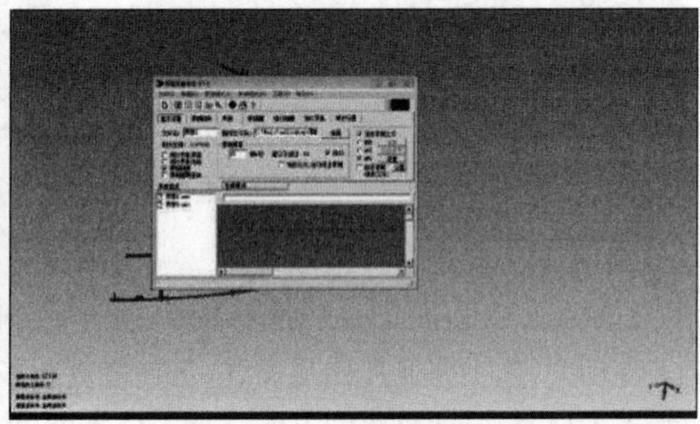

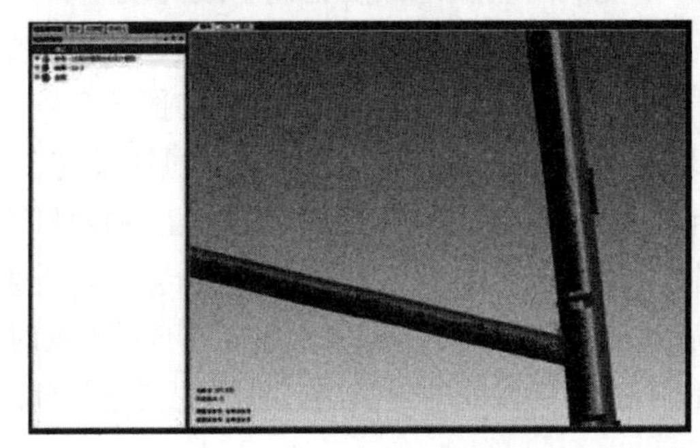

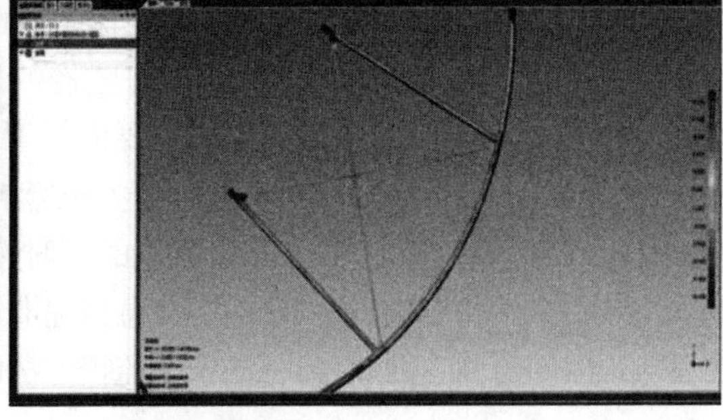

图 5-5-3　BIM+三维激光扫描的现场监测

在施工过程中，现场管理人员还可以利用移动端设备将现场危险部位及时传送到 BIM 数据平台，由专人负责跟踪和反馈，有利于及时采取施工安全维护措施，避免事故发生，如图 5-5-4 所示。

目前国内外学者和高校如 S. Chae、T. Yoshida，清华大学、南京工业大学等对 BIM 与 RFID 技术的集成以实现更有效地对施工现场建筑工人和机械设备等的安全监控方面做了较多的理论与实践研究。

将 RFID 与 BIM 进行集成，构建施工现场安全监控系统，有助于解决目前施工现场安全监控手工录入纸质传递、施工方一方主导、凭经验管理、信息传递不及时、沟通不顺畅等问题，更有助于实现现场施工安全的自动化、信息化、可视化、全程性的高效监控，安全监控系统原理示意图如图 5-5-5 所示。

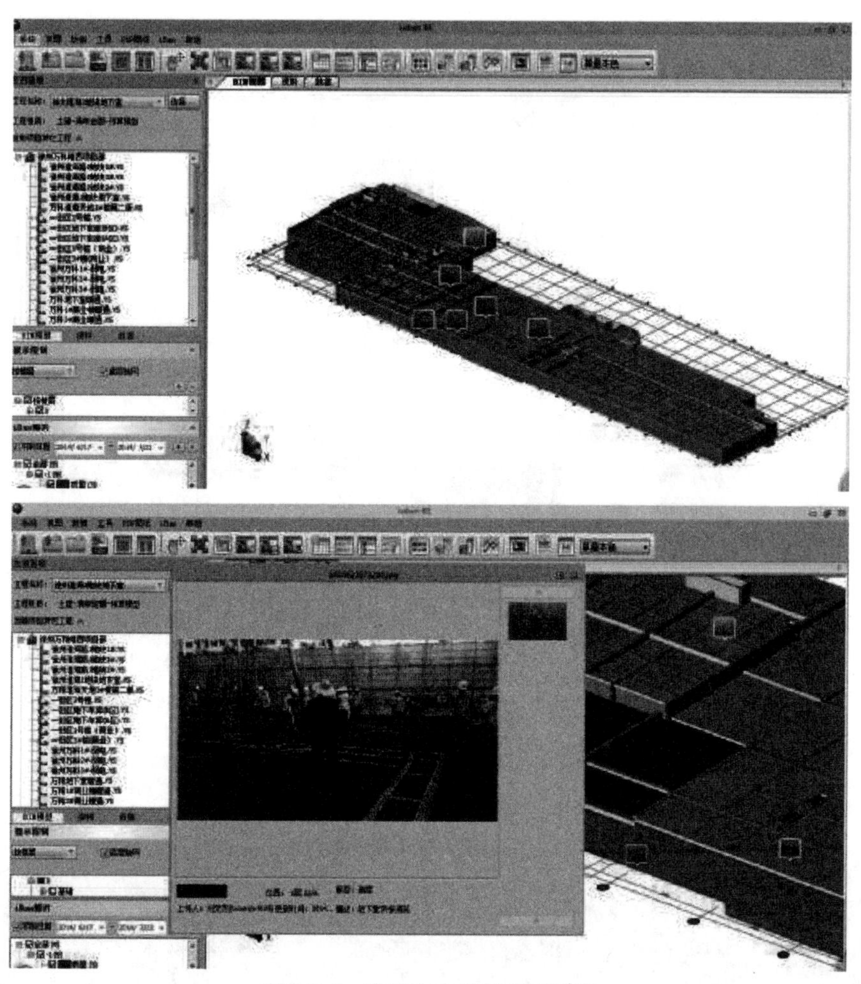

图 5-5-4　施工安全状况实时捕捉

3. 施工现场平面模拟在施工安全管理中的应用

目前施工项目的周边环境往往场地狭小、基坑深度大，与周边建筑物距离近、施工现场作业面大，大型项目各个分区施工存在高低差，现场复杂多变，容易造成现场平面布置不断变化，同时对绿色施工和安全文明施工的要求又比较高，给施工现场合理布置带来很大困难，越来越考验施工单位对项目的组织管理协调能力。

项目初期，通过把工程周边及现场环境信息纳入 BIM 模型，可以建立三维施工现场平面布置图，如图 5-5-6。这样不仅能直观显示各个静态建筑物之间的关系，还可以全方位、多角度检查场地、道路、机械设备、临时用房的布置情况。通过施工现场仿真漫游等功能，及时发现现场平面布置图中的问题，从而提高施工现场管理效率，降低施工人员的安全风险。

利用 BIM 技术在创建好工程场地模型与建筑模型后，结合施工方案和施工进度计划建立 4D 模型，可以形象直观地模拟各个阶段的现场情况，围绕施工现场建筑物的位置规划垂直运输机械和塔吊的安放位置、材料堆放和加工棚的位置、施工机械停放、施工作业人员的活动范围和车辆的交通路线，对施工现场环境进行动态规划和监测，可以有效地减少施工过程中的起重伤害、物体打击、塌方等安全隐患。

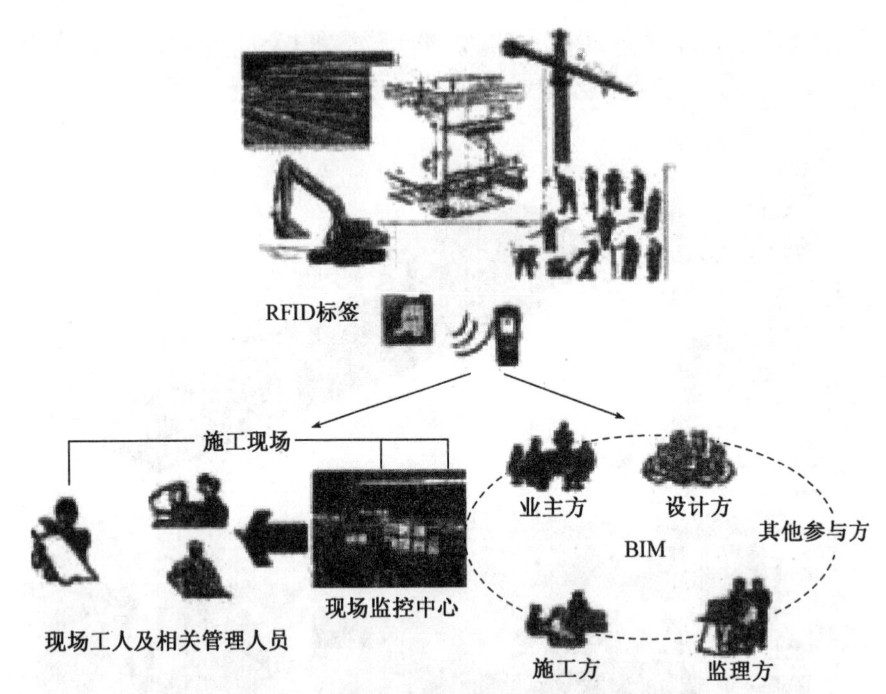

图 5-5-5　基于 RFID 与 BIM 集成的施工现场安全监控系统原理示意图

图 5-5-6　施工期间平面布置图

4. 施工过程模拟在施工安全管理中的应用

BIM 技术的 4D 施工模拟在高、精、尖的特大工程中正发挥着越来越大的作用，大大提高了施工管理的工作效率，减少了施工过程中出现的质量和安全问题，为越来越多的大型和特大型建筑的顺利施工和质量安全提供了可靠的保证，如图 5-5-7 某建筑的施工过程模拟。

图 5-5-7　某建筑的施工过程模拟

把 BIM 模型和施工方案集成，模拟场地布置、工序安排等施工过程，进而优化施工方案，预先对施工风险进行把控，施工期间加强实时管理，能有效提高项目施工过程施工管理水平。

如福州奥体中心工程工期紧，交叉施工优化难，临时管网布置难，塔吊选点难，通过建立 BIM 模型进行 4D 仿真施工模拟，准确有序地安排施工进度计划，有效控制各作业区的工序搭接。

大型复杂的项目施工过程中往往需要使用大量的施工机械，如果不能合理规划，很容易导致安全事故。而塔吊作为建筑工程施工必不可少的施工机械，极易导致碰撞和起吊安全事故。因此在布置施工现场时，除了要合理规划施工机械位置，还要满足施工安全和功能需要，如图 5-5-8。

图 5-5-8　现场施工机械模拟

利用 BIM 技术进行施工过程模拟，可以清楚地看出施工过程中塔吊的运行轨迹，结合测量工具可得出施工时机械之间、机械和结构之间的距离，以及施工人员的作业空间是否满足安全需求。根据施工模拟的结果，对存在碰撞冲突隐患的施工方案进行调整，然后再进行施工模拟，如此反复优化施工方案直至满足安全施工要求。3D 模型和 4D 施工模拟提供的可视化的现场模拟效果让管理者在计算机前就可以掌握项目的全部信息，便于工程管理人员优化施工方案和分析施工过程中可能出现的不安因素，以及进行可视化的信息交流沟通。

5. BIM 在数字化安全教育培训中的应用

Chunling Ho 与 Renjye Dzeng 对基于 BIM 的数字化安全培训的效果进行了调查，结果显示，无论施工人员的年龄教育背景和技术素养如何，合适的培训模式和培训课程内容都可以提高工人施工行为的安全性。

BIM 三维模型因其信息完备性、可视化和模拟化的特点，可以提前发现施工中的重点、难点和工艺复杂的施工区域，多角度、全方位地查看模型。在施工前，集中相关专业施工人员，采用将 BIM 三维模型投放于大屏幕的方式进行技术和安全的动态交底。直观可见的交底能使施工人员快速高效地明确在施工的过程中应该注意的问题、施工方法以及安全事故注意事项，极大地提高了交底工作的效率，还便于施工人员更好地理解相关的工作内容，如图 5-5-9 是体验区体验演示。

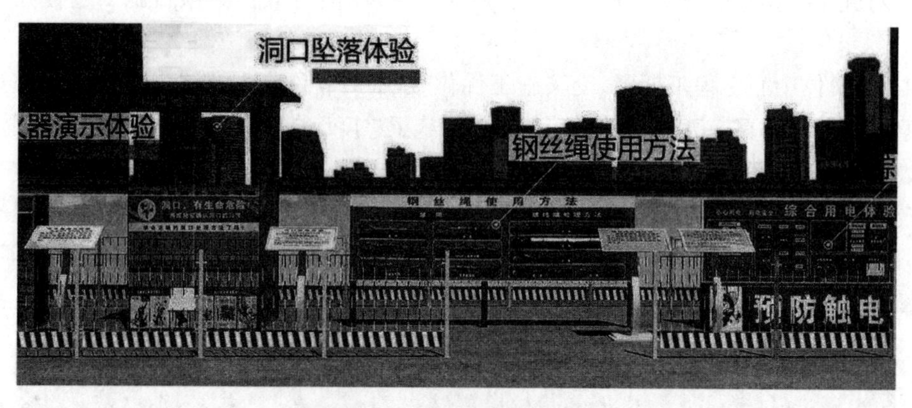

图 5-5-9　体验区体验演示

同时，在项目安全管理上，通过应用 BIM 虚拟施工技术建立安全文明及绿色施工标准可视化模块，以生动形象的三维动态视频对建筑施工从业人员进行各施工阶段安全规范操作教育培训并指导施工现场实务操作，学习各种工序施工方法和安全注意事项、现场用电安全事项以及建筑项目中大型机械使用安全事项等，大大提升了施工人员安全教育培训效果和操作业务技能和指导现场施工的效果。加上现场移动端设备的实时应用，信息反馈和处理的及时，与传统管理模式相比较，大大增强了施工期间的安全控制能力。

5.6　基于 BIM 的施工成本管理

5.6.1　当前工程施工成本管理中存在的问题

传统的施工阶段重视事后的成本控制，轻视事前、事中控制；数据信息收集散乱，数据易缺失，忽略数据共享和协同工作；施工过程成本控制重视不足，缺少精细化管理；成本数据更新不及时，缺少集中分析管理的平台；质量安全问题得不到及时解决，导致工期成本的增加。问题主要体现以下几个方面。

1. 工程量的计算费事费力且精度不高

工程量的计算在工程的施工成本管理中属于基础性的前提条件，也是其中最为烦琐最耗费时间的一道工序。目前，土建和钢筋的工程量计算以软件算量为主，手工算量为辅；机电专业的工程量计算以手工算量为主，软件算量为辅。手工算量因为其低效率已经难以满足工程规模和复杂程度以及异形构件快速增加的需要。算量软件虽然在一定程度上提高了算量工作的效率，但由于图纸仍需要人工二次输入，且施工上下游的图纸模型之间不能实现复用，需要多次输入，因此算量软件并不能完全解决成本管理人员工作强度过大且功效不高的问题。无论是手工算量还是使用算量软件，手工操作占比极大，因而出错概率很高，同时由于异型构件和复杂建筑物的工程量计算困难，导致目前的工程量计算普遍误差大，精度不高，对成本管理的准确性造成了很大影响。

2. 资源计划配置不合理

人工、材料、机械台班以及资金等资源的使用计划的合理安排对施工项目的成本控制有较大的影响，是成本管理很重要的组成内容。施工管理人员凭借经验估算材料的采购数量，如果多购了会增加存储运费、库存成本，利润一般会流失 1%～5%左右；反之，则会增加二次运费和路费，甚至导致工期延误，造成更大的经济损失。不合理配置施工人数同样会加大施工成本。如果施工人数估计不足，供不应求，企业必须临时加派人员入场，造成临时生活设施不够用，只能重新调整临时人员数量，大幅度增加施工成本；相反，如果供大于求，易造成人员窝工、待工现象，一样增加施工成本。总而言之，若无法准确判断资源规划的具体工作量，易造成施工现场管理混乱，从而增加施工成本。

3. 材料管理过于粗放

一般而言，材料费占到项目全部工程费用的 55%～75%。因此，要做好工程项目的成本控制，实现预定的经济效益目标，首先就是控制好材料成本，从控制采购数量、采购价、施工用料入手，搞好材料管控工作。而这正是目前成本管理中一个比较薄弱的环节。现在建筑工程项目施工材料都是由各级施工员申报的，因为各种问题，施工员对于材料用量、形式难以精确把控，大部分都是拍桌子定协议；材料计划审批者更不能精确计算，他们一般都是根据投标标书上的清单量简单审核，随即通过审核；在工程上，材料使用浪费情况司空见惯，同时由于材料管理人员不能及时因变更而更新材料的计划数据，使得材料控制中最关键的限额领料制度往往因缺乏依据而形同虚设，无法有效地控制材料的发放和领用，导致施工实际消耗量超预算的情况比比皆是。这些浪费直接增大了项目成本，给施工成本的控制带来了极大压力。另一方面，当前的材料市场价格波动加大，项目物资采购因为管理方法落后，历史数据收集不完备，未能紧跟市场变化，导致材料采购的时机不佳，造成采购价超出预算价的情况经常发生，使占施工成本最大比例的材料成本控制陷于非常不利的境地。

4. 工程变更管理不善导致成本数据不能及时更新

统计数据表明，工程变更金额往往要占到工程结算总价的15%左右。这就要求我们将工程变更作为施工成本的过程管理的重点环节，一旦发生变更，就要及时进行数据更新和索赔，控制好变更成本，增加收入，提高效益。然而，实际情况是由于施工工期长，变更众多，工程变更的管理往往存在着很多问题。首先，目前工程变更的计算多靠人工手算，耗时费力且难以保证可靠性，造成变更预算的编制压力大，甚至出现因编制不及时耽误最佳索赔时间，导致无法按合同约定进行索赔的困难局面；其次，当前的工程变更资料多为纸质的二维图纸，不能直观形象地反映变更部位的前后变化，容易造成变更工程量的漏项和少算或在结算时产生争议，造成最终的索赔收入降低；另外，工程变更的内容往往没有位置的信息和历史变更数据，以后追溯和查询非常麻烦，既容易引发结算争议，也容易因为管理不善而遗忘索赔，造成应得收入减少。

5.6.2 BIM 技术施工成本管理优势

BIM 技术的核心是提供一个信息交流的平台，方便各工种之间的工作协同和汇总信息。基于 BIM 技术的施工成本管理具有快速、准确、分析能力强等很多优势，具体表现为：

(1) **速度快**。建立基于 BIM 的 5D 实际成本数据库，汇总分析能力大大加强，速度快，短周期成本分析不再困难，工作量小、效率高。

(2) **准确度高**。成本数据动态维护，准确度大为提高，通过总量统计的方法，消除累积误差，成本数据随进度进展准确度越来越高；数据粒度达到构件级，可以快速提供支撑项目各条线管理所需的数据信息，有效提升施工管理效率。

(3) **精细程度高**。通过实际成本 BIM 模型，很容易检查出哪些项目还没有实际成本数据，监督各成本实时盘点，提供实际数据。

(4) **分析能力强**。可以多维度(时间、空间、WBS)汇总分析，直观地确定不同时间点的资金需求，模拟并优化资金筹措和使用分配，实现投资资金财务收益最大化。

(5) **提升企业成本控制能力**。将实际成本 BIM 模型通过互联网集中在企业总部服务器，企业总部成本部门、财务部门可共享每个工程项目的实际成本数据，实现了总部与项目部的信息对称。

5.6.3 BIM 技术在施工成本管理中的具体应用

施工阶段的成本管理是一种动态管理行为，分为三个阶段：事前控制、事中控制和事后控制。为加强施工阶段的成本控制水平，构建基于BIM5D的成本动态控制流程(图5-6-1)。事前控制阶段，施工方通过碰撞检查等手段进行设计优化，在此基础上制定成本和进度计划，建立BIM5D预算模型；事中控制阶段，进行施工模拟，建立BIM5D实际模型，采用挣得值法进行动态进度和成本控制；事后控制阶段，进行成本盈亏分析，并分析偏差产生的原因，制定改进措施。

下面将对BIM技术在工程项目施工成本管理中的具体应用进行介绍。

1. 实现工程量精确快速统计，工程量动态查询与统计

基于BIM的工程量计算，能将算量工作大幅度简化，减少了人为原因造成的计算错误，大量节约了人力的工作量和花费时间。有研究表明，工程量计算的时间在整个造价计算过程占了50%～80%，而运用BIM算量会节省将近90%的时间，而误差也能控制在1%内。

BIM5D根据计划进度和实际进度信息，可以动态计算任意WBS节点任意时间段内每日计划工程量、计划工程量累计、每日实际工程量、实际工程量累计，帮助施工管理者实时掌握工程量的计划完工和实际完工情况。在分期结算过程中，每期实际工程量累计数据是结算的重要参考，BIM5D模型系统动态计算实际工程量，可以为施工阶段工程款结算提供数据支持。

2. 合理安排资源计划

人工、材料、机械台班以及资金等资源的使用计划的合理安排对施工项目的成本管理有较大的影响，BIM5D模型关联了与施工成本有关的清单和定额资源，可以根据任意时间段的工程量，快速地算出人工、材料、机械台班的消耗量以及资金的使用情况；施工项目管理人员动态地掌握项目的进展，顺利地按照计划组织流水施工作业，提前计划好各个班组的工作限度，编制合理的资源使用计划，计算机系统将自动检测出每个班组在时间上或空间上是否冲突，这样可以保证施工工序的连续进行，也可以使人工、材料、机械台班以及资金的使用计划更加合理，避免因材料数量不足或未及时到位而影响工期，实现成本的动态实施监控，达到了精细化管理的目标，更有效地控制施工项目的成本。

3. 精细化管理材料调用

BIM5D模型对材料的精细化管理体现在对采购数量、采购价和施工用料的管控上。

采购数量的控制，使用BIM5D模型可以准确快速地编制材料需用计划。计划人员可以根据工程进度情况，按照年、季、月、周等时间段周期性地从模型中自动提取相关的资源消耗信息，形成精确的材料需用计划。物资设备部的采购人员能够随时查看材料需用计划和实际情况(如图5-6-1)，并据此制定各周期的材料采购计价计划。

采购价的控制，有关混凝土、模板、钢材、大理石、大型设备等一些主要材料采购。施工单位一般都是通过市场竞争、公开招标，价格控制相对更加严格，产生的成本问题一般不大，大问题主要出现在一些相应的配套材料上。由BIM5D平台生成的成本数据库，在规定的框架数据库内采购，能够解决相应的配套材料价格问题。

施工用料控制，使用BIM5D模型可以实现限额领料，控制材料浪费。施工班组领料时，材料库管人员可以依据领料单涉及的工程范围，通过BIM5D模型直接查看相应的材料

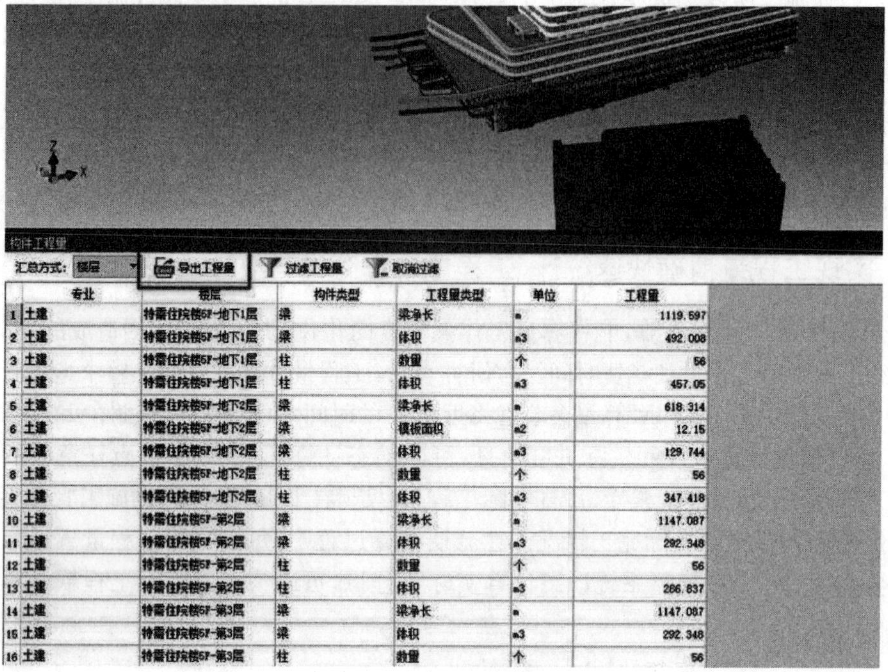

构件工程量

汇总方式：楼层　导出工程量　过滤工程量　取消过滤

	专业	楼层	构件类型	工程量类型	单位	工程量
1	土建	特需住院楼5F-地下1层	梁	梁净长	m	1119.597
2	土建	特需住院楼5F-地下1层	梁	体积	m3	492.008
3	土建	特需住院楼5F-地下1层	柱	数量	个	56
4	土建	特需住院楼5F-地下1层	柱	体积	m3	457.05
5	土建	特需住院楼5F-地下2层	梁	梁净长	m	618.314
6	土建	特需住院楼5F-地下2层	梁	模板面积	m2	12.15
7	土建	特需住院楼5F-地下2层	梁	体积	m3	129.744
8	土建	特需住院楼5F-地下2层	柱	数量	个	56
9	土建	特需住院楼5F-地下2层	柱	体积	m3	347.418
10	土建	特需住院楼5F-第2层	梁	梁净长	m	1147.087
11	土建	特需住院楼5F-第2层	梁	体积	m3	292.348
12	土建	特需住院楼5F-第2层	柱	数量	个	56
13	土建	特需住院楼5F-第2层	柱	体积	m3	286.837
14	土建	特需住院楼5F-第3层	梁	梁净长	m	1147.087
15	土建	特需住院楼5F-第3层	梁	体积	m3	292.348
16	土建	特需住院楼5F-第3层	柱	数量	个	56

图 5-6-1　动态控制流程

需用计划，通过计划量控制领用量，并将实际领用量输入 BIM5D 模型中，形成材料实际消耗量。成本控制人员能够查出任一工程量范围此对应的材料计划及实际使用数据，将这两项数据进行对比分析和检查是否超限。

4. 实现施工场地布置模拟，控制二次搬运费用

运用 BIM5D 进行场地布置，可以更加形象直观地展示施工各阶段施工现场的物资材料和施工机械的布置位置，而且还能准确算出各区域所耗材料用量，施工人员可将所需的材料运入指定地点，避免多运、漏运等等，可以有效控制二次搬运费。

5. 高效管理变更

在工程的变更管理引入 BIM 技术，能够提高工作的效率，提升过程控制水平，从而实现对工程变更的有效控制。一方面，基于 BIM5D 模型可以及时准确地统计变更工程量，编制索赔报价，避免贻误最佳索赔时间。变更发生后，施工方依照变更范围和内容对 BIM5D 模型进行修改，系统可以自动分析变更前后 BIM 模型的差异，计算变更部位及关联构件的变更前后工程量和量差，生成变更工程量表，解决了手算工作量大，关联构件之间的工程量互相影响不容易算清的问题，提高变更计量的及时性准确性和合理性。一旦发生变更，BIM5D 模型可以根据变更部位，提示与之相关配套工作的实际进度状态，从而可以依据变更情况调整进度计划和配套工作，减少变更可能产生的损失。另一方面，BIM5D 模型可以保存所有变更记录，实施变更版本控制，记录详细的变更过程，形成可追溯的变更资料，方便查询和使用(如图 5-6-2)。

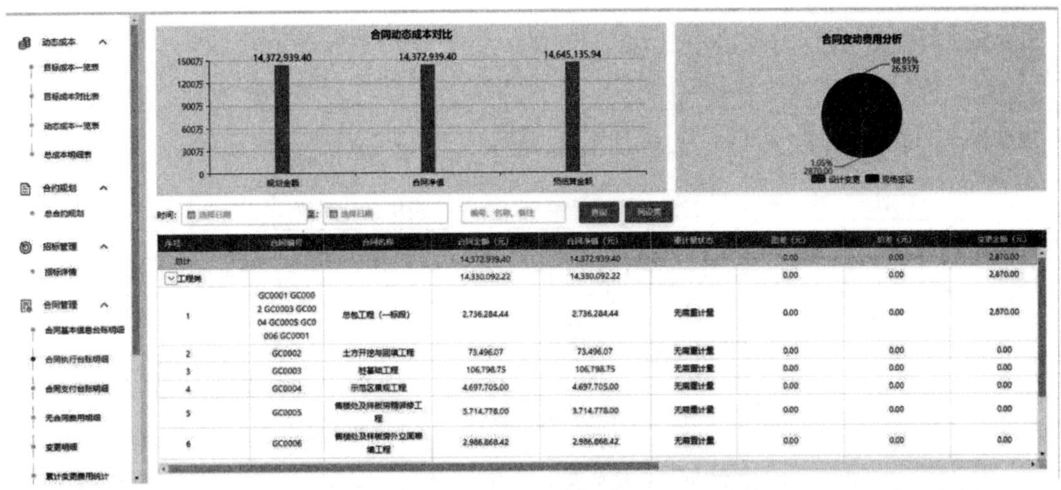

序号	合同编号	合同名称	规划金额（元）	合同金额（元）	合同净值（元）
总计			255,287,526.13	261,853,199.74	261,853,199.74
工程类			255,287,526.13	259,312,520.63	259,312,520.63
1	GC0001 GC0002 GC0003 GC0004 GC0005 GC0006 GC0001	总包工程（一标段）	126,700,059.09	126,700,059.09	126,700,059.09
2	GC0002	总包工程（二标段）	126,525,433.64	126,525,433.64	126,525,433.64
3	GC0003	土方开挖与回填	2,062,033.40	4,585,600.00	4,585,600.00
4	GC0004	人防工程	0.00	1,501,427.90	1,501,427.90
服务类			0.00	2,540,679.11	2,540,679.11
1	FW0001	监理工程	0.00	2,211,023.58	2,211,023.58
2	FW0002	地质勘探工程	0.00	329,655.53	329,655.53

图 5-6-2　某项目合同、变更、签证管理

6. 数据积累和共享，建立企业成本指标库

BIM5D 技术可将施工管理中和项目竣工需要的资料档案（包括施工班组成员信息、验收单、合格证、检验报告、工作清单、设计变更等）列入 BIM 模型中，并与模型进行关联，方便后期出现问题时在 BIM 协同管理平台上直接调取与该构件相关的生产、施工、验收等资料信息，及时定位问题，分析问题原因，实现问题的可追溯性、责任的明确性，还可以方便施工项目的众多参与方进行储存、调用。

应用 BIM5D 技术可以快速地生成各种报表，方便历史数据的积累与共享，能够使施工单位建立多方位的成本指标数据库，一般可将工程项目成本指标细分到构件级，一方面有利于各部门、各单位协同协作，便于项目各成员都能知晓项目成本信息；另一方面便于很多不同项目对统一构件实现成本分析，建立完整的成本指标库，录入各种构件信息，方便实现成本控制（如图 5-6-3）。

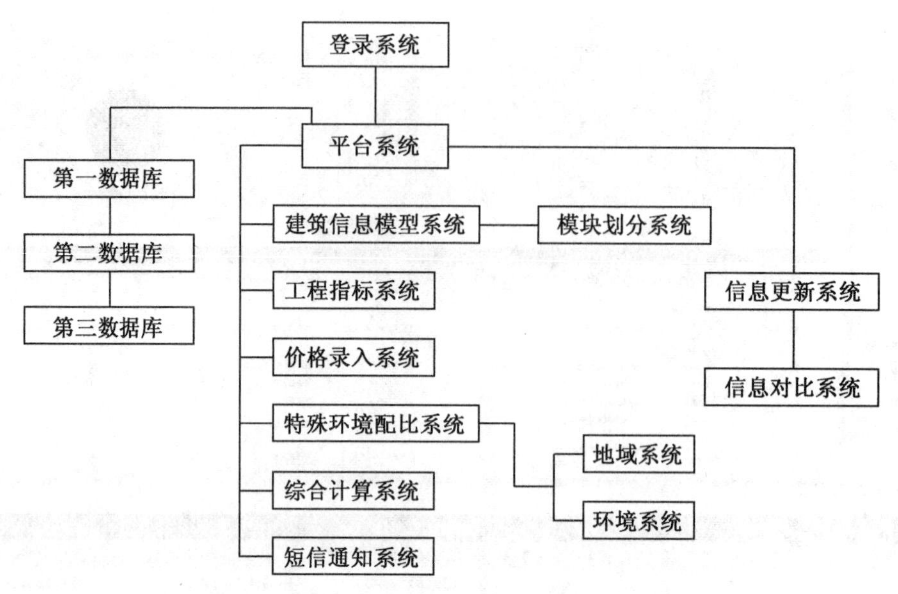

图 5-6-3　基于 BIM 技术的工程成本指标库系统

5.7　基于 BIM 的物料管理

传统物料管理模式就是企业或者项目部根据施工现场实际情况制定相应的物料管理制度和流程，主要是依靠施工现场的材料员、保管员、施工员来完成。施工现场的多样性、固定性和庞大性，决定了施工现场物料管理具有周期长、种类繁多、保管方式复杂等特殊性。传统物料管理存在核算不准确、材料申报审核不严格、变更签证手续办理不及时等问题，造成大量材料现场积压、占用大量资金、停工待料、工程成本上涨。

物料成本约占整个建造成本的 50%，其中混凝土和钢筋是建造过程中消耗量最大、总成本最高的物资，控制了混凝土和钢筋的成本，基本就控制住了工程的成本。

混凝土进场，传统方式是简单过地磅、主观人工监督，但是有些混凝土供应商投机取巧，如不规范上地磅、来回称，很容易造成混凝土缺斤少两，如果监督不客观或有疏漏，那么就会给施工和建设方造成巨大损失。通过基于 BIM 的数字化物料管理系统，结合地磅、红外对射、视频监控、车牌自动识别、扫描枪对账等技术，排除无效单据、智能监控作弊行为，就可以排除人为因素的干扰，自动监测预警、堵塞管理漏洞，客观记录混凝土量，自动出单，实现物料的智能化管理。

钢筋进场后，传统方式是人力手工清点，费时费力，还容易出错。通过 BIM 结合人工智能技术，直接用手机拍照就能快速得出钢筋数量，目前这项技术还在不断通过图片库学习快速进步，准确率已达到 99%以上，远远高于人的识别率。

进场前后，通过软件对物料进行各类台账、资料数据管理，最后输出关键指标的可视化数据，规避了现场管理人员更换频繁导致台账不全、资料丢失的风险，从而大大提高物料精细化管理效果。

对项目资源进行物料跟踪，并对材料进行编码，利用插件进行材料管理；再与施工进度计划相结合，导出对应计划所需的物料清单，根据清单准备材料进场，并能通过多个进度计划的比对，实现材料进场与人员、机械及环境的高效配置(图 5-7-1)。

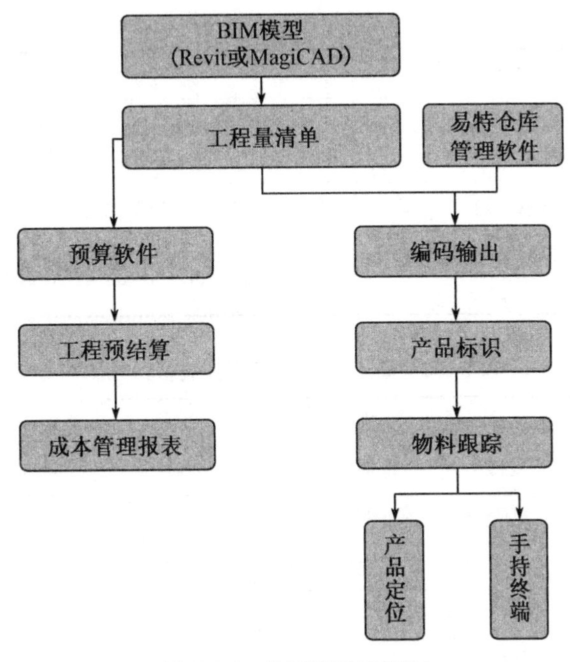

图 5-7-1　物料跟踪及控制

通过 BIM 导出的清单与手工提料的工程量进行对比，再与物资管理结合，对物资申请计划进行校核，可以规避手工提料的失误。以月为单位对劳务验工的工程量进行核算，快速完成劳务工程款的校核及审批。对物资管理实行编码管理，编码反馈到 BIM 模型，编码后的物资导入到易特仓库软件进行管理，当物资进场时打印编码、贴编码、物资入库，过程中对现场物资盘点及跟踪(扫码)，确保全程进行数字化管理。运用 BIM 技术建立工程成本数据平台，通过数据的协调共享，实现项目成本管理的精细化和集约化。

基于 BIM 的物料管理通过建立 BIM 模型数据库，使项目部各岗位人员及企业不同部门都可以进行数据的查询和分析，为项目部物料管理和决策提供数据支撑，具体表现如下。

1. 建立材料 BIM 模型数据库

项目部拿到各专业施工蓝图后，由 BIM 项目经理组织各专业 BIM 工程师进行三维建模，并将各专业模型组合到一起，形成材料 BIM 模型数据库，该数据库是以创建的 BIM 模型和全过程造价数据为基础，把原来分散在各专业手中的工程信息模型汇总到一起，形成一个汇总的项目级基础数据库。

2. 材料分类控制

材料的合理分类是材料管理的一项重要基础工作，材料 BIM 模型数据库的最大优势是包含材料的全部属性信息。在进行数据建模时，各专业建模人员对施工所使用的各种材料属性，按其需用量的大小、占用资金多少及重要程度进行“星级”分类，科学合理地控制材料使用。根据工程材料的特点，物资材料属性分类及管理原则见表 5-7-1。以安装材料为例，某工程根据该原则对 BIM 模型的安装材料分类见表 5-7-2。

表 5-7-1　材料属性分类及管理原则

等级	物资材料	管理原则
★★★	需用量大、占用资金多、专用或备料难度大的材料	严格按照设计施工图及 BIM 模型，逐项进行认真仔细的审核，做到规格、型号、数量完全准确
★★	管道、阀门等通用主材	根据 BIM 模型提供的数据，精确控制材料及使用数量
★	资金占用少、需用量小、比较次要的辅助材料	采用一般常规的计算公式及预算定额含量确定

表 5-7-2　某工程 BIM 模型安装材料分类

构件信息	规格要求	单位	工程量	等级
送风管 400×200	风管材质：普通钢管，规格：400×200	m^2	31.14	★★
送风管 500×250	风管材质：普通钢管，规格：500×250	m^2	12.58	★★
送风管 1 000×400	风管材质：普通钢管，规格：1 000×400	m^2	8.95	★★
单层百叶风口 800×320	风口材质：铝合金	个	4	★★
单层百叶风口 530×400	风口材质：铝合金	个	1	★★
对开多叶调节阀	构件尺寸：800×400×210	个	3	★★
防火调节阀	构件尺寸：200×150×150	个	2	★★
风管法兰 25×3	角钢规格：30×3	m	78.25	★★★
排风机 PF－4	规格：DEF-I-100AI	台	1	★

3. 用料交底

BIM 与传统 CAD 相比，具有可视化的显著特点。项目核算员、材料员、施工员等管理人员应熟读施工图纸、透彻理解 BIM 三维模型、吃透设计思想，并按施工规范要求向施工班组进行技术交底，将 BIM 模型的用料量提供给班组，用 BIM 三维模型、CAD 图纸或者表格下料单等书面形式做好用料交底，防止班组“长料短用、整料零用”，做到物尽其用，减少浪费，把材料消耗降到最低限度。

4. 物资材料管理

物资材料的精细化管理一直是项目管理的难题，施工现场材料的浪费、积压等现象司空见惯，运用 BIM 模型，结合施工程序及工程形象进度周密安排材料采购计划，不仅能保证工期与施工的连续性，而且能用好用活流动资金、降低库存、减少材料二次搬运。同时，材料员根据工程实际进度，快速地提取施工各阶段材料用量，在下达施工任务书中附上完成该项施工任务的限额领料单，作为发料部门的控制依据，实行对各班组限额发料，防止错发、多发、漏发等无计划用料，从源头上做到材料的“有的放矢”，减少施工班组对材料的浪费。

5. 材料变更清单

工程设计变更和增加签证在项目施工中经常发生。项目经理部在接收工程变更通知书执行前，应有因变更造成材料积压的处理意见，原则上要由业主收购，否则，如果处理不当就会造成材料积压，无端地增加材料成本。BIM 模型在动态维护工程中，可以及时将变更图纸进行三维建模，将变更发生的材料、人工等费用准确及时地计算出来，便于办理变更签证手续，保证工程变更签证的有效性。某工程二维设计变更图及 BIM 模型如图 5-7-2 所示，相应的变更工程量材料清单见表 5-7-3。

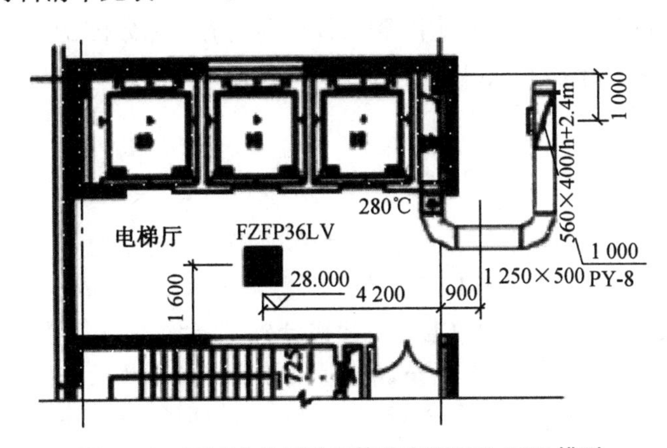

图 5-7-2 四至十八层排烟管道变更图及 BIM 模型

表 5-7-3 变更工程量材料清单

序号	构件信息	规格要求	单位	工程量	控制等级
1	排风管—500×400	普通薄钢板风管：500×400	m^2	179.85	★★
2	板式排烟口—1 250×500	防火排烟风口材质：铝合金	只	15.00	★★
3	风管防火阀	风管防火阀：500×400×220	台	15.00	★★
4	风法兰	风法兰规格：角钢 30×3	m	84.00	★

5.8 基于 BIM 的绿色施工管理

BIM 是信息技术在建筑中的应用，赋予建筑“绿色生命”。应当以绿色为目的、以 BIM 技术为手段，用绿色的观念和方式进行建筑的规划、设计，在施工阶段采用 BIM 技术促进绿色指标的落实，促进整个行业的资源深度优化整合。

在建筑设计阶段，利用 BIM 可进行能耗分析，选择低环境影响的建筑材料等，还可以进行环境生态模拟，包括日照模拟、日照热的情境模拟及分析、二氧化碳排放计算、自然通风和混合系统情况仿真、通风设备及控制系统效益评估、采光情境模拟、环境流体力学情境模拟等，达到保护环境、资源充分及可持续利用的目的，并且能够给人们创造一种舒适的生活环境。

一座建筑的全生命周期应当包括前期的规划、设计，建筑原材料的获取，建筑材料的制造、运输和安装，建筑系统的建造、运行、维护以及最后的拆除等全过程。所以，要在建筑的全生命周期内施行绿色理念，不仅要在规划设计阶段应用 BIM 技术，还要在节地、节水、节材、节能、减排等方面深入应用 BIM 技术，不断推进整体行业向绿色方向行进。

下面将介绍以绿色环保为目的，以 BIM 技术为手段的施工阶段节地、节水、节材、节能管理。

5.8.1 节地与室外环境

节地不仅仅是施工用地的合理利用，建筑设计前期的场地分析、运营管理中的空间管理也同样包含在内。BIM 在施工节地中的主要应用内容有场地分析、土方量计算、施工用地管理及空间管理等，下面将分别进行介绍。

1. 场地分析

场地分析是研究影响建筑物定位的主要因素，是确定建筑物的空间方位和外观、建立建筑物与周围景观联系的过程。BIM 结合地理信息系统(Geographic Information System, GIS)，对现场及拟建的建筑物空间数据进行建模分析，结合场地使用条件和特点，做出最理想的现场规划和交通流线组织关系，可分析出不同坡度的分布及场地坡向，建设地域发生自然灾害的可能性，区分适宜建设与不适宜建设区域，对前期场地设计可起到至关重要的作用(如图 5-8-1)，将对环境的无谓影响减至最小。

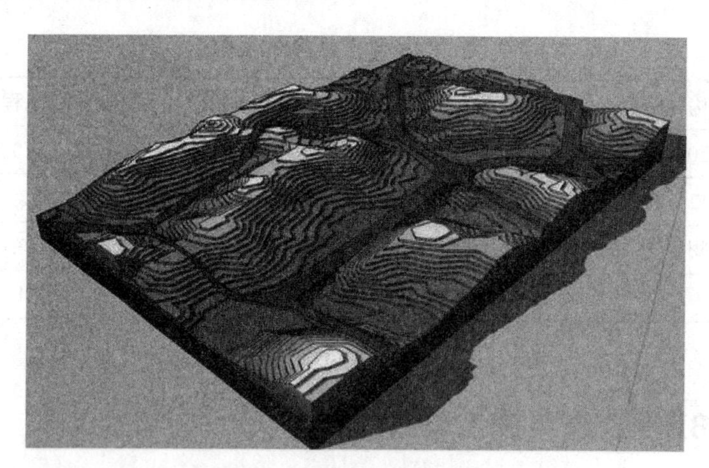

图 5-8-1　场地规划与条件分析

2. 土方量计算

利用场地合并模型，在三维中直观查看场地挖填方情况，对比原始地形图与规划地形图得出各区块原始平均高程，设计高程、平均开挖高程，然后计算出各区块挖、填方量(如图 5-8-2)。减少超挖造成对环境的影响。

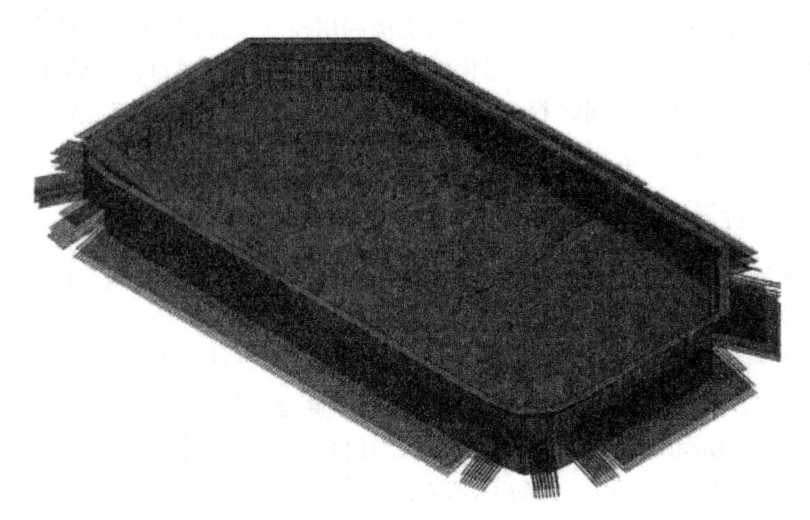

图 5-8-2　土方量计算模型

3. 施工用地管理

建筑施工是一个高度动态的过程。随着建筑工程规模不断扩大，复杂程度不断提高，施工项目管理也变得极为复杂。施工用地、材料加工区、堆场也随着工程进度的变换而调整。BIM 的 4D 施工模拟技术可以在项目建造过程中合理制定施工计划、精确掌握施工进度，优化施工用地使用以及科学场地布置。

5.8.2　节水与水资源利用

水是人类最珍贵的资源之一。用好这有限而又宝贵的资源十分重要。

在建筑的施工过程中，用水量极大，混凝土的浇筑、搅拌、养护等都要大量用水。一些施工单位由于在施工过程中没有计划，肆意用水，往往造成水资源的大量浪费，不仅浪费了资源，也会因此上交罚款。所以，在施工中节约用水势在必行。

BIM 技术在节水方面的应用体现在协助土方量的计算，模拟土地沉降、场地排水设计，以及分析施工过程的消防作业面，设置最经济合理的消防器材。设计规划每层排水地漏位置，对雨水等非传统水源的收集和循环利用。

利用 BIM 技术可以对施工用水过程进行模拟。比如处于基坑降水阶段、基槽未回填时，采用地下水作为混凝土养护用水，使用地下水作为喷洒现场降尘和混凝土罐车冲洗用水；也可以模拟施工现场情况，根据施工现场情况，编制详细的施工现场临时用水方案，根据用水量设计布置施工现场供水管网，采用合理的管径、简捷的管路，有效地减少管网和用水器具的漏损。

5.8.3　节材与材料资源利用

基于 BIM 技术，重点从钢材、混凝土、木材、模板、围护材料、装饰装修材料及生活办公用品材料7个主要方面进行施工节材与材料资源利用控制：通过安排材料采购的合理化，建筑垃圾减量化，可循环材料的多次利用化，钢筋配料、钢构件下料以及安装工程的预留、预埋，管线路径的优化等措施；同时根据设计的要求，结合施工模拟，达到节约材料的目的。BIM在施工节材中的主要应用内容有管线综合设计、复杂工程预加工预拼装、物料跟踪等。

1. 管线综合设计

目前大体量的建筑如摩天大楼的机电管网错综复杂，在大量的管网面前很容易出现管网交错、相撞及施工不合理等问题。以往人工检查图纸不能同时检测平面和剖面的位置，BIM软件中的管网检测功能为工程师生成管网三维模型，自动检查出碰撞部位并标注，使得大量的检查工作变得简单，方便管网施工。空间净高是与管线综合相关的一部分检测工作，基于BIM信息模型对建筑内不同功能区域的设计高度进行分析，查找不符合设计规划的缺失，将情况反馈给施工人员，提高工作效率，避免错、漏、碰、缺的出现，减少管材的浪费，实现“绿色施工”的目标。

2. 复杂工程预加工预拼装

复杂的建筑形体如曲面幕墙及复杂钢结构的安装是难点，尤其是复杂曲面幕墙，由于组成幕墙的每一块玻璃面板形状都有差异，给幕墙的安装带来一定困难。BIM技术最拿手的是复杂形体设计及建造应用，可针对复杂形体进行数据整合和验证，使得多维曲面的设计得以实现。工程师可利用计算机对复杂的建筑形体进行拆分，拆分后利用三维信息模型进行解析，在电脑中进行预拼装，分成网格块编号，进行模块设计，然后送至工厂按模块加工，再送到现场拼装即可，减少了复杂构件现场试验、反复调试产生的花费以及粗暴安装产生的面板损失，体现了“绿色施工”的精神。

3. 物料跟踪

随着建筑行业标准化、工厂化、数字化水平的提升，以及建筑设备复杂性的提高，越来越多的建筑及设备构件通过工厂加工并运送到施工现场进行高效组装。根据BIM得出的进度计划，可提前计算出合理的物料进场数目。BIM结合施工计划和工程量造价，可以实现5D(三维模型+时间成本)应用建立材质明细表(如表5-8-1)，做到零库存施工，符合“绿色施工”的要求。

表5-8-1 地上一层结构柱材质明细表

族与类型	顶部偏移/mm	顶部标高	底部偏移/mm	底部标高	结构材质	长度/mm	体积/m^3	成本/(元/m^3)
混凝土-正方形-柱:KZ-1	−30	F1	−1 300	0	混凝土-现场浇筑混凝土C40	5 270	2.25	355
混凝土-正方形-柱:KZ-1	−30	F1	−3 100	0	混凝土-现场浇筑混凝土C40	8 070	2.85	355
混凝土-正方形-柱:KZ-4	−30	F1	−200	0	混凝土-现场浇筑混凝土C40	5 170	1.85	355
混凝土-正方形-柱:KZ-4	−30	F1	−1 500	0	混凝土-现场浇筑混凝土C40	5 470	1.99	355
混凝土-正方形-柱:KZ-9	−30	F1	−200	0	混凝土-现场浇筑混凝土C40	5 170	1.29	355

（续表）

族与类型	顶部偏移/mm	顶部标高	底部偏移/mm	底部标高	结构材质	长度/mm	体积/m^3	成本/(元/m^3)
混凝土-正方形-柱:KZ-9	−30	F1	−200	0	混凝土-现场浇筑混凝土 C40	5 170	1.29	355
混凝土-矩形-柱:KZ8	−30	F1	−200	0	混凝土-现场浇筑混凝土 C40	5 170	1.09	355
混凝土-矩形-柱:KZ8	−30	F1	−200	0	混凝土-现场浇筑混凝土 C40	5 170	1.09	355
混凝土-L形-柱:KZ-3	−30	F1	−200	0	混凝土-现场浇筑混凝土 C40	5 170	0.83	355
混凝土-L形-柱:KZ-3	−30	F1	−500	0	混凝土-现场浇筑混凝土 C40	5 470	0.88	355
混凝土-L形-柱:KZ-2	−30	F1	−200	0	混凝土-现场浇筑混凝土 C40	5 170	0.97	355
混凝土-L形-柱:KZ-10	−30	F1	−100	0	混凝土-现场浇筑混凝土 C40	5 070	1.01	355
混凝土-L形-柱:KZ-10	−30	F1	−100	0	混凝土-现场浇筑混凝土 C40	5 170	1.01	355
混凝土-圆形-柱:KZ-5	−30	F1	−300	0	混凝土-现场浇筑混凝土 C40	5 270	0.91	355
混凝土-圆形-柱:KZ-5	−30	F1	−100	0	混凝土-现场浇筑混凝土 C40	5 070	0.57	355
混凝土-圆形-柱:KZ-7	−30	F1	−1 700	0	混凝土-现场浇筑混凝土 C40	5 570	0.84	355
混凝土-圆形-柱:KZ-7	−30	F1	−200	0	混凝土-现场浇筑混凝土 C40	5 170	0.55	355
混凝土-T形-柱:KZ-5	−30	F1	−900	0	混凝土-现场浇筑混凝土 C40	5 870	0.94	355
混凝土-T形-柱:KZ-5	−30	F1	−200	0	混凝土-现场浇筑混凝土 C40	5 170	0.83	355
混凝土-T形-柱:KZ-5	−30	F1	−200	0	混凝土-现场浇筑混凝土 C40	5 170	0.83	355

5.8.4　节能与减排措施

以 BIM 技术推进绿色施工，节约能源，降低能源消耗和浪费，减少污染是建筑产业发展的方向和目的。节能在绿色施工方面具体有两种体现：一是帮助施工现场实现资源的循环使用，包括水循环、风能流动、自然光能的照射，科学地根据不同功能、朝向和位置选择最适合的规划形式；二是实现施工现场自身的减排，构建时以信息化手段减少工程建设周期，施工过程中不仅能够满足使用需求，还能保证最低的资源消耗。施工方可以利用 BIM 技术管理施工现场，有效降低施工能耗。

利用 BIM 技术可以对施工场地废弃物的排放、放置进行模拟，达到减排的目的，具体方法如下：

(1) 用 BIM 模型编制专项方案对工地的废水、废气、固体废弃物的三废排放进行识别、评价和控制，安排专人、专项经费，制定专项措施，减少工地现场的三废排放。

(2) 根据 BIM 模型对施工区域的施工废水设置沉淀池，进行沉淀处理后重复使用或合规排放，对泥浆及其他不能自行处理的废水集中交由专业单位处理。在生活区设置隔油池、化粪池，对生活区的废水进行收集和清理。

(3) 禁止在施工现场焚烧垃圾，使用密目式安全网、定期浇水等措施减少施工现场的扬尘。

(4) 利用 BIM 模型合理安排噪声源的放置位置及使用时间，采用有效的噪声防护措施，减少噪声排放，并满足施工场界环境噪声排放标准的限制要求。

(5) 生活区垃圾按照有机、无机分类收集，实行垃圾回收，与垃圾站签订合同，按时收集垃圾,减少施工现场的垃圾堆积规模。

5.9 基于 BIM 的工程变更管理

5.9.1 工程变更概述

工程变更(EC, Engineering Change),指的是针对已经正式投入施工的工程进行的变更。在工程项目实施过程中,按照合同约定的程序对部分或全部工程在材料、工艺、功能、构造、尺寸、技术指标、工程数量及施工方法等方面做出的改变。

工程变更主要是工程设计变更,但施工条件变更、进度计划变更等也会引起工程变更。设计变更(Design Alteration)是指设计部门对原施工图纸和设计文件中所表达的设计标准状态的改变和修改。设计变更和现场签证的性质是截然不同的。现场签证(Site Visa)是指业主与承包商根据合同约定,就工程施工过程中涉及合同价之外的实施额外施工内容所作的签认证明。不包含在施工合同中的价款,具有临时性和无规律性等特点,涉及面广,如设计变更、隐蔽工程、材料代用、施工条件变化等,它是影响工程造价的关键因素之一。凡属设计变更的范畴,必须按设计变更处理,而不能以现场签证处理。

设计变更应尽量提前,变更发生得越早则损失越小,反之则越大。若变更发生在设计阶段,则只需修改图纸,其他费用尚未发生,损失有限;若变更发生在采购阶段,在需要修改图纸的基础上还需重新采购设备及材料;若变更发生在施工阶段,则除上述费用外,已施工的工程还须增加拆除费用,势必造成重大变更损失。设计变更费用一般应控制在工程总造价的 5%以内,由设计变更产生的新增投资额不得超过基本预备费的 1/3。

5.9.2 影响工程变更的因素

工程中由设计缺陷和错误引起的修正性变更居多,它是由于各专业各成员之间沟通不当或设计师能力局限所致。有的变更则是需求和功能的改善,无计划的变更是项目中导致工程的延期和成本增加的主要原因。工程中引起工程变更的因素很多,具体见表 5-9-1。

表 5-9-1 影响工程变更因素统计表

类别	具体内容
业主原因	业主本身的需求发生变化,会引起工程规模、使用功能、工艺流程、质量标准,以及工期改变等合同内容的变更;施工效果与业主理想要求存在偏差引起的变更
设计原因	设计错漏、设计不到位、设计调整,或因自然因素及其他因素而进行的设计改变
施工原因	因施工质量或安全需要变更:方法、作业顺序和施工工艺等引起的变更
监理原因	监理工程师出于工程协调和对工程目标控制有利的考虑,而提出的施工工艺、施工顺序的变更
合同原因	原合同部分条款因客观条件变化,需要结合实际修正和补充
环境原因	不可预见自然因素、工程外部环境和建筑风格潮流变化导致工程变更
其他原因	如地质原因引起的设计变更

5.9.3 基于 BIM 的工程变更管理

引起工程变更的因素及变更产生的时间是无法掌控的，但变更管理可以减少变更带来的工期延长和成本增加。设计变更直接影响工程造价，施工过程中反复变更会导致工期和成本的增加，而变更管理不善导致进一步的变更，会使得成本和工期目标处于失控状态。BIM 应用有望改变这一局面，通过在工程前期制定一套完整、严密的基于 BIM 的变更流程把关所有因施工或设计变更而引起的经济变更。美国斯坦福大学整合设施工程中心(CIFE)统计分析总结了 32 个项目使用 BIM 技术后产生的效果，认为它可以消除 40%预算外变更，即从根本上从源头上减少变更的发生。

(1) 可视化建筑信息模型更容易在形成施工图前修改完善，设计师直接用三维设计更容易发现错误并修改。三维可视化模型能够准确地再现各专业的空间关系，实现三维校审，大大减少“错、碰、漏、缺”现象，在设计成果交付前消除设计错误，减少设计变更。而使用二维图纸进行协调综合则事倍功半，虽花费大量的时间去发现问题，却往往只能发现部分表面问题，很难发现根本性问题，“错、碰、漏、缺”几乎不可避免，必然会带来工程后续的大量设计变更。

(2) BIM 能提高设计协同能力，更容易发现问题，从而减少各专业间冲突。单个专业的图纸本身发生错误的比例较小，设计各专业之间的不协调、设计和施工之间的不协调是设计变更产生的主要原因。一个工程项目设计涉及总图、建筑、结构、给排水、电气、暖通、动力，除此之外还包括许多专业分包，如幕墙、网架、钢结构、智能化、景观绿化等，他们之间如何有效交流协调协同？用 BIM 协调流程进行协调综合，能够彻底消除协调综合过程中的不合理方案或问题方案，使设计变更大大减少。BIM 技术可以做到真正意义上的协同修改，改变以往“隔断式”设计方式、依赖人工协调项目内容和分段交流的合作模式，大大节省开发项目的成本。

(3) 在施工阶段，用共享 BIM 模型能够实现对设计变更的有效管理和动态控制。通过设计模型文件数据关联和远程更新，建筑信息模型随设计变更而即时更新，减少设计师与业主、监理、承包商、供应商间的信息传输和交互时间，从而使索赔签证管理更有时效性，实现造价的动态控制和有序管理。

5.10 BIM 在竣工交付阶段的应用

在工程建设的交付阶段，前一阶段 BIM 工作完成后应交付 BIM 成果，包括 BIM 模型文件、设计说明、计算书、消防、规划二维图纸、设计变更、重要阶段维修记录和可形成企业资产的交付及信息。项目的 BIM 信息模型所有知识产权归业主所有，交付物为纸质表格图纸及光盘，加盖公章。

为了保证工程建设前一阶段移交的 BIM 模型能够与工程建设下一阶段 BIM 应用模型进行对接，对 BIM 模型的交付质量提出以下要求：

(1) 提供模型的建立依据，如建模软件的版本号、相关插件的说明、图纸版本、调整过程记录等，方便接收后的模型维护工作。

(2) 在建模前进行沟通，统一建模标准：如模型文件、构件、空间、区域的命名规则，标高准则，对象分组原则，建模精度，系统划分原则，颜色管理，参数添加等。

(3) 提交的模型中，各专业内部及专业之间无构件碰撞问题，提交有价值的碰撞检测报告，含有硬碰撞和间隙碰撞内容。

(4) 模型和构件尺寸形状及位置应准确无误，避免重叠构件，特别是综合管线的标高、设备安装定位等信息，保证模型的准确性。

(5) 所有构件均有明确详细的几何信息以及非几何信息，数据信息完整规范，内容不重复。

(6) 与模型文件一同提交的说明文档中必须包括模型的原点坐标描述及模型建立所参照的CAD图纸情况。

(7) 针对设计阶段的BIM应用点，每个应用点分别建立一个文件夹。对于3D漫游和设计方案比选等应用，提供avi格式的视频文件和相关说明。

(8) 对于工程量统计、日照和采光分析、能耗分析、声环境分析、通风情况分析等应用，提供成果文件和相关说明。

(9) 设计方各阶段的BIM模型(方案阶段、初步设计阶段、施工图阶段)通过业主认可的第三方咨询机构审查后，才能进行二维图正式出图。

(10) 所有的机电设备办公家具有简要模型，由BIM公司制作，主要功能房、设备房及外立面有渲染图片，室外及室内各个楼层均有漫游动画。

(11) 由BIM模型生成若干个平面立面剖面图纸及表格，特别是构件复杂，管线繁多部位应出具详图，且应该符合《建筑工程设计文件编制深度规定》。

(12) 搭建BIM施工模型，含塔吊、脚手架、升降机、临时设施、围墙、出入口等，每月更新施工进度，提交重点难点部位的施工建议，作业流程。

(13) BIM模型包含详细的工程量清单表，汇总梳理后与造价咨询公司的清单对照检查，出结论报告。

(14) 提供iPad平板电脑随时随地对照检查施工现场是否符合BIM模型的解决方案，便于甲方、监理的现场管理。

(15) 为限制文件大小，所有模型在提交时必须清除未使用项，删除所有导入文件和外部参照链接，模型中所有视图必须经过整理，只保留默认的视图和视点，删除其他视图、视点。

(16) 竣工模型在施工图模型的基础上添加以下信息：生产信息(生产厂家、生产日期等)、运输信息(进场信息、存储信息)、安装信息(浇筑、安装日期，操作单位)和产品信息(技术参数、供应商、产品合格证等)，如有在设计阶段还没能确定的外形结构的设备及产品，竣工模型中必须添加与现场一致。

5.11 BIM在运维阶段的应用

5.11.1 运维管理概述

1. 运维管理的定义

运维管理是在传统的房屋管理基础上演变而来的新兴行业。近年来，随着我国国民经济和城市化建设的快速发展，特别是随着人们生活和工作环境水平的不断提高，建筑实体功能多样化的不断发展，使得运维管理成为一门科学，其内涵已经超出了传统定性描述和评价的范畴，发展成为整合人员、设施以及技术等关键资源的管理系统工程。建筑运维管理是指建筑在竣工验收完成并投入使用后，整合建筑内人员、设施及技术等关键资源，通过运营充分提高建筑的使用率，降低它的经营成本，增加投资收益，并通过维护尽可能延长建筑的使用周期而进行的综合管理。

关于建筑运维管理，总体来说是整合人员、设施和技术，对人员工作、生活空间进行规划、整合和维护管理，满足人员在工作中的基本需求，支持公司的基本活动，增加投资收益的过程。美国国家标准与技术协会（NIST）于2004年进行了一次研究，评估美国重要设施行业（如商业建筑、公共设施建筑和工业设施）中的效率损失。研究显示，业主和运营商在运维管理方面耗费的成本几乎占总成本的2/3。由此看出，一幢建筑在其生命周期的费用消耗中，约70%是发生在其使用阶段，其中主要的费用构成因素有抵押贷款的利息支出、租金、重新使用的投入、保险、税金、能源消耗、服务费用、维修、建筑维护和清洁等。在建筑物的平均使用年限达到7年以后，这些使用阶段发生的费用就会超过该建筑物最初的建筑安装的造价，然后，这些费用总额就以一种不均匀的抬高比例增长，在一幢建筑物的使用年限达到50年以后，建筑物的造价和使用阶段的总的维护费用这两者之间的比例可以达到1∶9。因此，职业化的运维管理将会给业主和运营商带来极大的经济效益。

在运营维护阶段的管理中，BIM技术可以随时监测有关建筑使用情况、容量、财务等方面的信息。通过BIM文档完成建造施工阶段与运营维护阶段的无缝交接和提供运营维护阶段所需要的详细数据。在物业管理中，BIM软件与相关设备进行连接，通过BIM数据库中的实时监控运行参数判断设备的运行情况，进行科学管理决策，并根据所记录的运行参数进行设备的能耗、性能、环境成本绩效评估，及时采取控制措施。

在装配式建筑及设备维护方面，运维管理人员可直接从BIM模型调取预制构件及设备的相关信息，提高维修的效率及水平。运维人员利用预制构件的RFID标签，获取保存其中的构件质量信息，也可取得生产工人、运输者、安装工人及施工人员等相关信息，实现装配式建筑质量可追溯，明确责任归属。利用预制构件中预埋的RFID标签，对装配式建筑的整个使用过程能耗进行有效的监控、检测并分析，从而在BIM模型中准确定位高能耗部位，并采取合适的办法进行处理，从而实现装配式建筑的绿色运维管理。

2. 传统运维管理模式的缺陷和BIM运维管理的优势

在建筑的全生命周期中，运营使用阶段的周期占到整个全生命周期的绝大部分。而从成本角度来看，第一阶段投资分析、环评、规划设计占到建筑生命周期总成本的0.7%，第二阶段建造施工只占总成本的16.3%，第三阶段运营使用阶段占了总成本的82.5%，第四阶段建筑的拆除仅仅占0.5%。由此可见在建筑全生命周期中，运营使用阶段是占时间周期最长、成本比例最大的一个阶段。然而，在建设项目运营使用阶段，涉及大量建筑设备的使用，需要消耗大量的人力、物力和财力。并且目前建筑使用的机械设备的数量、种类迅速增多，结构也越来越复杂，对我们的设备管理水平和管理效率提出了更高的要求。

传统的建筑运营维护管理方法主要是通过纸质资料和二维图形来保存信息，存在很多问题。如二维图形信息难理解、复杂耗时、信息分散无法进行关联和更新，且容易遗漏和丢失，无法进行无损传递。查询信息时需要翻阅大堆的资料和图纸，并且很难找到所需要设备的全套信息，导致在维修保养设备时往往因信息不全、图形复杂等原因而无法达到设备维护的及时性与完好性，影响维护保养质量，并且耗费大量时间资源和人力资源，管理效率较低。如何高效地进行建筑设备运行维护管理是一个非常重要、值得我们思考的问题。

运维管理处在整个建筑行业最后的环节，是不可或缺的非常重要的阶段。运维环节持续时间最长，对建筑价值的体现非常重要。但是目前大多数的运维模式都只停留在大量运维数据的简单处理上，管理方法反复不高效，资源数据利用率低造成资源浪费。

传统的建筑运维管理方式因为其管理手段、理念、工具比较单一，大量依靠各种数据表格或表单来进行管理，缺乏直观高效的对管理对象进行查询检索的方式，数据、参数、图纸等各种信息相互割裂，此外还需要管理人员有较高的专业素养和操作经验，由此造成管理效率难以提高，管理难度增加，管理成本上升。而随着 BIM 技术在建筑的设计、施工阶段的应用越加普及，使得 BIM 技术的应用能够覆盖建筑的全生命周期成为可能。因此在建筑竣工以后通过继承设计、施工阶段所生成的 BIM 竣工模型，利用 BIM 模型优越的可视化空间展现能力，以 BIM 模型为载体，将各种零碎、分散、割裂的信息数据，以及建筑运维阶段所需的各种机电设备参数进行一体化整合的同时，进一步引入建筑的日常设备运维管理功能，基于 BIM 进行建筑空间与设备运维管理。

5.11.2 项目运维阶段 BIM 应用综述

BIM 具有集成化管理的特征，符合全生命周期管理的要求，将其应用于运维管理所涉及的关键技术较多。

1. 数据标准与模型详细程度要求

BIM 作为单一的数据源，运维数据必须符合某些数据标准，以便根据需求定义统一的数据结构，将信息模型与运维管理系统整合，向决策者提供便捷的数据入口。同时，数据标准将扮演集成系统的核心部分，作为建模的依据和使用数据的指导。应用 BIM 技术对既有建筑进行运维管理时，防火、能源、电气、空间管理的信息需求是多样的，各类 BIM 标准应提供建模过程所需的组织结构。

2. 信息集成

目前已有许多研究者着眼于 BIM 对运维信息的集成和管理，事实上信息集成技术可以大大改善传统的作业形式。有研究对比了传统的竣工文档交付方式和利用 BIM 自动生成文档的方法，并推断以后将实现竣工文档交付全自动化。Becerik-Gerber 等提出金字塔形状的数据结构形式，并明确了项目各参与方提供数据的职责。陈沉等研究了基于同一数据平台下的信息模型如何从设计单位无缝传递给施工单位和业主单位。IFC 深入研究了基于本体的建筑信息管理方式，这也是目前国内外 BIM 应用研究热点之一。好的信息集成能够最大限度地利用信息模型，提高运维效率但同时也是目前应用的难点。

3. 传感器与无线射频识别

传感器与无线射频识别(RFID)技术广泛应用于构件识别、设施定位等数据的获取,可支持运维管理的数据需求,符号如图 5-11-1。传感器和 RFID 技术应用相对较早,通过多种自动化技术,能实现与 BIM 模型的集成,为构件识别、室内定位、人员逃生等提供良好支持。

图 5-11-1　无线射频技术

4. 系统架构与开发

理论上,运维 BIM 模型完整存储了建筑的所有设计和施工数据,而为了更直观方便地应用运维 BIM 技术,需要开发相应的应用平台和系统。BIM 运维系统可提供给运维单位一个可操作 BIM 数据的界面,同时便于在整个运维阶段实现设备信息、安全信息、维修信息等各种数据的录入。在此基础上,用户能够以一种宏观到微观的效果使维护人员能够更清楚地了解设备信息,同时以三维视图的方式展示设备及其部件以指导维护人员的工作,避免和减少由于欠维修或过度维修而造成的消耗。充分发挥 BIM 的技术优势对于提升运维管理系统的技术水平乃至运维管理的水平都具有重要的意义。

5.11.3　项目运维阶段 BIM 技术具体应用

1. 运营维护管理方案规划

运营维护管理方案是指导运营和维护阶段 BIM 技术应用的重要文件,应由实际运营和维护管理单位牵头,专业咨询服务商支持(包括 BIM 咨询、设施管理咨询等)、软件供应商参与共同制订。方案宜在项目交付和项目试运行期间,且根据项目的实际需求制订。

运营维护管理工作内容应包括以下内容:运营维护方案应在详尽的需求调研分析、功能分析与可行性分析的基础上完成,并经过参与各方的审核和批复,需求调研对象应覆盖到主管领导、管理人员和系统实际使用者。在经批复的运营维护方案基础上,进行系统分析,完成业务需求文档和系统需求文档,需求文档应包含功能性需求和非功能性需求。需求文档应经过参与各方的审核和批复,并作为运营维护管理系统验收的依据之一。运营维护方案宜包括成本投入评估和风险评估。

运营维护管理成果应包括以下内容:

(1) 运营维护方案包括运营维护应用的总体目标、实施的内容、运营维护模型标准、系统运行的维护规划等;

(2) 业务需求文档和系统需求文档包括针对不同应用对象的功能性模块,以及支持运营维护应用的非功能性模块。

2. 运营维护系统建设

运营维护系统建设是运营维护阶段的核心工作。运营维护系统应在运营维护管理方案的总体框架下,结合短期、中期、远期规划,本着“数据安全、系统稳定、功能适用、支持拓展”

的原则进行软件选型和模型搭建。

运营维护系统可选用专业软件供应商提供的运营维护平台，在此基础上进行功能性定制开发；也可自行结合既有三维图形软件或 BIM 软件，在此基础上集成数据库进行开发。运营维护系统宜充分考虑利用互联网、物联网和移动端的应用。运营维护系统选型应考察 BIM 运维模型与运营维护系统之间的 BIM 数据的传递质量和传递方式，确保建筑信息模型数据的最大化利用(如图 5-11-2)。

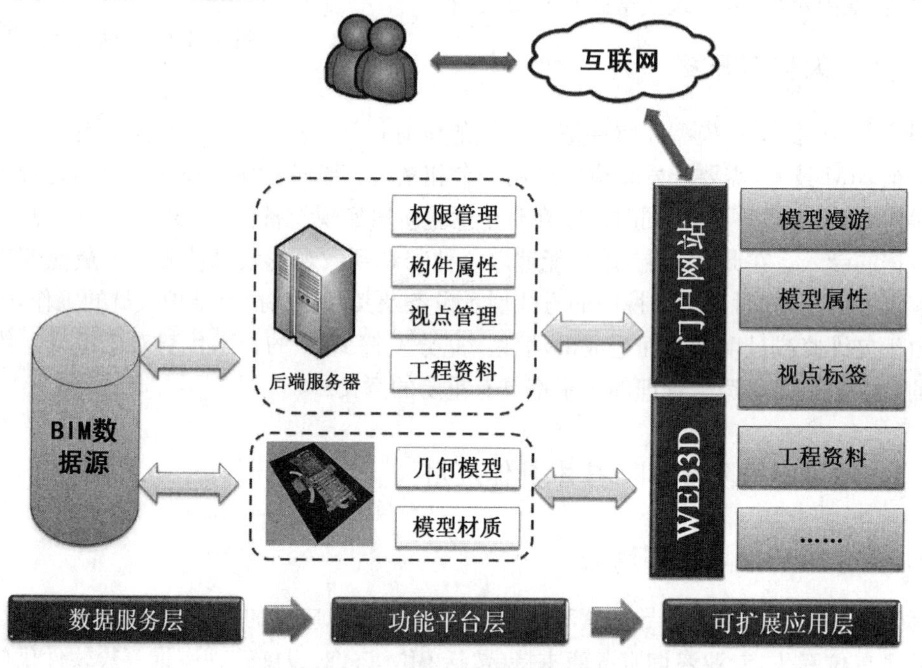

图 5-11-2　运维管理系统的架构

运营维护系统数据管理应符合下列要求：

(1) 各参与单位负责自身承担的竣工模型信息的录入，录入的上游数据信息必须为按接收方需求筛选、检验过的信息，不宜包含冗余的信息；

(2) 建设单位组织设计、施工、监理、运营维护等相关单位根据运营维护需求对竣工模型的正确性、协调性、一致性进行协同检查，对竣工模型设备、材料中包含的数据信息进行核查；

(3) 编制模型的深度满足运营维护要求；

(4) 编制设施设备要符合编码规则；

(5) BIM 与 GIS 融合，使建筑信息模型数据变成可通过互联网访问的三维地图服务数据；

(6) 运营维护模型融合 BA(楼宇自控)中的重要信息；

(7) 运营维护模型融合三维扫描和射频识别等外部设备采集的数据。

运营维护系统建设的操作流程包括：首先，基于竣工模型形成运营维护模型并创建设备设施信息数据库，用于信息的综合存储与管理，形成电子化交付；然后，参考本指南的运营维护功能要求，以实际运营维护需求为主，整体开发或集成开发基于 BIM 技术的运营维护系统，建立运行管理需要的网络和硬件平台；接着，编制运营维护管理制度，建立基于 BIM 技术的建筑运营维护管理机制；最后，培训管理人员，按管理组织方案进行管理。

运营维护系统建设的成果应包括以下内容：基于BIM技术的运营维护系统；由软件供应商或开发团队提供的可运行系统；系统运行和日常维护方案；系统搭建规划、资源配备、系统部署文档、服务方案、安全方案等；运营维护管理方案。

3. 运营维护模型构建

运营维护模型构建是运营维护系统数据搭建的关键性工作。运营维护模型来源于竣工模型，如果竣工模型为竣工图纸模型，并未经过现场复核，则必须经过现场复核后进一步调整，形成实际竣工模型。

构建运营维护模型需要准备的数据包括：实际竣工模型；运营维护所需数据资料；运营维护模型标准。

构建运营维护模型的操作流程应符合下列要求：

(1) 验收竣工模型，并确保竣工模型的可靠性；

(2) 根据运营维护系统的功能需求和数据格式，将竣工模型转化为运营维护模型。在此过程中，应注意模型的轻量化。模型轻量化工作包括：优化、合并、精简可视化模型；导出并转存与可视化模型无关的数据；充分利用图形平台性能和图形算法提升模型显示效率；

(3) 根据运营维护模型标准，核查运营维护模型的数据完备性。验收合格资料、相关信息宜关联或附加至运营维护模型，形成运营维护模型。

运营维护模型应准确表达构件的外表几何信息、运营维护信息等。对运营维护无指导意义的内容，应进行轻量化处理，不宜过度建模或过度集成数据。

4. 空间管理

BIM技术可为设备管理人员提供详细的空间信息，包括实际空间占用情况、建筑对标等。同时，BIM能够通过可视化的功能帮助管理部门跟踪位置和将建筑信息与具体的空间相关信息关连，并在网页中实时打开并进行监控，从而提高了空间利用率。根据建筑使用者的实际需求，提供基于运维空间模型的工作空间可视化规划管理功能，并提供工作空间变化可能带来的建筑设备、设施功率负荷方面的数据作为决策依据，以及在运维单位方案中快速对三维空间模型进行更新。

(1) 租赁管理

应用BIM技术对空间进行可视化管理，分析空间使用状态、收益、成本及租赁情况，判断影响不动产财务状况的因素及发展趋势，帮助提高空间的投资回报率，把握出现的机会及规避潜在的风险。

通过查询定位可以轻易查询到商户空间，并且查询到租户或商户信息，如客户名称、建筑面积、租约区间、租金、物业费用；系统可以提供收租提醒等客户定制化功能。同时还可以根据租户信息的变更，对数据进行实时调整和更新，形成一个快速共享的平台。另外，BIM运维平台不仅提供了对租户的空间信息管理功能，还提供了对租户能源使用及费用情况的管理功能。这种功能同样适用于商业信息管理，与移动终端相结合，商户的活动情况、促销信息、位置、评价可以直接推送给终端客户，改善租户使用体验的同时也为其创造了更高的价值。

(2) 垂直交通管理

BIM模型中的3D电梯模型能够正确反映所对应的实际电梯的空间相对位置以及相关

属性等信息。电梯的空间相对位置信息包括门口电梯、中心区域电梯、电梯所能到达楼层信息等;电梯的相关属性信息包括直梯、扶梯、电梯型号、大小、承载量等。3D 电梯模型中采用直梯实体形状图形表示直梯,并采用扶梯实体形状图形表示扶梯。BIM 运维平台对电梯的实际使用情况进行了渲染,物业管理人员可以清楚直观地看到电梯的能耗及使用状况,通过对人行动路线、人流量的分析,可以帮助管理者更好地对电梯系统的策略进行调整(如图 5-11-3)。

图 5-11-3　垂直交通管理

(3) 车库管理

目前的车库管理系统基本都是以计数系统为主,只显示空车位的数量,对空车位的位置却没法显示。在停车过程中,车主随机寻找车位,缺乏明确的路线,容易造成车道堵塞和资源浪费(时间、能源)。应用无线射频技术将定位标识标记在车位卡上,车子停好之后自动知道某车位是否已经被占用。通过该系统就可以在车库入口处通过屏幕显示出所有已经占用的车位和空着的车位。通过车位卡还可以在车库监控大屏幕上查询所在车的位置,这对于方向感较差的车主来说,是非常贴心的导航功能(如图 5-11-4)。

(4) 办公管理

基于 BIM 可视化的空间管理体系,可对办公部门、人员和空间实现系统性、信息化的管理。例如某工作空间内的工作部门、人员、部门所属资产、人员联系方式等都与 BIM 模型中相关的工位、资产相关联,便于管理和信息的及时获取。

5. 资产管理

BIM 技术与物联网的结合将开创现代化运维管理的新纪元。基于 BIM 的物联网的管理实现了在三维可视化条件下掌握建筑物及建筑中相关人员、设备、结构、资产、关键部位等信息,尤其对于可视化的资产管理可以达到减少成本、提高管理精度、避免损失和资产流失的重大价值目标。

(1) 可视化资产信息管理

传统资产信息整理录入主要是由档案室的资料管理人员或录入人员采取纸媒质的方式进

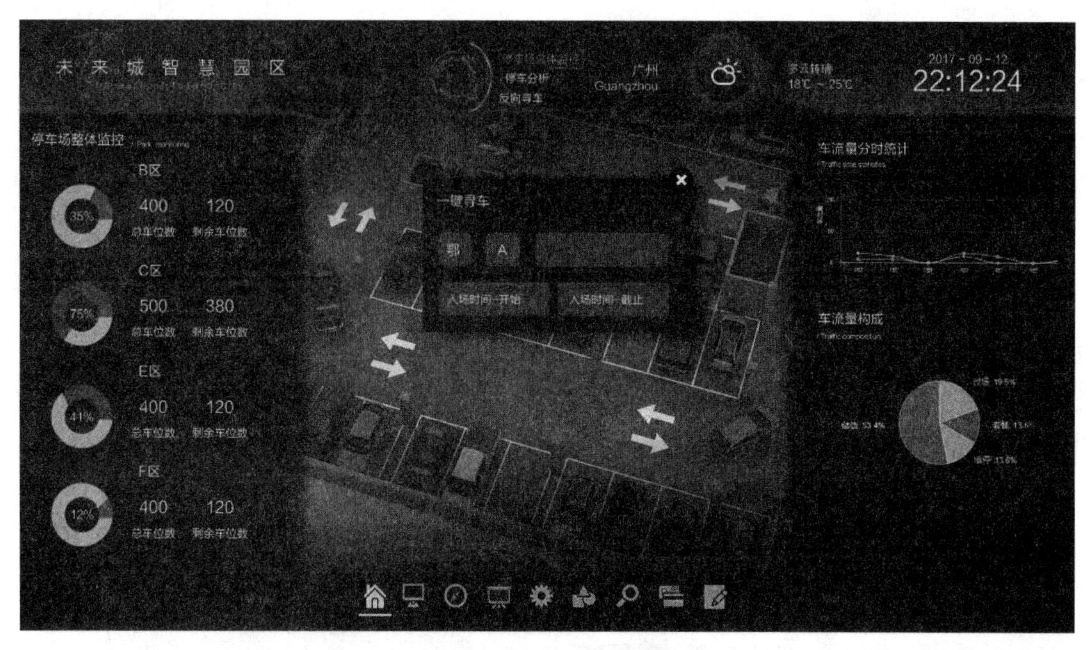

图 5-11-4　停车管理系统

行管理，这样既不容易保存更不容易查阅，一旦人员调整或周期较长会出现遗失或记录不可查询等问题，造成工作效率降低和成本提高。

由于上述原因，公司、企业或个人对固定资产信息的管理已经逐渐从传统的纸质方式中脱离，不再需要传统的档案室和资料管理人员。信息技术的发展使基于BIM的物联网资产管理系统可以通过在RFID的资产标签芯片中注入用户需要的详细参数信息和定期提醒设置，同时结合三维虚拟实体的BIM技术使资产在智慧建筑物中的定位和相关参数信息一目了然，实现精确定位、快速查阅的目标。

新技术的应用使二维的、抽象的、纸媒质的传统资产信息管理方式变得鲜活生动。资产的管理范围也从以前的重点资产延伸到所有资产。例如，对于机电安装的设备、设施，资产标签中的报警芯片会提醒设备需要定期维修的时间以及设备维修厂家等相关信息，同时可以报警设备的使用寿命，提醒及时维护，避免发生伤害事故和一些不必要的麻烦（如图5-11-5）。

(2) 可视化资产监控、查询、定位管理

资产管理的重要性就在于可以实时监控、实时查询和实时定位，然而现在的传统做法很难实现。尤其对于高层建筑的分层处理，资产很难从空间上进行定位。BIM技术和物联网技术的结合完美地解决了这一问题。

现代建筑通过BIM系统把整个物业的房间和空间都进行划分，并对每个划分区域的资产进行标记，我们的系统通过使用移动终端收集资产的定位信息，并随时和监控中心进行通讯联系。

监视：基于BIM的信息系统完全可以取代和完善视频监视录像，该系统可以追踪资产的整个移动过程和相关使用情况。配合工作人员身份标签定位系统，可以了解到资产经手的相关人员，并且系统会自动记录，方便查阅。一旦发现资产位置在正常区域之外、由无身

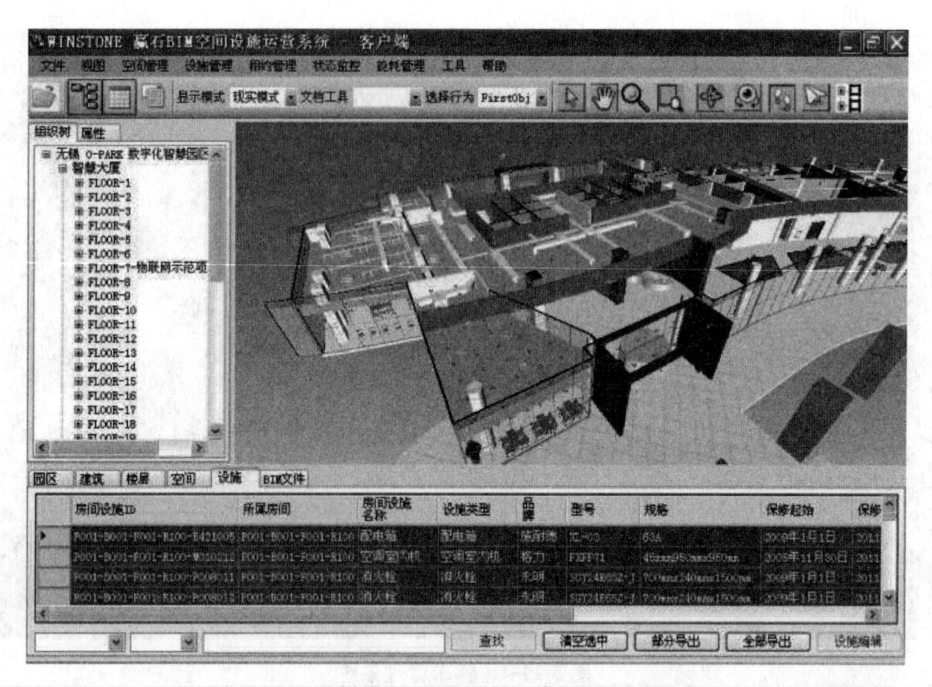

房间设施ID	所属房间	房间设施名称	设施类型	品牌	型号	规格	保修起始	保修
P001-B001-F001-R100-E421005	P001-B001-F001-R100	配电箱	配电箱	施耐德	XL-03	63A	2009年1月1日	2011
P001-B001-F001-R100-M010212	P001-B001-F001-R100	空调室内机	空调室内机	格力	FXFP71	45xmm950mmx950mm	2005年11月30日	2011
P001-B001-F001-R100-P008011	P001-B001-F001-R100	消火栓	消火栓	永明	SGY24E65Z-J	700mmx240mmx1500mm	2009年1月1日	2011
P001-B001-F001-R100-P008012	P001-B001-F001-R100	消火栓	消火栓	永明	SGY24E65Z-J	700mmx240mmx1500mm	2009年1月1日	2011
P001-B001-F001-R101-M010201	P001-B001-F001-R101	空调室内机	空调室内机	格力	FXFP71	45xmm950mmx950mm	2005年11月30日	2011
P001-B001-F001-R101-M010203	P001-B001-F001-R101	空调室内机	空调室内机	格力	FXFP125	45xmm950mmx950mm	2005年10月30日	2011
P001-B001-F001-R101-M010205	P001-B001-F001-R101	空调室内机	空调室内机	格力	FXFP125	45xmm950mmx950mm	2005年10月30日	2011
P001-B001-F001-R101-M010206	P001-B001-F001-R101	空调室内机	空调室内机	格力	FXFP71	45xmm950mmx950mm	2005年10月30日	2011
P001-B001-F001-R101-P008002	P001-B001-F001-R101	消火栓	消火栓	永明	SGY24E65Z-J	700mmx240mmx1500mm	2009年1月1日	2014
P001-B001-F001-R101-P008003	P001-B001-F001-R101	消火栓	消火栓	永明	SGY24E65Z-J	700mmx240mmx1500mm	2009年1月1日	2014
P001-B001-F001-R101-P008004	P001-B001-F001-R101	消火栓	消火栓	永明	SGY24E65Z-J	700mmx240mmx1500mm	2009年1月1日	2014
P001-B001-F001-R102-P008017	P001-B001-F001-R102	消火栓	消火栓	永明	SGY24E65Z-J	700mmx240mmx1500mm	2009年1月1日	2014
P001-B001-F001-R103-E001	P001-B001-F001-R103	沙盘显示屏	显示器				2009年1月1日	2014
P001-B001-F001-R103-E421007	P001-B001-F001-R103	配电箱	配电箱	施耐德	XL-03	63A	2009年1月1日	2014
P001-B001-F001-R103-M010301	P001-B001-F001-R103	风机盘管	风机盘管	格力			2009年1月7日	2015

设施类型 包含 查找 清空选中 部分导出 全部导出 设施编辑

图 5-11-5　资产清单管理系统

份标签的工作人员移动或定位信息异常等非正常情况，监控系统就会自动警报，并且将建筑信息模型的位置自动切换到出现警报的资产位置。

查询：该资产的所有信息包括名称、价值和使用时间都可以随时查询。

定位：随时定位被监视资产的位置和相关状态情况。

(3) 可视化资产安保及紧急预案管理

传统的资产管理安保工作无法对被监控资产进行定位，只能够对关键的出入口等处进行排查处理。有了物联网技术后虽然可以从某种程度上加强产品的定位，但是缺乏直观性，难以提高安保人员的反应速度，经常发现资产遗失后没有办法及时追踪，无法确保安保工作的正常开展。基于 BIM 技术的物联网资产管理可以从根本上提高紧急预案的管理能力和改善资产追踪的及时性、可视性。

一些比较昂贵的设备或物品可能有被盗窃的危险，等工作人员赶到事发现场，犯罪分子有足够的时间逃脱。然而使用无线射频技术和报警装置可以及时了解到贵重物品的情况，因此 BIM 信息技术的引入变得至关重要，当贵重物品发出报警后其对应的 BIM 追踪器随即启动。通过 BIM 三维模型可以清楚分析出犯罪分子所在的精确位置和可能的逃脱路线，BIM 控制中心只需要在关键位置及时布置工作人员进行阻截就可以保证贵重物品不会遗失，同时将犯罪分子绳之以法。

BIM 控制中心的建筑信息模型与物联网无线射频技术的完美结合帮助了非建筑专业人士或对该建筑物不了解的安保人员能够正确了解建筑物安保关键部位。管理人员只需给进入建筑的安保人员配备相应的无线射频标签，并与 BIM 系统动态连接，根据 BIM 三维模型可以直观察看风管、排水通道等容易疏漏的部位和整个建筑三维模型，动态地调整人员部署，对出现异常情况的区域第一时间作出反应，从而为资产的安保工作提供了巨大的便捷，真正实现资产的安全保障管理。

信息技术的发展推动了管理手段的进步。基于 BIM 技术的物联网资产管理方式通过最新的三维虚拟实体技术使资产在智慧建筑中得到合理的使用、保存、监控、查询、定位。资产管理的相关人员以全新的视角诠释资产管理的流程和工作方式，使资产管理的精细化程度得到大大提高，确保了资产价值最大化。

6. 设备维护管理

(1) 基于 BIM 的设备维护管理概念

通过将 BIM 技术运用到设备管理系统中，使系统包含设备所有的基本信息，也可以实现三维动态的观察设备的实时状态，从而使设施管理人员了解设备的使用状况，也可以根据设备的状态提前预测设备将要发生的故障，从而在设备发生故障前就对设备进行维护，降低维护费用。将 BIM 运用到设备管理中，可以查询设备信息、设备运行和控制、自助进行设备报修，也可以进行设备的计划性维护等。

(2) 设备信息查询

基于 BIM 技术的管理系统集成了对设备的搜索、查阅、定位功能。通过点击模型中的设备，可以查阅所有设备信息，如供应商、使用期限、联系方式、维护情况、所在位置等；该管理系统可以对设备生命周期进行管理，比如对寿命即将到期的设备及时预警和更换配件，防止事故发生；通过在管理界面中搜索设备名称，或者描述字段，可以查询所有相应设备在虚拟建筑中的准确定位；管理人员或者领导可以随时利用 BIM－4D 模型，进行建筑设备实时浏览（如图 5-11-6 及图 5-11-7）。

另外，在系统的维护页面中，用户可以通过设备名称或编号等关键字进行搜索。并且用户可以通过需要对搜索的结果进行打印，或导出 Excel 列表。

(3) 设备运行和控制

所有设备是否正常运行都能在 BIM 模型上直观显示，例如绿色表示正常运行，红色表示出现故障；对于每个设备，可以查询其历史运行数据；另外可以对设备进行控制，例如某一区域照明系统的打开、关闭等。

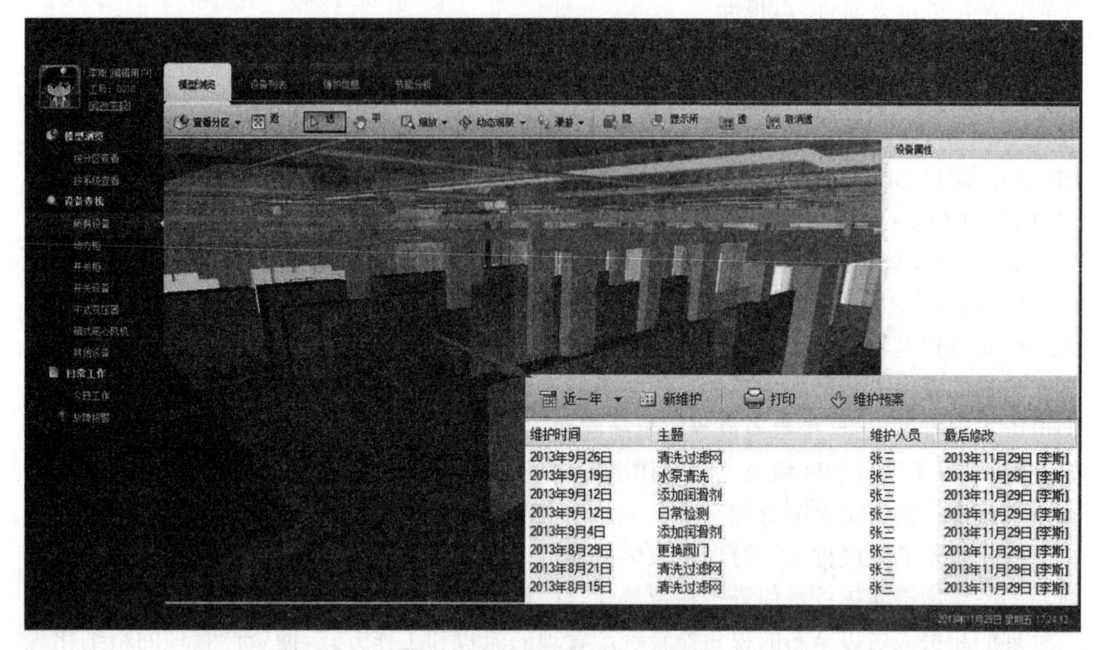

图 5-11-6　设备维修维保信息

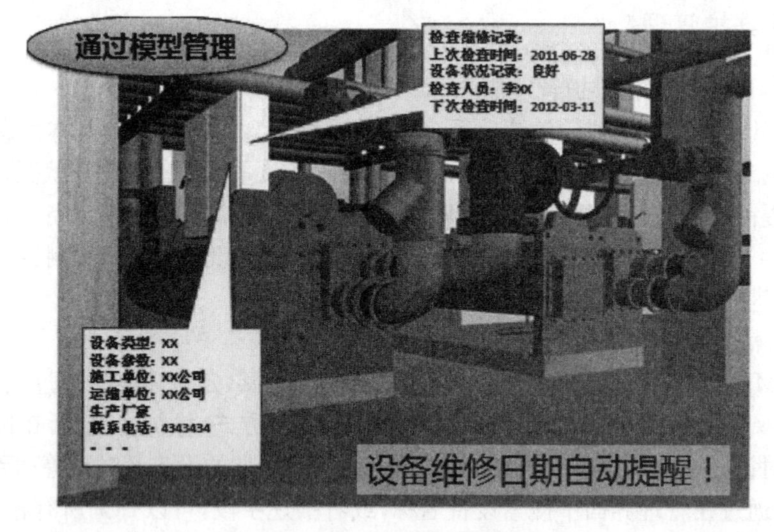

图 5-11-7　设备信息查询

(4) 设备报修流程

在建筑的设施管理中，设备的维修是最基本的功能。该系统的设备报修管理流程图如表 5-11-1 所示。所有的报修流程都是在线申请完成的，用户填写设备报修单(如表 5-11-1)，经过管理部门审批，然后进行维修；修理结束后，维修人员及时地将信息反馈到 BIM 模型中，随后会有相关人员进行检查，确保维修已完成，等相关人员确认该维修信息后，将该信息录入、保存到 BIM 模型数据库中。日后，用户和维修人员可以在 BIM 模型中查看各构件的维修记录，也可以查看本人发起的维修记录。

表 5-11-1　设备报修单和报修流程图

<table>
<tr><td>报修人</td><td></td><td>报修部门</td><td></td><td>保修日期</td><td colspan="2"></td></tr>
<tr><td rowspan="2">报修内容</td><td colspan="3" rowspan="2"></td><td>报修人联系电话</td><td></td><td></td></tr>
<tr><td>派单人</td><td></td><td></td></tr>
<tr><td>报修时间</td><td></td><td>到达时间</td><td></td><td>完工时间</td><td colspan="2"></td></tr>
<tr><td>是否有组件</td><td colspan="3"></td><td>领料单编号</td><td colspan="2"></td></tr>
<tr><td rowspan="2">维修记录
（处理结果）</td><td colspan="6"></td></tr>
<tr><td>维修人</td><td></td><td>验收人</td><td></td><td>验收评价</td><td></td></tr>
<tr><td rowspan="2">回访意见</td><td>维修质量</td><td colspan="3" rowspan="2"></td><td>回访人</td><td></td></tr>
<tr><td>维修态度</td><td>回访日期</td><td></td></tr>
</table>

填写报修单 ⟶ 审核报修单 ⟶ 修理部门处理 ⟶ 验收确认 ⟶ 申请人确认

（5）计划性维护

计划性维护的功能是让用户依据年、月、周等不同的时间节点来确定设备的维护计划当达到维护计划所确定的时间节点时，系统会自动提醒用户启动设备维护流程，对设备进行维护。

设备维护计划的任务分配是按照逐级细化的策略来确定。一般情况下年度设备维护计划只分配到系统层级，确定一年中哪个月对哪个系统（如中央空调系统）进行维护；而月度设备维护计划，则分配到楼层或区域层级，确定这个月中的哪一周对哪一个楼层或区域的设备进行维护；而最详细的周维护计划，不仅要确定具体维护哪一个设备，还要明确在哪一天具体由谁来维护。

通过这种逐级细化的设备维护计划分配模式，建筑的运维管理团队无须一次性制定全年的设备维护计划，只需有一个全年的系统维护计划框架，在每月或是每周，管理人员可以根据实际情况再确定由谁在什么时间维护具体的某个设备。这种弹性的分配方式，其优越性是显而易见的，可以有效避免由于在实际的设备维护工作中，由于现场情况的不断变化，或是因为某些意外情况，而造成整个设备维护计划无法顺利进行（如图 5-11-8）。

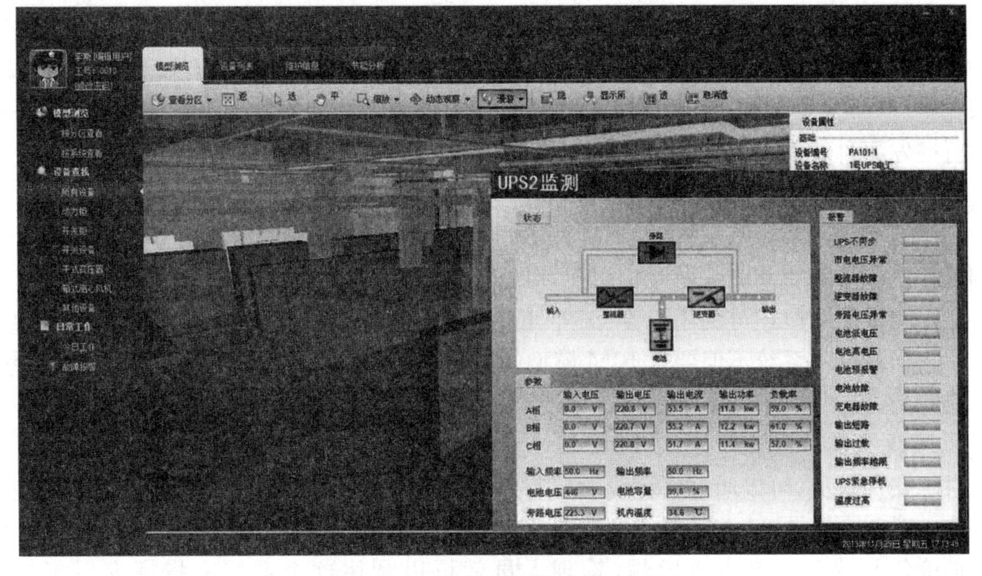

图 5-11-8　设备运营维护管理记录

7. 公共安全管理

(1) 安保管理

以某医院采用的基于 BIM 的安保系统为例，基于 BIM 模型创建综合安防体系，通过连接医院人、事物信息，构建全面、实时、智能感知的立体安全网可感知、预警、处置人、事、物安全事件，实现医院安防防护一张网，如图 5-11-9。

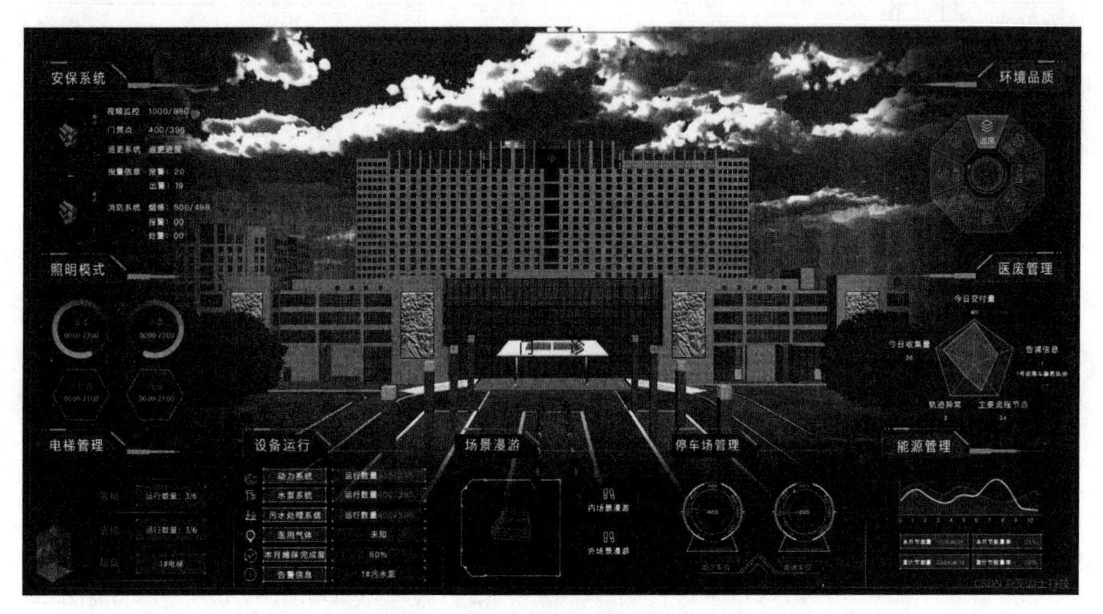

图 5-11-9　某医院安保管理系统

① 视频监控

目前的监控管理基本是显示摄像视频为主，传统的安保系统相当于有很多双眼睛，但是基于 BIM 的视频安保系统不但拥有了“眼睛”，而且也拥有了“脑子”。因为摄像视频管理是运维控制中心的一部分，也是基于 BIM 的可视化管理。通过配备监控大屏幕可以对整个广场的视频监控系统进行操作；当我们用鼠标选择建筑某一层，该层的所有视频图像立刻显示出来；一旦产生突发事件，基于 BIM 的视频安保监控就能结合与协作 BIM 模型的其他子系统进行突发事件管理。

② 可疑人员的定位

利用视频识别及跟踪系统，对不良人员、非法人员，甚至恐怖分子等进行标识，利用视频识别软件使摄像头自动跟踪及互相切换，对目标进行锁定。

在夜间设防时段还可利用双鉴、红外、门禁、门磁等各种信号一并传入 BIM 管理系统的大屏中。当然这一系统不但要求 BIM 模型的配合，更要有多种联动软件及相当高的系统集成才能完成。

③ 安保人员位置管理

对于安保人员，可以通过将无线射频芯片植入工卡，利用无线终端来定位安保人员的具体方位。对于商业地产，尤其是大型商业地产中人流量大、场地面积大、突发情况多，这类安全保护价值更大。一旦发现险情，管理人员就可以利用这个系统来指挥安保工作（如

图 5-11-10）。

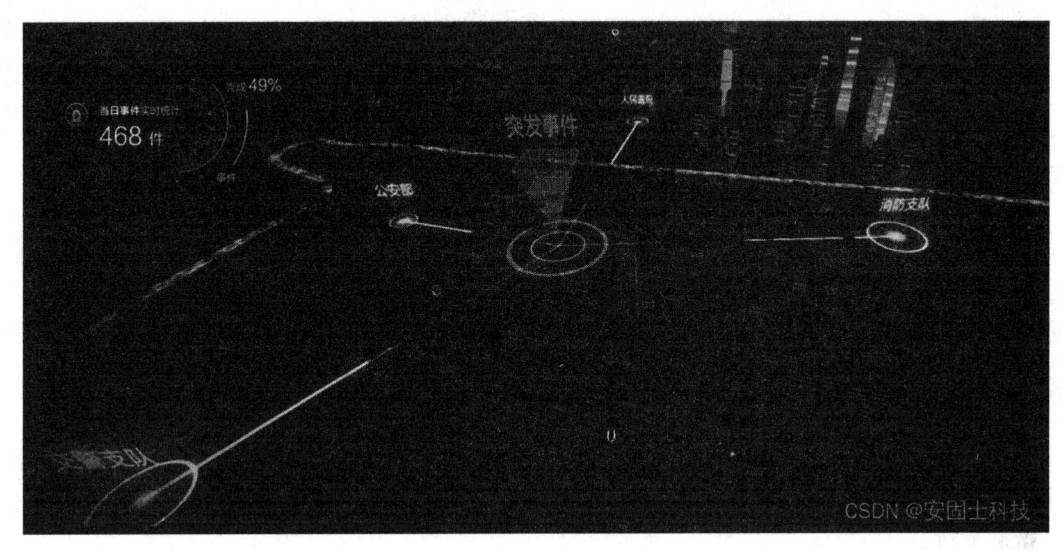

图 5-11-10　安保管理

④ 人流量监控(含车流量)

利用视频系统＋模糊计算技术，可以得到人流(人群)、车流的大概数量，在 BIM 模型上了解建筑物各区域出人口、电梯厅、餐厅及展厅等区域以及人多的步梯、步梯间的人流量(人数/m^2)、车流量。当每平方米人数大于 5 人时，发出预警信号，人数大于 7 人时发出警报。从而做出是否要开放备用出入口，投入备用电梯及人为疏导人流以及车流的应急安排。这对安全工作非常有用。

(2) 火灾消防管理

在消防事件管理中，基于 BIM 技术的管理系统可以通过温度感应器感应信息，如果发生着火事故，在商业广场的信息模型界面中，就会自动进行火警警报，对着火的三维位置和房间立即进行定位显示，并且控制中心可以及时查询相应的周围情况和设备情况，为及时疏散和处理提供信息。

① 消防电梯

按目前规范，普通电梯及消防电梯不能作为消防疏散用(其中消防梯仅可供消防队员使用)。而有了 BIM 模型及前述的动态功能，就有可能使电梯在消防应急中辅助救援。这尤其在超高层建筑消防救援中发挥重要作用。

要达到这一目的所需条件见表 5-11-2。

表 5-11-2　BIM 模拟消防电梯所需条件表

序号	具体条件
1	具有防火功能的电梯机房、有防火功能的轿厢、双路电源(采用阻燃电缆)或 UPS(EPS)电源
2	具有可靠的电梯监控，含音频、视频、数据信号及电梯机房的视频信号、烟感、温感信号
3	在电梯厅及电梯周边房间具有烟感传感器及视频摄像头
4	可靠的无线对讲系统(包括基站的防火、电源的保障等条件)或大型项目驻地消防队专用对讲系统

（续表）

序号	具体条件
5	在中控室或应急指挥大厅、数据中心 ECC 大厅等处的大屏幕
6	可靠的全楼广播系统
7	电梯及环境状态与 BIM 的联动软件

当火灾发生时，指挥人员可以在大屏前凭借对讲系统或楼（全区）广播系统、消防专用电话系统，根据大屏显示的起火点（此显示需是现场视频动画后的图示）、蔓延区及电梯的各种运行数据指挥消防救援专业人员（每部电梯由消防人员操作），帮助群众乘电梯疏散至首层或避难层。哪些电梯可用，哪些电梯不可用，在 BIM 软件上可充分显示，帮助决策。这一方案正与消防部门共同研究其可行性。

② 疏散演练

在大型的办公室区域可为每个办公人员的个人电脑安装不同地址的 3D 疏散图，标示出模拟的火源点，以及最短距离的通道、步梯疏散的路线，平时据此对办公人员进行常规的训练和演练。

③ 疏散引导

对于大多数项目不具备乘梯疏散的情况，BIM 模型同样发挥着很大作用。凭借上述各种传感器（包括卷帘门）及可靠的通信系统，引导人员可指挥人们从正确的方向由步梯疏散，使火灾抢险发生革命性的变革。

（3）隐蔽工程管理

在建筑设计阶段会有一些隐蔽的管线信息是施工单位不关注的，或者说这些资料信息可能在某个角落里，只有少数人知道。特别是随着建筑物使用年限的增加，人员更换频繁，这些安全隐患日益显得突出，有时直接酿成悲剧。如 2010 年南京市某废旧塑料厂在进行拆迁时，因隐蔽管线信息了解不全，工人不小心挖断地下埋藏的管道，引发了剧烈爆炸，此次事件引起了社会的强烈反响。

基于 BIM 技术的运维可以管理复杂的地下管网，如污水管、排水管、网线、电线以及相关管井，并且可以在图上直接获得相对位置关系。当改建或二次装修的时候可以避开现有管网位置，便于管网维修、更换设备和定位。内部相关人员可以共享这些电子信息，有变化可随时调整，保证信息的完整性和准确性。同样的情况也适用于室内的隐蔽工程的管理。这些信息全部通过电子化保存下来，内部相关人员可以进行共享，有变化可以随时调整，保证信息的完整性和准确性，从而大大降低安全隐患。

例如一个大项目市政系统有电力、光纤、自来水、中水、热力、燃气等几十个进楼接口，在封堵不良且验收不到位时，一旦外部有水（如市政自来水爆裂，雨水倒灌），水就会进入楼内。利用 BIM 模型可对地下层入口精准定位、验收，方便封堵，也方便检查质量，大大降低了事故概率（如图 5-11-11）。

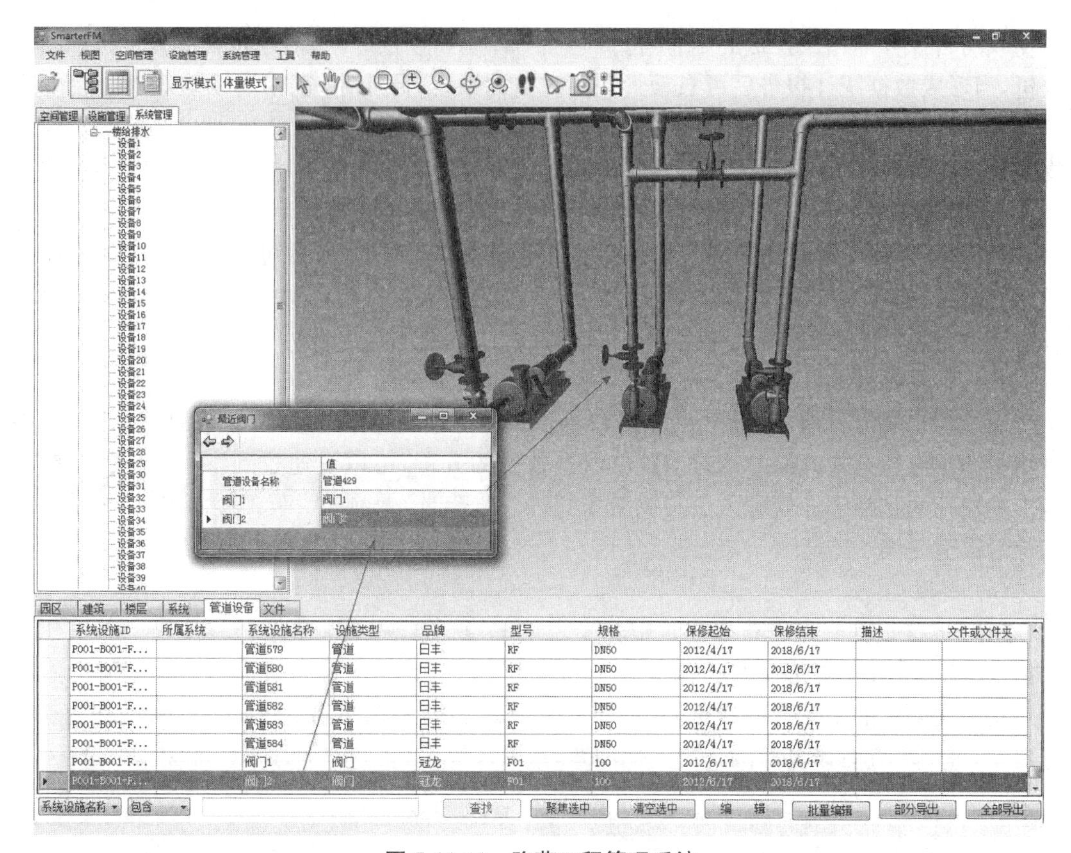

图 5-11-11　隐蔽工程管理系统

8. 建筑能耗管理

基于 BIM 技术的运营能耗管理可以大大减少建筑能耗，更全面了解建筑能耗水平，收集建筑物内所有设备的能耗数据，如图 5-11-12 所示，将能耗按照树状能耗模型进行分解，从时间、分项等不同维度剖析建筑能耗及费用，还可以对不同的分项进行对比分析，并进行能耗分析和建筑运行的节能优化，从而促使建筑在平稳运行时达到能耗最小。BIM 还通过

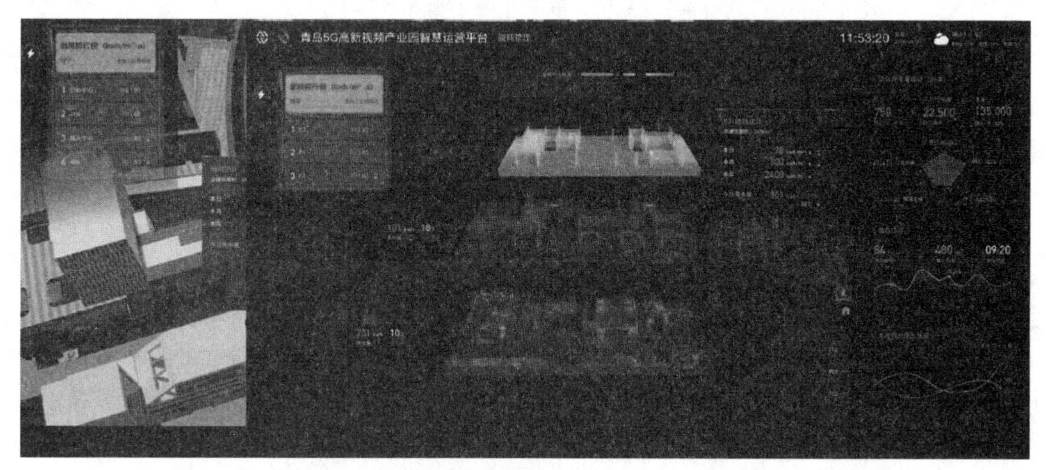

图 5-11-12　基于 BIM 的建筑能耗管理（由广联达科技股份有限公司提供）

与物联网云计算等相关技术的结合，将传感器与控制器连接起来，对建筑物能耗进行诊断和分析，当形成数据统计报告后可自动管控室内空调系统、照明系统、消防系统等所有用能系统，它所提供的实时能耗查询、能耗排名、能耗结构分析和远程控制服务，使业主实现对建筑物的最优化节能管理，摆脱传统运营管理下由建筑能耗大引起的成本增加。

（1）电量监测

基于 BIM 技术通过安装具有传感功能的电表后，在管理系统中可以及时收集所有能源信息，并且通过开发的能源管理功能模块，对能源消耗情况进行自动统计分析，比如各区域，各个租户的每日用电量，每周用电量等；并对异常能源使用情况进行警告或者标识。

（2）水量监测

通过与水表进行通讯，BIM 运维平台可以清楚显示建筑内水网位置信息的同时，更能对用水平衡进行有效判断。通过对整体管网数据的分析，可以迅速找到渗漏点，及时维修，减少浪费。而且当物业管理人员需要对水管进行改造时，无须为隐蔽工程而担忧，每条管线的位置都清楚明了。

（3）温度监测

BIM 运维平台中可以获取建筑中每个温度测点的相关信息数据，同样，还可以在建筑中接入湿度、二氧化碳浓度、光照度、空气洁净度等信息。温度分布页面将公共区域的温度测点用不同颜色的小球直观展示，通过调整观测的温度范围，可将温度偏高或偏低的测点筛选出来，进一步查看该测点的历史变化曲线，室内环境温度分布尽收眼底，如图 5-11-13。

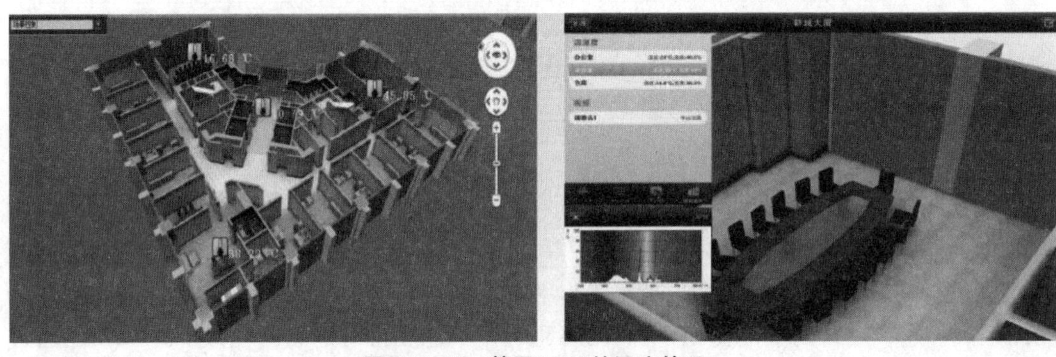

图 5-11-13　基于 BIM 的温度管理

物业管理方还可以调整观察温度范围，把温度偏高或偏低的测点找出来，再结合空调系统和通风系统进行调整。基于 BIM 模型可对空调送出水温、空风量、风温及末端设备的送风温湿度、房间温度、湿度均匀性等参数进行相应调整，方便运行策略研究、节约能源。

（4）机械通风管理

机械通风管理结合 BIM 技术能事半功倍，可以在 3D 基础上更为清晰直观的反应每台设备、每条管路、每个阀门的情况。根据应用系统的特点分级、分层次，可以使用其整体空间信息，或是聚焦在某个楼层或平面局部，也可以利用某些设备信息，进行有针对性的分析。

管理人员通过 BIM 运维界面的渲染即可以清楚地了解系统风量和水量的平衡情况，各个出风口的开启状况。特别当与环境温度相结合时，可以根据现场情况直接进行风量、水量调节，从而达到调整效果实时可见。在进行管路维修时，物业人员也无须为复杂的管路而发愁，BIM 系统清楚地标明了各条管路的情况，为维修提供了极大的便利。

9. BIM 与绿色运维管理

人类的建设行为及其成果——建筑物在生命周期内消耗了全球资源的 40%、全球能源总量的 40%，建筑垃圾也占全球垃圾总量的 40%。绿色建筑强调人与自然的和谐，避免建筑物对生态环境和历史文化环境的破坏，资源循环利用，室内环境舒适。"绿色建筑"的"绿色"，并不是指一般意义的立体绿化、屋顶花园，而是代表一种概念或象征，指建筑对环境无害，能充分利用环境自然资源，并且在不破坏环境基本生态平衡条件下建造的一种建筑，又可称为可持续发展建筑、生态建筑、回归大自然建筑、节能环保建筑等。绿色建筑评价体系共有六类指标，由高到低划分为三星、二星和一星，其中绿色建筑标识如图 5-11-14 所示。

图 5-11-14　绿色建筑标识

作为建筑生命周期中最长的一个阶段，绿色建筑在运维阶段可通过环保技术、节能技术、自动化控制技术等一系列先进的理念和方法来解决节能、环保，以及使用、居住环境的舒适度问题，使建筑物与自然环境共同构成和谐的有机系统。

《绿色建筑评价标准》中专门设立了"运营管理"章节。其中运营管理部分的评价主要涉及物业管理（节能、节水与节材管理）、绿化管理、垃圾管理、智能化系统管理等方面。

BIM 在绿色运维中的应用主要包括对各类能源消耗的实时监测和改进，楼宇智能化系统管理两个方面。

在能耗管理方面，BIM 的动态特性和全生命周期信息传递的特性，为建筑的能耗管理提供了新的、可视化、连续性的解决方案。首先，从竣工 BIM 模型中，FM（设备管理）人员可获取项目设计、施工阶段能耗控制要求相关的要求、说明，以及各个过程对于建筑能耗管理分析模拟的规则和结果。这些信息将作为建筑运营阶段能耗管理的精确初始数据，便于后期实施及计划。

其次，运维阶段的 BIM 模型通过楼宇自动监控设备的链接，可通过采集设备运行实时数据，结合建筑占用情况、环境、设施设备运行等动态数据，以 BIM 模型的数据结构为基础，通过可视化的设备与房间信息相关联为建筑能耗提供优化管理分析的平台，为 FM 人员制定和改进建筑能耗管理计划提供动态、全面的依据。

BIM技术应用

案例赏析5

第6章

基于BIM5D的施工项目管理

BIM5D简介

6.1 BIM5D简介

广联达BIM5D平台是以BIM平台为核心，集成土建、给排水、电气设备安装、通风空调、消防、智控弱电等全专业模型。将模型作为载体，集合项目的合同、进度、成本、物料、图纸、质量、安全等信息，形成一个全方面的资源共享数据库，具体功能介绍见图6-1-1。数据库可以快速准确地计算工程量，及时进行成本预算和成本分析，将建筑构件的3D模型与施工进度的各种WBS相连接，动态地模拟施工变化过程，实现进度控制和成本造价的实时监控，快速提供项目全过程全专业信息，为项目提供数据支撑，实现项目的动态精细化管理，通过强大的数据平台达到节约工期、控制成本、减少变更、提升质量的目的。

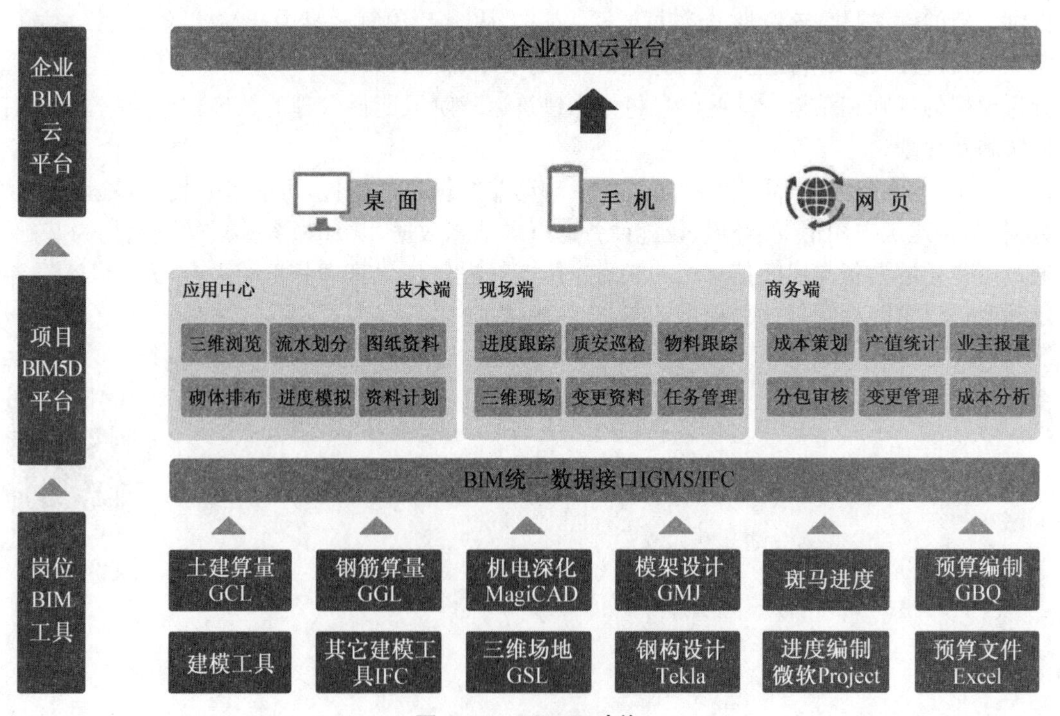

图6-1-1　BIM5D功能

6.1.1 主要功能

1. 模型集成

对业主来说，BIM5D 管理平台可以将完整的施工模型交付给业主，使项目情况更加形象直观；对施工单位而言，BIM5D 平台则是移动的项目数据站，具有高度集成化的项目档案。

2. 施工模拟

施工模拟可以帮助施工管理人员在前期对施工场地布置、大型机械的进出场时间进行合理规划，帮助施工技术人员理解复杂的重难点施工方案，在过程中全方位监督施工进展情况，进行过程把控。

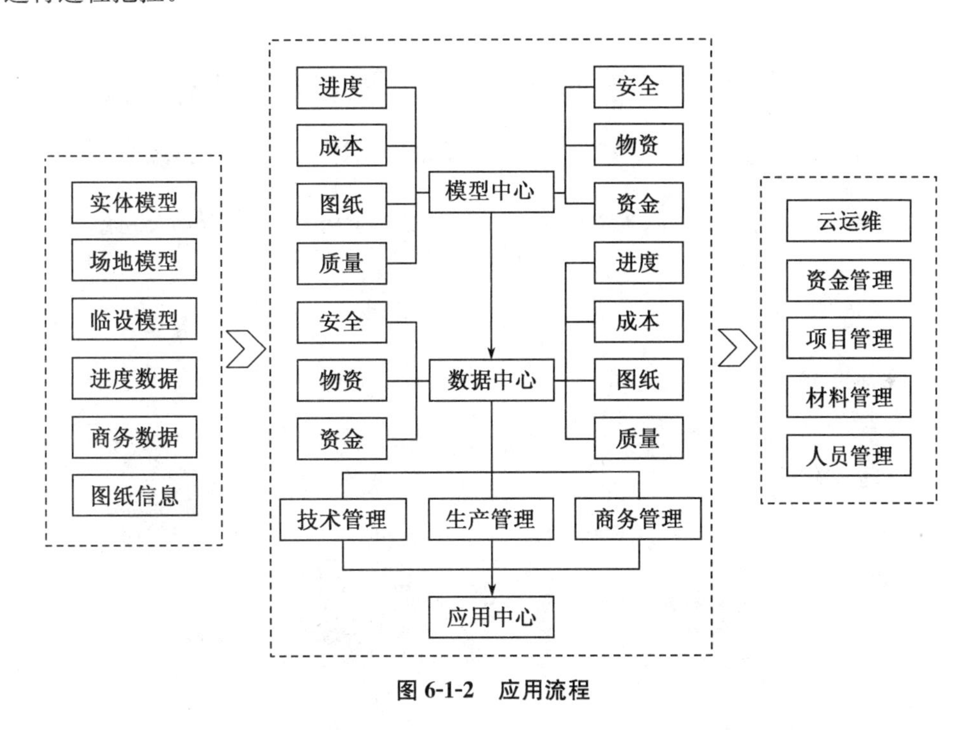

图 6-1-2　应用流程

3. 进度控制

BIM5D 管理平台将项目的 3D 模型和进度计划相关联可提前发现施工计划中时间分配不合理的安排，制定解决方案，进一步优化进度计划。直观展现施工的进度情况，预测可能发生延迟或提前开始的任务，调整大型机械和人员进出场时间，合理分配资源。

4. 成本控制

BIM5D 管理平台可以随时调出各个时间段所需的资源量，真正做到限额领料，分析项目不同阶段的资金状况，校核成本计划的合理性，按期进行三算对比，检查成本控制情况并及时进行纠偏。

5. 质量跟踪和管理

用户可通过手机端或网页端随时查看项目进展情况和各类数据信息,远程监督和把控施工进程,对质量问题实时跟进和改进。

6.1.2 产品接口

广联达 BIM 解决方案通过 GFC(广联达基础分类接口,广联达标准)、IGMS(广联达网络模型服务接口,广联达标准)、IFC(建筑对象的工业基础类,国际标准)等数据接口标准,可以承接业界最常用的建模、进度、预算编制软件结果,包括但不限于广联达算量系列、机电深化设计 MagiCAD、三维场地布置软件 GSL、模板脚手架设计工具 GMJ 等;也开放接口支持 Revit、Tekla 等建模软件。

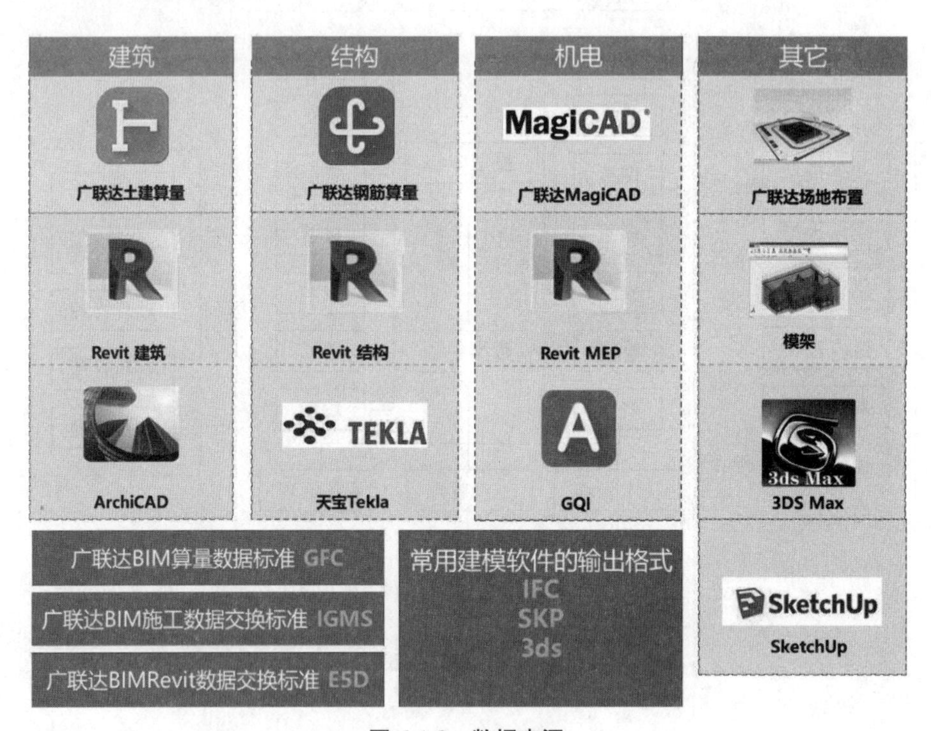

图 6-1-3 数据来源

6.1.3 BIM5D 通用功能说明

1. 软件登陆导航页

双击图标 广联达BIM5D 3.5 进入软件导航页。界面主要由如图 6-1-4 所示的七部分组成:

(1) 本地项目；
(2) 协同项目；
(3) 快速指南；
(4) 开始工具栏；
(5) 右上角工具栏；
(6) 最近项目；
(7) 案例项目展示区域。

下面对各区域的功能进行详细介绍。

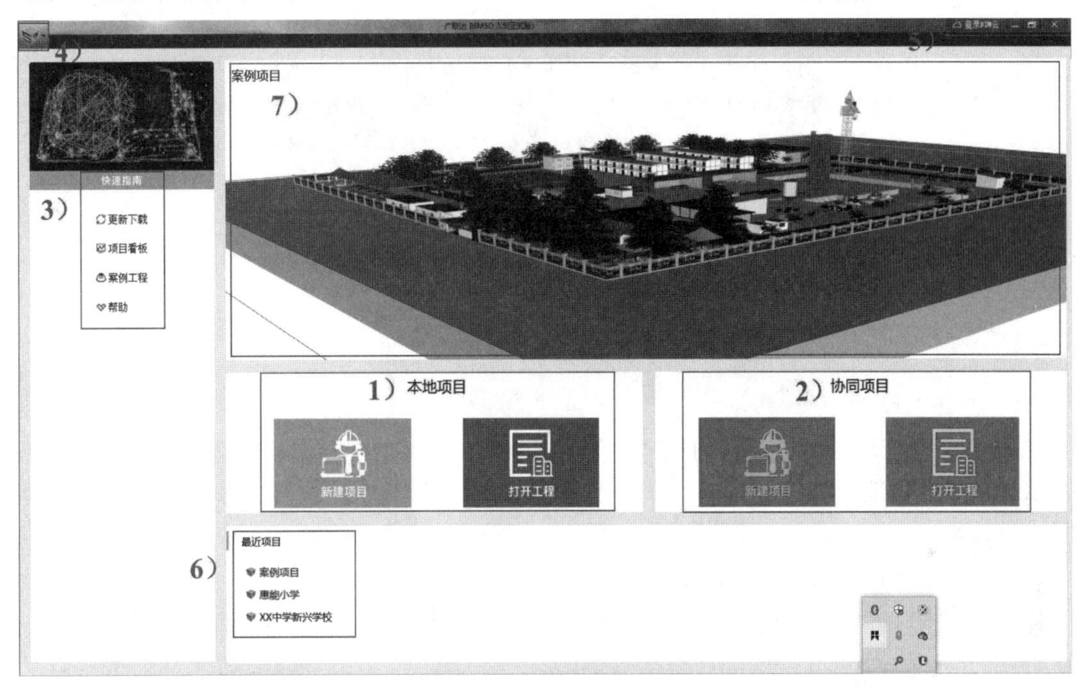

图 6-1-4　软件导航页

(1) 本地项目

1) 新建项目

点击【新建项目】,按照导航提示进行新建。

2) 打开工程

① 点击【打开工程】,弹出“选择工程”窗口。首次打开默认为软件安装地址盘:\Program Files\Glodon\GBIM\3.6\bin,再次打开为上次选择项目文件地址；

② 点击案例项目展示区域中的工程名称,也可快速打开工程。

(2) 协同项目

协同项目的创建及打开需登录广联云账号,如图 6-1-5 所示,点击【登录 BIM 云】,输入用户账号和用户密码,进行登录。

1) 新建工程

在登录广联云后,点击【协同项目】→【新建工程】,在“项目列表”窗口选中项目后点击【下载项目】,在“设置项目工程路径”窗口中填写名称,调整工程路径,下载目标项目至本地。

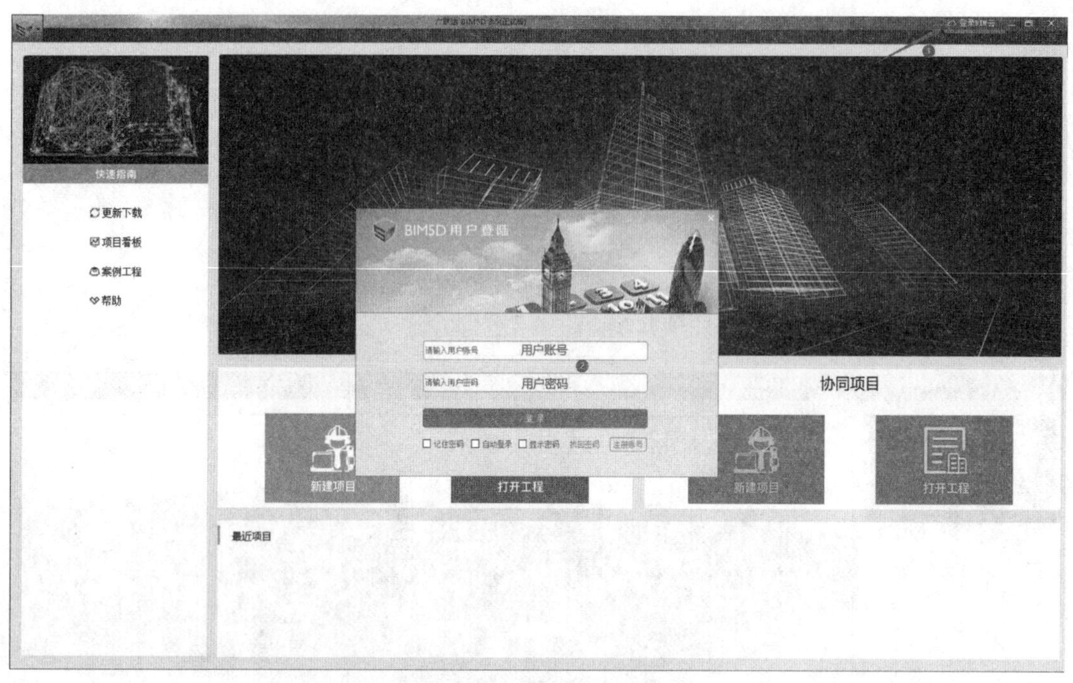

图 6-1-5　BIM 云登录

2）打开工程

① 在登录广联云后，点击【协同项目】→【打开工程】，弹出“选择工程”窗口。首次打开默认为软件安装地址盘：\ Program Files\Glodon\GBIM\3. 6\bin，再次打开为上次选择项目文件地址；

② 点击案例项目展示区域中的工程名称，也可快速打开工程；

③ 选择【技术端】、【商务端】、【浏览端】中需要的版本后，点击【确定】进入工程。

图 6-1-6　三端选择

(3) 快速指南

① **更新下载**：点击后，会打开浏览器进入软件下载页面；

② **项目看板**：点击后，会打开浏览器进入到项目协作平台登录页面；

③ **案例工程**：点击后，直接打开已安装的案例工程；

④ **帮助**：点击后，会打开 BIM5D 操作说明。

(4) 开始工具栏

① **打开工程**:打开已保存的项目;

② **打开案例工程**:打开已创建的案例工程;

③ **保存**:对当前操作进行保存;

④ **另存为**:另存为当前工程(另存为时,需要选择保存路径\保存文件夹;另存完成后,会生成文件夹,文件夹含项目数据和项目文件);

备注:保存\另存为会生成一个项目文件,格式为 *.B5D。这个文件只是个 ini 文件,暂时存储了项目数据的路径配置信息。所以,直接拷贝一个 *.B5D 文件到其他电脑上是运行不了的,必须与 files 文件夹一起拷贝。故当 *.B5D 及对应的 files 文件同时存在时,可双击 *.B5D 文件直接打开项目,当只有 *.B5D 文件时,双击则无法打开。

⑤ **升级到协同版**:将单机版本升级为协同版本;

⑥ **关闭项目**:关闭当前工程,进入"软件登录导航页";

⑦ **项目信息**:点击项目信息,弹出项目信息窗体,编辑项目信息后,点击【确定】,项目信息编辑成功;

⑧ **选项设置**:此功能可以对软件进行一系列设置,部分功能需要重新启动软件后生效,主要有:对软件的保存、新建的设置,对模型颜色、模型材质、进度状态颜色的设置;

⑨ **导入 5D 工程包**:可以导入他人工程,进行工程共享;

⑩ **导出 5D 工程包**:导出当前工程全部数据,可以分享给他人;

说明:为便于对工程项目的分享、拷贝,程序提供导入导出全项目数据文件的功能,格式为 *.P5D。双击该格式文件可以直接打开项目,通过执行"导入 5D 工程包"也可打开。同一个工程生成的 *.P5D 文件＝ *.B5D 文件＋files 文件。

⑪ **打开项目工程所在文件夹**:可以快速进入工程文件保存路径;

⑫ **打开项目数据所在文件夹**:可以快速进入工程数据保存路径,删除该路径下的数据文件后,该工程无法使用;

⑬ **帮助**:可以打开 BIM5D 操作说明;

⑭ **版本号**:可查看当前安装程序版本号;

⑮ **设备 ID**:可以查看设备 ID 号;

⑯ **退出**:彻底关闭软件。

(5) 右上角工具栏

① **登陆 BIM 云**:点击 登录BIM云 ,弹出窗口,输入广联云账号密码,点击【确定】后,登录到广联云;

② **最小化**:将软件窗口缩小到任务栏;

③ **最大化**:将软件窗口充满屏幕;

④ **关闭**:彻底关闭软件。

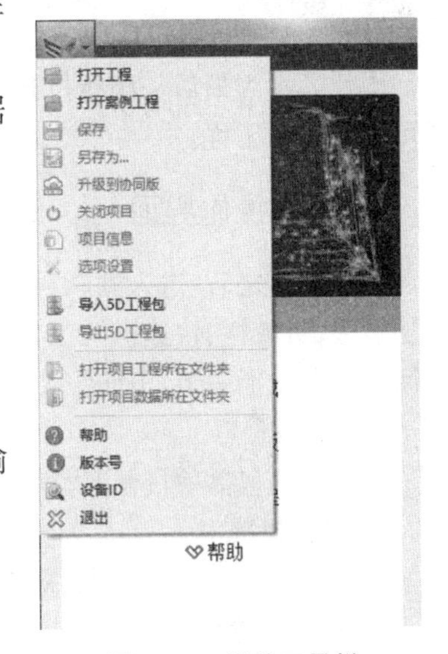

图 6-1-7　开始工具栏

(6) 最近项目

最近项目区域把项目按打开时间的先后以列表的形式排列展示。在项目名称上点击鼠标右键显示如图 6-1-8 操作。

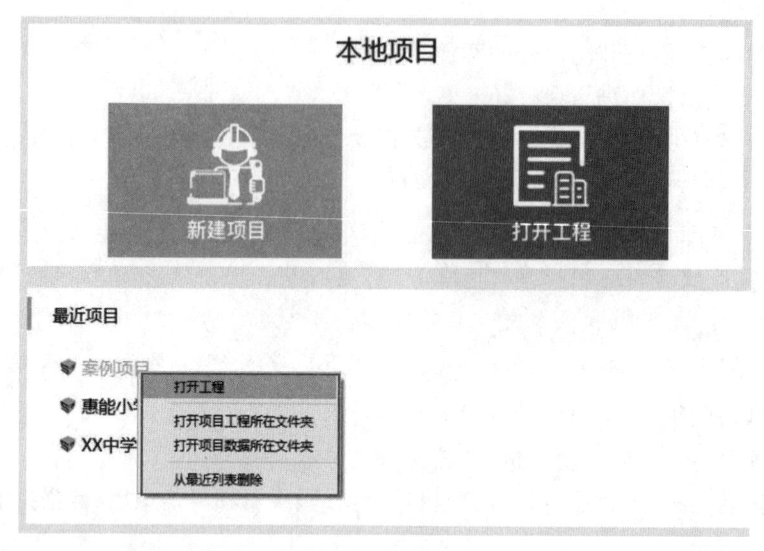

图 6-1-8　最近项目

① **打开工程**:点击后进入所选工程;

② **打开项目工程所在文件夹**:可以快速进入工程文件保存路径;

③ **打开项目数据所在文件夹**:可以快速进入工程数据保存路径。删除该路径下的数据文件后,该工程无法使用;

④ **从最近列表删除**:将所选工程从最近列表内删除,点击【是】删除本地项目数据和项目列表内该条内容;选择【否】只删除项目列表内该条内容;选择【取消】退出操作到软件首页。

(7) 案例项目展示区域

图片展示为最后一次所打开的工程效果图,左上角显示该案例名称,单击该区域任意位置可直接打开工程。

2. 软件操作界面

新建项目之后,进入到软件操作界面,如图 6-1-9 所示。操作界面主要由开始工具、模块功能区、页签栏、快速访问工具、右上角工具区和中间的窗口组成。开始工具和右上角功能区介绍参见上一节,下面主要介绍模块功能区和页签栏。

(1) 项目资料

项目资料包括项目概况、项目位置、单体楼层、机电系统设置、变更登记。

① 项目概况

该页签主要用于展示项目效果图和过程进度跟踪图片,并支持查看或修改项目基本信息。

② 项目位置

在项目资料中填写工程位置,在项目位置功能中,可直接进入谷歌地图进行浏览查看。

③ 单体楼层

在单体楼层模块,可创建单体及单体的楼层的信息,如图 6-1-10 所示。

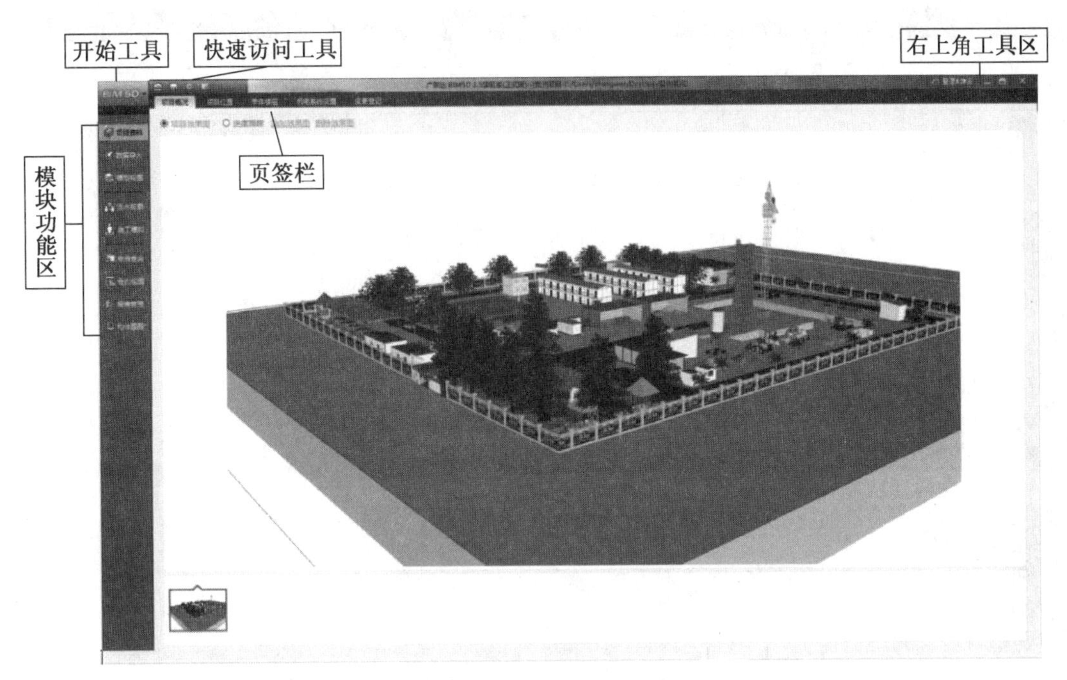

图 6-1-9　软件操作界面

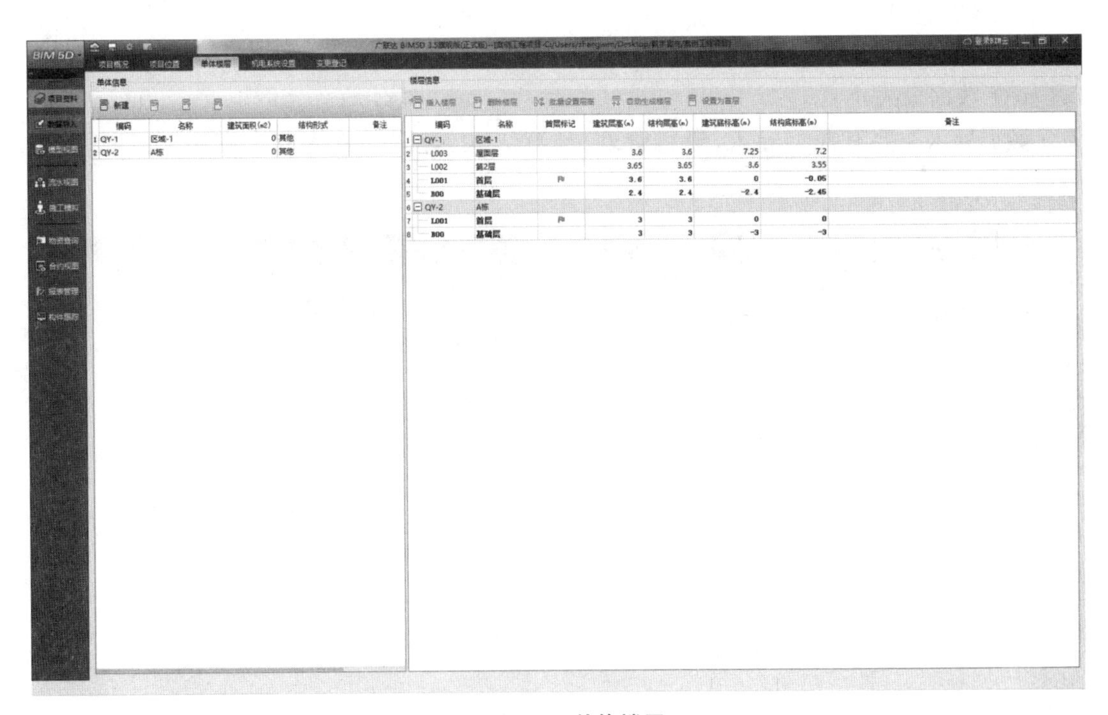

图 6-1-10　单体楼层

④ 机电系统设置

新建“机电模型”中对应专业下图元的“系统”信息（如图 6-1-11），方便在正确的专业下导入模型文件。

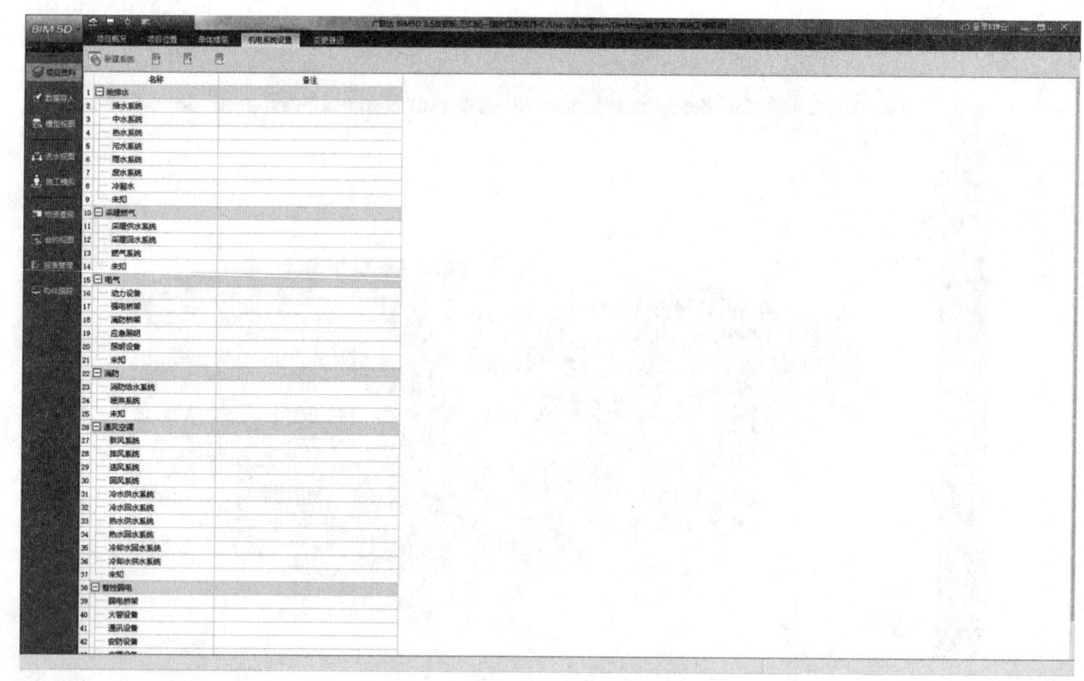

图 6-1-11　机电系统设置

⑤ 变更登记

记录变更的基本信息查看变更历史、根据变更号查看模型变化及其他变更相关数据。

(2) 数据导入

数据导入主要有模型导入、资料管理、预算导入、合同外收入四个模块，如图 6-1-12 所示。

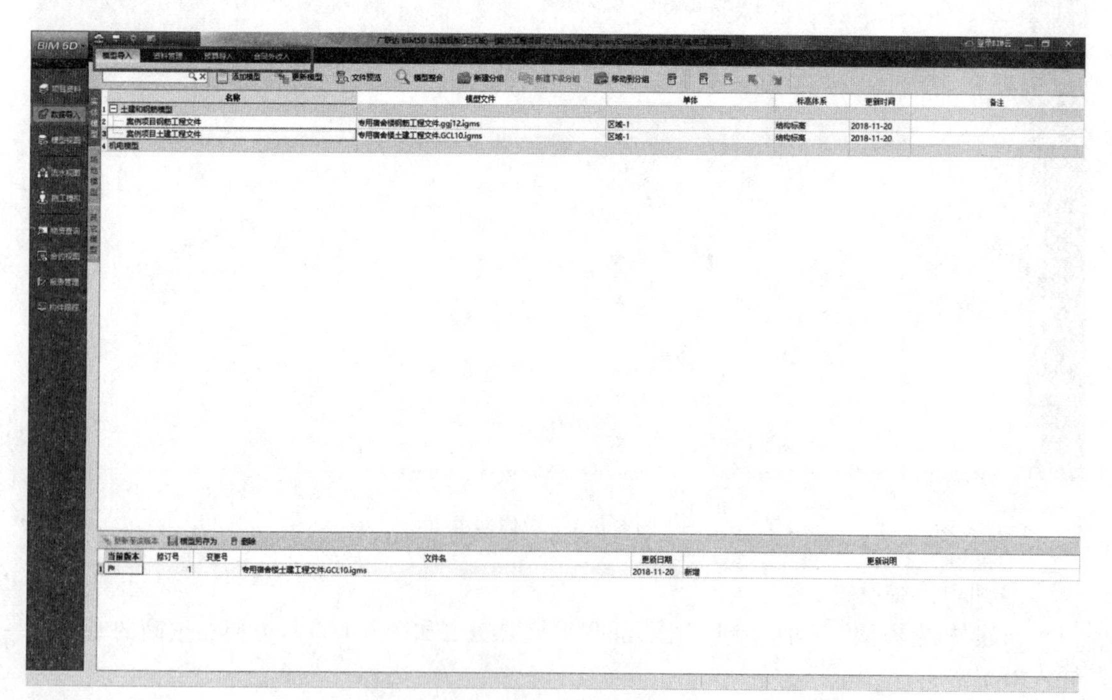

图 6-1-12　数据导入

① 模型导入

模型导入分为实体模型、场地模型、其他模型导入三个模块，界面如图 6-1-13 所示。

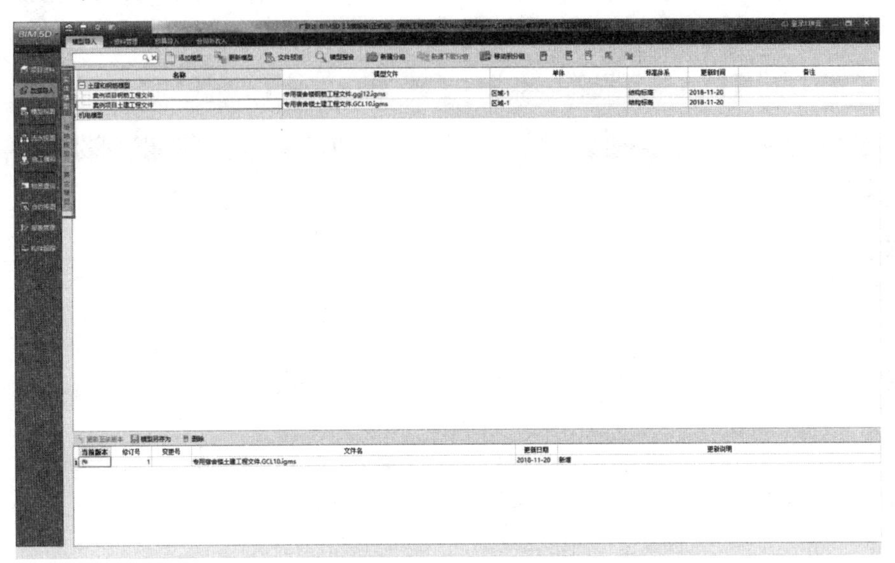

图 6-1-13　模型导入

② 资料管理

“资料管理”功能处理资料与模型的关联业务，以便选择模型查看相关资料，支持资料分组分类存储等。

注意：需要“登录 BIM 云”绑定项目后方可上传资料。

③ 预算导入

BIM5D 支持两种类型（合同预算和成本预算）、多份文件、多种格式文件（xlsx、GBQ4、GBQ6、GZB4、GTB4、TMT、EB3）的导入，为模型清单与预算清单匹配提供接口，以支持软件商务数据的提取和调用，如图 6-1-14 所示。

图 6-1-14　预算导入

④ 合同外收入

录入合同外收入，并和施工时间关联，如图 6-1-15。录入后，在施工模拟时间轴上，选择对应的施工时间，在【视图】→【清单工程量】→【合同外收入】中查看金额。

备注：因为合同外收入属于实际发生的金额，所以需要在【实际金额】中查看。

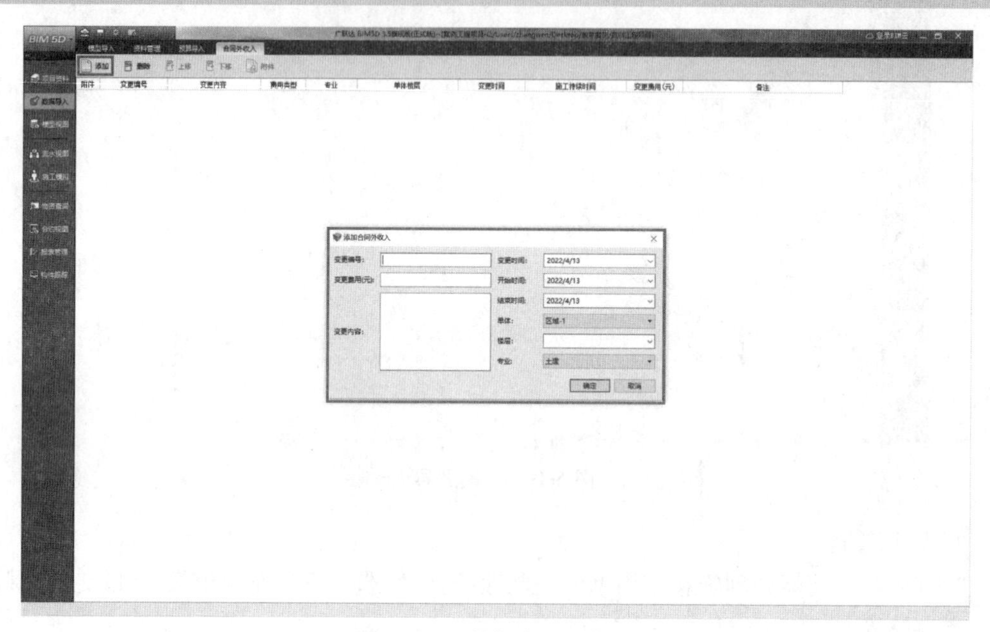

图 6-1-15　添加合同外收入

(3) 模型视图

如图 6-1-16，可以从多视角查看整合后的模型，可以在模型上进行测量标注；可以通过漫游、按自定义路线行走查看碰撞；存储视点、检查排砖指导施工、多维度查询物资量、清单量、工程量；快速查找定位图元查看属性自定义属性等等。

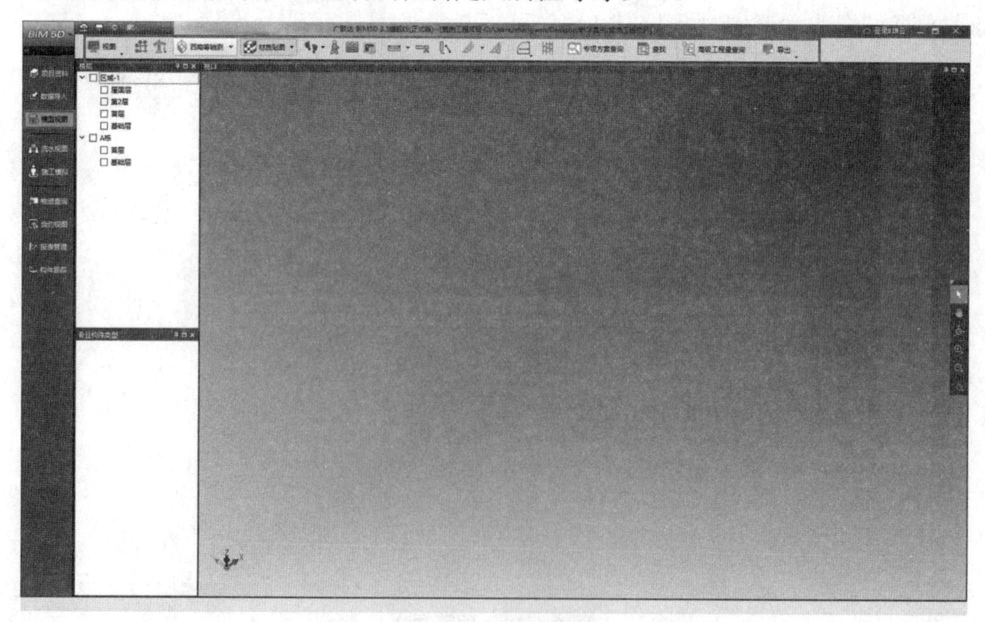

图 6-1-16　模型视图

（4）流水视图

此视图下可创建流水段(图 6-1-17)，并且以流水段的维度对流水段进行任务派分和数据查询导出(图 6-1-18)。

名称	编码	类型	关联标记
区域-1	1	单体	
土建	1.1	专业	
基础层	1.1.1	楼层	
流水段1	1.1.1.1	流水段	
首层	1.1.2	楼层	
流水段1	1.1.2.1	流水段	
流水段2	1.1.2.2	流水段	
第2层	1.1.3	楼层	
流水段1	1.1.3.1	流水段	
流水段2	1.1.3.2	流水段	
屋面层	1.1.4	楼层	
流水段1	1.1.4.1	流水段	
钢筋	1.2	专业	
基础层	1.2.1	楼层	
流水段1	1.2.1.1	流水段	
首层	1.2.2	楼层	
流水段1	1.2.2.1	流水段	
流水段2	1.2.2.2	流水段	
第2层	1.2.3	楼层	
流水段1	1.2.3.1	流水段	
流水段2	1.2.3.2	流水段	
屋面层	1.2.4	楼层	
流水段1	1.2.4.1	流水段	
粗装修	1.3	专业	
首层	1.3.1	楼层	
流水段1	1.3.1.1	流水段	
流水段2	1.3.1.2	流水段	
第2层	1.3.2	楼层	
流水段1	1.3.2.1	流水段	
流水段2	1.3.2.2	流水段	
屋面层	1.3.3	楼层	
流水段1	1.3.3.1	流水段	

图 6-1-17　创建流水段

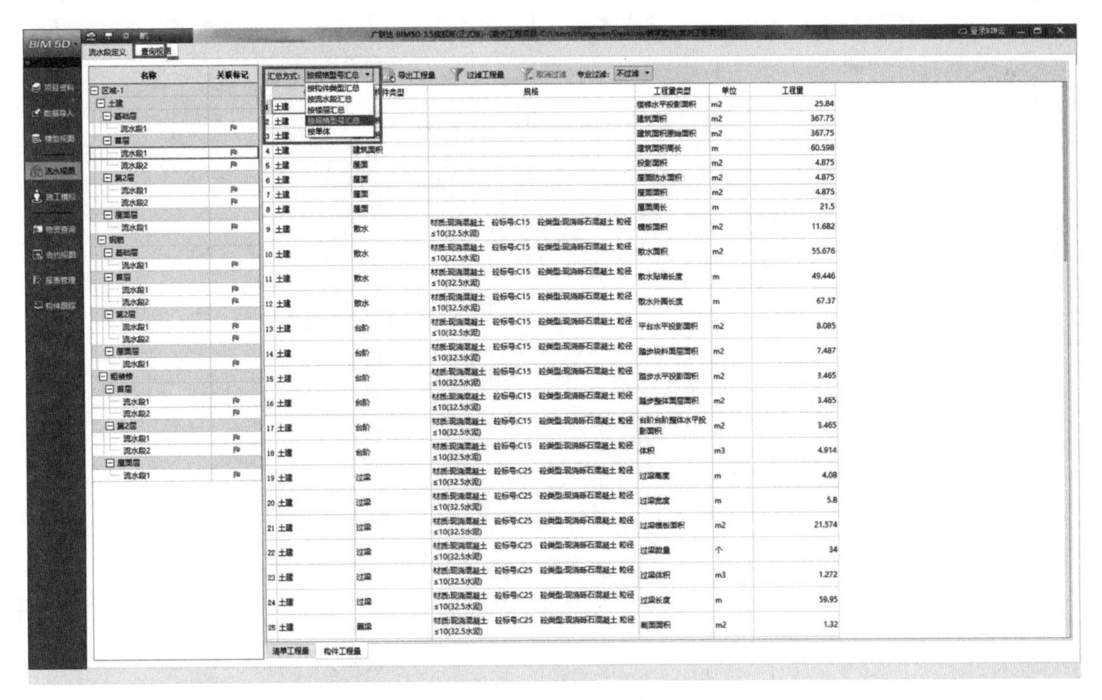

图 6-1-18　流水段工程量查询及导出

(5) 施工模拟

可以导入施工进度计划,选择相对应的进度计划,关联流水视图中划分好的流水段或直接关联目标图元,进行施工进度模拟,也可以依据不同的施工阶段,对场地模型进行设置,进行工况模拟,如图 6-1-19 所示。单击“视图”,可以看到在施工模拟模块可以实现“动画管理”“资金曲线”“资源曲线”“构建工程量”“清单工程量”“物资量”“进度报量”“在场机械统计”“进度跟踪”等功能。

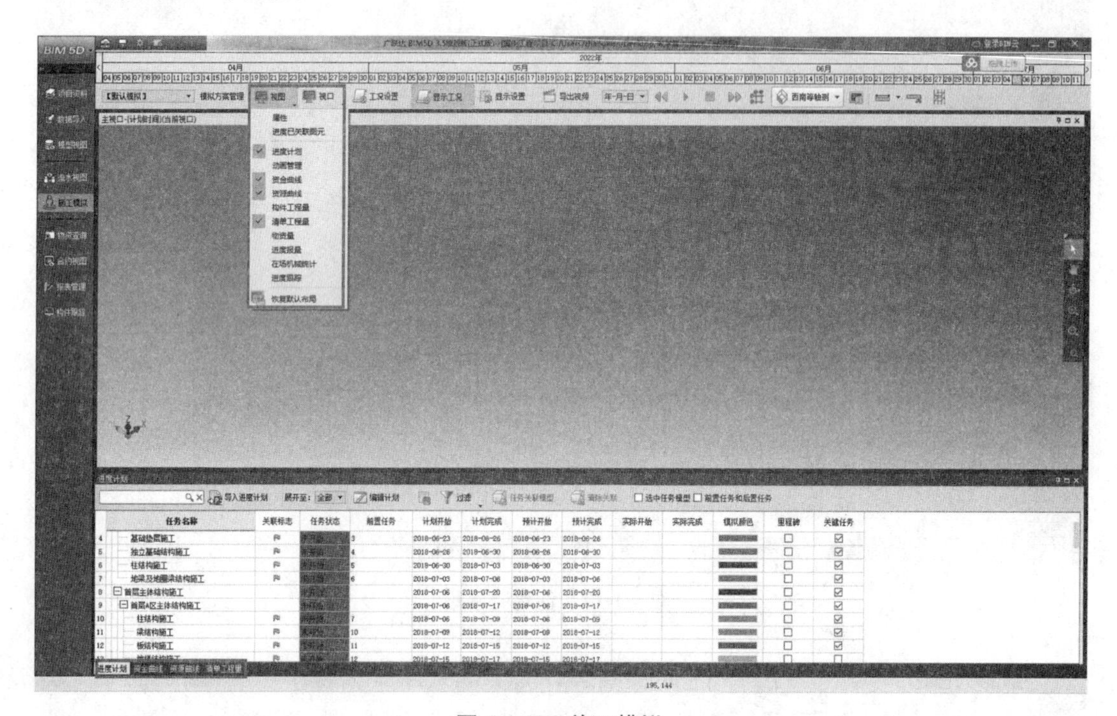

图 6-1-19 施工模拟

(6) 物资查询

多专业整合后,可以从时间、进度、楼层、流水段、自定义等维度查看各专业的物资量。查询方式及操作前提如下所示。

查询模式:
- 时间:进度与模型已经关联
- 进度:进度与模型已经关联
- 楼层:导入模型
- 流水段:已经关联了流水段
- 时间范围:进度与模型已经关联
- 进度计划:进度与模型已经关联

自定义查询:
- 楼层:导入模型
- 流水段:已经关联了流水段
- 构件类型:导入模型
- 规格型号:导入模型

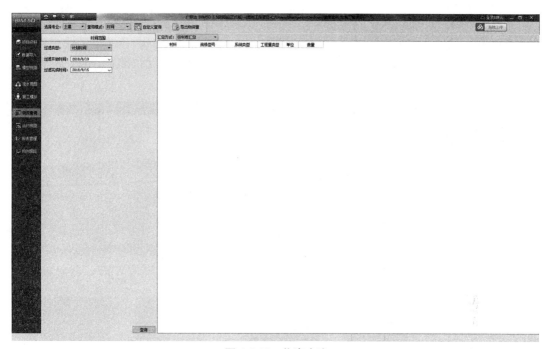

图 6-1-20　物资查询

(7) 合约视图

项目商务部要做商务策划,且定期、不定期给上级做损益分析;合约视图通过三算(中标价、预算成本、实际成本)对比以清单和资源不同维度得出盈亏(收入－支出)和节超(预算－支出)值,帮助相关人员了解项目资金情况,目前支持 GBQ、EXCEL、兴安、擎洲等预算文件。

(8) 报表管理

对施工过程中物资的量、使用部位、采购计划、使用情况、发放情况按模型量及预算量进行查询及管理,为进一步的物资采购提供依据。

以上即为广联达 BIM5D 协同项目管理软件的简介,按施工工艺流程,可将模块功能区应用划分为:基础准备应用(项目资料和模型导入模块)、技术应用(模型视图模块)、商务应用(涵盖所有模块)、生产应用(主要为流水视图和施工模拟模块)、质安应用(构件跟踪模块等),下面以一个具体的工程项目为例按上述功能划分,讲解软件各功能模块具体的施工管理应用。

BIM5D基础准备应用

6.2　BIM5D 基础准备应用

基础准备应用主要包括:新建工程、项目资料的输入、模型的导入及整合。

6.2.1　新建工程

双击“广联达 BIM5D3.6”图标,打开软件,进入软件登陆导航页。单击“新建项目”,进入“新建向导”窗口,如图 6-2-1 所示,以“案例工程项目”为例。

(1)“工程名称”可自主定义,这里输入“案例工程项目”;

（2）“工程路径”即该文件的保存路径，默认为本机桌面路径，建议路径选择到自己比较熟悉的位置；

（3）“设为默认路径”可以设置是否为默认路径，如果设置了默认路径，再次新建工程时，默认采用上次设置的文件地址；

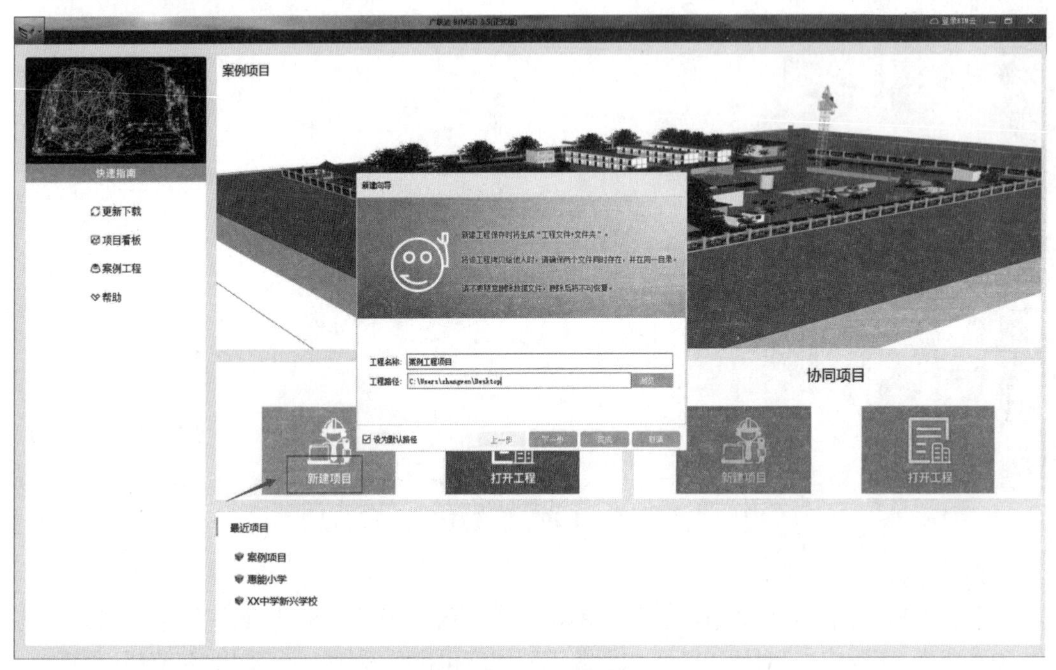

图 6-2-1　新建项目

（4）点击【下一步】，进入工程基本概况信息输入界面，如图 6-2-2 所示。此处可对工程项目的具体信息进行补充完善。

图 6-2-2　项目信息输入

（5）工程基本概况信息输入完成后，单击【完成】则完成新建工程创建；【取消】取消新建工程。

在新建工程时，可不单击【下一步】，直接单击【完成】创建工程，此时工程地点、工程造价等信息默认为空；进入软件操作界面后，可在“开始工具栏”选项卡“项目信息”里面补充完善，此界面的信息更为全面，如图 6-2-3 所示。

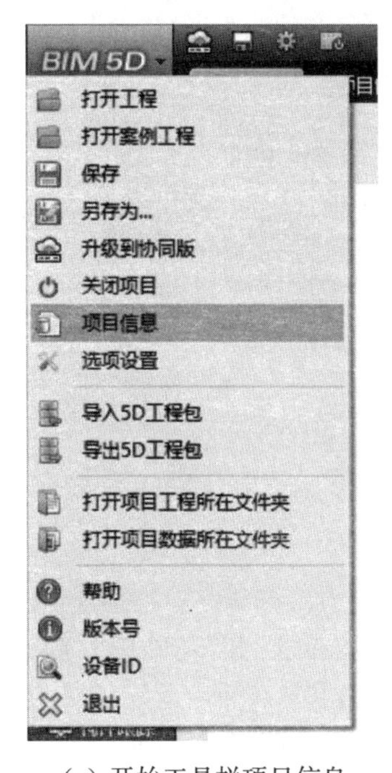

（a）开始工具栏项目信息

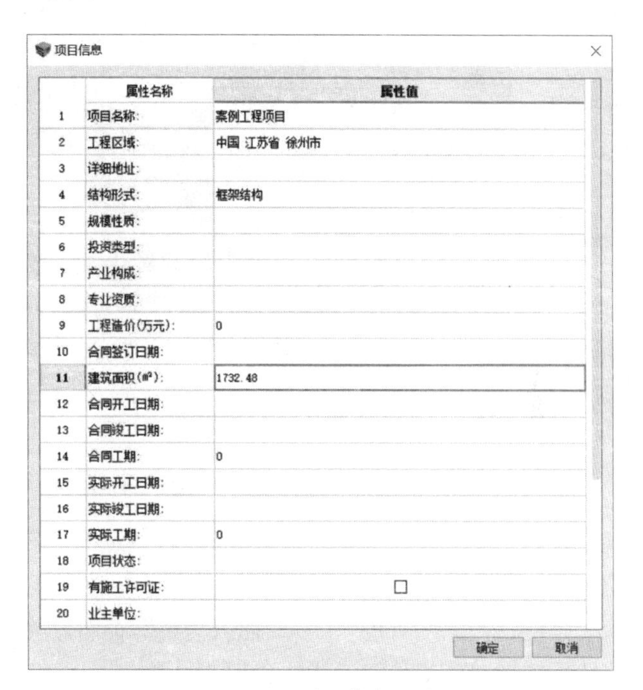

（b）项目信息

图 6-2-3　项目信息输入

6.2.2　项目资料的导入

1. 项目概况

此处可添加一些项目效果图，对整个模型、局部施工或主体施工、场地表现等进行展现。单击【项目资料】→【项目概况】→【项目效果图】→【添加效果图】，完成项目效果图的添加，如图 6-2-4。

2. 项目位置

单击【项目位置】，确定【项目信息】里面已输入“工程区域和详细地址”，在联网状态下，可利用 Google Earth 对项目位置进行定位。

3. 单体楼层

此处可建立楼层体系，目的是在后期导入模型进行集成的时候，可以作为一个参照的标准。

首先创建单体信息，单击【新建】，创建单体，可对单体的编码、名称、建筑面积、结构形式

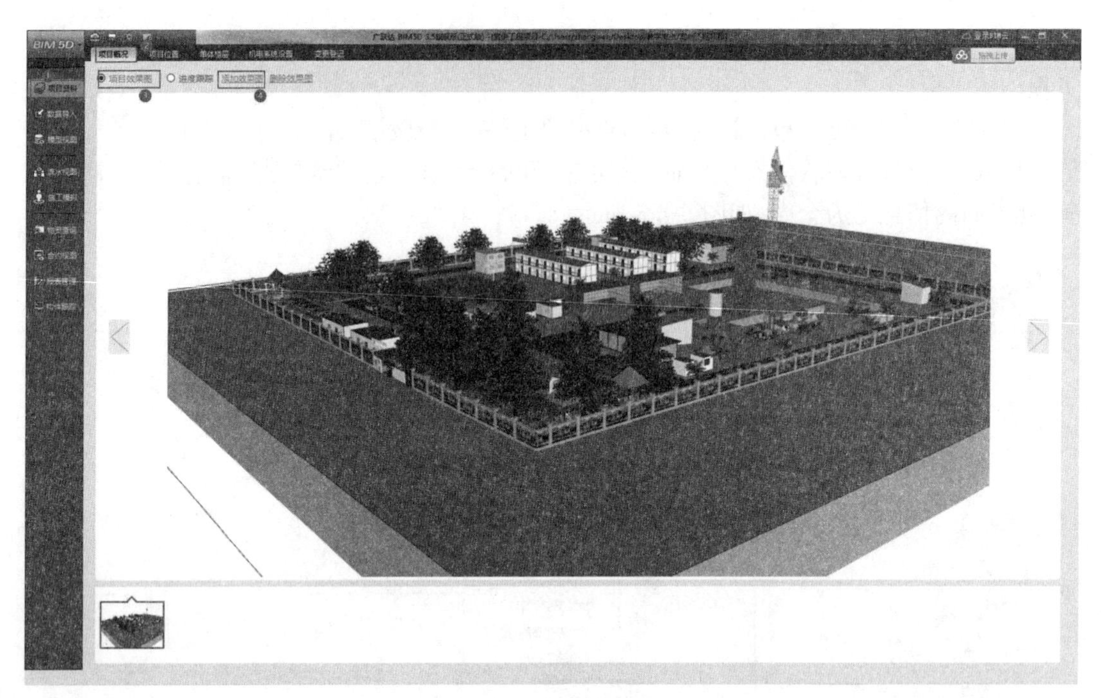

图 6-2-4　项目效果图

进行设置。

然后创建楼层信息，新建单体后，右侧楼层信息栏自动创建“首层”和“基础层”，若要创建地上楼层，可选中“首层”，单击“插入楼层”，会自动在“首层”上方依次插入新建楼层，若要创建地下楼层，选中“基础层”后，单击【插入楼层】，会在“基础层”上方依次插入地下楼层。楼层插入完成后，可按图纸要求，修改楼层的建筑层高、结构层高、建筑底标高、结构底标高。

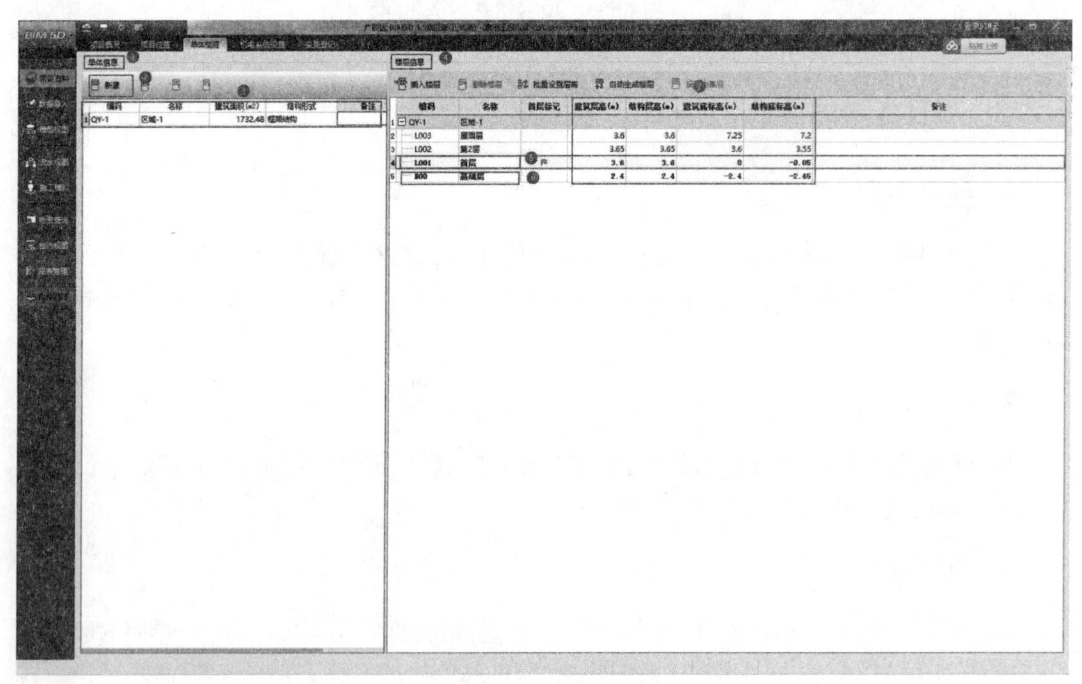

图 6-2-5　项目效果图

6.2.3　模型导入

单击【数据导入】，选择“模型导入”页签，可以看到在左侧有三类不同模型的导入功能，包括实体模型、场地模型以及其他模型。需要注意的是，在后续添加模型导入的过程中，需要按照模型的类别分类添加到这三个不同的模型当中。

1. 实体模型的导入

选择“数据导入”功能模块，“实体模型”下单击【新建分组】，命名为“土建模型”，同理，创建“钢筋模型”分组，在模型较多时，分组功能能很方便地对模型的分类管理，如图 6-2-6 所示。

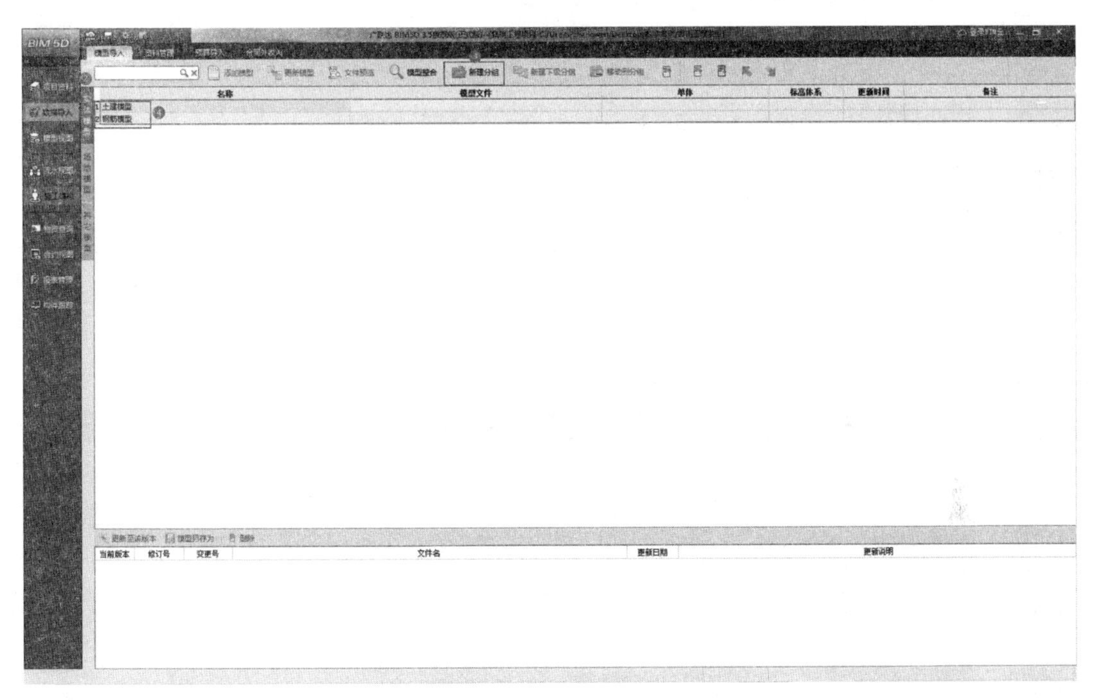

图 6-2-6　新建分组

选中“土建模型”，单击【添加模型】，弹出“打开模型文件对话框”，选择“案例工程项目楼土建模型 GCL10. igms”文件，单击【打开】，如图 6-2-7 所示。

打开之后弹出“添加模型”设置对话框，如图 6-2-8 所示，可核查匹配的“标高体系”“单体”，在“单体匹配”选择与哪个单体进行匹配，另外，可单击“查看明细”进一步对文件单体与项目单体的“建筑标高、结构标高、建筑层高、结构层高”是否完全匹配进行核实。核实无误，单击【确定】、【导入】，模型导入成功。同理，导入钢筋模型，如图 6-2-9 所示。模型导入完成后，可返回【项目资料】→【单体楼层】→【单体信息】，查看单体信息是否发生变化，若无变化，说明模型文件与之前设置的单体已经匹配成功。若没有匹配成功，软件会为模型单独新建一个单体，会出现两项单体信息。

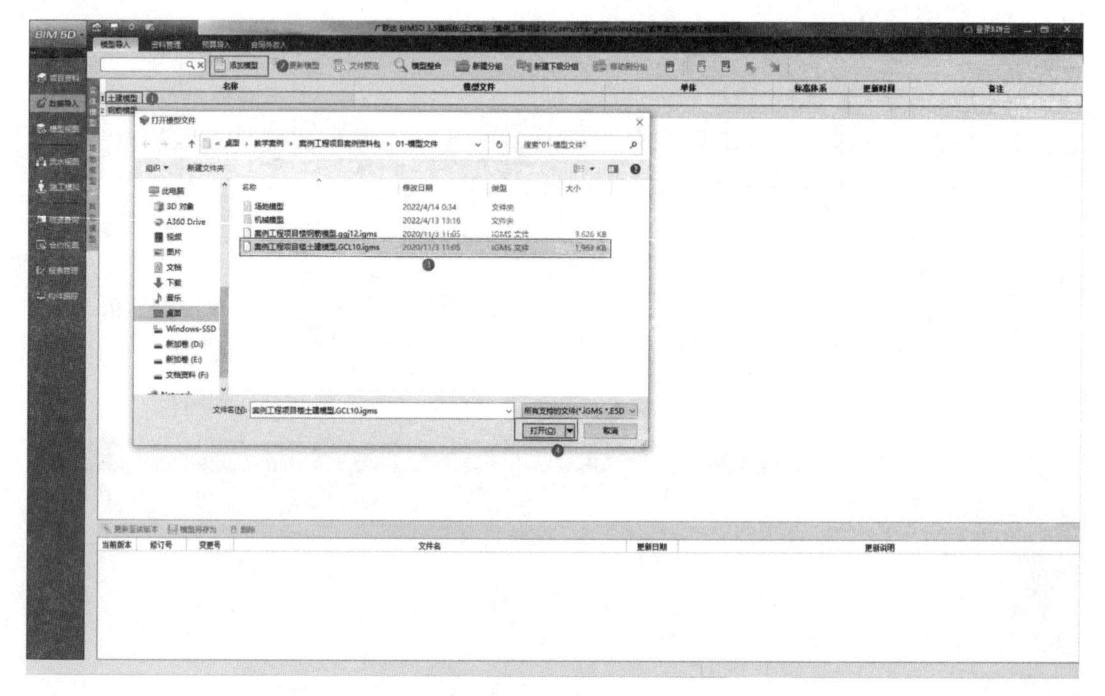

图 6-2-7　打开模型文件

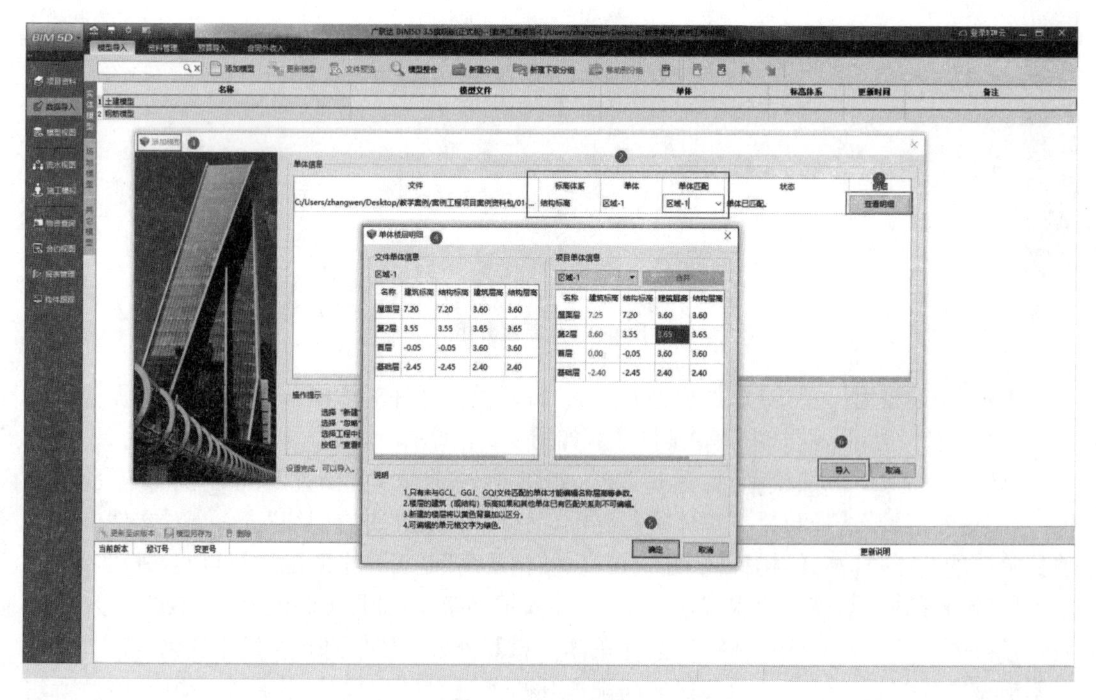

图 6-2-8　添加模型

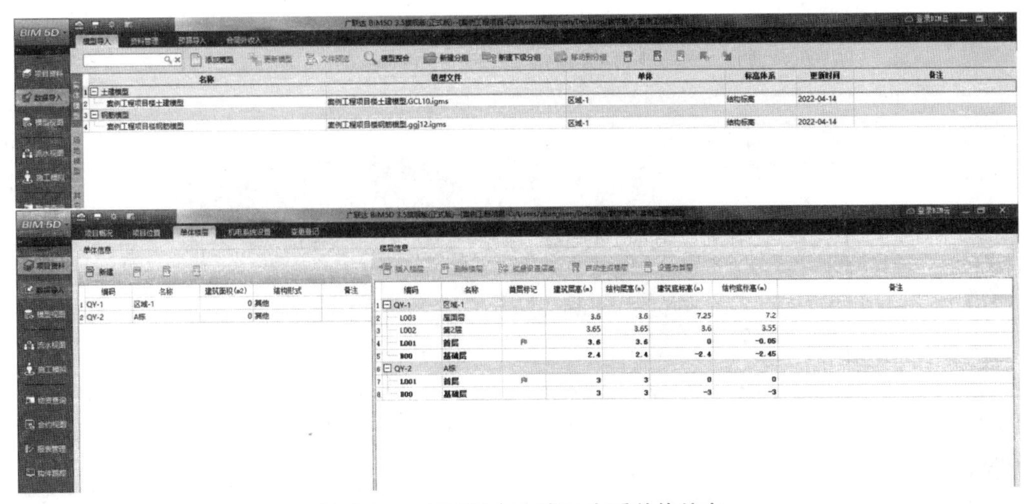

图 6-2-9　模型导入完成及查看单体信息

2. 场地模型的导入

选择“数据导入”功能模块，切换到“场地模型”，新建场地模型分组“基础阶段、主体阶段和粗装修阶段”，按照实体模型导入的方法按组添加场地模型，如图 6-2-10 所示。

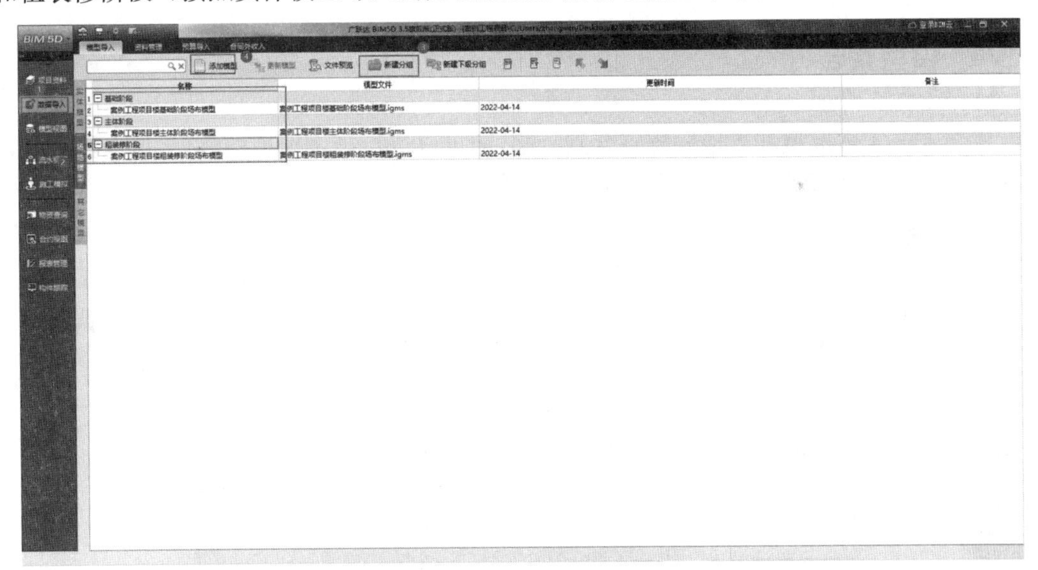

图 6-2-10　添加场地模型

3. 其他模型的导入

操作步骤与实体、场地模型导入相同，在此不再赘述，可根据自己的需求导入机械模型，如卡车、挖掘机等。

模型导入之后，可点选模型，单击【文件预览】，查看导入的模型，选择楼层、专业构建类型查看，也可以通过文件预览界面右侧导航栏的【拖动】、【旋转】、【放大】、【缩小】功能调整视图里模型的位置、大小、角度，实现全方位的预览，如图 6-2-11 所示。

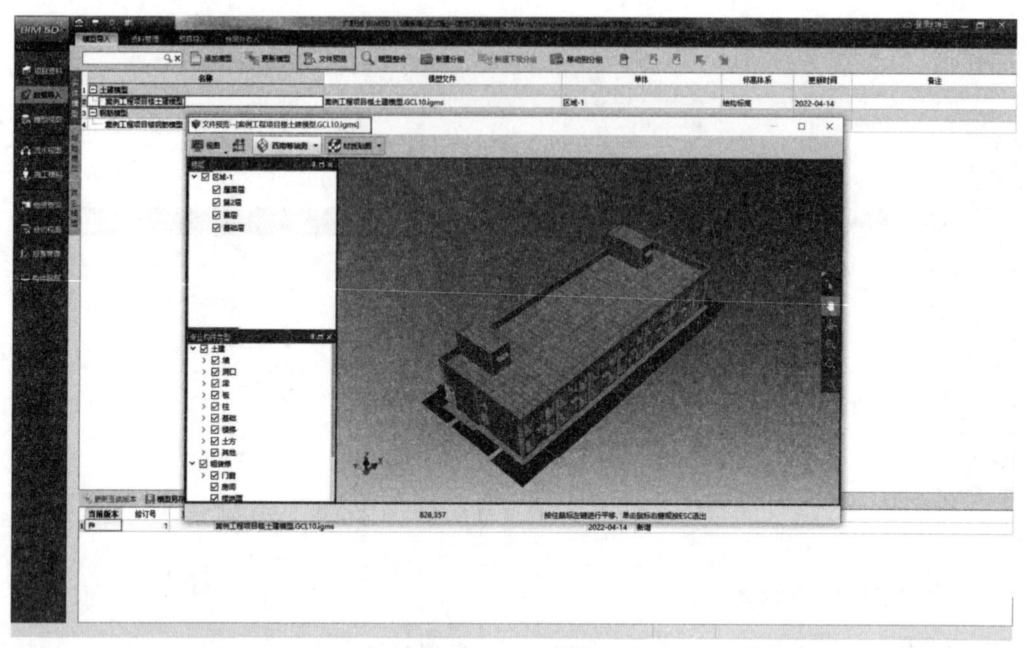

图 6-2-11　模型预览

6.2.4　模型整合

将导入的实体模型和场地模型整合到一起，才可以进行施工模拟的体现，这也真正符合目前实际施工现场情景的体现。那么接下来介绍如何整合模型。

（1）**选择模型**。“模型导入”页签下面切换到“实体模型”，单击【模型整合】，进入模型整合操作界面，“楼层”勾选“区域-1”，“施工场地”选择相应的场地模型，如图 6-2-12 所示。

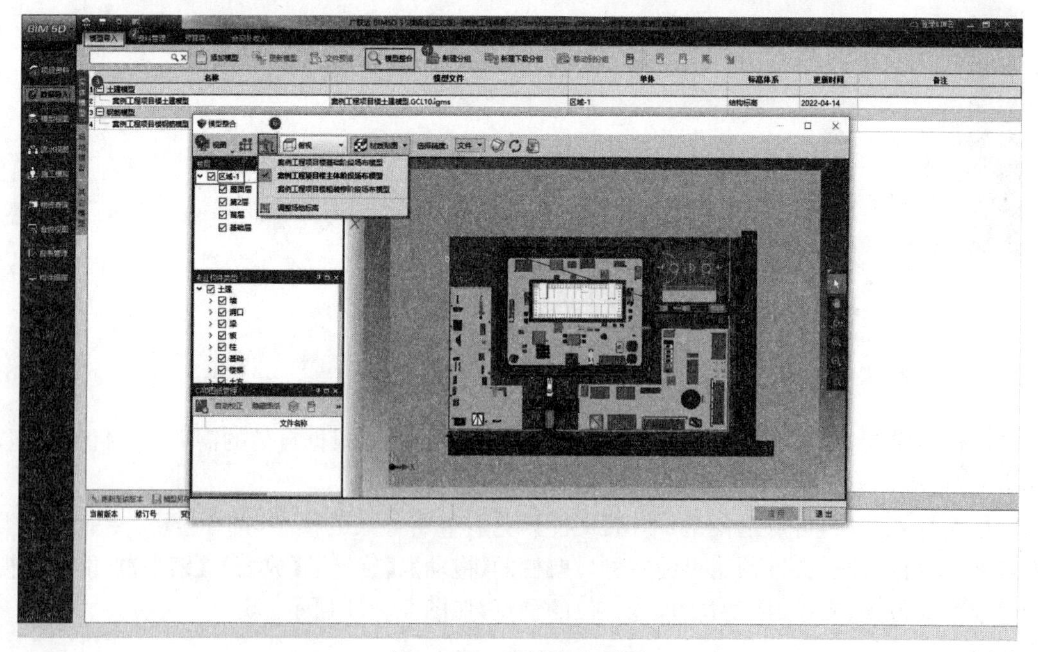

图 6-2-12　模型整合界面

(2) **选择精度**。模型整合的精度通过“选择精度”控制，如图 6-2-13。选择精度有文件、专业和单体，这里推荐选择精度为“单体”。选择精度为“单体”后，无论案例工程楼有几个专业模型，都属于这个单体，进行模型整合平移的时候，所有专业都是基于案例工程楼这个单体同步进行平移的。

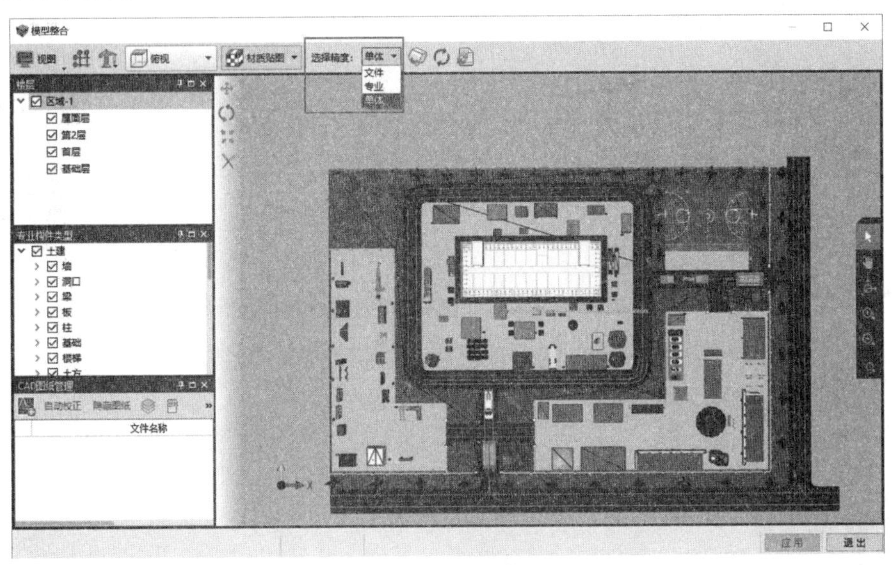

图 6-2-13　选择精度

(3) **平移模型**。可以选择平移实体模型，将其移动到场地模型对应的位置，也可以反过来，移动场地模型，将其实体模型所在位置与实体模型对应。单击【平移模型】工具，在视图窗口下方出现辅助模型选择的点选工具栏，根据实际需要选择。比如选择实体模型的特征点，以外部轮廓的“顶点”为基准点，平移实体模型，将其移动到与场地模型所在位置相对应的点。整个模型拖动拼接过程往往不是一次性完成的，过程中可能需要进行不断的调整、磨合。平移完成后的模型如图 6-2-14 所示。如果对平移结果不满意，可单击“重置当前单体变换”，为模型进行恢复，可以重新进行平移。

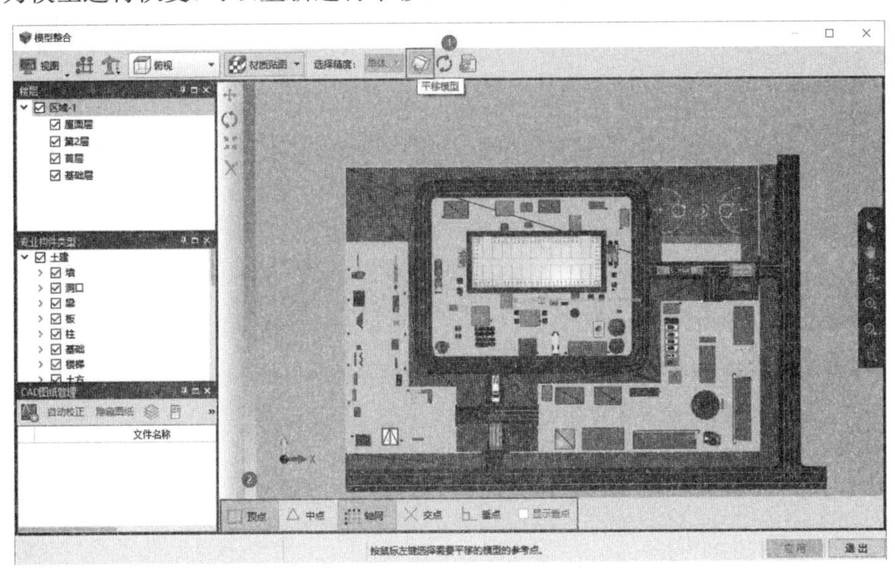

图 6-2-14　选择精度

(4) **确认整合**。平移模型完成后,核实确认没有问题之后,单击右下角的【应用】,完成模型整合。如果单击【应用】之后,发现模型平移不到位,还要进行平移,就需要把模型删掉,重新导入整合。所以一定要切记,当确认平移整合完成没有任何的问题再点【应用】。

(5) **检查整合**。实体模型与某一个场地模型整合完成后,要切换下场地模型,查看是否所有场地模型均与实体模型完成了整合,如没有,则仍按照上述步骤,对未整合的场地模型与实体模型进行整合。

BIM5D技术应用

6.3 BIM5D 技术应用

BIM5D 技术应用主要体现在以下方面:

(1) 技术交底:视点应用,三维动态剖切及测量,钢筋三维;

(2) 进场机械路径合理性检查:指定路径漫游,漫游方式,场地路线模拟;

(3) 专项方案查询;

(4) 二次结构砌体排砖。

6.3.1 技术交底

1. 视点应用

视点是模型特定角度的快照。对于项目中的一些比较典型而且比较重要的部分,可以通过保存一些可视化视点的视角方便查询,例如可以对重点的一些部位的施工进行实时的质量、安全等这样的一些监控。当然,视点保存的不仅仅是模型相关的视图信息,还可以在视点上面使用红线批注和注释,对模型进行相关的审阅和校审工作。

(1) 选择"模型视图"模块,单击【视图】勾选"视点"和"图元树",如图 6-3-1 所示,打开对应的窗口。图元树窗口以清单的形式罗列了案例项目楼所有的图元,并按楼层、专业、构件的形式分类整理,如图 6-3-2 所示,点选任一图元,窗口模型即可跳转到对应图元视图位置,还可通过搜索框检索图元。

(2) 以保存"屋顶门过梁"视点为例,点选门上过梁图元(图元名称:GL－120),如图 6-3-3 所示,此时并未显示过梁图元,是由于过梁外有装饰层,在"专业构建类型"里面取消勾选"粗装修",如图 6-3-4 所示,即可清晰地显示过梁视点。

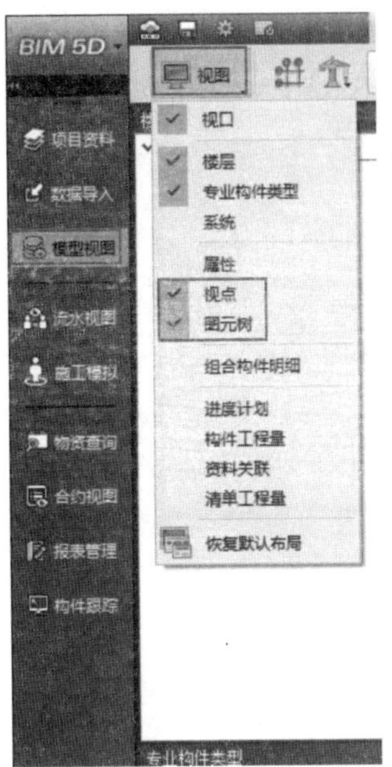

图 6-3-1　视图选择

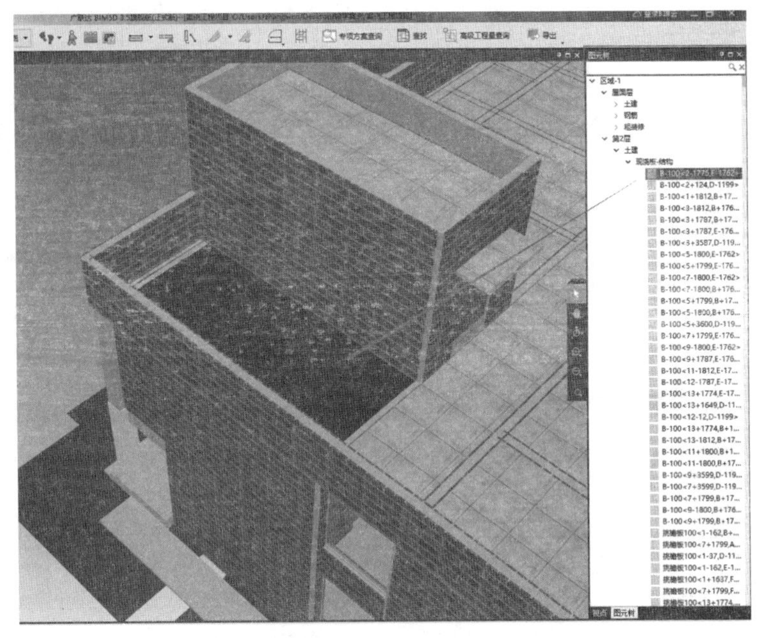

图 6-3-2　图元树

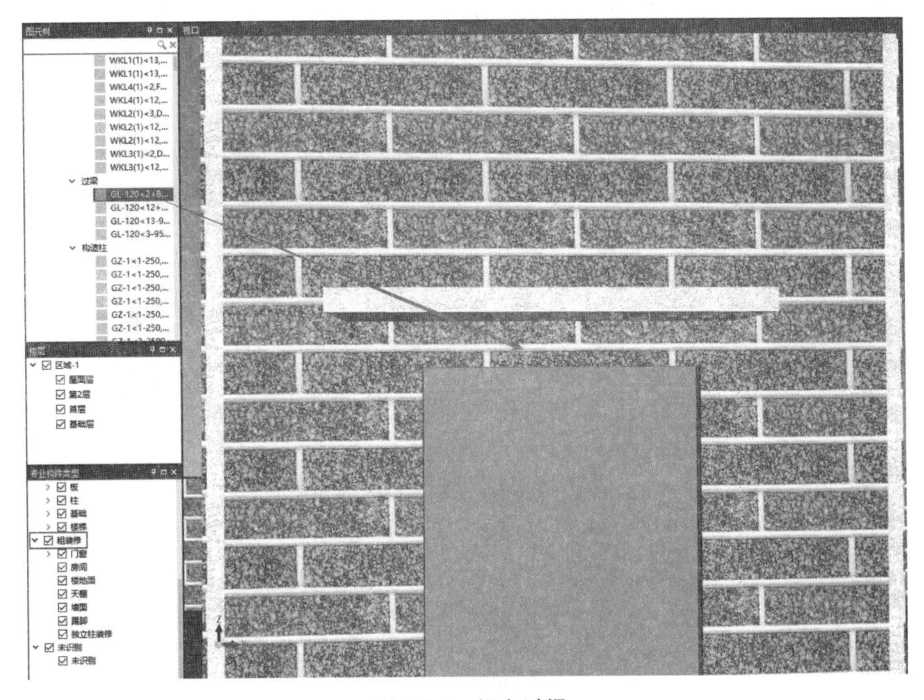

图 6-3-3　门上过梁

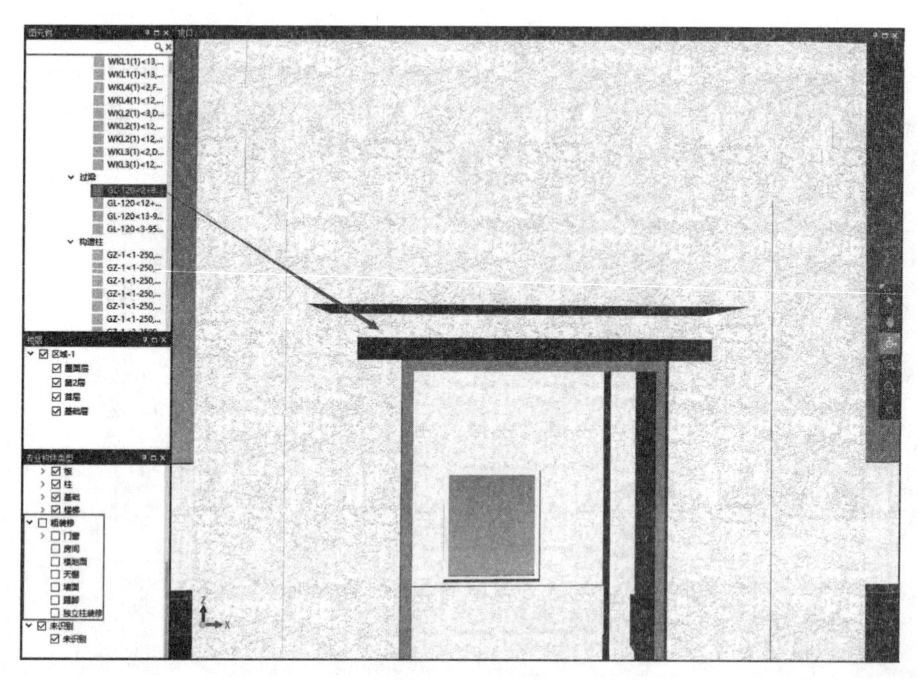

图 6-3-4　门上过梁

在视点“全部”下面单击【新建文件夹】，并重名为“构造视点”，在该文件夹下，单击【保存视点】，并重名为“屋顶门过梁”，如图 6-3-6 所示。选中视点后，可通过工具“画折线”“画矩形”“增加标注”“删除”对视点做进一步的编辑，如图 6-3-6 所示。视点编辑完成后，可选中视点，单击【导出】，将视点导出 html 的网页格式，如图 6-3-7。

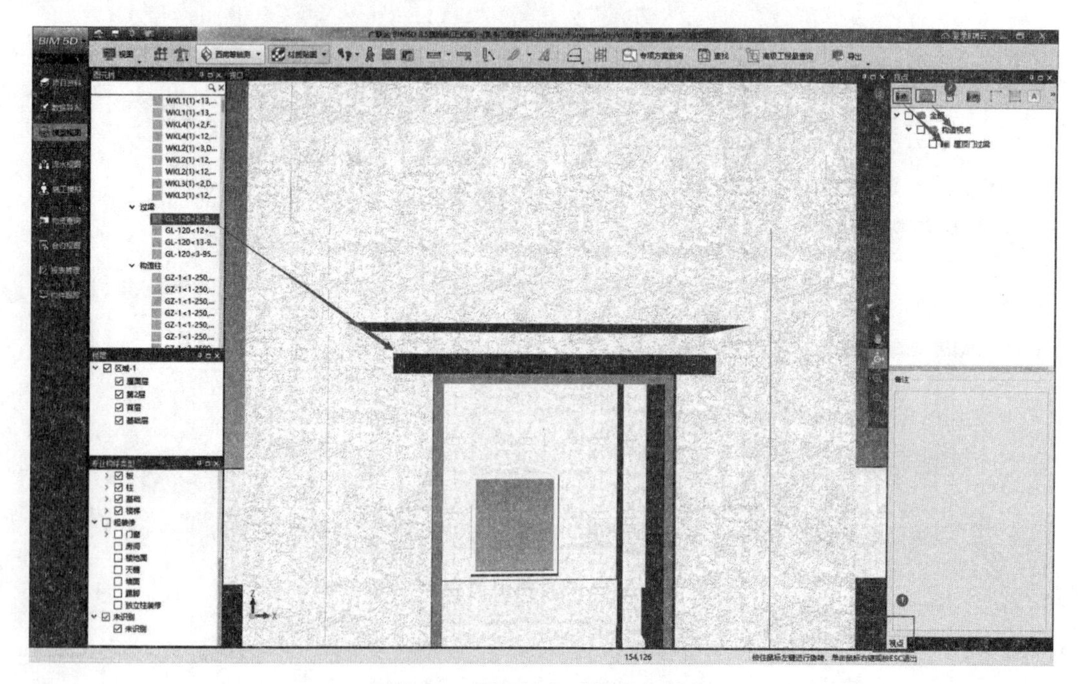

图 6-3-5　屋顶门上过梁视点保存

图 6-3-6　屋顶门上过梁视点保存

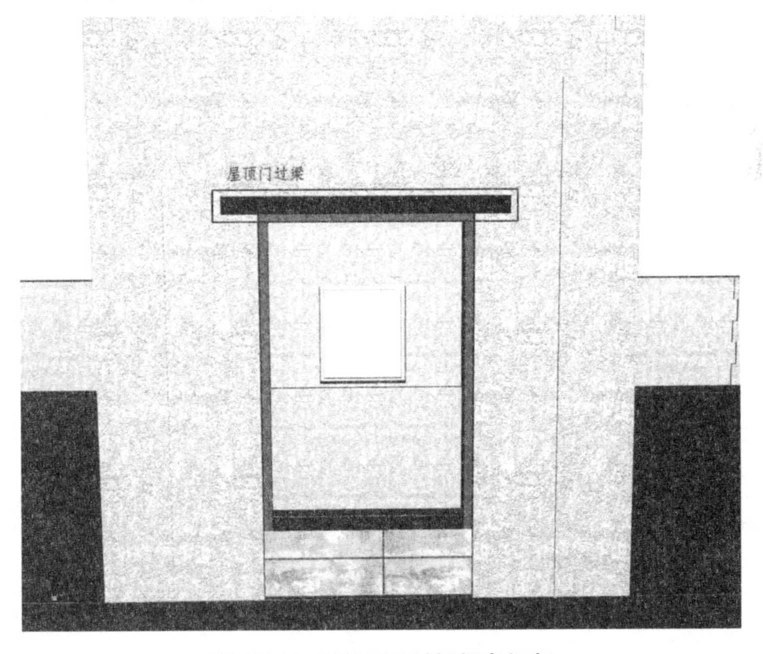

图 6-3-7　屋顶门上过梁视点保存

2. 三维动态剖切及测量

针对项目中典型的、关键的隐蔽部位，可以通过剖切面的功能将该部位进行可视化呈现,对项目部成员进行施工交底,确保施工有效进行。

(1) 切面创建

切面的创建主要用到【切面操作】工具,如图6-3-8所示,可以创建水平、竖直切面,可以对切面进行编辑,及删除所有切面。

图6-3-8　切面操作

例如,单击【创建水平切面】,视图窗口显示切面控制轴,箭头控制水平方向切面位置,圆环控制切面角度,如图6-3-9所示,可通过视图右侧导航栏的【旋转】工具,三维旋转动态观察模型切面的状态。

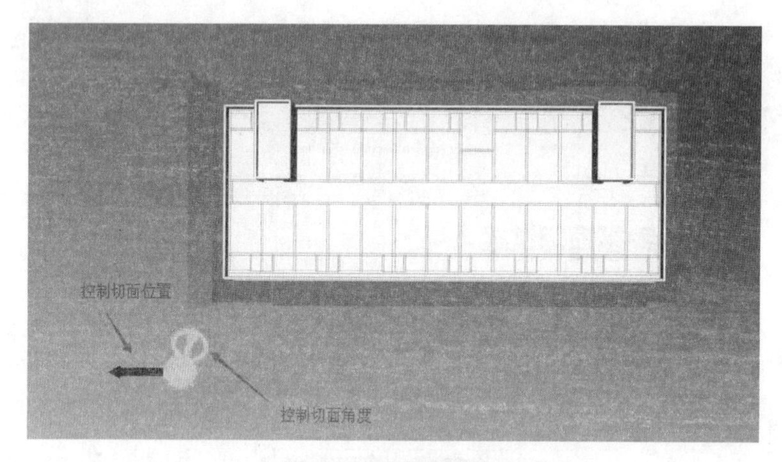

图6-3-9　切面控制轴

(2) 剖面创建

剖面的创建主要用到【创建剖面】工具,如图6-3-10所示。单击【创建剖面】,视图自动切换到俯视视图,鼠标左键点选剖面创建的第一个点,之后点选第二个点,形成剖面框,之后点击鼠标右键,点选【确认】,进入“三维剖面编辑”界面,如图6-3-11所示。利用“画折线”“画矩形”“增加标注”“测量距离”“测量角度”“测量标高”“删除”工具对剖面进行编辑。剖面编辑完成后,单击【保存剖面编辑】,进入“三维剖面管理”界面,保存当前编辑好的剖面。可将最终保存好的剖面输出为PDF文件,便于查看和技术交底。

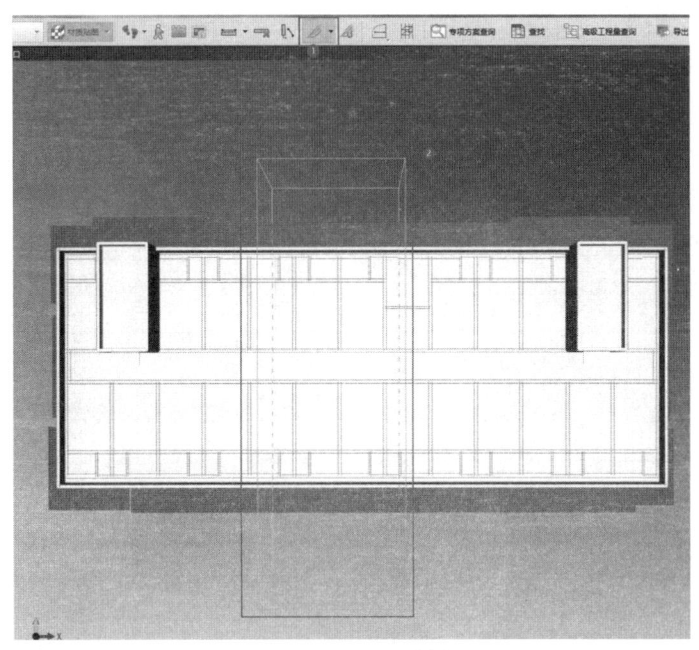

图 6-3-10　剖面创建

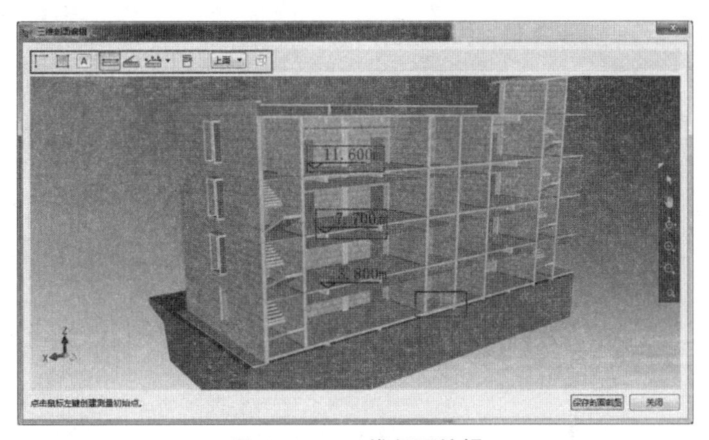

图 6-3-11　三维剖面编辑

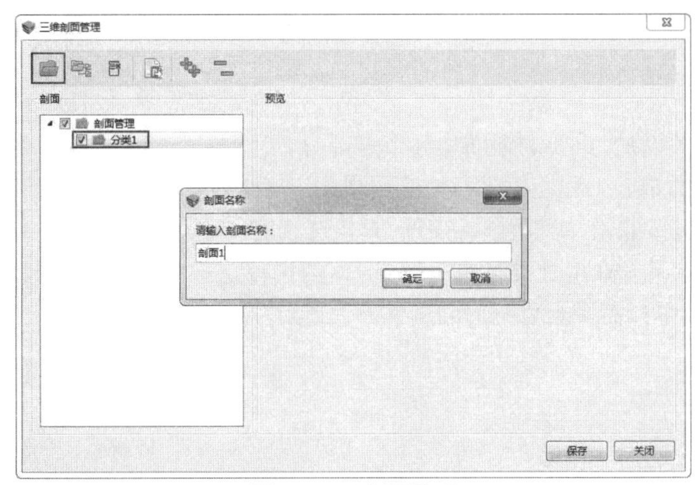

图 6-3-12　剖面管理

(3) 测量

可实现“点到点”“点到多点”“点直线”“累加”“角度”“面积”的测量，如图 6-3-13 所示。例如，使用“点到点”测量，屋顶门过梁底面距离地面的距离，如图 6-3-14 所示。单击“转换为红线标注”工具，可将当前测量转换为红线标注，并且自动生成视点“测量 1”，可根据实际情况重新命名，如图 6-3-15 所示。

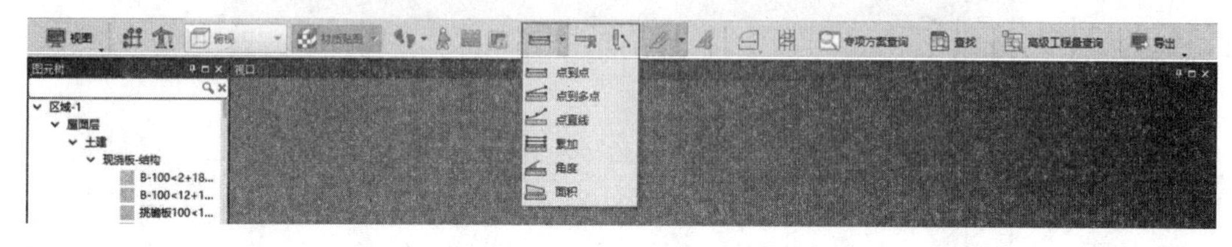

图 6-3-13　测量工具

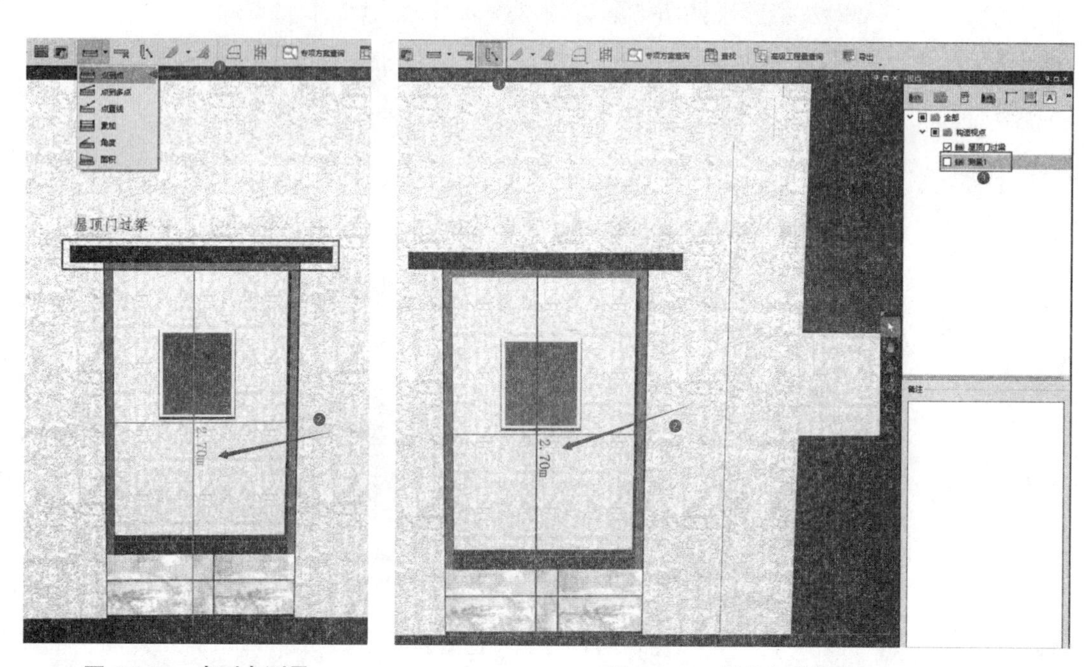

图 6-3-14　点到点测量

图 6-3-15　转为红线标注

3. 钢筋三维

针对项目中关键的、重要的钢筋构件节点部分，可以通过“钢筋三维”的方式进行查看。方便对重点部位的钢筋工程施工进行三维可视化交底，保证施工质量。

(1) 点击左侧专业构件类型进行筛选，只勾选钢筋专业。

(2) 通过楼层及专业构件类型进行筛选，以勾选首层柱、梁构件为例，然后点击钢筋三维按钮，鼠标左键选择需要查看钢筋的构件图元，按住“Ctrl＋鼠标左键”可以多选图元。

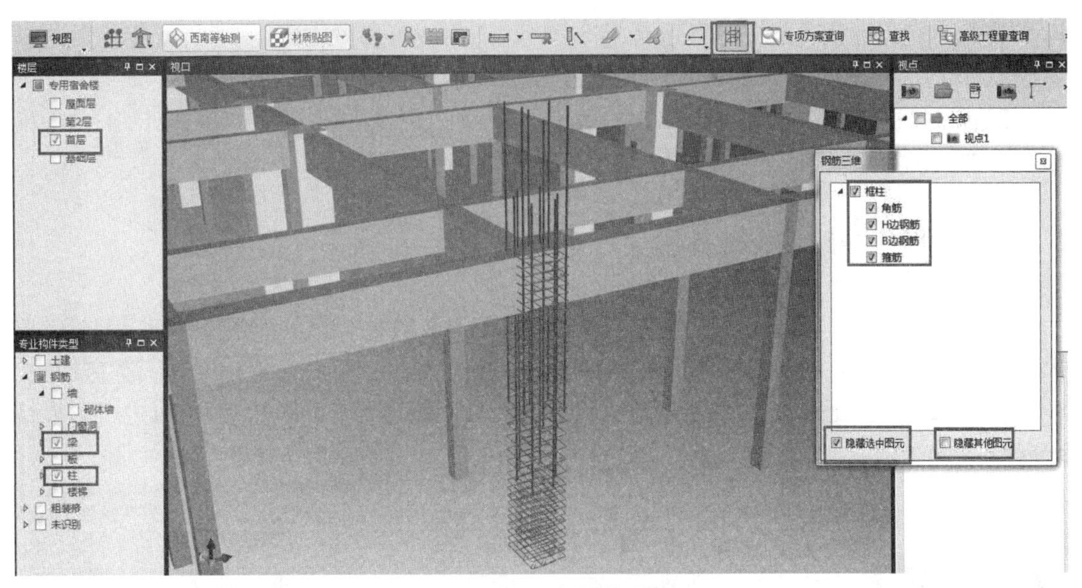

图 6-3-16　剖面管理

(3) 在钢筋三维控制面板选择需要查看的钢筋种类,同时可以隐藏选中及其他图元信息,查看更加直观。

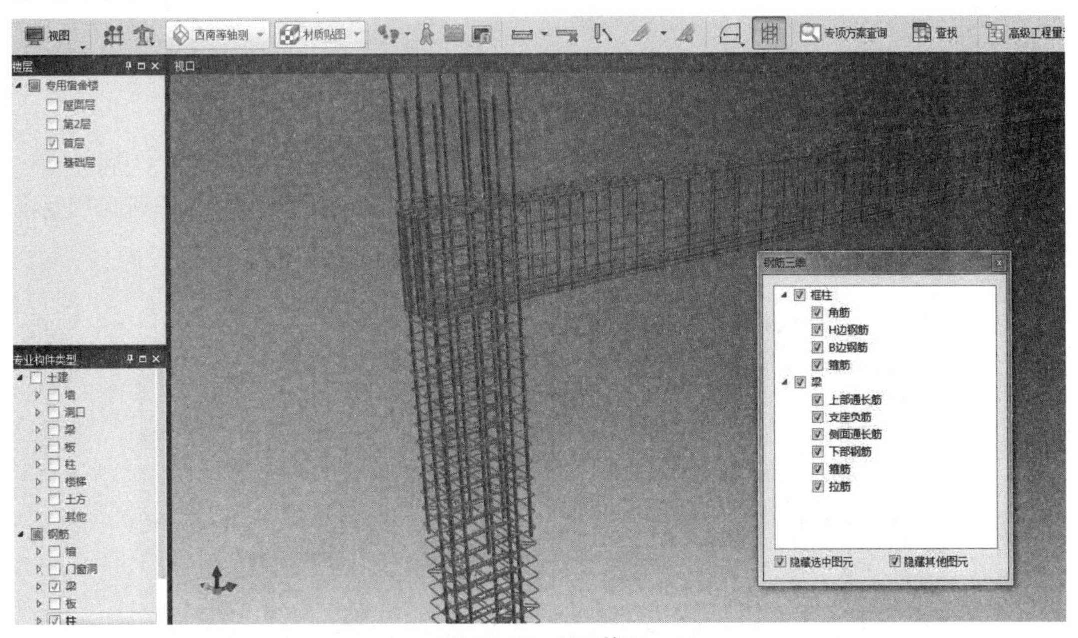

图 6-3-17　剖面管理

4. 本节小结

视点应用:可以结合文字信息进行标注,结合图元树功能查看关键图元的位置并保存。视点只有在建立分组后再提交数据,才会提示输入提交日志,否则会直接提交成功。

三维动态剖切及测量:切面功能通过控制切面位置和角度两个按钮结合使用,删除切面可将所有切面信息清除。剖面功能可以结合测量及标注信息使用,保存至剖面管理,导出

PDF 进行交底。测量功能支持点到点、点到多点、点直线等多种方式，转为红线标注后自动生成测量视点，不需要的标注使用删除测量线即可。

钢筋三维：只能查看钢筋模型，注意左侧模型专业构件类型的选择，同时按住“Ctrl＋鼠标左键”可以多选不同类型构件，查看相应复杂节点钢筋构造。

6.3.2 进场机械路径合理性检查

大型设备进场时，要设定设备进场路线，以便设备能够更合理的进场。基于 BIM5D 技术模拟建筑物内或施工场区行走路线，可对路线进行优化。广联达 BIM5D 的漫游主要有 2 种方式：自由行走的漫游方式和指定路径漫游。充分利用这两种漫游功能，可以进行场地路线模拟。

图 6-3-18　2 种漫游方式

1. 漫游方式

单击【漫游方式】右侧下拉三角，显示漫游方式的设置，有“重力”“碰撞”和“人物模型”，前面的√代表激活该功能，还可对任务行走的速度、人物高度，视频录制功能是否启用及视频存放路径，标志性图片，是否弹出快捷键功能说明等进行设置。

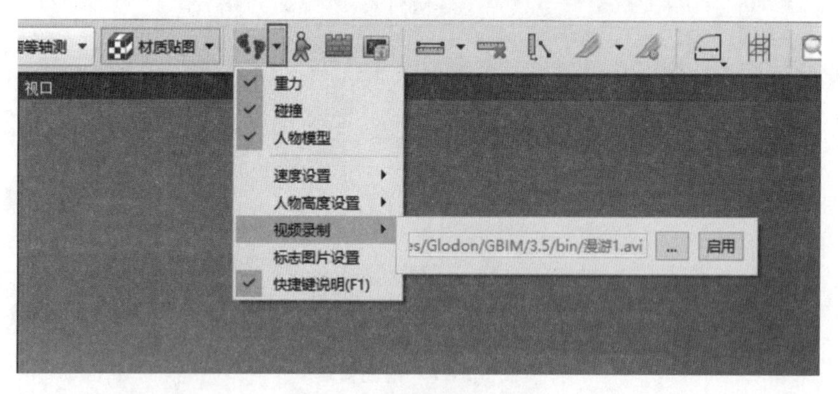

图 6-3-19　漫游方式设置

单击【漫游方式】图标，弹出快捷键功能说明界面，可通过提示按下键盘键，打开或关闭对应的功能。“Ctrl＋鼠标左键点”选漫游人物落脚的位置，使漫游人物显示在模型上；按住鼠标左键不松开，左右拖动旋转视角，其他的操作可按图 6-3-20 提示自行尝试。若人物落在了屋顶位置，想让人物进入建筑内部，可通过关闭【碰撞】功能实现，最终效果如图 6-3-21 所示。

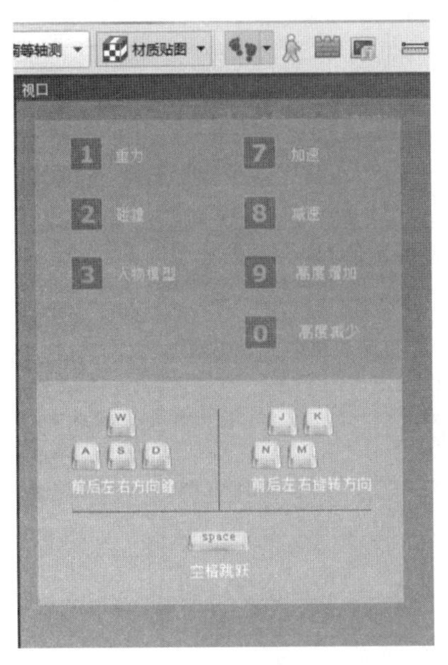

图 6-3-20　快捷键功能说明界面

图 6-3-21　漫游方式

还可单击【施工场地】，勾选场地模型，让人物在场地内自由漫游行走，查看场地布置是否合理等问题。

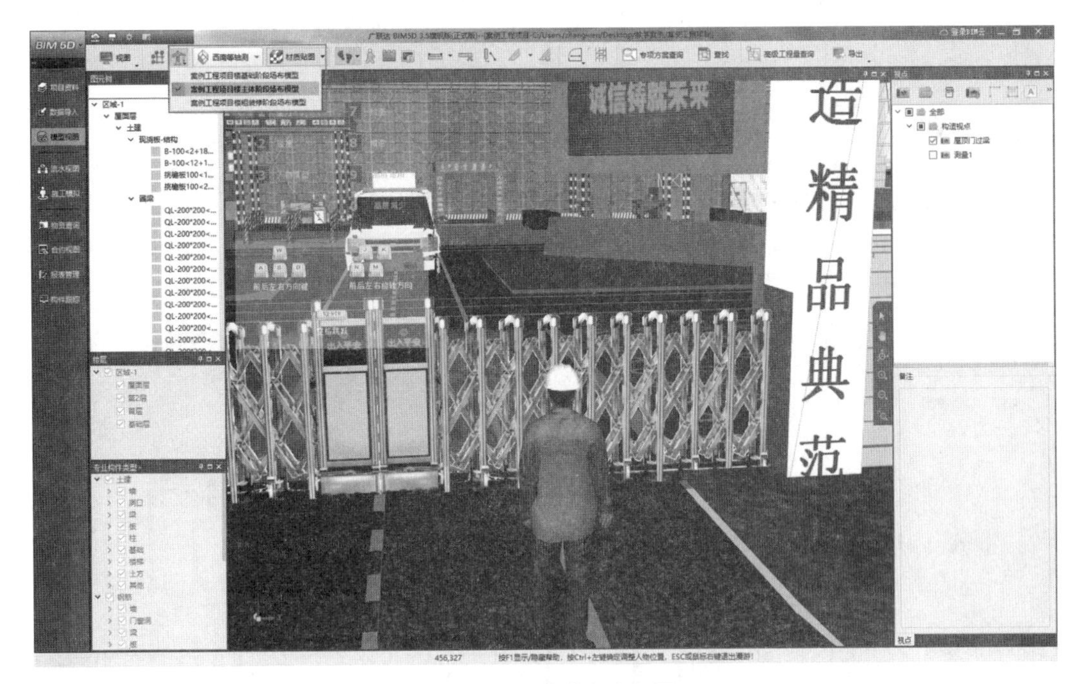

图 6-3-22　漫游方式设置

2. 指定路径漫游

单击【按路线行走】，进入路线行走设置界面，可对人物行走的直线速度和转弯处的角速度进行设置，此处数值不能直接输入，需拖动速度滑块进行设置。还可对视频录制的存放路径进行设置，通过点击【视频录制】(红色实心圆点)打开或关闭视频录制。单击【画路线】，进入行走路径设置界面，可对路线的名称，行走的单体楼和具体楼层，是剖切模型还是构件，以及剖面模型的剖切高度进行设置。

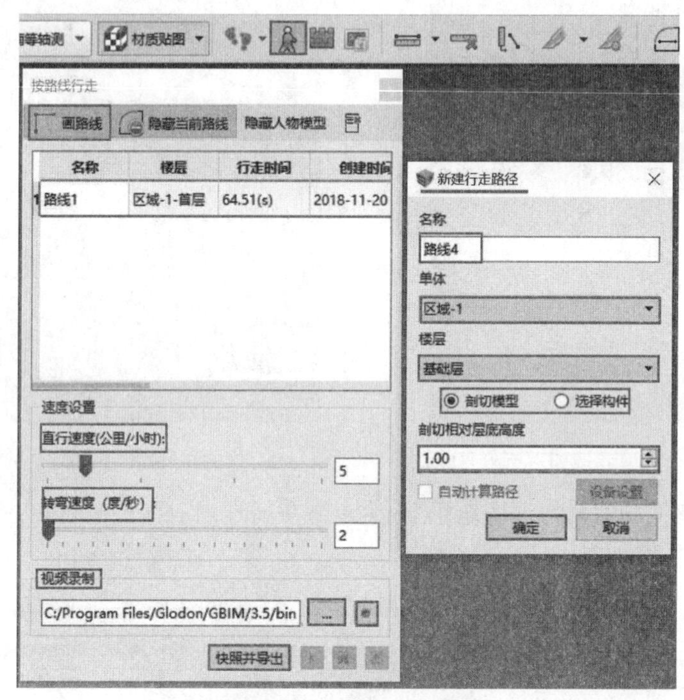

图 6-3-23　按路线行走设置

设置完成后，若为剖切模型，则模型自动切换到俯视视图，根据需要绘制漫游路线，如图 6-3-24 所示，路径绘制完成后，单击鼠标右键，选择【完成】。设置好视频保存地址后，点击视频录制，然后点击播放录制，如图 6-3-25 所示，即可查看漫游结果。

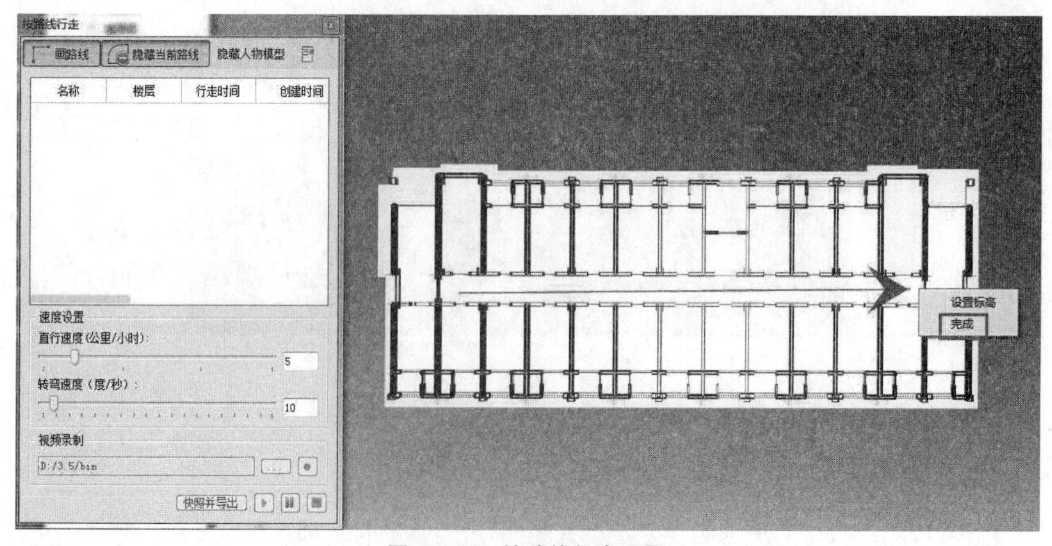

图 6-3-24　按路线行走设置

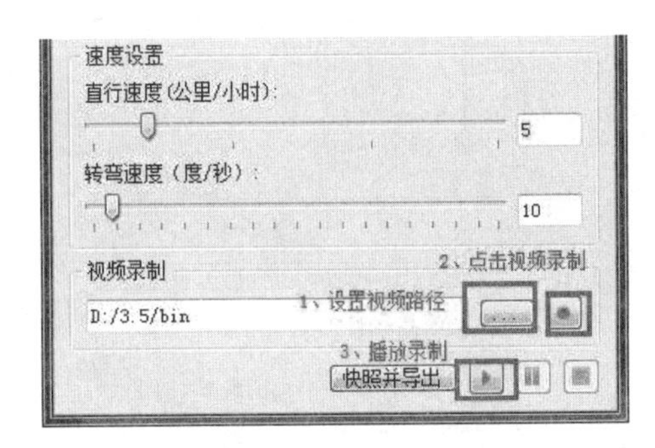

图 6-3-25　视频录制及播放

3. 场地路线模拟

如果在场区内漫游行走发现施工现场布置需要优化的话，可结合 BIM 施工场地布置软件进行优化布置设计。

(1) 单击【施工场地】工具，勾选显示场地模型，选择施工阶段现场布置模型。

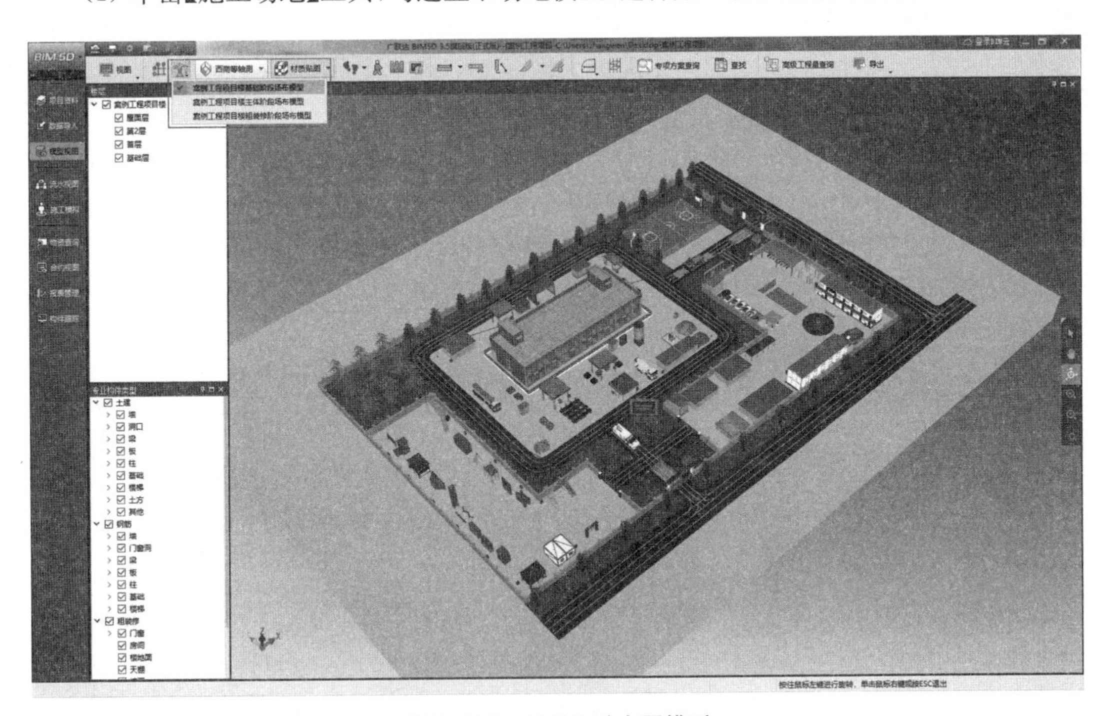

图 6-3-26　显示场地布置模型

(2) 使用【漫游方式】或【按路线行走】功能，在场地内进行行走模拟，导出视频。

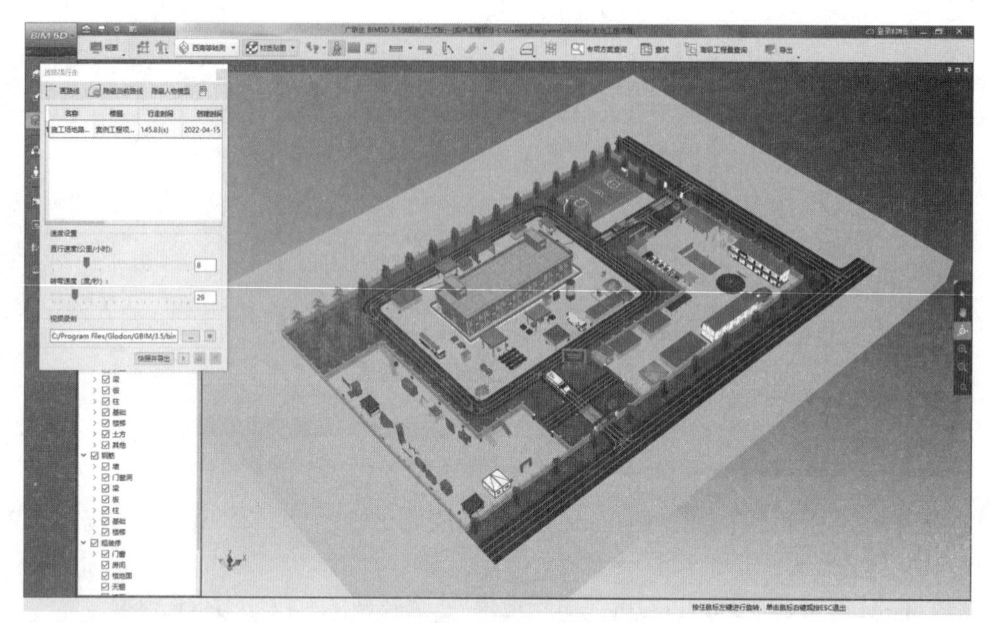

图 6-3-27　按路线行走

4. 本节小结

(1) 使用按路线行走时，注意结合楼层及专业构件类型筛选，绘制时更加方便。
(2) 自由漫游时，Ctrl+鼠标左键改变人物漫游位置，结合漫游帮助菜单使用。
(3) “漫游方式”及“按路线行走”功能均可实现建筑物内及施工场区路线模拟。
(4) 设置视频录制及保存路径，漫游视频可作为交底使用。
(5) 通过场区内漫游行走可以发现施工现场布置存在的问题并进行优化。

6.3.3　专项方案查询

建设工程专项施工方案，根据《住房城乡建设部办公厅关于实施〈危险性较大的分部分项工程安全管理规定〉有关问题的通知》(建办质〔2018〕31 号)要求，应认真贯彻执行文件规定及其精神使在管理上、措施上、技术上、物资上、应急救援上充分保障危险性较大的分部分项工程安全圆满完成，避免发生作业人员群死群伤事故或造成重大不良社会影响，同时通过专项方案编制、审查、审批、论证、实施、验收等过程让管理层、监督层、操作层等广大员工充分认识危险源，防范各种危险，安全思想意识上提升到新水准。

专项方案查询可以通过梁单跨跨度、梁截面高度、板净高、超高构件查询等条件过滤出需要查看的构件，为专项方案编制提供参考。

以查询标高大于 3.6 m 的构件图元信息为例，单击【专项方案查询】工具，进入专项方案查询对话框，勾选“启用超高构件查询”，输入值 3.6，点击【查询】，可将结果展开，并点选图元，选择定位，查看该图元所在位置，还可将查询结果导出为 EXCEL 文档，方便查阅及技术交底，如图 6-3-30 所示。

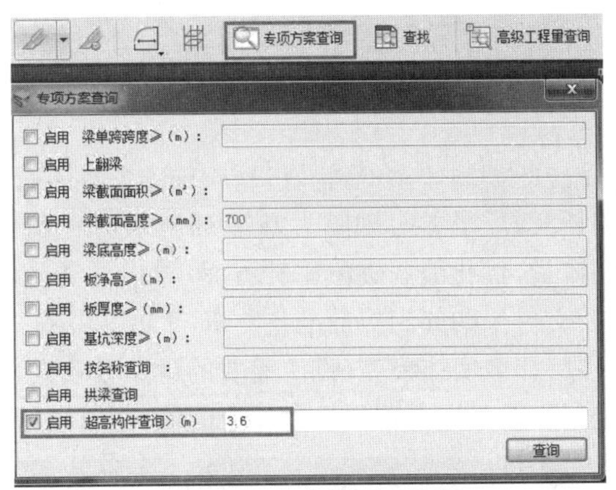

图 6-3-28　专项方案查询

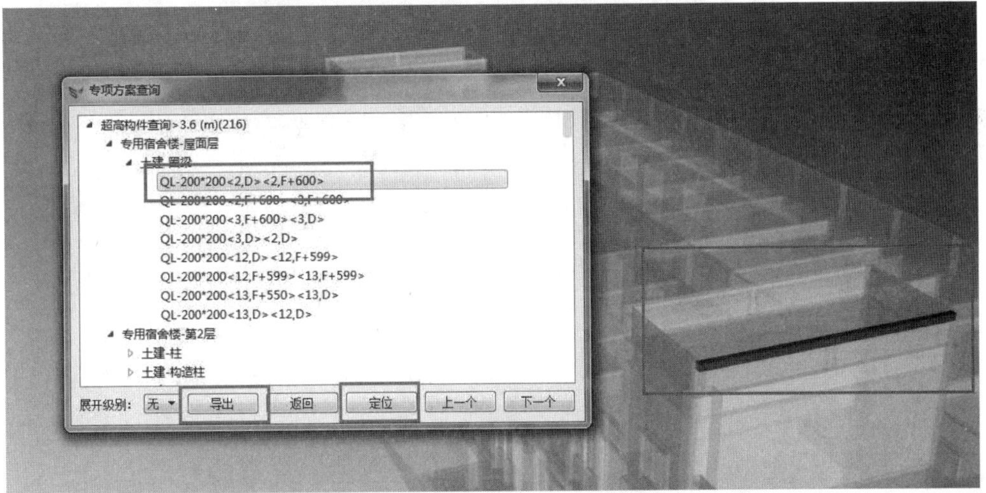

图 6-3-29　查询及定位、结果导出

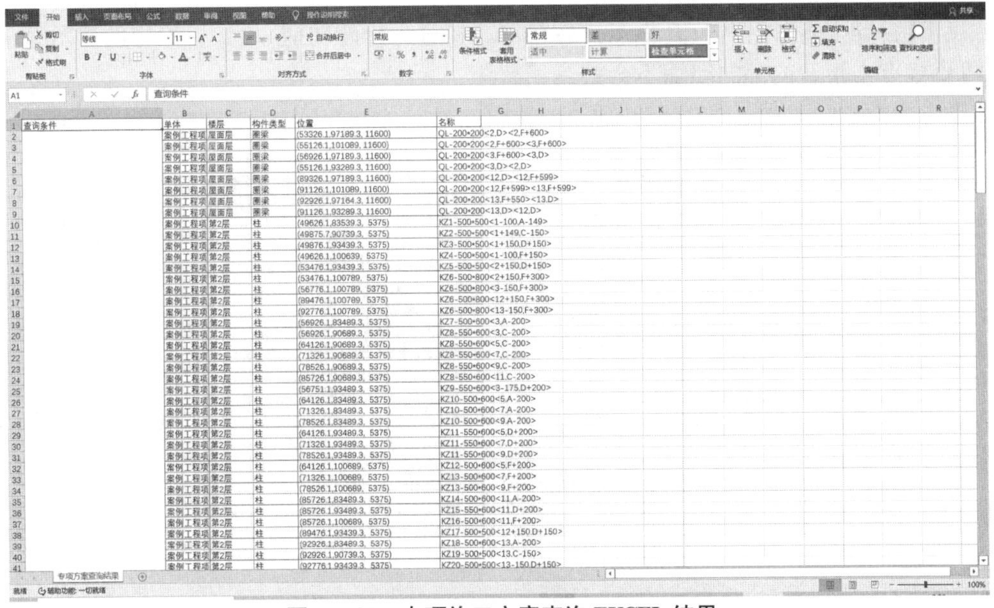

查询条件	单体	楼层	构件类型	位置	名称
	案例工程项	屋面层	圈梁	(53326.1,97189.3, 11600)	QL-200*200<2,D><2,F+600>
	案例工程项	屋面层	圈梁	(55126.1,101089, 11600)	QL-200*200<2,F+600><3,F+600>
	案例工程项	屋面层	圈梁	(56926.1,97189.3, 11600)	QL-200*200<3,F+600><3,D>
	案例工程项	屋面层	圈梁	(55126.1,93289.3, 11600)	QL-200*200<3,D><2,D>
	案例工程项	屋面层	圈梁	(89326.1,97189.3, 11600)	QL-200*200<12,D><12,F+599>
	案例工程项	屋面层	圈梁	(91126.1,101089, 11600)	QL-200*200<12,F+599><13,F+599>
	案例工程项	屋面层	圈梁	(92926.1,97164.3, 11600)	QL-200*200<13,F+550><13,D>
	案例工程项	屋面层	圈梁	(91126.1,93289.3, 11600)	QL-200*200<13,D><12,D>
	案例工程项	第2层	柱	(49626.1,83539.3, 5375)	KZ1-500*500<1-100,A-149>
	案例工程项	第2层	柱	(49875.7,90739.3, 5375)	KZ2-500*500<1+149,C-150>
	案例工程项	第2层	柱	(49876.1,93439.3, 5375)	KZ3-500*500<1+150,D+150>
	案例工程项	第2层	柱	(49626.1,100639, 5375)	KZ4-500*500<1-100,F+150>
	案例工程项	第2层	柱	(53476.1,93439.3, 5375)	KZ5-500*500<2+150,D+150>
	案例工程项	第2层	柱	(53476.1,100789, 5375)	KZ6-500*800<2+150,F+300>
	案例工程项	第2层	柱	(56776.1,100789, 5375)	KZ6-500*800<3-150,F+300>
	案例工程项	第2层	柱	(89476.1,100789, 5375)	KZ6-500*800<12+150,F+300>
	案例工程项	第2层	柱	(92776.1,100789, 5375)	KZ6-500*800<13-150,F+300>
	案例工程项	第2层	柱	(56926.1,83489.3, 5375)	KZ7-500*600<3,A-200>
	案例工程项	第2层	柱	(56926.1,90689.3, 5375)	KZ8-550*600<3,C-200>
	案例工程项	第2层	柱	(64126.1,90689.3, 5375)	KZ8-550*600<5,C-200>
	案例工程项	第2层	柱	(71326.1,90689.3, 5375)	KZ8-550*600<7,C-200>
	案例工程项	第2层	柱	(78526.1,90689.3, 5375)	KZ8-550*600<9,C-200>
	案例工程项	第2层	柱	(85726.1,90689.3, 5375)	KZ8-550*600<11,C-200>
	案例工程项	第2层	柱	(56751.1,93489.3, 5375)	KZ9-550*600<3-175,D+200>
	案例工程项	第2层	柱	(64126.1,83489.3, 5375)	KZ10-500*600<5,A-200>
	案例工程项	第2层	柱	(71326.1,83489.3, 5375)	KZ10-500*600<7,A-200>
	案例工程项	第2层	柱	(78526.1,83489.3, 5375)	KZ10-500*600<9,A-200>
	案例工程项	第2层	柱	(64126.1,93480.3, 5375)	KZ11-550*600<5,D+200>
	案例工程项	第2层	柱	(71326.1,93489.3, 5375)	KZ11-550*600<7,D+200>
	案例工程项	第2层	柱	(78526.1,93489.3, 5375)	KZ11-550*600<9,D+200>
	案例工程项	第2层	柱	(64126.1,100689, 5375)	KZ12-500*600<5,F+200>
	案例工程项	第2层	柱	(71326.1,100689, 5375)	KZ13-500*600<7,F+200>
	案例工程项	第2层	柱	(78526.1,100689, 5375)	KZ13-500*600<9,F+200>
	案例工程项	第2层	柱	(85726.1,83489.3, 5375)	KZ14-500*600<11,A-200>
	案例工程项	第2层	柱	(85726.1,93489.3, 5375)	KZ15-550*600<11,D+200>
	案例工程项	第2层	柱	(85726.1,100689, 5375)	KZ16-500*600<11,F+200>
	案例工程项	第2层	柱	(89476.1,93439.3, 5375)	KZ17-500*500<12+150,D+150>
	案例工程项	第2层	柱	(92926.1,83489.3, 5375)	KZ18-500*600<13,A-200>
	案例工程项	第2层	柱	(92926.1,90739.3, 5375)	KZ19-500*500<13,C-150>
	案例工程项	第2层	柱	(92776.1,93439.3, 5375)	KZ20-500*500<13-150,D+150>

图 6-3-30　专项施工方案查询 EXCEL 结果

6.3.4 二次结构砌体排砖

传统模式排砖存在排砖图编制效率低，物资进料、施工安排不合理，施工依据不统一，施工质量参差不齐，施工损耗大，质量差等缺陷。基于 BIM 技术的砌体排砖可以提前获知砌筑界面，快速准确计算砌体量，优化编制砌体排砖方案，导出排砖图及砌体需用计划表供指导现场作业人员施工以及交付采购部门提前准备物资，大幅提高排砖效率。

首先在模型区域按楼层加载实体模型(排砖需要的运算量较大，不建议加载全楼模型排布，建议一层一层进行排布)，如只选择首层土建专业的墙、梁、柱，图 6-3-31 所示。

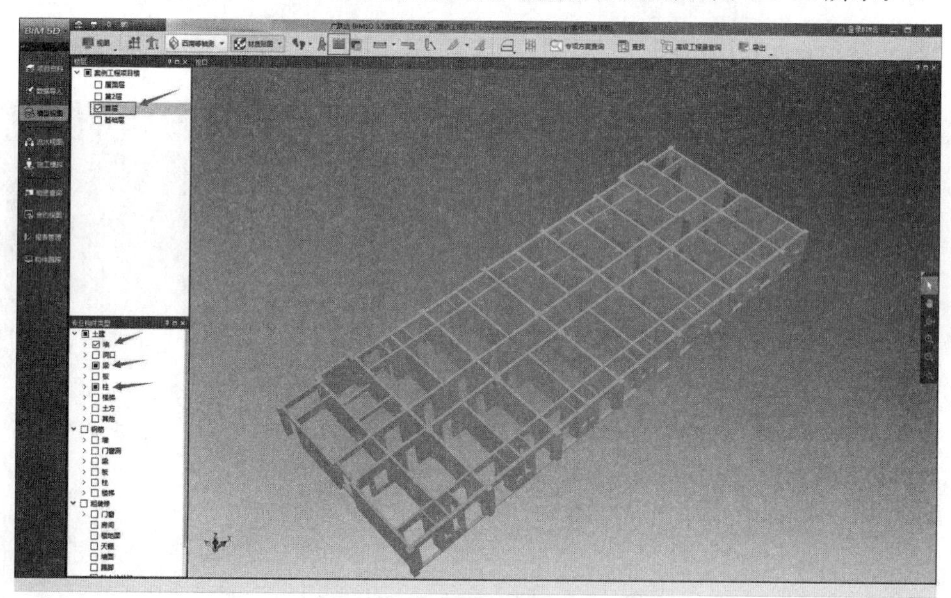

图 6-3-31　楼层及构件选择

点击【自动排砖】按钮，打开批量排砖窗口。在进入排砖功能以后，板等构件显示呈半透明，可直接点击模型内部的墙而不会被遮挡。

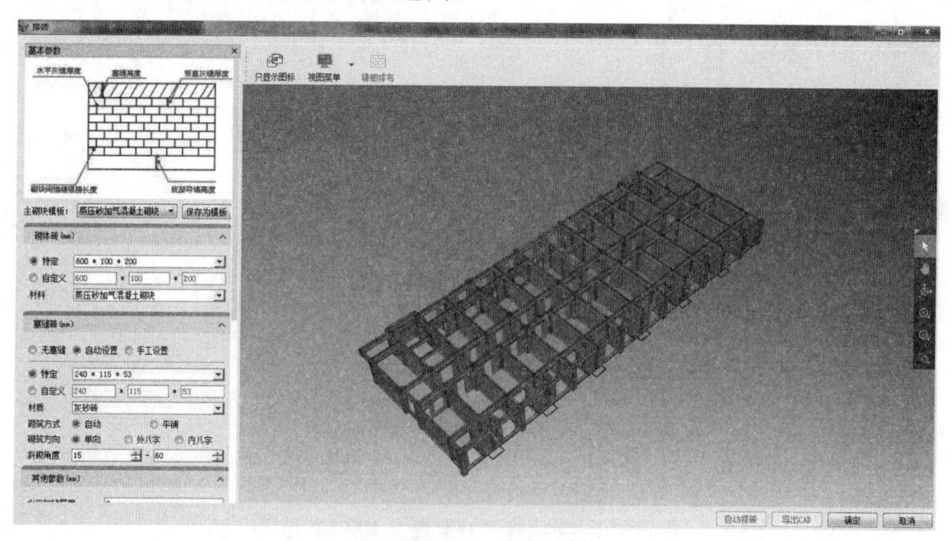

图 6-3-32　自动排砖窗口

1. 基本参数

在基本参数模块可以编辑排砖相关参数;编辑砌体砖尺寸、材质;编辑塞缝砖尺寸、材质砌筑方式;编辑其他参数以及导墙参数。塞缝高度、底部导墙高度、水平灰缝厚度、竖直灰缝厚度、砌块间错缝搭接长度可详见图 6-3-33。参数可保存为模板,可在主砌块模板下拉按钮选择保存的模板。

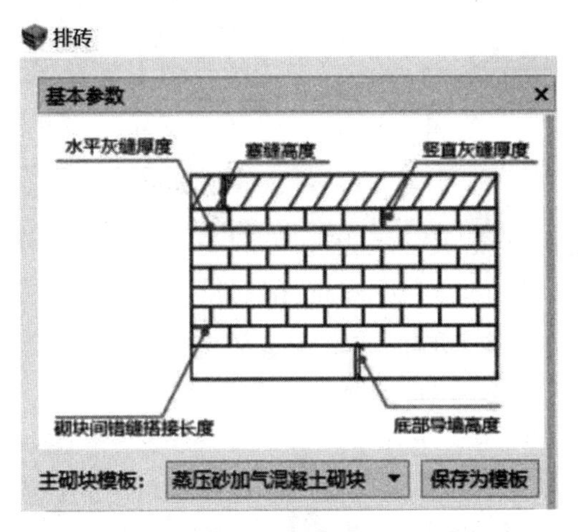

图 6-3-33　砌块间错缝搭接长度示意图

(1) 砌体砖

编辑砌体砖尺寸的方式有"特定"和"自定义"两种,特定为相关规范中规定的常用尺寸,方便直接选择使用;自定义显示为"长 * 宽 * 高"的格式,可自由输入数值,满足一些特殊尺寸砌体的需求。通过下拉菜单选择软件预设的材料,也可以自行输入。

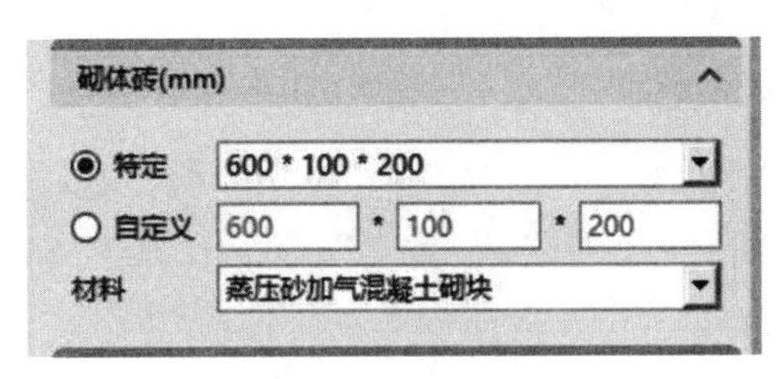

图 6-3-34　砌体砖

(2) 塞缝砖

① **无塞缝**:自动排砖后将主体砖砌到顶,不做塞缝砖处理,当距顶部高度不足设定的一匹主体砖的高度时,可排碎砖,当距顶部高度不足 2 cm 时,将以混凝土塞缝。

图 6-3-35　无塞缝砖设置

图 6-3-36　无塞缝砖示意图

② **自动设置**:编辑尺寸的方式有“特定”和“自定义”两种,特定为相关规范中规定的常用尺寸,方便直接选择使用;自定义显示为“长 * 宽 * 高”的格式,可自由输入数值,满足一些特殊尺寸砌体的需求。材料通过下拉菜单选择软件预设的材料,也可以自行输入。砌筑方式有自动、平铺两种,当为自动时,需要设置砌筑方向、斜砌角度;当为平铺时,则砌筑方向与斜砌角度灰显,不可输入,设置示例与效果如图 6-3-37～40 所示。

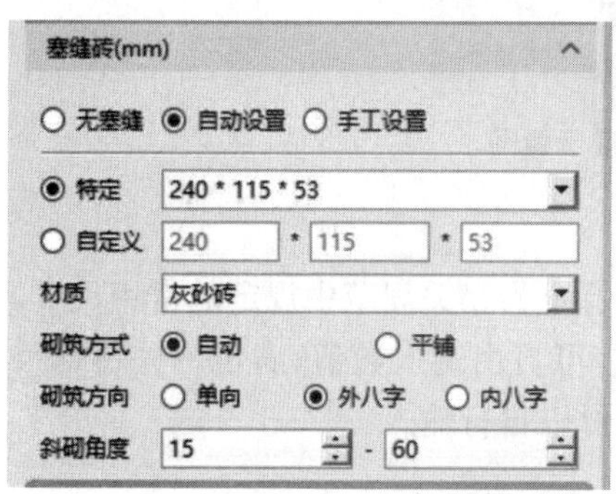

图 6-3-37　自动设置外八字塞缝砖

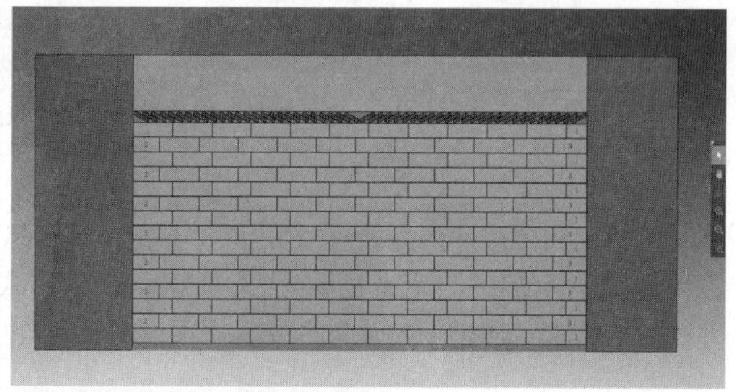

图 6-3-38　自动设置外八字塞缝砖示意图

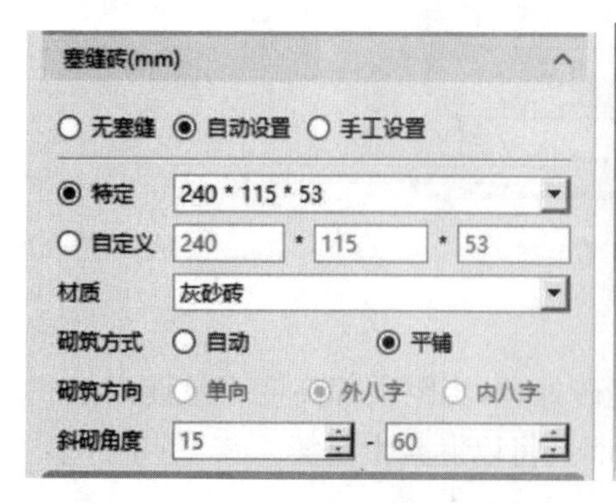

图 6-3-39　自动设置平铺塞缝砖

图 6-3-40　自动设置塞缝砖示意图

③ **手工设置**:编辑尺寸的方式有“特定”和“自定义”两种,特定为相关规范中规定的常用尺寸,方便直接选择使用;自定义显示为“长 * 宽 * 高”的格式,可自由输入数值(尺寸),满足一些特殊尺寸砌体的需求。材料通过下拉菜单选择软件预设的材料,也可以自行输入。塞缝砖将以设定的参数方案由下到上逐层进行塞缝砖排布,如果剩余空间不足,则用混凝土

代替。其中在设置塞缝砖参数方案时，先设置塞缝砖的具体参数，然后单击【新增】，即可增一皮塞缝砖，依次新增即可，在输入错误的情况下，可进行删除和重新编辑。设置示例和效果如图 6-3-41～42 所示。

注意：斜砌塞缝砖必须在最顶层，斜砌塞缝砖上无法再新增新的一皮塞缝砖。

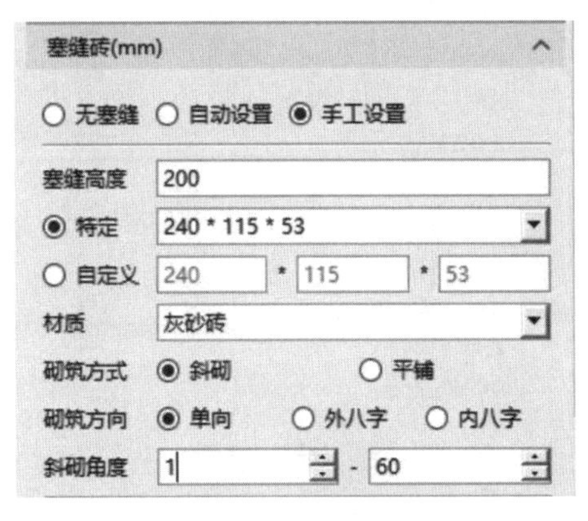

图 6-3-41　手动设置塞缝砖

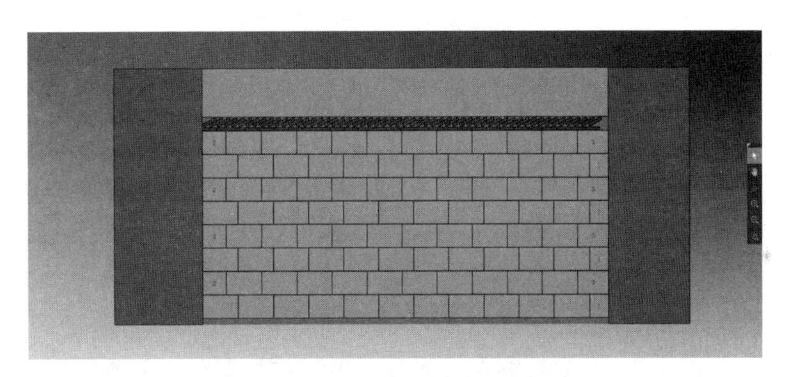

图 6-3-42　手动设置塞缝砖示意图

(3) 其他参数

其他参数包括水平灰缝厚度、竖直灰缝厚度、灰缝调整范围、砌体间错缝搭接长度、最短错缝搭接长度、最短砌筑长度。砌块间错缝搭接长度默认按砌体砖的 33%省略小数计算，支持调整百分比和输入具体长度值；最短砌筑长度是设置砌体砖的最小长度。设置事例如图 6-3-43 所示。

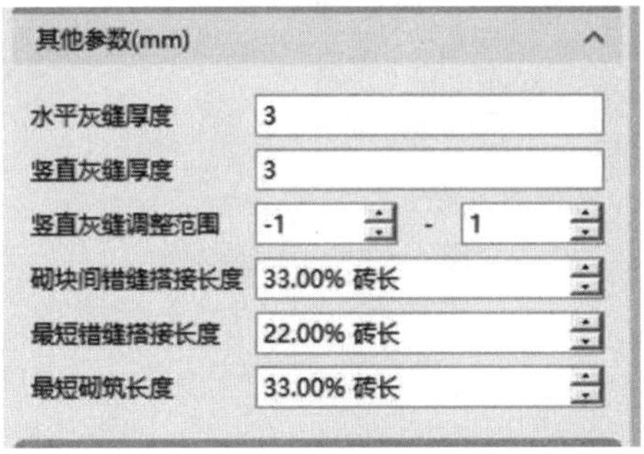

其他参数(mm)

参数	值
水平灰缝厚度	3
竖直灰缝厚度	3
竖直灰缝调整范围	-1 - 1
砌块间错缝搭接长度	33.00% 砖长
最短错缝搭接长度	22.00% 砖长
最短砌筑长度	33.00% 砖长

图 6-3-43　其他参数

（4）导墙

导墙功能包括编辑导墙的尺寸、材料、导墙的排布参数图、底部导墙高度、水平灰缝厚度、竖直灰缝厚度、灰缝调整范围、砌体间错缝搭接长度、最短砌筑长度。

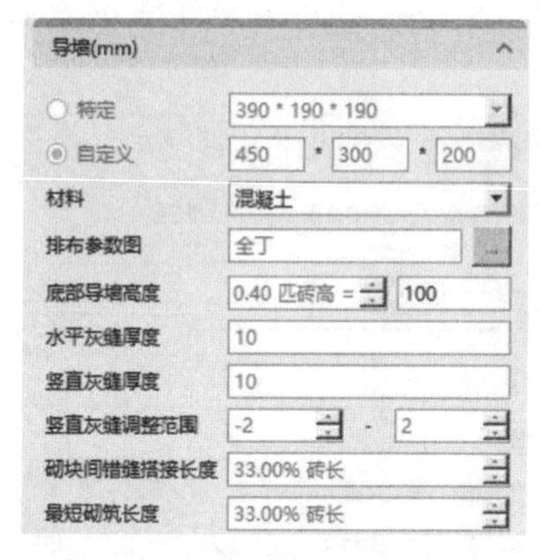

图 6-3-44　导墙

2. 自动排砖

设置完基本参数后，在模型区域点选、Ctrl＋左键多选、框选目标图元后，点击右下角【自动排砖】后，如图 6-3-45 所示，软件会开始自动排砖。

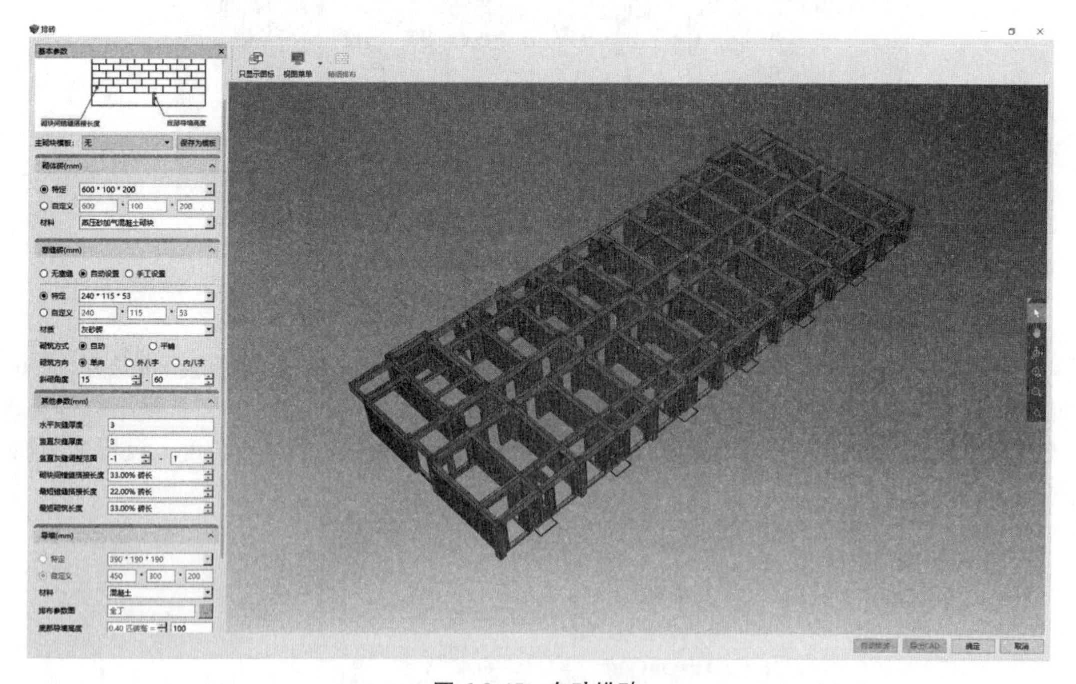

图 6-3-45　自动排砖

3. 导出 CAD

排砖完成后，点击右下角【导出 CAD 图】，即可导出排砖图。

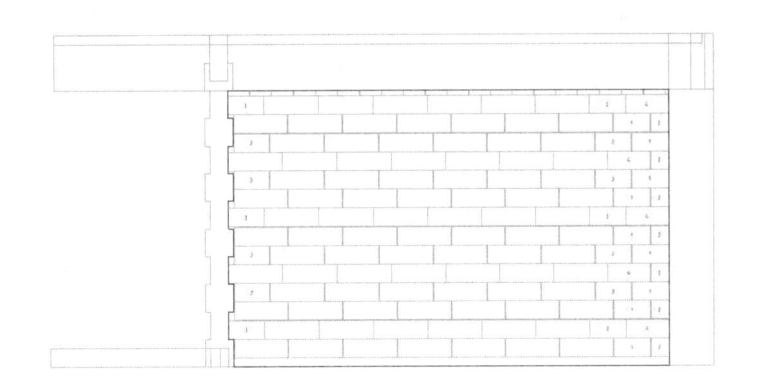

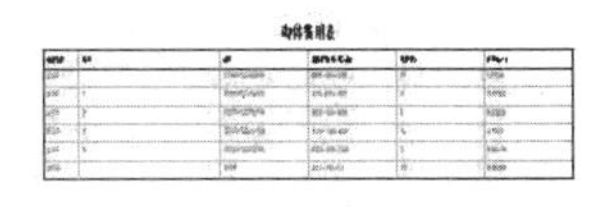

案例工程项目楼_首层_砌体墙200-外-M5混合砂浆<1,C><1,B>_编号1

图 6-3-46　自动排砖 CAD 图

4. 精细排砖

选择需要精细排布的墙体，点击【精细排布】。进入“精细排布”界面，基本参数保留了批量排砖的设置，也可单独修改。

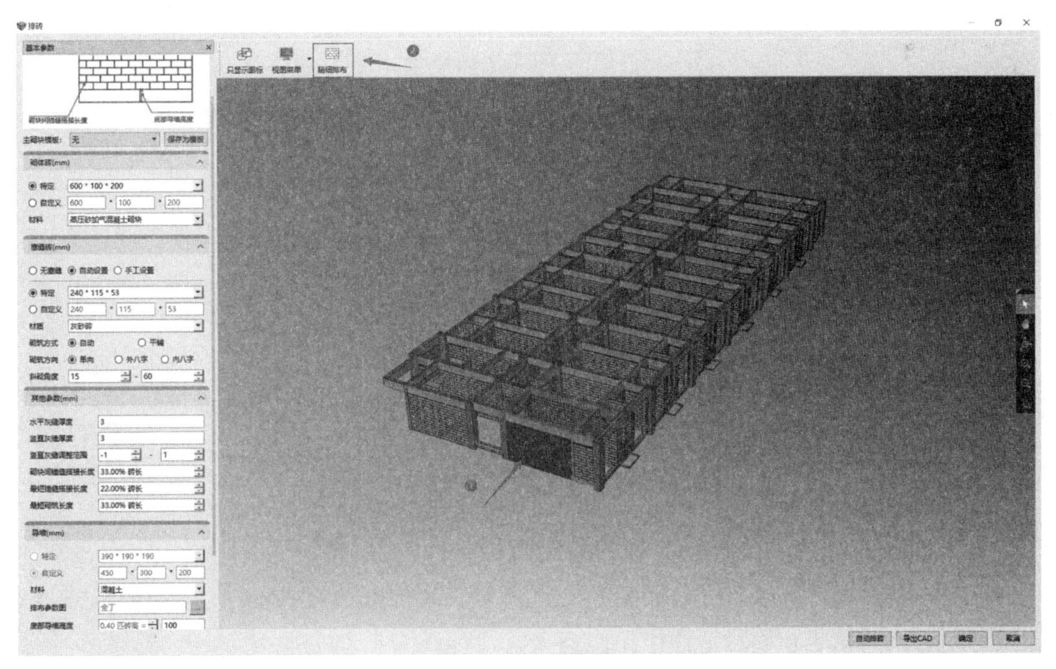

图 6-3-47　精细排砖

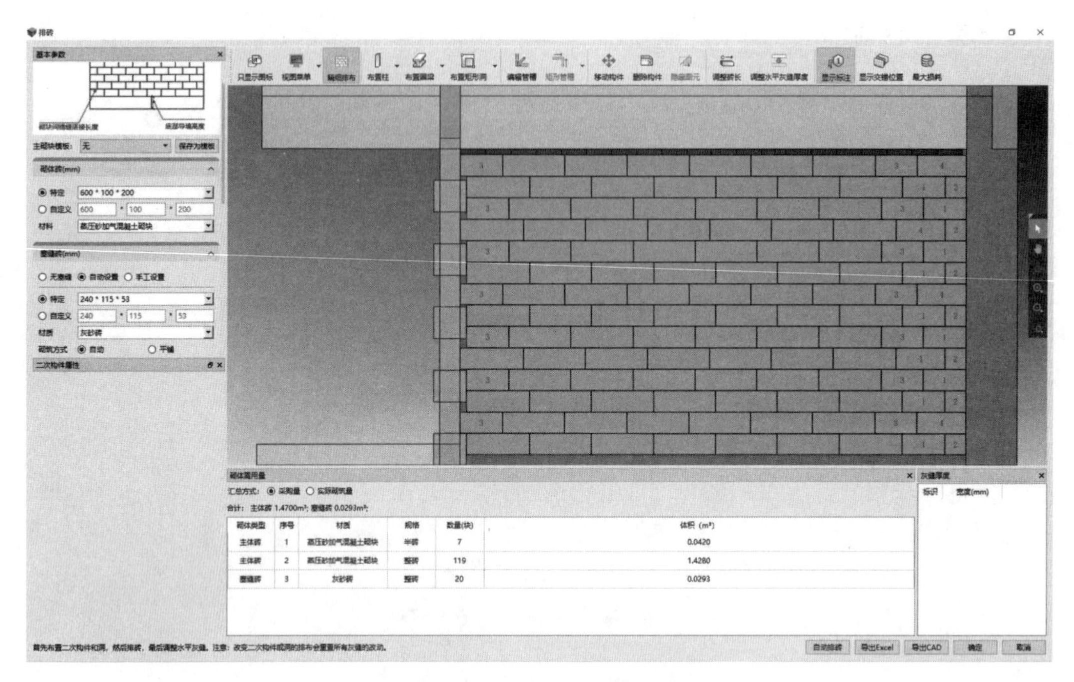

图 6-3-48　精细排砖界面

（1）视图

“视图”项目控制排砖页面页签显示，页签有：基本参数、图元属性、二次构件属性、砌体需用量、灰缝厚度和图元树，默认除图元树全部显示，不勾中则不显示，如图 6-3-49 所示。

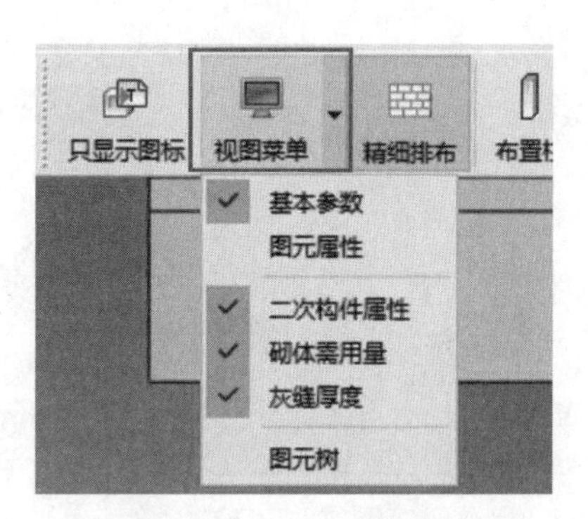

图 6-3-49　精细排砖界面

（2）精细排布

进入“精细排布”界面后，再次点击，退出“精细排布”，回到“批量排砖”界面。

（3）布置芯柱

精细排砖有“布置芯柱”功能，如图 6-3-50 所示。软件默认有 XZ－1 芯柱构件，支持对芯柱进行重命名、新建和删除等操作。

勾选“影响排砖”，布置芯柱对墙体的排砖结果有影响；不勾选则不影响排砖结果。

用户可设置芯柱距墙顶、距墙底高度。

模板类型有：砌体和单独支模板，当模板类型为砌体时，需要选择砌体的尺寸和材质；当模板类型为单独支模板时，需要设置柱截面宽度。设置示例如图 6-3-51 所示。

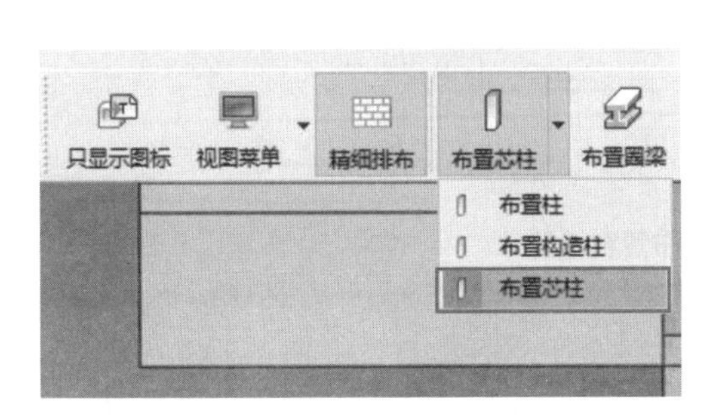

图 6-3-50 布置芯柱

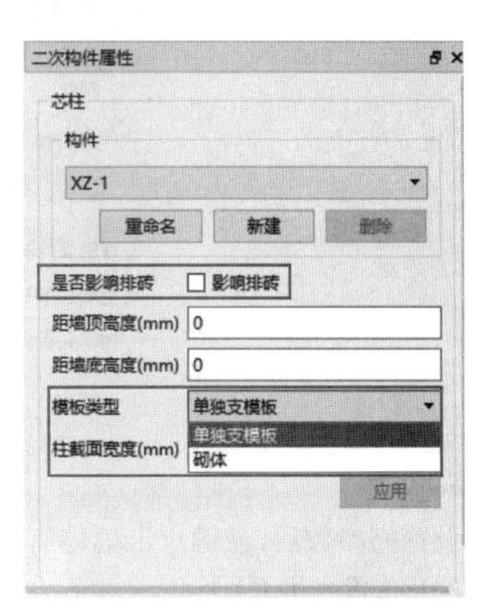

图 6-3-51 芯柱设置

设置完参数后，左键点击墙体有效区域布置芯柱。

(4) 布置构造柱

精细排砖有“布置构造柱”功能，如图 6-3-52 所示。软件默认有 GZZ－1 构件，支持对芯柱进行重命名、新建和删除等操作。用户可设置构造柱距墙顶、距墙底高度。

构造柱有两种类型：带马牙槎和不带马牙槎，当勾中“是否有马牙槎”时，需要设置马牙槎的宽度、高度和底部高度。设置示例如图 6-3-53 所示。

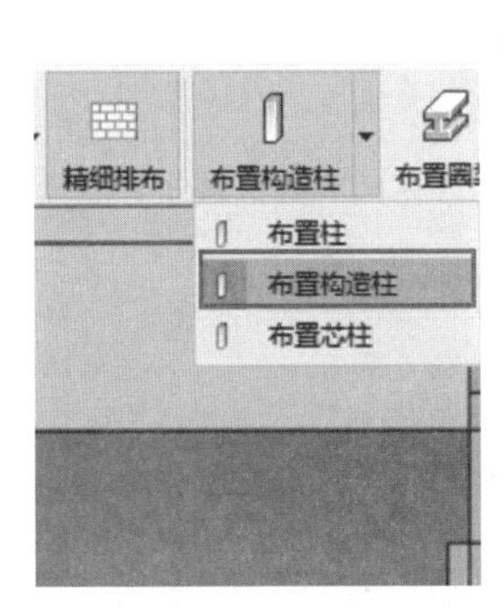

图 6-3-52 布置构造柱

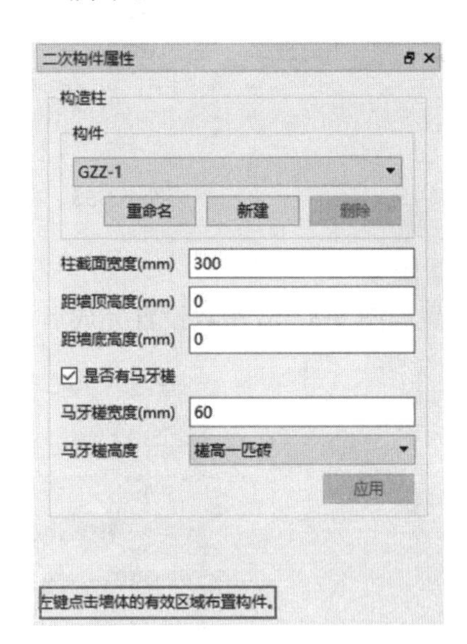

图 6-3-53 构造柱设置

设置完参数后，左键点击墙体有效区域布置构造柱。

(5) 布置柱

精细排砖有“布置柱”功能，软件默认有 Z－1 构件，支持对柱进行重命名、新建和删除等操作，还可以修改柱截面宽度、距墙顶和距墙底高度。设置示例如图 6-3-54 所示。

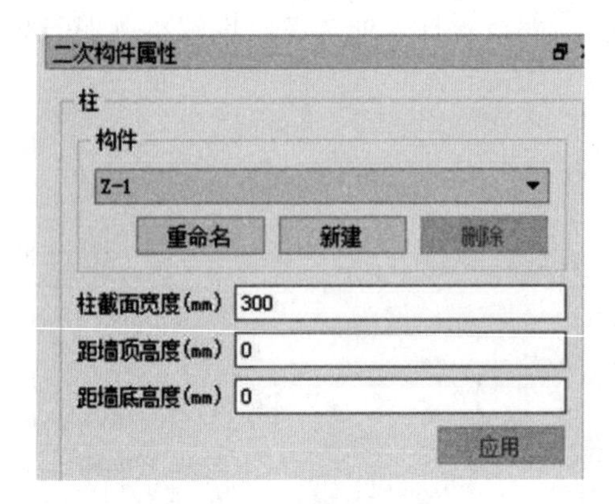

图 6-3-54　布置柱设置

设置完参数后，左键点击墙体有效区域布置柱。

(6) 布置水平系梁

属性设置如图 6-3-55，参数设置完成后，左键点击墙体的有效区域布置水平系梁。

图 6-3-55　布置水平系梁设置

(7) 布置圈梁

属性设置如图 6-3-56，参数设置完成后，左键点击墙体的有效区域布置圈梁。

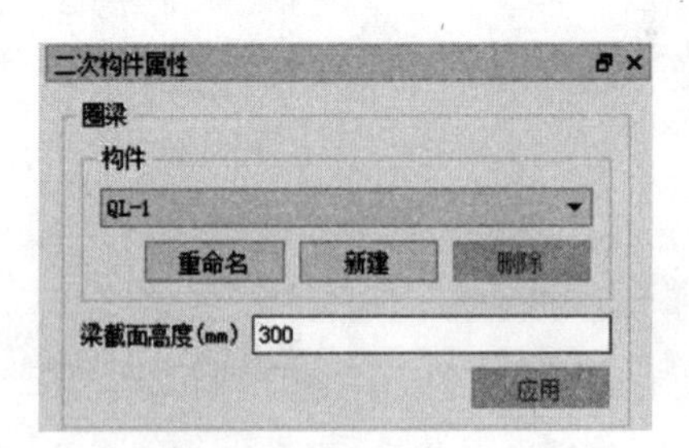

图 6-3-56　布置水平系梁设置

(8) 布置矩形洞

属性设置如图 6-3-57，参数设置完成后，左键点击墙体的有效区域布置矩形洞。洞深默认按墙厚，支持输入小于墙厚的其他值。

图 6-3-57　布置矩形洞设置

(9) 布置圆形洞

属性设置如图 6-3-58，参数设置完成后，左键点击墙体的有效区域布置圆形洞。洞深默认按墙厚，支持输入小于墙厚的其他值。

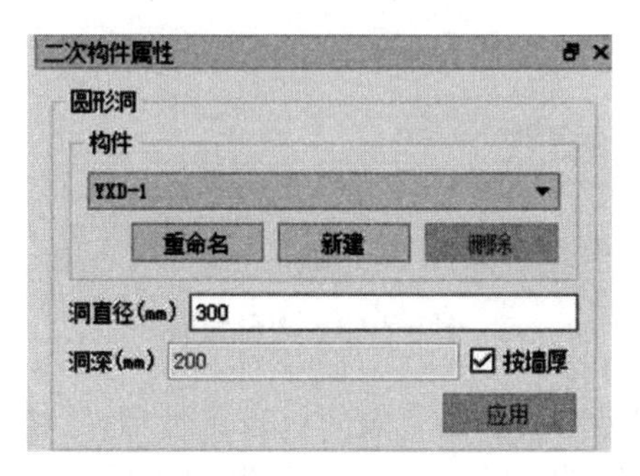

图 6-3-58　布置圆形洞设置

(10) 布置过梁

属性设置如图 6-3-59，参数设置完成后，左键点击墙体的有效区域布置过梁(过梁会自动捕捉洞口中心点)。

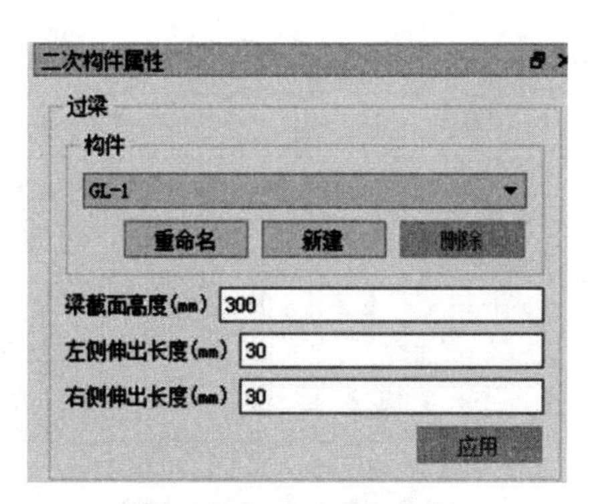

图 6-3-59　布置过梁设置

(11) 编辑管槽

如图 6-3-60，点击【编辑管槽】，选择管槽类型，然后在属性中进行编辑，可以重命名、新建、删除管槽信息。也可设置管槽位置，输入管槽宽度、管槽深度，如图 6-3-61～62。

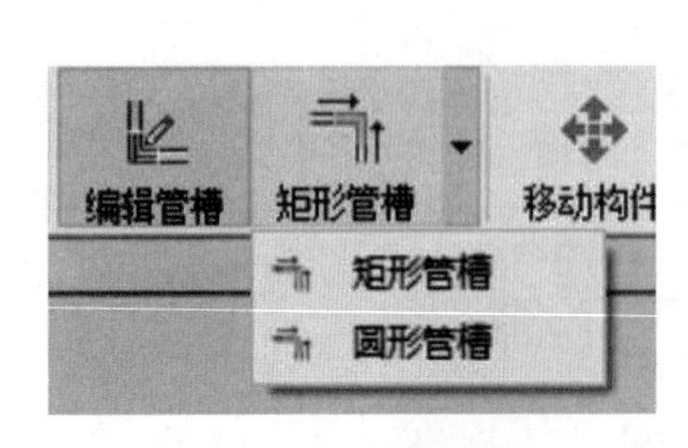

图 6-3-60　编辑管槽

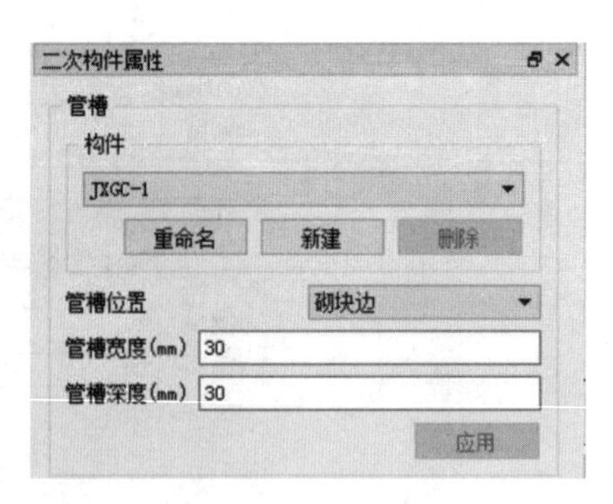

图 6-3-61　矩形管槽

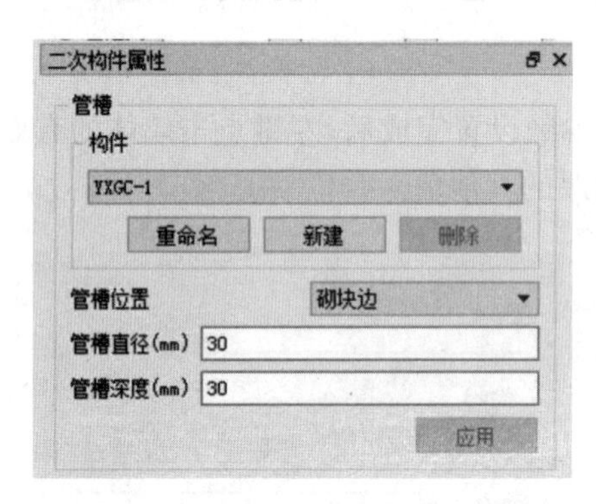

图 6-3-62　圆形管槽

参数设置完成后，左键点击墙体的有效区域布置管槽，管槽布置后，不可以移动只能删除再重新布置。布置完管槽，明细表中会显示管槽砌体需用量。布置完管槽后，再次点击【编辑管槽】，进入精细排砖界面。

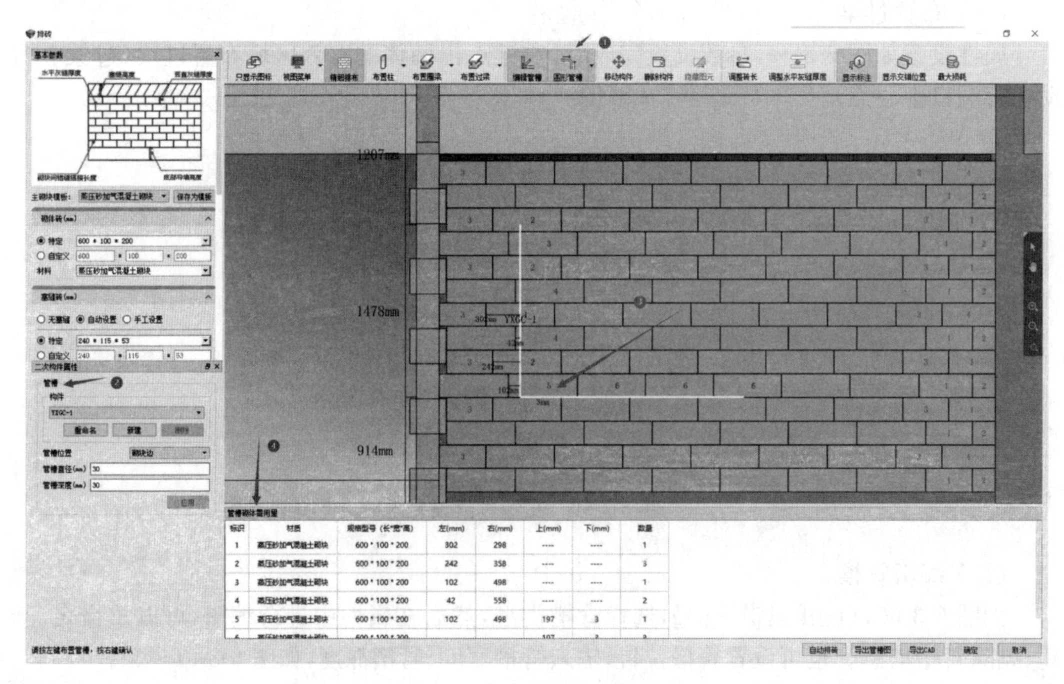

图 6-3-63　布置圆形管槽

注意：布置管道前，需要先点击自动排砖；支持导出管槽图及导出 CAD。

(12) 移动构件

移动在墙体上布置的构件和洞口，操作是将鼠标移至需要移动的构件或洞口上，按住左键拖动松开完成移动，或在拖的过程中按 Shift 键输入偏移量精确移动。精确移动时，输入正值向右移动，负值向左移动。

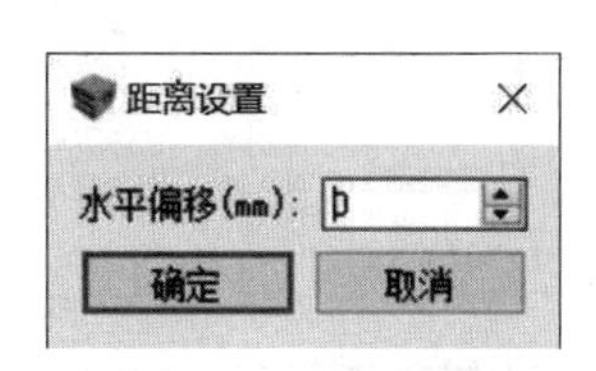

图 6-3-64　柱、梁构件移动

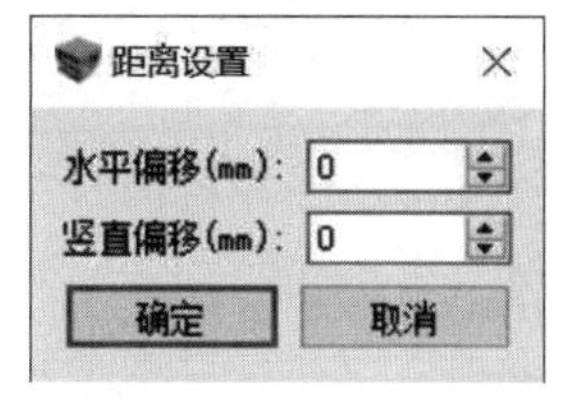

图 6-3-65　洞口移动

(13) 删除

删除布置的构件和洞口，操作方法是：点击【删除】按钮，左键点击需要删除的构件或洞口，可直接删除。

(14) 隐藏图元

先选中与墙相交的图元，点击"隐藏图元"，即可隐藏与墙相交的其他图元；或者显示"视图"下的图元树，勾掉对隐藏图元，隐藏图元后，砌体数量自动刷新。

注意：精细排砖界面布置的二次构件不可隐藏。

(15) 调整砖长

点击【调整砖长】按钮后，选中排墙界面某砖左右边界，拖动可左右调整砖长，同时按住 Shift 键可精确调整砖长。

(16) 调整水平灰缝厚度

左键单击需要修改的灰缝进行宽度设置，或者按住 Ctrl 键的同时左键点击多条需要修改的灰缝再松开左键进行修改。修改弹出的值为灰缝当前的厚度。

(17) 显示标注

选中状态下显示模型上二维文字标注，包括砖标识、灰缝和尺寸标识。

(18) 显示交错位置

选中状态下框选显示模型上交错的位置。

(19) 最大损耗

计算砌体最大损耗，帮助相关人员了解二次砌筑的参数和成本控制。

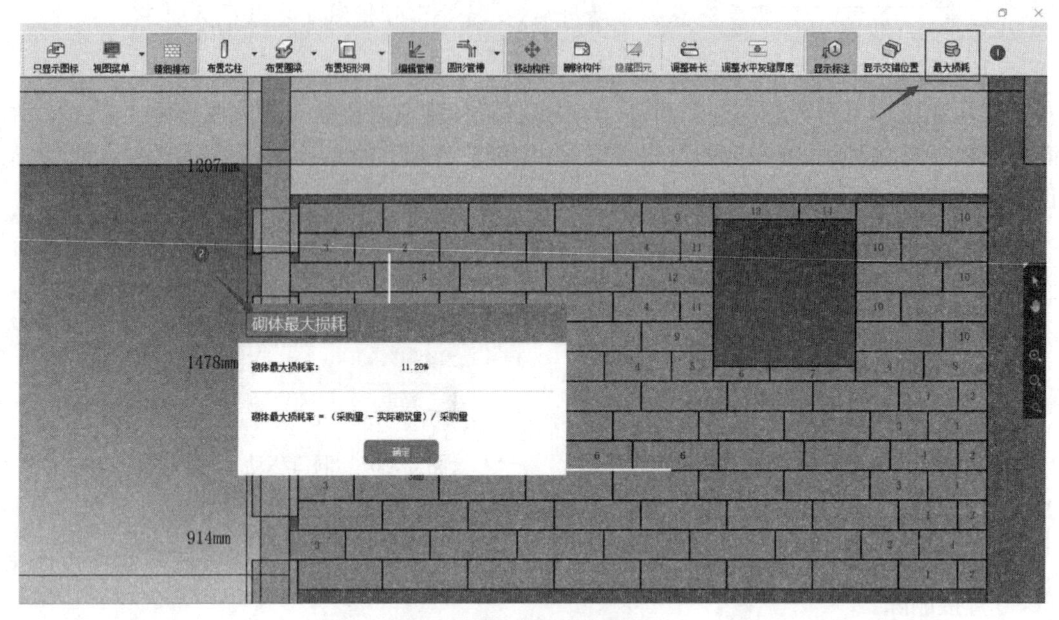

图 6-3-66　计算最大损耗

(20) 鼠标右键

在模型浏览界面点击鼠标右键,也可以进行移动构件、删除构件和隐藏图元的操作。

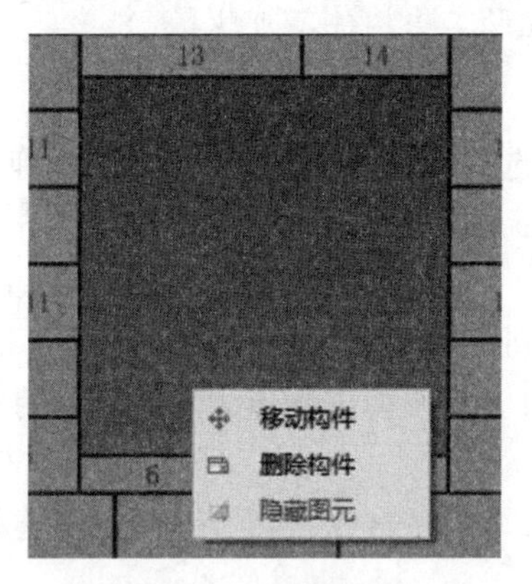

图 6-3-67　鼠标右键

(21) 自动排砖

设置完成后,单击右下角【自动排砖】,即可进行自动排砖。

(22) 导出 CAD

可将排砖结果输出为 CAD 格式,步骤方法可参考前文,不再赘述。

(23) 统计砌体需用量、灰缝厚度

统计该面墙所需砌体、规格及数量,标识显示的数字对应模型上显示的有该数字(标识)的砌体,可将其导出为 EXCEL 格式(如图 6-3-70),用于交付采购部门提前准备物资(如图 6-3-68)以及指导现场作业人员施工(如图 6-3-69)。

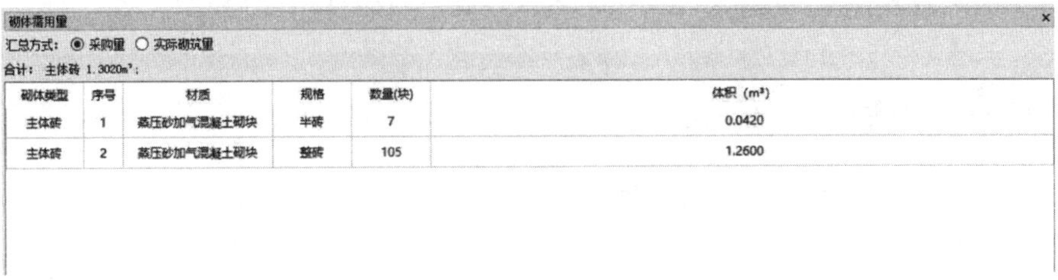

砌体需用量

汇总方式：◉ 采购量　○ 实际砌筑量

合计：主体砖 1.3020m³；

砌体类型	序号	材质	规格	数量(块)	体积（m³）
主体砖	1	蒸压砂加气混凝土砌块	半砖	7	0.0420
主体砖	2	蒸压砂加气混凝土砌块	整砖	105	1.2600

图 6-3-68　砌体采购量

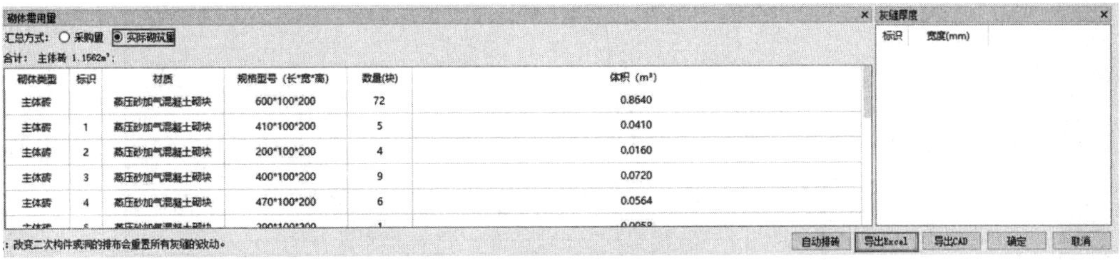

砌体需用量

汇总方式：○ 采购量　◉ 实际砌筑量

合计：主体砖 1.1562m³；

砌体类型	标识	材质	规格型号（长*宽*高）	数量(块)	体积（m³）
主体砖		蒸压砂加气混凝土砌块	600*100*200	72	0.8640
主体砖	1	蒸压砂加气混凝土砌块	410*100*200	5	0.0410
主体砖	2	蒸压砂加气混凝土砌块	200*100*200	4	0.0160
主体砖	3	蒸压砂加气混凝土砌块	400*100*200	9	0.0720
主体砖	4	蒸压砂加气混凝土砌块	470*100*200	6	0.0564

灰缝厚度

标识	宽度(mm)

：改变二次构件或洞的排布会重置所有灰缝的改动。

自动排砖　导出Excel　导出CAD　确定　取消

图 6-3-69　实际砌筑量

采购量

名称：砌体墙200-外-M5混合砂浆<1,C><1,B>

砌体类型	序号	材质	规格	数量(块)	体积（m³）
主体砖	1	蒸压砂加气混凝土砌块	半砖	7	0.0420
	2	蒸压砂加气混凝土砌块	整砖	105	1.2600

合计：主体砖 1.3020m³;

采购量　实际砌筑量　灰缝厚度　排砖图

图 6-3-70　砌筑量 EXCEL 表格

该面墙体精细排砖完成后，点击【精细排布】退回到“批量排砖”界面，继续选择其他需要精细排砖的墙体进行排砖，全部排布完成后。点击【确定】按钮关闭排砖窗体。

6. 报表管理

自动排砖设置完成后，可在“报表管理”模块查看砌筑材料需用计划表。选择【报表管理】→【报表树】→【建筑结构】→【砌筑材料需用计划表】→【报表范围设置】→【查询条件，范围类型—楼层】→【首层】。单击【确定】,生成砌筑材料需用计划表,如图 6-3-71 所示。

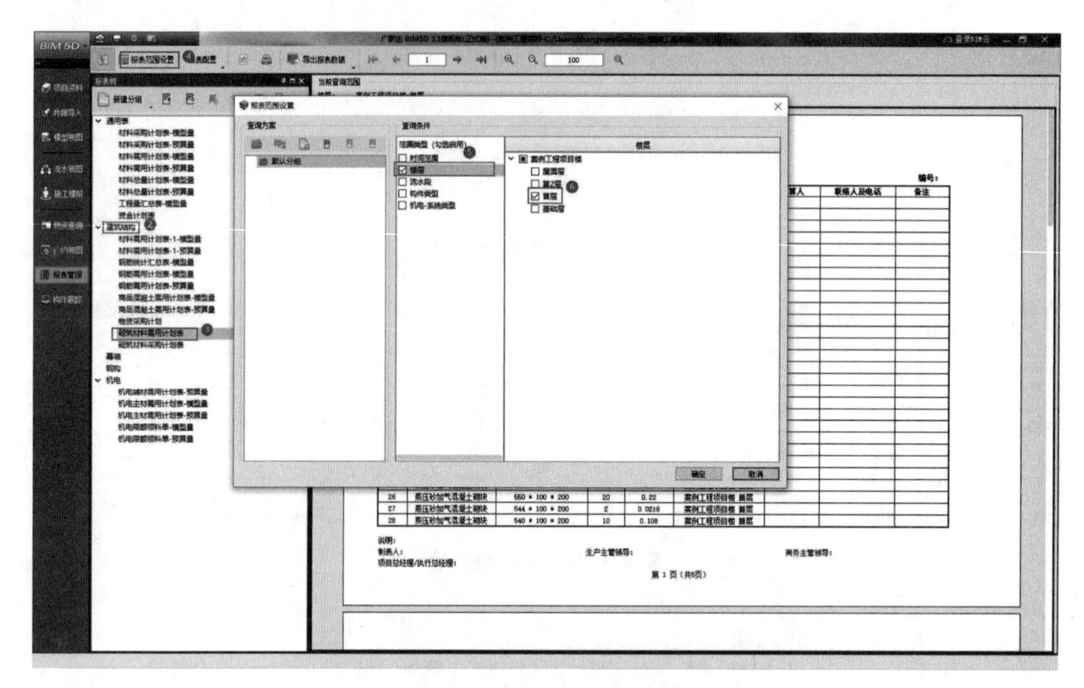

图 6-3-71 砌筑量 EXCEL 表格

砌筑材料需用计划表(图 6-3-72)可导出为多种格式。

砌筑材料采购计划表

填报单位: 填报时间: 2022-04-15 编号:

序号	物资名称	尺寸	块数	体积(m3)	使用部位	计算人	联络人及电话	备注
1	蒸压砂加气混凝土砌块	600 * 100 * 98	1	0.0059	案例工程项目楼 首层			
2	蒸压砂加气混凝土砌块	600 * 100 * 91	2	0.0109	案例工程项目楼 首层			
3	蒸压砂加气混凝土砌块	600 * 100 * 79	12	0.057	案例工程项目楼 首层			
4	蒸压砂加气混凝土砌块	600 * 100 * 55	7	0.0231	案例工程项目楼 首层			
5	蒸压砂加气混凝土砌块	600 * 100 * 32	1	0.0019	案例工程项目楼 首层			
6	蒸压砂加气混凝土砌块	600 * 100 * 200	4565	54.78	案例工程项目楼 首层			
7	蒸压砂加气混凝土砌块	600 * 100 * 182	1	0.0109	案例工程项目楼 首层			
8	蒸压砂加气混凝土砌块	600 * 100 * 155	26	0.2418	案例工程项目楼 首层			
9	蒸压砂加气混凝土砌块	600 * 100 * 152	11	0.1003	案例工程项目楼 首层			
10	蒸压砂加气混凝土砌块	600 * 100 * 147	6	0.053	案例工程项目楼 首层			
11	蒸压砂加气混凝土砌块	600 * 100 * 116	42	0.2923	案例工程项目楼 首层			
12	蒸压砂加气混凝土砌块	600 * 100 * 111	1	0.0067	案例工程项目楼 首层			
13	蒸压砂加气混凝土砌块	600 * 100 * 107	6	0.0384	案例工程项目楼 首层			
14	蒸压砂加气混凝土砌块	600 * 100 * 105	8	0.0504	案例工程项目楼 首层			
15	蒸压砂加气混凝土砌块	597 * 100 * 91	2	0.0109	案例工程项目楼 首层			
16	蒸压砂加气混凝土砌块	597 * 100 * 32	1	0.0019	案例工程项目楼 首层			
17	蒸压砂加气混凝土砌块	594 * 100 * 200	30	0.3566	案例工程项目楼 首层			
18	蒸压砂加气混凝土砌块	590 * 100 * 200	204	2.4072	案例工程项目楼 首层			
19	蒸压砂加气混凝土砌块	590 * 100 * 182	1	0.0107	案例工程项目楼 首层			
20	蒸压砂加气混凝土砌块	590 * 100 * 116	1	0.0068	案例工程项目楼 首层			
21	蒸压砂加气混凝土砌块	587 * 100 * 32	20	0.038	案例工程项目楼 首层			
22	蒸压砂加气混凝土砌块	580 * 100 * 200	50	0.58	案例工程项目楼 首层			
23	蒸压砂加气混凝土砌块	580 * 100 * 107	1	0.0062	案例工程项目楼 首层			
24	蒸压砂加气混凝土砌块	570 * 100 * 200	76	0.8664	案例工程项目楼 首层			
25	蒸压砂加气混凝土砌块	560 * 100 * 200	22	0.2464	案例工程项目楼 首层			
26	蒸压砂加气混凝土砌块	550 * 100 * 200	20	0.22	案例工程项目楼 首层			
27	蒸压砂加气混凝土砌块	544 * 100 * 200	2	0.0218	案例工程项目楼 首层			
28	蒸压砂加气混凝土砌块	540 * 100 * 200	10	0.108	案例工程项目楼 首层			

说明:
制表人: 生产主管领导: 商务主管领导:
项目总经理/执行总经理:

第 1 页(共6页)

图 6-3-72 砌筑量 EXCEL 表格及导出

7. 本节小结

(1) 自动排砖时,先设置选择楼层及专业构件类型,再点击排砖按钮,建议逐层进行排布,提高效率。

(2) 项目部小组需根据工程图纸墙体工程信息及砌体施工规范,设置基本参数,注意理解各项参数意义,制定排布方案。

(3) 设置完基本参数后,可点选、进行单选“Ctrl＋左键”多选或拉框全选等方式进行墙体选择,然后点击自动排砖。

(4) 可以针对单面墙体查看精细排布内容,在精细排布界面,可随时查看调整基本参数及精细排布各项参数,包括各类二次构件及洞口管槽的布置、调整砖长及灰缝厚度、查看最大损耗等。

(5) 精细排布界面可以查看砌体需用量及灰缝厚度,要理解采购量及实际砌筑量的区别。

(6) 排砖图在精细排布界面支持导出CAD格式及Excel格式,在自动排砖界面只支持CAD格式。

(7) 在报表管理中查看砌筑材料需用计划表,一定要先进行报表范围配置,才会根据范围显示对应内容,支持导出Excel和PDF格式文件。通过提交数据同步到其他端口,协同应用。

6.4　BIM5D生产应用

BIM5D生产应用主要体现在以下方面:

(1) 创建流水任务;

(2) 进度管理;

(3) 施工模拟;

(4) 工况模拟;

(5) 进度比对分析;

(6) 物资量提取。

6.4.1　创建流水任务

1. 流水任务概念

在组织流水施工时,通常把施工对象划分为劳动量相等或大致相等的若干个段,这些段称为施工段。每一个施工段在某一段时间内只供给一个施工过程使用。施工段可以是固定的,也可以是不固定的。在固定施工段的情况下,所有施工过程都采用同样的施工段,施工段的分界对所有施工过程来说都是固定不变的。在不固定施工段的情况下,对不同的施工过程分别地规定出一种施工段划分方法,施工段的分界对于不同的施工过程是不同的。固定的施工段便于组织流水施工,采用较广,而不固定的施工段则较少采用。

在划分施工段时,应考虑以下几点:

① 施工段的界限应尽可能与结构界限(如沉降缝、伸缩缝等)相吻合,或设在对建筑结构整体性影响小的部位,以保证建筑结构的整体性;

② 施工段上所消耗的劳动量尽可能相近;

③ 划分的段数不宜过多,以免延长工期;

④ 各施工过程均应有足够的工作面。

根据项目编制的施工方案及施工进度计划,为了方便协同工作,实现流水作业施工,在 BIM5D 中完成流水段划分,组织流水施工。

以案例工程为例,将本工程分为以下流水段:

基础层、屋顶层作为整体进行施工;1～2 层流水段划分以⑦轴为界限,⑦轴左侧部分为一区,右侧部分为二区,流水段划分如图 6-4-1 所示。

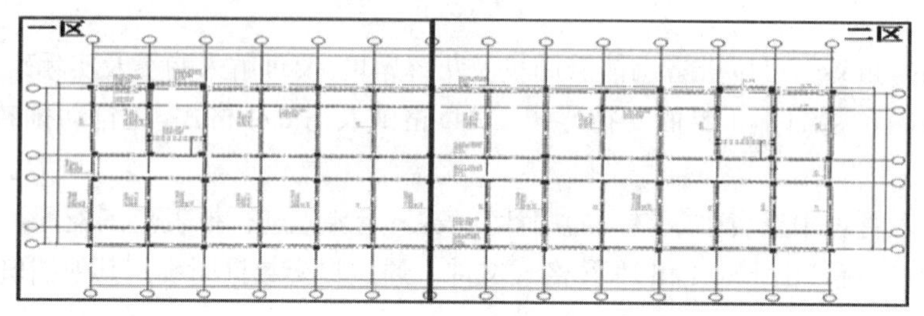

图 6-4-1　流水段划分

2. 划分过程

BIM5D 的流水段划分步骤:

流水段定义→新建流水段关联模型→复制关联→流水段导出→数据导出。

(1) 新建同级

点击【新建同级】弹出窗体,在类型中选择“单体”“楼层”“专业”和“自定义”中任意一个,在单体列表、楼层列表、专业列表中勾选(复选),或在自定义列表中新建。

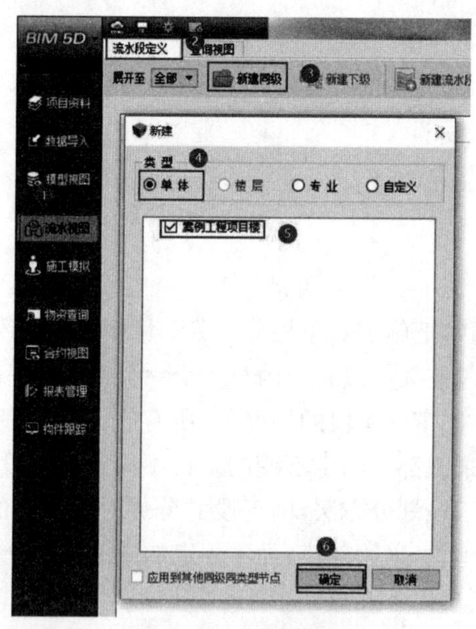

图 6-4-2　新建同级

注意：如果上级节点已有“单体”，才可以创建“楼层”层级。

（2）新建下级

点击【新建下级】弹出窗体，在类型中选择“单体”“楼层”“专业”和“自定义”中任意一个，在单体列表、楼层列表、专业列表中勾选（复选），或在自定义列表中新建。

注意：如果上级节点已有“单体”“楼层”“专业”这三种层级，这三种按钮会灰显不可选择。

为了方便管理，案例项目先新建“下级——专业”，再选中任一专业新建“下级——楼层”，勾选“应用到其他同级同类型节点”，点击【确定】，则完成所有专业下级楼层的创建，如图 6-4-5 完成楼层级创建。

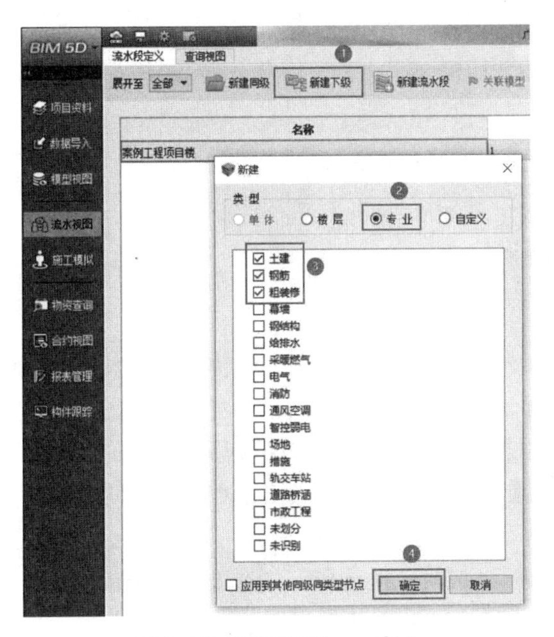

图 6-4-3　新建下级——专业

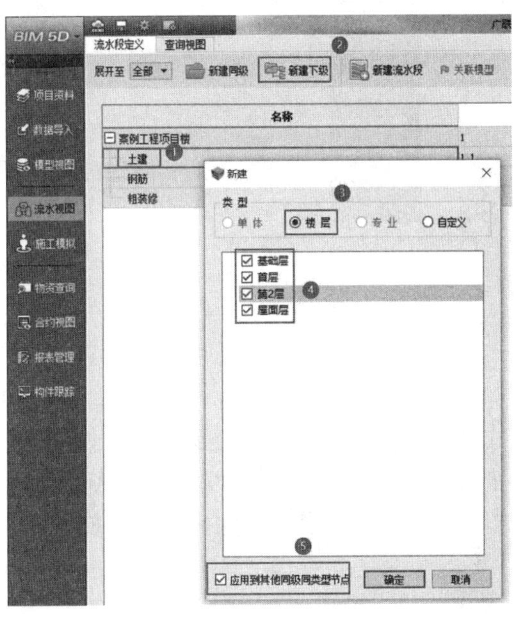

图 6-4-4　新建下级——楼层

名称	编码	类型	关联标记
案例工程项目楼	1	单体	
土建	1.1	专业	
基础层	1.1.1	楼层	
首层	1.1.2	楼层	
第2层	1.1.3	楼层	
屋面层	1.1.4	楼层	
钢筋	1.2	专业	
基础层	1.2.1	楼层	
首层	1.2.2	楼层	
第2层	1.2.3	楼层	
屋面层	1.2.4	楼层	
粗装修	1.3	专业	
基础层	1.3.1	楼层	
首层	1.3.2	楼层	
第2层	1.3.3	楼层	
屋面层	1.3.4	楼层	

图 6-4-5　完成楼层级创建

(3) 新建流水段

在任意分组下，都可以新建流水段，名称可以自定义，可不关联模型，如图 6-4-6。

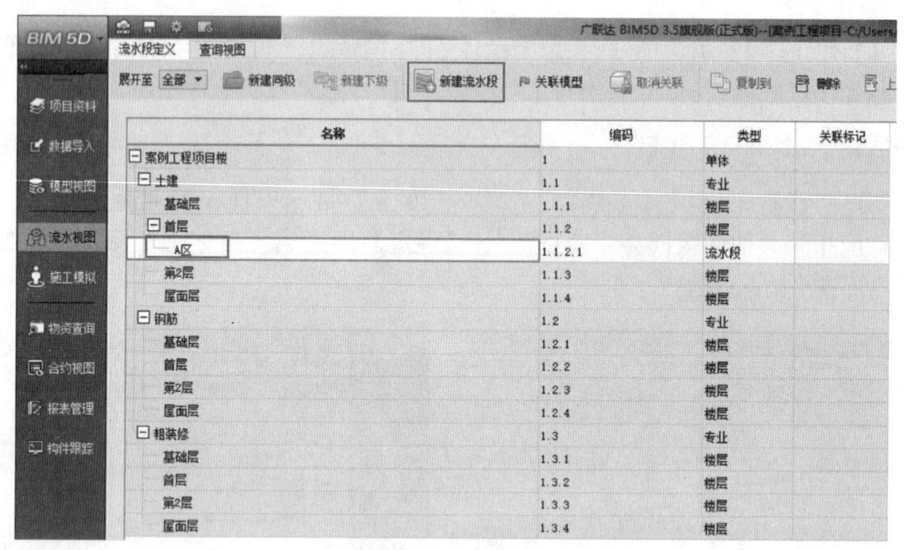

图 6-4-6　新建流水段

(4) 关联模型

如图 6-4-7，选中流水段，点击【关联模型】，进入流水段创建界面。显示构件类型选择全部构件，关联构建类型同样选择全部构件。单击【轴网显示设置】，选取“首层”，勾选【透视模式】，该设置可透过模型看到轴网，便于选取。单击【画流水段线框】，选取视图窗口下方点选工具，按要求绘制流水段线框。确认无误后，单击【应用并新建】，完成该流水段模型的关联。新建下一个流水段的关联操作不再赘述。

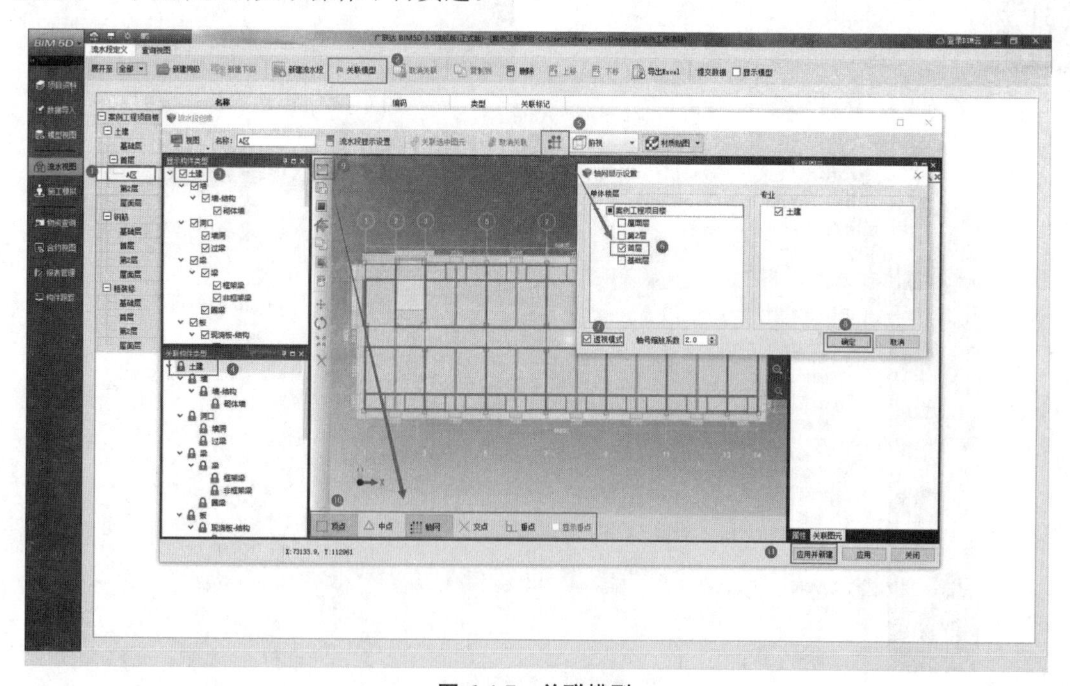

图 6-4-7　关联模型

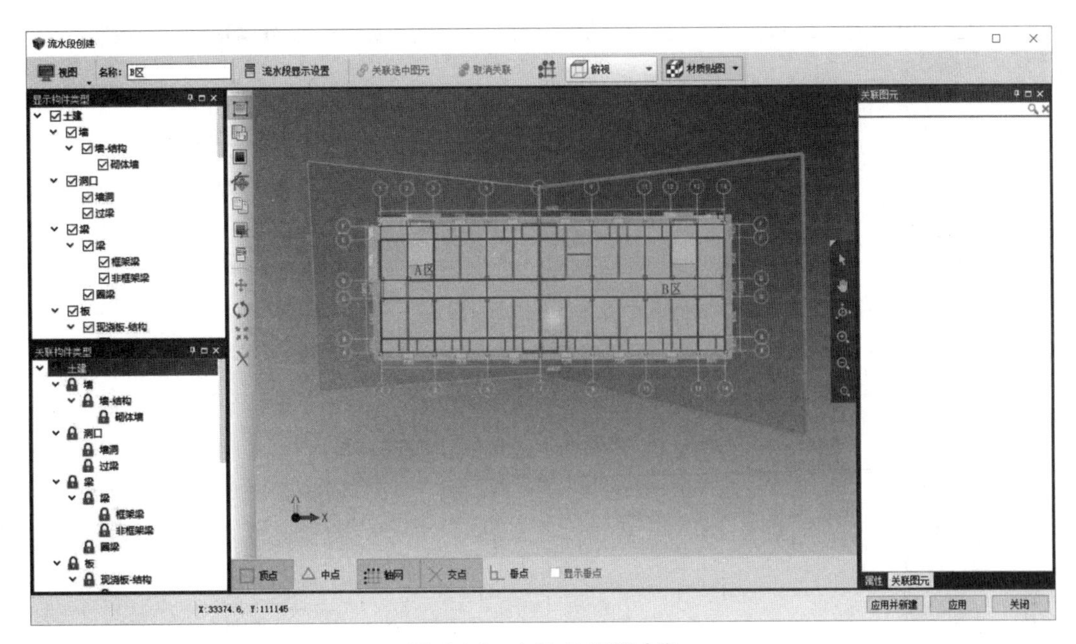

图 6-4-8　A 区、B 区流水段

流水段创建小技巧，若选取的点在模型边线内，如选择“交点”，可先按住键盘上的 Shift 键，再点选该点，则弹出相对偏移设置框，将流水框边界点以该点为基准竖直或水平偏移一段距离，移出到模型外。

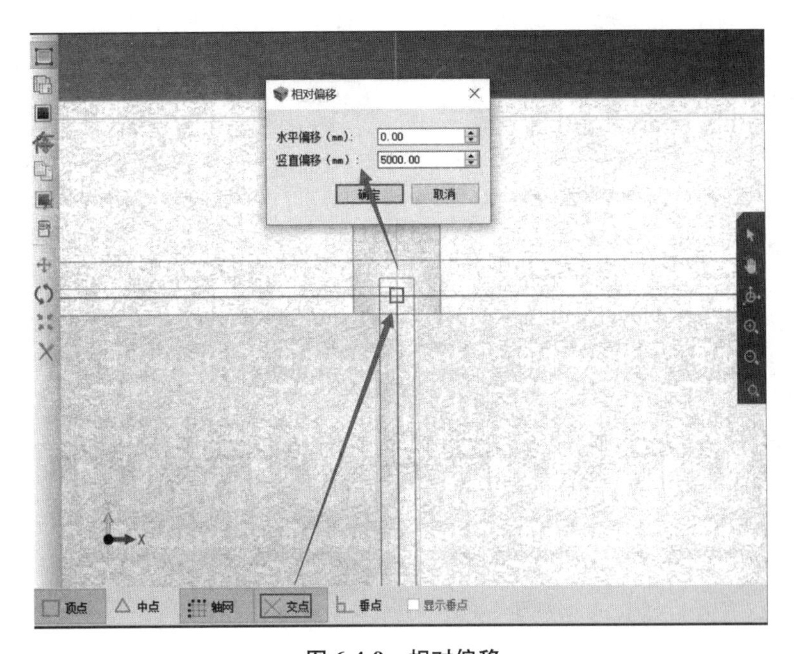

图 6-4-9　相对偏移

(5) 复制关联

若项目多个楼层的流水段划分相同，可在某一层流水段划分完成后，选中该层对应流水段，将其复制到其他楼层，如图 6-4-10～11。

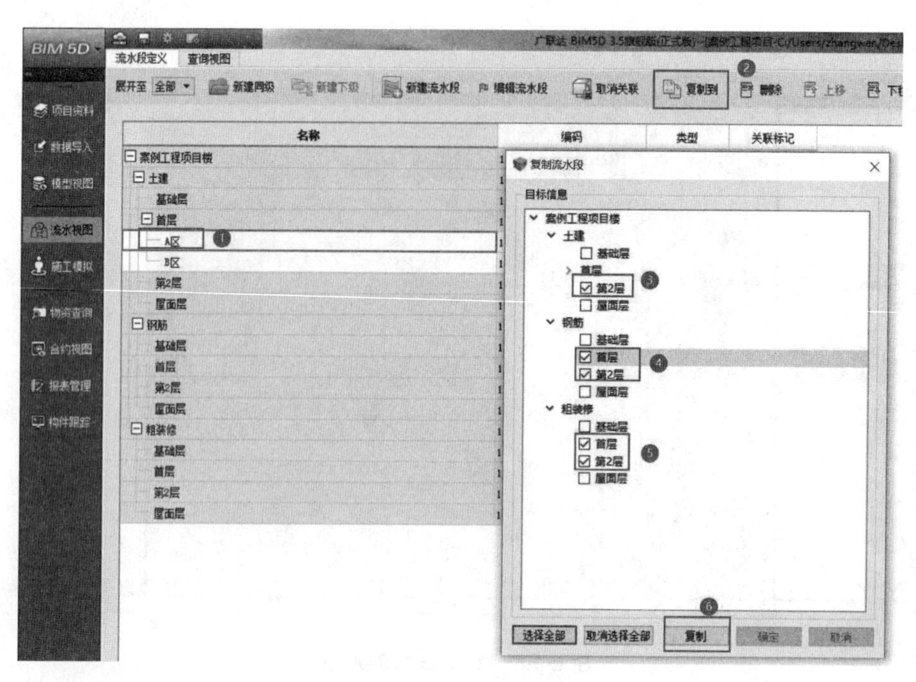

图 6-4-10 复制关联

名称	编码	类型	关联标记
案例工程项目楼	1	单体	
土建	1.1	专业	
基础层	1.1.1	楼层	
首层	1.1.2	楼层	
A区	1.1.2.1	流水段	
B区	1.1.2.2	流水段	
第2层	1.1.3	楼层	
A区	1.1.3.1	流水段	
屋面层	1.1.4	楼层	
钢筋	1.2	专业	
基础层	1.2.1	楼层	
首层	1.2.2	楼层	
A区	1.2.2.1	流水段	
第2层	1.2.3	楼层	
A区	1.2.3.1	流水段	
屋面层	1.2.4	楼层	
粗装修	1.3	专业	
基础层	1.3.1	楼层	
首层	1.3.2	楼层	
A区	1.3.2.1	流水段	
第2层	1.3.3	楼层	
A区	1.3.3.1	流水段	
屋面层	1.3.4	楼层	

图 6-4-11 完成关联复制

完成关联复制后，应选中流水段，单击【编辑流水段】，对复制的流水段是否与对应的构件完全关联进行检查。

(6) 流水段导出

完成流水段划分后，可以导出 Excel 表格对施工人员进行任务分配交底，同时点击显示模型可以进行形象进度交底，直观显示流水段对应施工内容，如图 6-4-12～13。

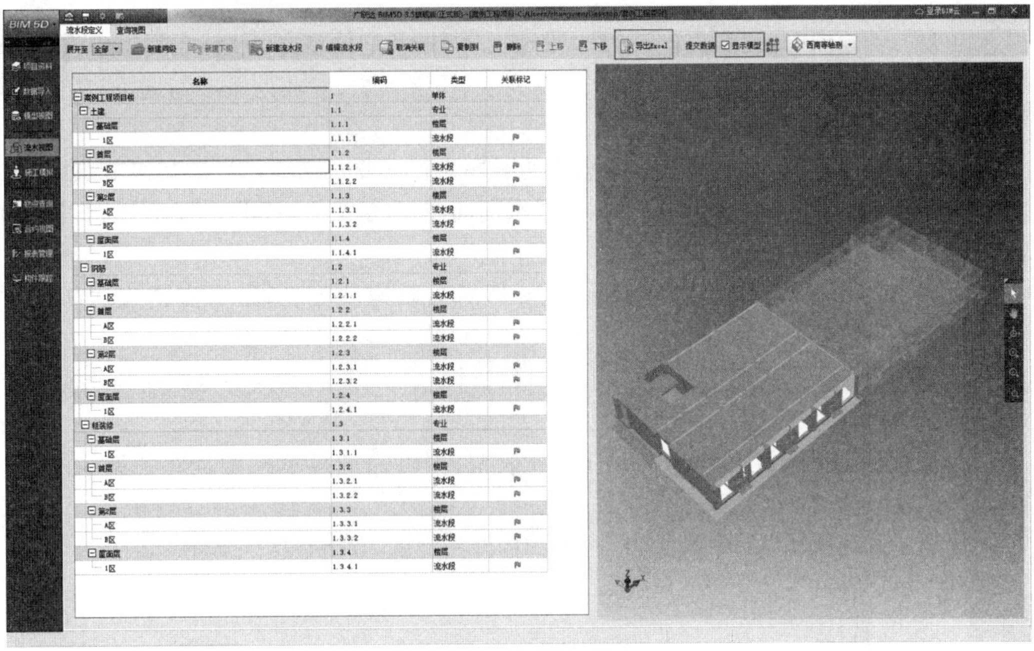

名称	编码	类型	关联标记
案例工程项目楼	1	单体	
土建	1.1	专业	
基础层	1.1.1	楼层	
1区	1.1.1.1	流水段	是
首层	1.1.2	楼层	
A区	1.1.2.1	流水段	是
B区	1.1.2.2	流水段	是
第2层	1.1.3	楼层	
A区	1.1.3.1	流水段	是
B区	1.1.3.2	流水段	是
屋面层	1.1.4	楼层	
1区	1.1.4.1	流水段	是
钢筋	1.2	专业	
基础层	1.2.1	楼层	
1区	1.2.1.1	流水段	是
首层	1.2.2	楼层	
A区	1.2.2.1	流水段	是
B区	1.2.2.2	流水段	是
第2层	1.2.3	楼层	
A区	1.2.3.1	流水段	是
B区	1.2.3.2	流水段	是
屋面层	1.2.4	楼层	
1区	1.2.4.1	流水段	是
粗装修	1.3	专业	
基础层	1.3.1	楼层	
1区	1.3.1.1	流水段	是
首层	1.3.2	楼层	
A区	1.3.2.1	流水段	是
B区	1.3.2.2	流水段	是
第2层	1.3.3	楼层	
A区	1.3.3.1	流水段	是
B区	1.3.3.2	流水段	是
屋面层	1.3.4	楼层	
1区	1.3.4.1	流水段	是

图 6-4-12　流水段导出

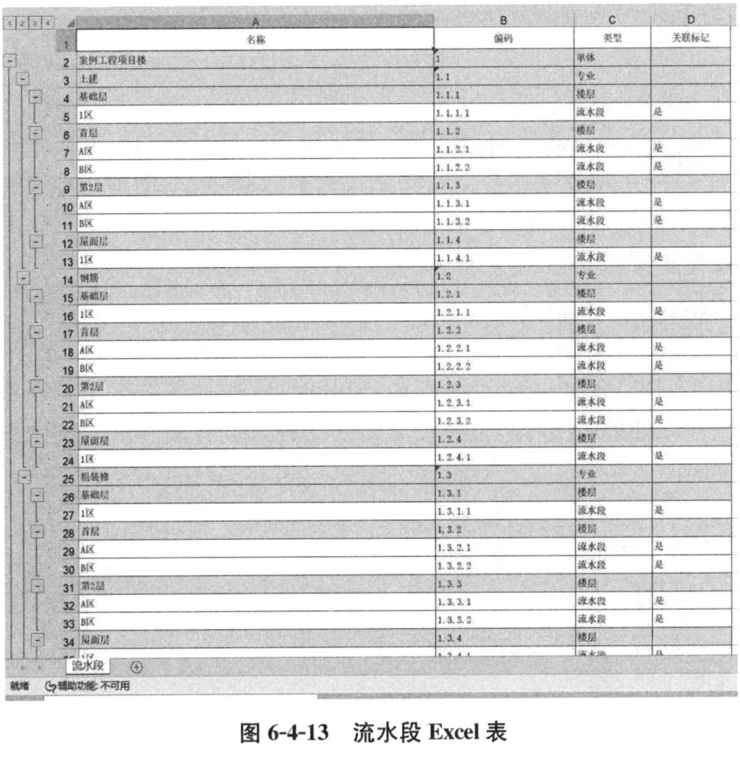

	A	B	C	D
1	名称	编码	类型	关联标记
2	案例工程项目楼	1	单体	
3	土建	1.1	专业	
4	基础层	1.1.1	楼层	
5	1区	1.1.1.1	流水段	是
6	首层	1.1.2	楼层	
7	A区	1.1.2.1	流水段	是
8	B区	1.1.2.2	流水段	是
9	第2层	1.1.3	楼层	
10	A区	1.1.3.1	流水段	是
11	B区	1.1.3.2	流水段	是
12	屋面层	1.1.4	楼层	
13	1区	1.1.4.1	流水段	是
14	钢筋	1.2	专业	
15	基础层	1.2.1	楼层	
16	1区	1.2.1.1	流水段	是
17	首层	1.2.2	楼层	
18	A区	1.2.2.1	流水段	是
19	B区	1.2.2.2	流水段	是
20	第2层	1.2.3	楼层	
21	A区	1.2.3.1	流水段	是
22	B区	1.2.3.2	流水段	是
23	屋面层	1.2.4	楼层	
24	1区	1.2.4.1	流水段	是
25	粗装修	1.3	专业	
26	基础层	1.3.1	楼层	
27	1区	1.3.1.1	流水段	是
28	首层	1.3.2	楼层	
29	A区	1.3.2.1	流水段	是
30	B区	1.3.2.2	流水段	是
31	第2层	1.3.3	楼层	
32	A区	1.3.3.1	流水段	是
33	B区	1.3.3.2	流水段	是
34	屋面层	1.3.4	楼层	

流水段

就绪　辅助功能: 不可用

图 6-4-13　流水段 Excel 表

3. 本节小结

(1) 划分流水段时，注意先进行流水段定义，点击新建同级或下级，在类型中选择“单体、楼层、专业和自定义”中任意一个，在单体列表、楼层列表、专业列表中勾选，或在自定义列表中新建。

(2) 一般按照单体、专业、楼层、流水段的顺序进行建立。当流水段的父级节点同时包含“单体”和“专业”，且不包含“楼层”时，可以采用新建“自定义”选择图元的方法进行模型关联，此方法一般用于跨层图元的关联。

(3) 流水段关联时，注意先进行画线框，然后关联构件类型，最后点击应用/应用并新建。

(4) 可利用复制到功能快速将已有流水段进行复制，可复制到其他专业及其他楼层，流水段可按照 Ctrl＋左键进行多选一并复制。

(5) 可以在流水段定义界面导出 Excel 表格，同时勾选显示模型查看各流水段模型情况。

(6) 通过查询视图，可以查询各流水段的构件工程量，导出数据到 Excel 表格。

6.4.2 进度管理

进度是项目管理中最重要的一个因素。进度管理就是为了保证项目按期完成、实现预期目标而提出的，它采用科学的方法确定项目的进度目标，编制进度计划和资源供应计划，进行进度控制，在与质量、费用目标相互协调的基础上实现工期目标。项目进度管理的最终目标通常体现在工期上，就是保证项目在预定工期内完成。

根据技术部编制的施工进度计划，为了方便协同工作，结合流水施工作业，在 BIM5D 中导入进度计划，按分区划分流水段后与相应任务项关联，按上面要求设置关联关系，进行模拟，分析计划的可行性，并调整计划。

施工进度模拟步骤如下

1. 导入工程进度计划

目前 BIM5D 支持“Windows Project”和“斑马进度”两种软件导出的格式，两者均需安装对应的进度软件。如果使用“斑马进度”编辑的工程进度计划，则需要在“斑马进度”软件中自行填写实际时间。

2. 任务关联模型

选择相对应的进度计划中任务，关联流水视图中划分好的流水段或直接关联目标图元。下面以案例工程为例，介绍进度计划的导入及模型关联。

(1) 导入进度计划文件

点击【导入进度计划】，把编写好的进度计划导入进软件，如图 6-4-14。单击【编辑计划】，可返回原始文件进行编辑。

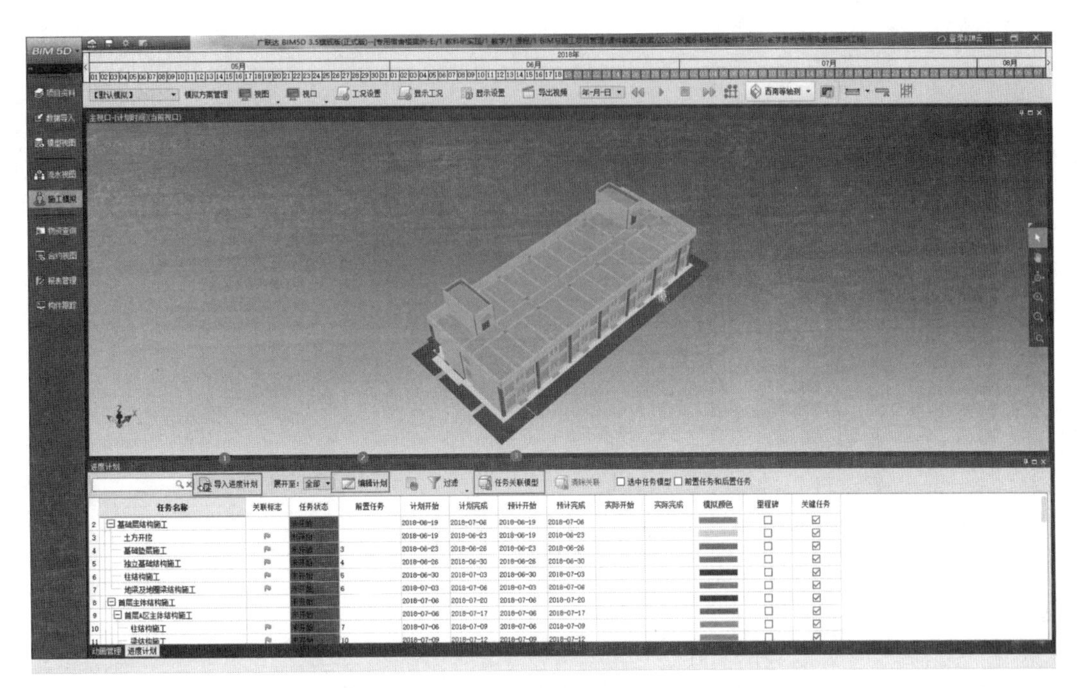

图 6-4-14　导入进度计划

（1）任务展开

点击“任务展开”，可选择任务的级别来显示在进度计划中，便于查看。

（2）编辑计划

点击“编辑计划”，会进入到 Windows Project/斑马进度软件中，在其中修改进度计划并保存，即可对已导入的进度计划进行修改。

（3）图表

点击“图表”，会弹出任务状态统计窗口，在窗口的左侧会有任务状态的饼图统计数据，右侧有任务状态的列表统计数据。

（4）过滤

过滤功能可根据实际需要，对计划/实际时间、任务状态、关键路径、执行单位以及流水段进行组合的方式过滤。

3. 任务关联模型

（1）关联流水段

如图 6-4-15，选择关联流水段模式，选择相应的单体楼层、专业，即可看到之前在流水视图中划分的流水段，选择目标流水段下对应的构件类型与任务进行关联。

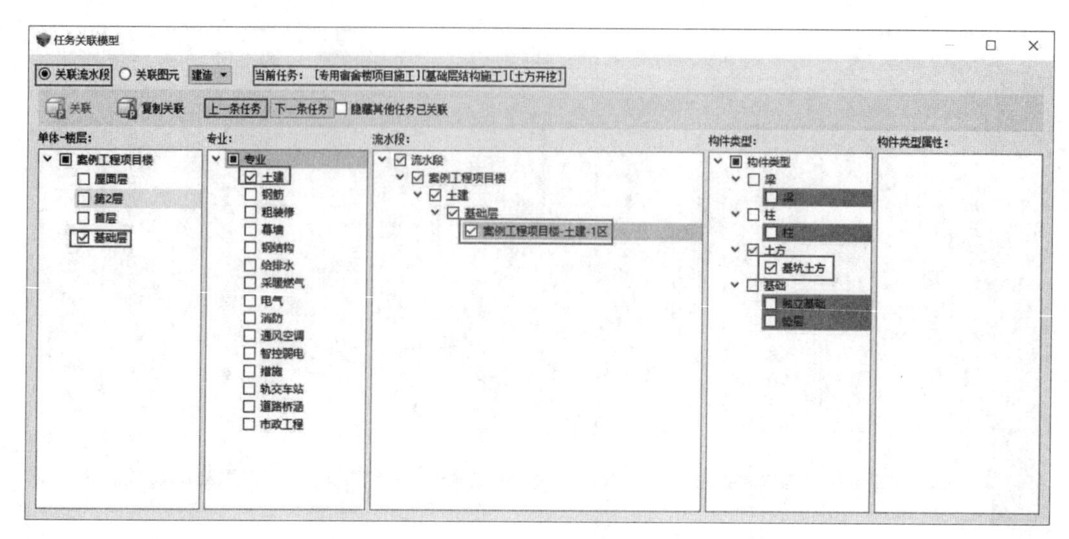

图 6-4-15　关联流水段

(2) 关联图元

选择关联图元模式，可根据单体楼层、专业来点击或框选来选择目标图元，选中的图元为蓝色，点击选中图元关联到任务，即可将目标图元关联在任务上。

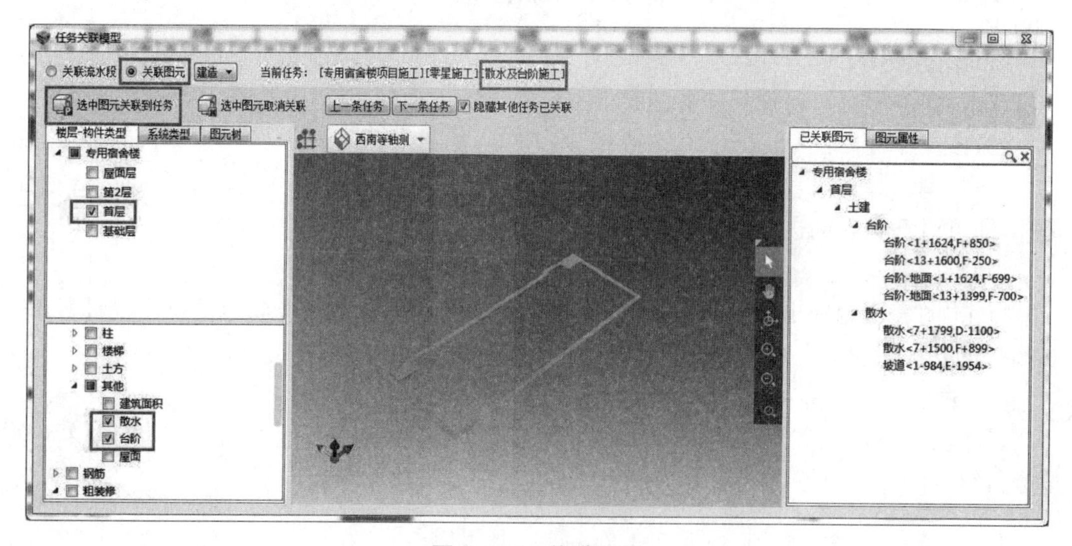

图 6-4-16　关联图元

(3) 清除关联

点击【清除关联】，可将任务上已关联的流水段和图元取消关联状态。

(4) 选中任务模型

启用【选中任务模型】功能，再单击选择想要查看的任务，即可在视口中看到目标图元变为蓝色。

(5) 前置任务和后置任务

启用【前置任务和后置任务】功能，点击选择【进度计划任务】，可以查看目标任务的前置任务以及后置任务，当选择的进度计划任务没有前置任务或后置任务时，则显示为空。

4. 本节小结

(1) 进度计划导入支持Microsoft Project及斑马进度两种格式，无论导入哪种，均需安装对应软件。

(2) 点击编辑计划会进入到Project/斑马进度软件中，可对已导入的进度计划进行修改。

(3) 任务关联模型包括关联流水段及关联图元两种方式，根据需求灵活选择。

(4) 复制关联只支持不同楼层相同流水段之间的复制，否则关联构件会出错。

6.4.3　施工模拟

施工模拟是将施工进度计划写入BIM信息模型后，空间信息与时间信息被整合在一个可视的4D模型中，直观、精确地模拟整个建筑的施工过程。集成全专业资源信息用静态与动态结合的方式展现项目的节点工况，以动画形式模拟重点难点的施工方案。提前预知本项目主要施工的控制方法、施工安排是否均衡，总体计划、场地布置是否合理，工序是否正确，并可以进行及时优化。

生产部、技术部人员进行虚拟施工模拟，进行现场三维可视化技术交底，方便了解施工工艺与技术要求，采用模拟视频，定期向甲方汇报，明确目前的施工状态，了解计划和目前工期差距，同时根据差距做进度计划校核。

施工模拟方案有默认模拟和动画方案模拟2种方式。

1. 默认模拟

每个工程中都有一个自带的施工模拟方案，名称为“默认模拟”。

(1) 视口

屏幕中央蓝色背景区域为视口，鼠标右键点击视口中的任意区域，打开“视口属性”，其中时间类型默认为计划时间，所有专业默认勾选，各专业的透明度为默认；“显示范围”则默认为全部不勾选，可按需要自己手动勾选，确定即可保存之前的操作。在视口上方，有一排工具栏，其中有一个功能叫做“视口”，可以在视口功能中新建视口或者显示/隐藏已有的视口，新建的视口会出现在屏幕中央的视口窗中。

(2) 时间轴

在窗口顶部，有年月日的时间轴，可以通过鼠标左键拖动选择时间，也可以鼠标右键定位时间或是按进度计划选择时间。通过对时间的选择以及任务关联模型，可以针对不同的时间，显示不同阶段的模型以及进度。

(3) 工况设置

在视口功能的右边第一个，是“工况设置”功能。点击“工况设置”，可以进入“工况设置”窗口。

① 视图

“识图”功能可显示/隐藏“工况列表”“在场其他模型”“属性”三个窗口。

② 保存

选中时间，进行操作，点击【保存】即可对本次的操作及数据进行保存，并且在工况列表中显示。

选中工况列表中已有的工况，进行操作，点击【保存】即可对已有的工况进行数据修改并保存。

③ 重置

重置所有数据，恢复至上一次保存时的数据。

④ 载入模型

可载入进度模型、实体模型、场地模型和其他模型，其他模型一般为塔吊、吊车这类动画模型。

⑤ 模型操作——删除

选中视口中的模型，点击【删除】按钮即可删除。

⑥ 模型操作——移动

点击【移动】按钮，再选择要移动的模型，模型会出现 XYZ 轴，可以通过对不同轴的拖动来移动模型。

⑦ 模型操作——旋转

点击【旋转】按钮，再选择要旋转的模型，模型会出现 XYZ 轴，可以通过对不同轴的移动来旋转模型。

⑧ 模型操作——缩放

点击【缩放】按钮，再选择要缩放的模型，模型会出现 XYZ 轴，可以通过对不同轴的移动来缩放模型。

⑨ 模型操作——中心轴

在【移动】、【旋转】或【缩放】按钮在启用的情况下，点击【中心轴】按钮，出现的 XYZ 轴会固定在中心处，中心点不会发生移动。

⑩ 模型操作——动画设置

选中要进行动画设置的其他模型，点击【动画设置】，即可以添加或删除之前在模型视图的动画制作中设计好的动画，此处可以设置动画的开始、结束时间，并选择是否开启、循环以及回放，“参数设置”可以改变模型在工况中的参数情况。

⑪ 模型操作——轴网显示设置

点击【轴网显示设置】，可以根据单体楼层、专业类型来显示轴网，并且可以调节标号大小，以及打开透视模式。

⑫ 模型操作——视角

通过视角功能，可以直接选择要观察的视角，对模型进行观测。

⑬ 模型操作——长度测量以及删除

通过长度测量功能，可以在模型上取得点对点的距离长度，并且在视口上显示出来；删除功能则可以删除在视口上显示的长度信息。

⑭ 工况列表

在时间轴上定位时间，并对模型进行操作，完成之后点击【保存】按钮，指定时间的工况设置便会保存在工况列表中

⑮ 在场其他模型

在时间轴上定位时间，点击【载入其他模型】，选择已经制作好的模型，选择插入位置之

后，模型信息以及进场时间就可以在“在场其他模型”列表中显示出来，并可以根据工程实际，选择模型的出场时间。

⑯ 属性

在视口中，选择想要查看属性的模型，点击【选择】，在属性列表中即可看到模型的属性信息。

(4) 工况列表

在时间轴上定位时间，并对模型进行操作，完成之后点击【保存】按钮，指定时间的工况设置便会保存在工况列表中。

(5) 在场其他模型

在时间轴上定位时间，点击【载入其他模型】，选择已经制作好的模型，选择插入位置之后，模型信息以及进场时间就可以在在场其他模型列表中显示出来，并可以根据工程实际，选择模型的出场时间。

(6) 属性

在视口中，选择想要查看属性的模型，点击【选择】，在属性列表中即可看到模型的属性信息。

默认模拟步骤如下：

编辑视口属性→选择对应时间段→播放视频及导出。

(1) 设置视口属性

在“视图视口”区域点击鼠标右键，选择“视口属性”，对“时间类型”“显示设置”“显示范围”进行设置。

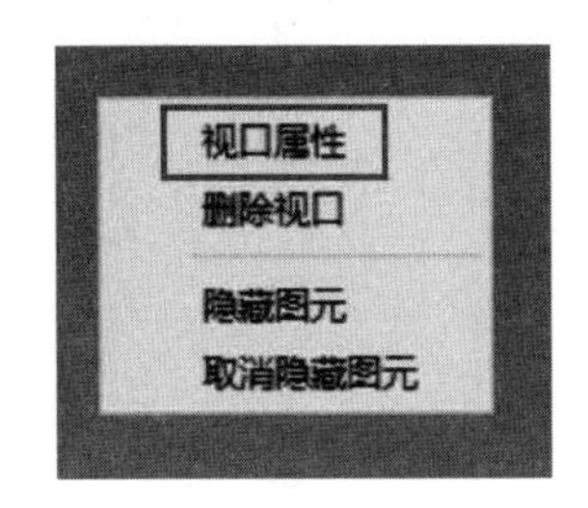

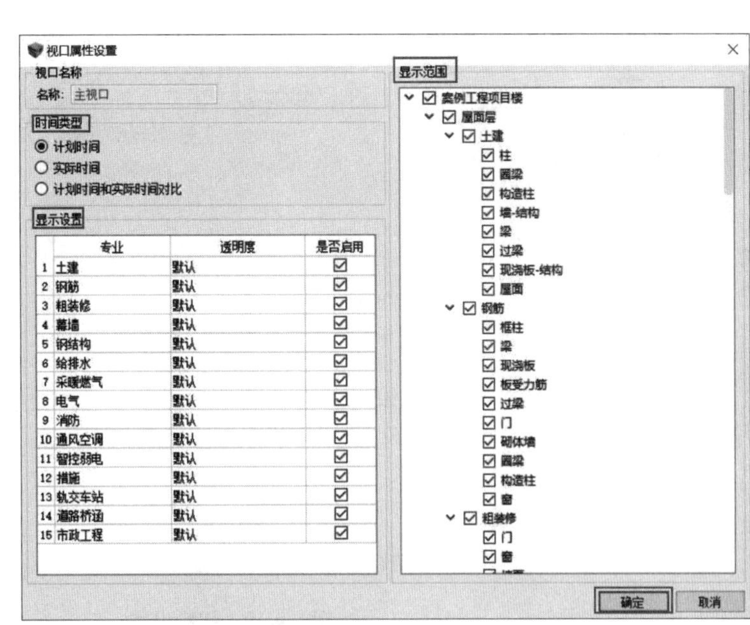

图 6-4-17　视口属性

(2) 定位时间或选择时间范围

先确定时间轴的显示方式，再在时间轴上点击鼠标右键，定位时间或按进度选择时间范围。

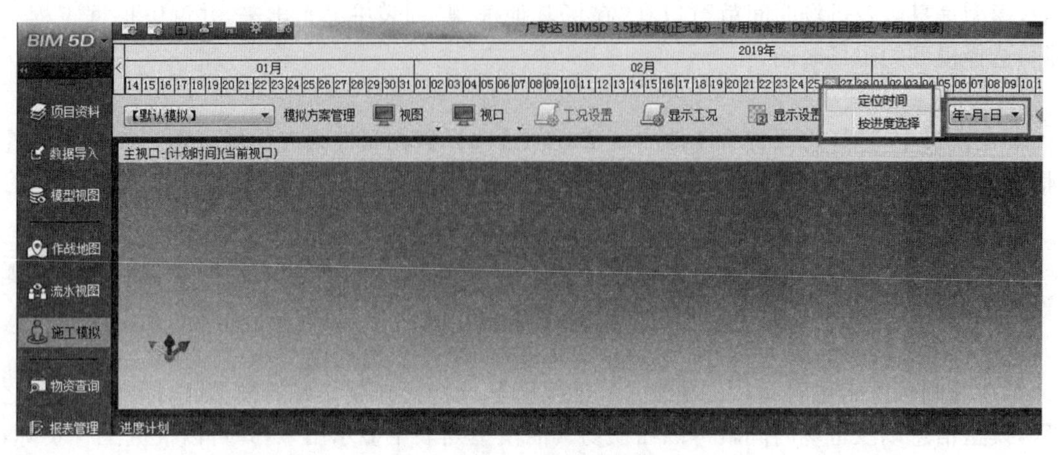

图 6-4-18　时间设置选择

(3) 播放视频及导出

点击【播放查看】,再选择“导出视频”,设置如图 6-4-19～20。

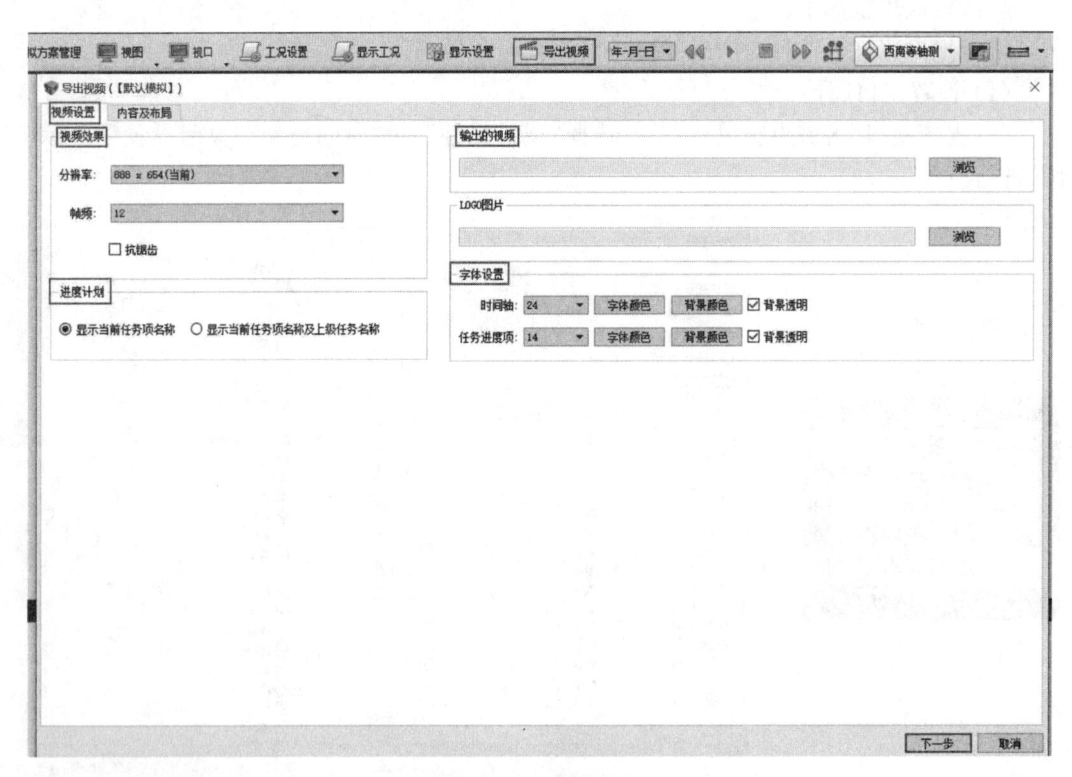

图 6-4-19　视频设置

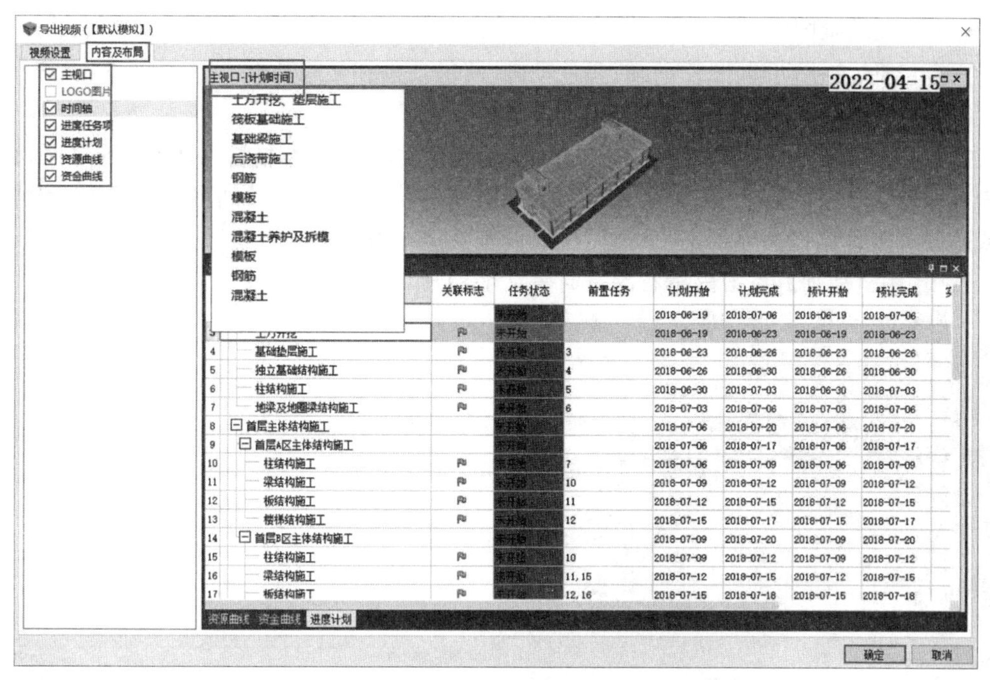

图 6-4-20　导出视频内容及布局设置

2. 模拟方案管理

在模拟方案管理中，可以根据工作需要增加模型方案，设置播放时长以及开始结束时间。

(1) 模拟方案管理

模拟方案管理动画主要步骤：模拟方案管理→添加动画内容→方案导出。

单击【模拟方案管理】，可以添加、编辑、复制、删除、调序模拟方案。点击【添加】，可以新添加模拟方案，对方案的名称、播放时长、开始结束时间进行设置，默认方案动画 1s 为 1 天。

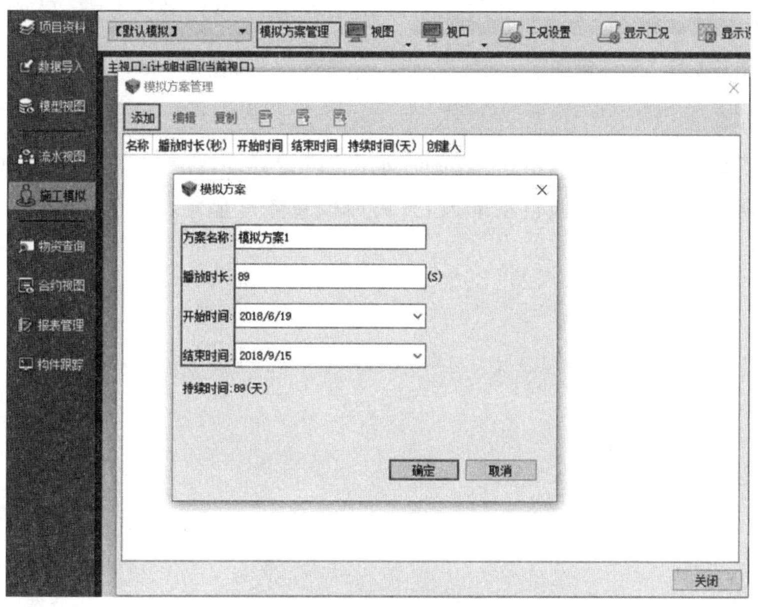

图 6-4-21　视频设置

(2) 添加动画内容

内容包括:文字动画、图片动画、颜色动画、路径动画和显隐动画。

① 文字动画

如图 6-4-22,在动画管理窗口中,右键"新增文字动画",可进入文字动画设置界面,在窗口中可以设置文字内容、字体大小、字体颜色、随窗自动缩放,持续时间可以按照手工设置时间或是按进度计划任务显示文字,最后可以设置文字在窗口中的位置。

选中【相机动画】,点击鼠标右键,选择"文字动画",如图 6-4-23。

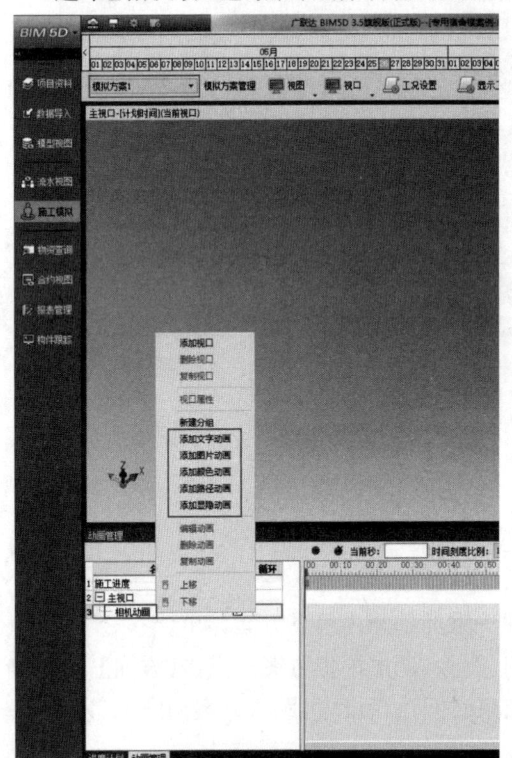

图 6-4-22　动画管理

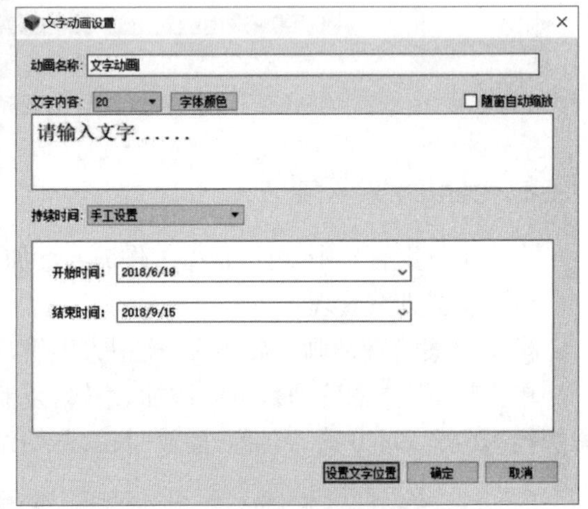

图 6-4-23　文字动画

② 图片动画

右键点击"新增图片动画",可进入"图片动画"设置界面,在窗口中可以设置图片的高度与宽度,并可以设置是否随窗体自动缩放,并可以设置图片显示和消失的时间。设置界面如图 6-4-24 所示。

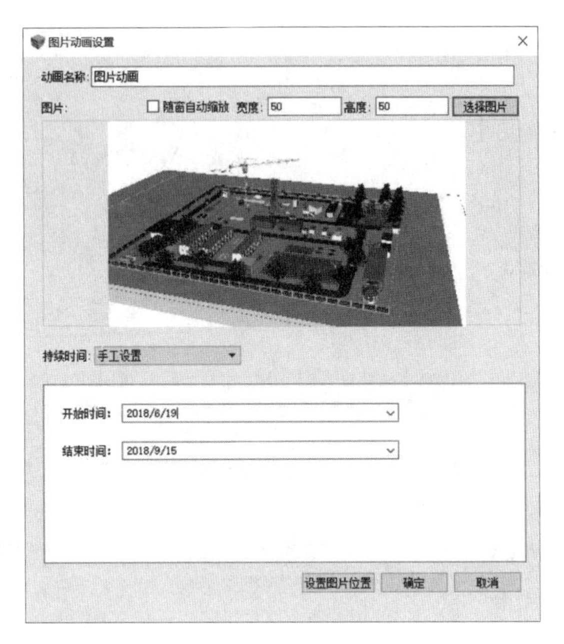

图 6-4-24　图片动画

③ 颜色动画

新增颜色动画(如图 6-4-25),需要选定图元,在视口中右键点击“确定并继续”(如图 6-4-26),进入颜色动画设置界面中,在此处可以设置图元的颜色,以及颜色的持续时间(如图 6-4-27)。

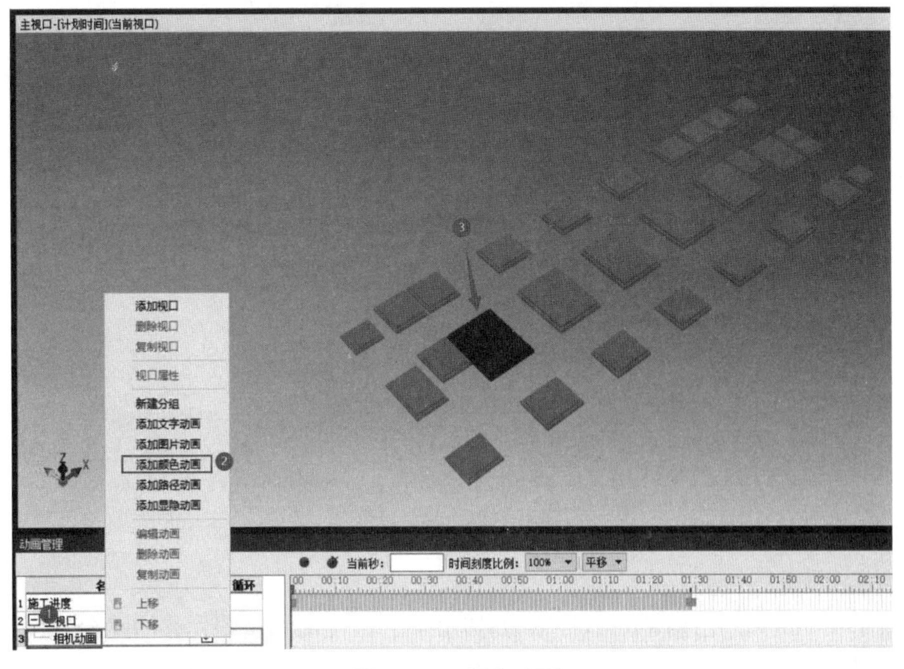

图 6-4-25　颜色动画

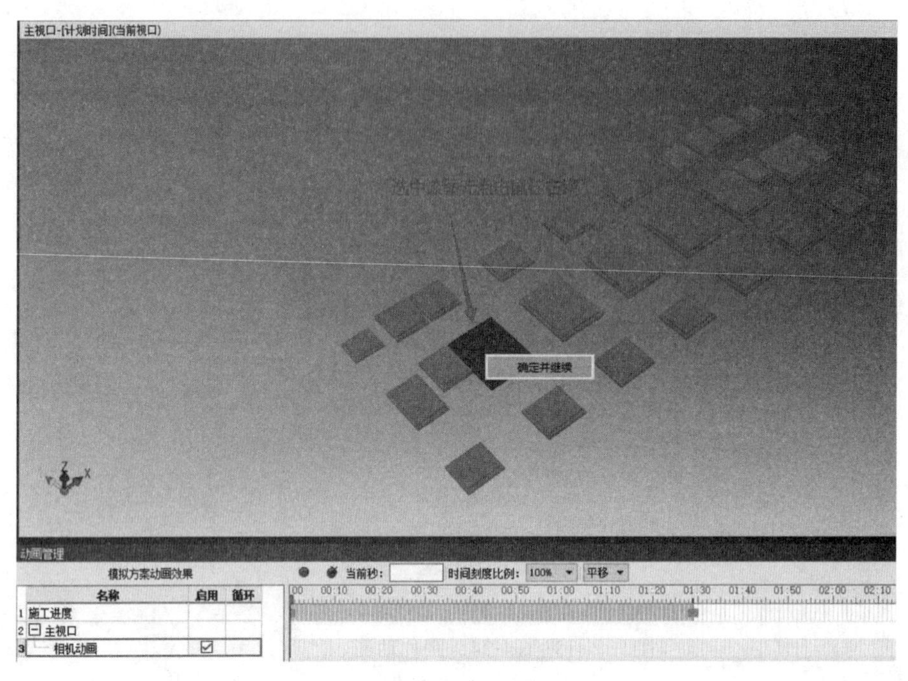

图 6-4-26　选中图元

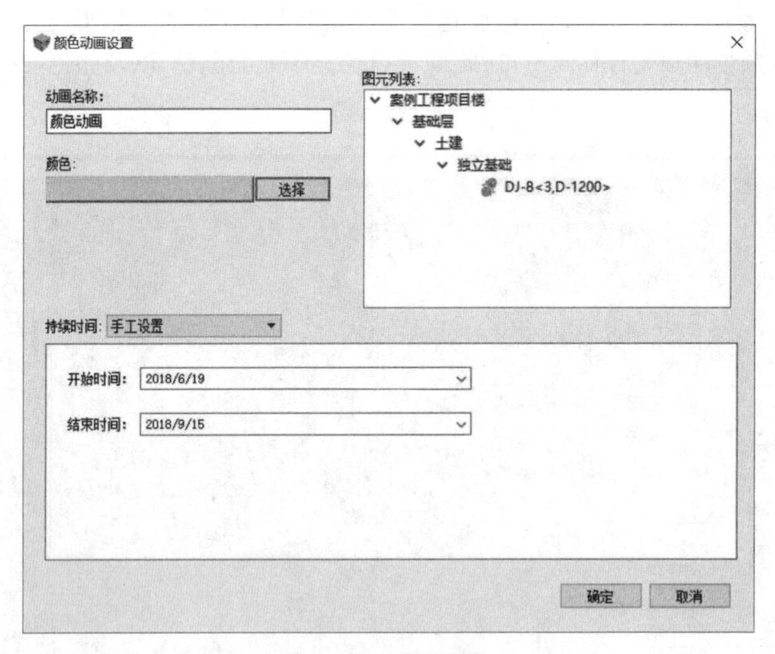

图 6-4-27　颜色设置

④ 路径动画

新增路径动画，首先选择节点，即需要移动的图元，然后编辑图元移动路径，接着编辑初始方向，并且可以设置每个节点的标高，确定之后，在播放施工模拟时即可看见选择的图元进行移动。

具体步骤为：右键新建路径动画；选择节点即需添加路径图元；选中后右键点击【下一步】；绘制路径方向；右键返回编辑界面；点击【确定】。

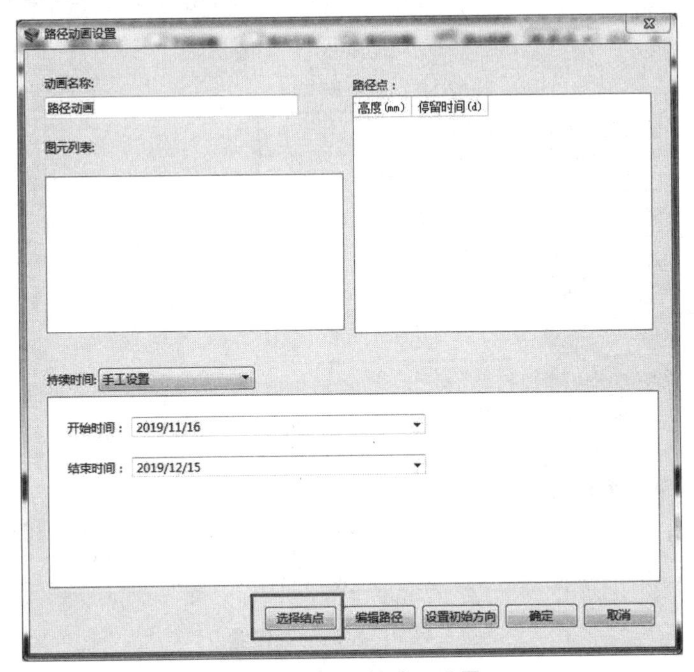

图 6-4-28　路径动画设置

图 6-4-29　路径设置

⑤ 显隐动画

新增显隐动画，只需选择目标图元，设定显示/隐藏日期，设置持续时间即可。

具体步骤为：右键新建显隐动画点击选择图元；再点左键选择图元，右键返回编辑界面；然后设置显隐时间及持续时间后点击【确定】。

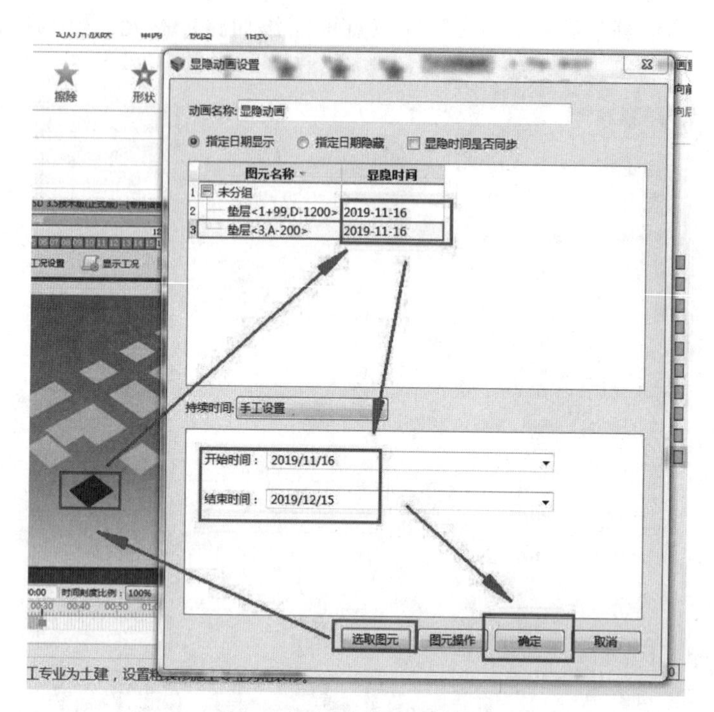

图 6-4-30　显隐动画设置

(3) 导出视频,提交数据(同默认模拟)。

3. 本节小结

(1) 施工模拟可以分为默认模拟和方案模拟两种形式,只有方案模拟可以添加各种动画效果。

(2) 模拟前需要设置视口属性,注意选择显示构件范围可以决定构件是否显示。

(3) 动画类型包括相机动画、文字动画、路径动画、图片动画、颜色动画、显隐动画等,可在任意时点添加设置。

(4) 制定好的默认模拟及方案模拟均可导出视频,而导出设置,内容及布局可以自行设定。

6.4.4　工况模拟

工况模拟是将施工现场的场地阶段变化及施工机械行为结合到施工模拟中,将场地、垂直运输机械和大型机械设备与模型集成做模拟分析,考虑大型机械进场通道,能更好地指导现场施工。在施工模拟过程中,同样可以加入场地部分的模型变化,输出施工模拟视频。根据施工机械进场及出场设定,可以直接统计机械进出场时间等信息。

基于项目进行工况设置,进行现场工况方案制定,方便确认施工现场场内变化及机械进出时间节点,采用模拟视频,定期召开进度例会,明确目前的施工状态。

工况模拟的基本流程:点击工况设置切换至设置界面→点击对应时间点选择日期→载入模型保存→点击显示工况→在场机械统计→视频导出、数据提交(同施工模拟)。

注意：载入进度模型时，只有在当天关联模型时，才能把关联的模型载入，否则不能载入，并会跳出相关提示。

工况设置根据前期导入的场地模型及其他模型进行设定，选择导入的时间决定进场时间，选择删除的时间决定出场时间，如图 6-4-31～32。

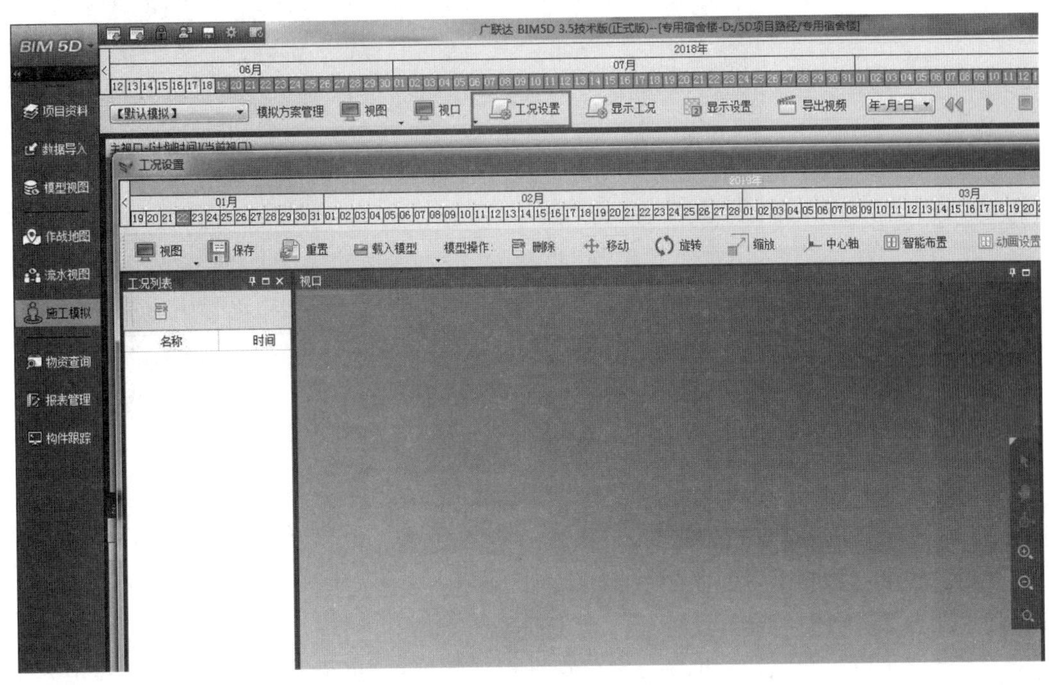

图 6-4-31　进入工况设置界面

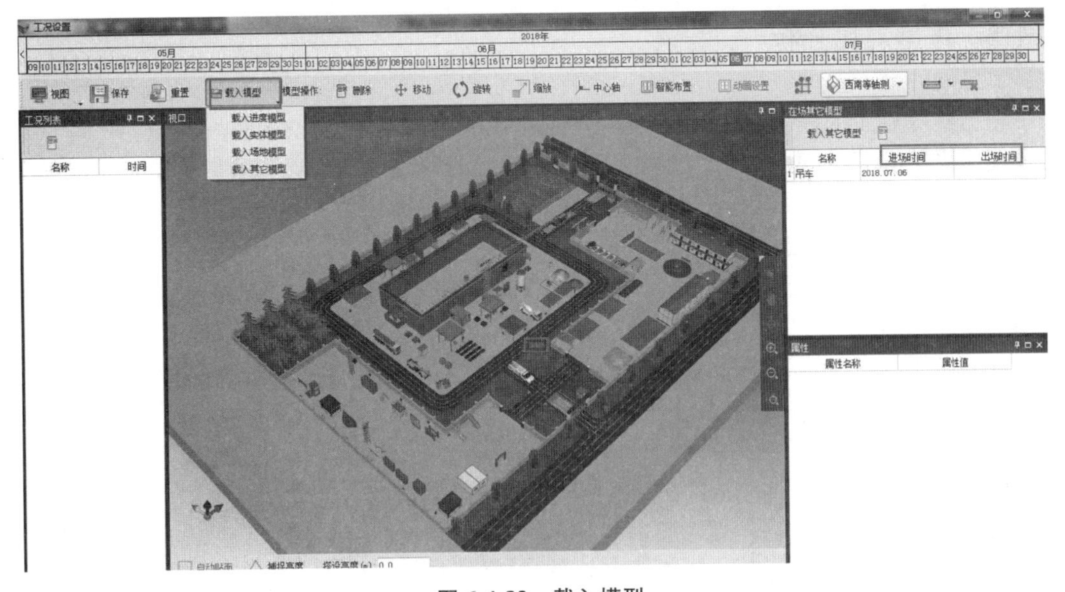

图 6-4-32　载入模型

图 6-4-33　保存工况

工程设置的过程是先选择时间点(非持续时间段),然后选择导入或删除模型,最后点击保存到工况列表,如图 6-4-33。

工况设置可以配合默认模拟及方案模拟进行视频展示,也可以配合动画路径模拟各类机械设备进出场路线及场内施工路径等。

6.4.5　进度对比分析

根据实际施工的任务起始时间录入到系统,以实际与计划对比分析差距,这对于后续施工进度的决策具有关键性意义。比如生产部门在下月开工前需对已完成的进度进行校核分析,现场生产经理需对后续施工进度进行分析及管控,进而用最合理的进度计划去指导现场施工,确保工程按期完成。假设项目已经施工至 7 月 31 日,实际进度与计划相比有所滞后,生产部人员通过分析开工至 7 月 31 日的实际进度与计划对比情况,需要制定措施赶回工期。

进度对比分析整体思路为:实际时间录入→计划与实际对比→显示设置。

1. 实际时间录入

单击“编辑计划”,返回到 Microsoft Project 软件,录入任务的实际开始、结束时间,录入完成后,关闭软件,自动返回 BIM5D 软件,并更新数据。

2. 计划与实际对比

进度计划对比有 2 种方式,具体如下。

(1) 通过 2 个视口,观察实际与计划的差异。先新建视口,然后设置主视口与新建视口时间类型(一个为计划时间,一个为实际时间),选择时间范围,对比播放导出视频,如图 6-4-34～36。

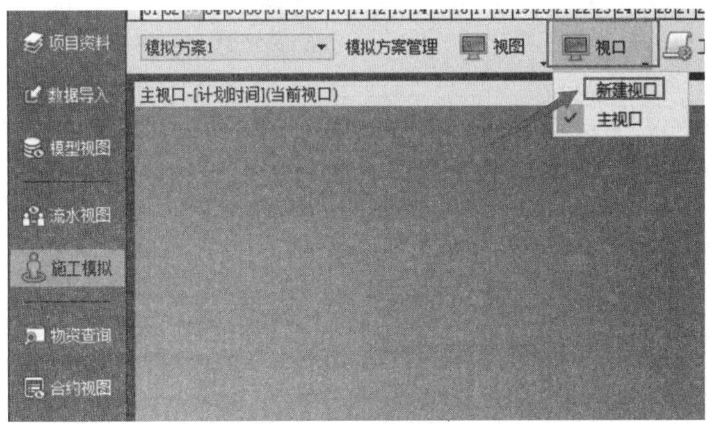

图 6-4-34　新建视口

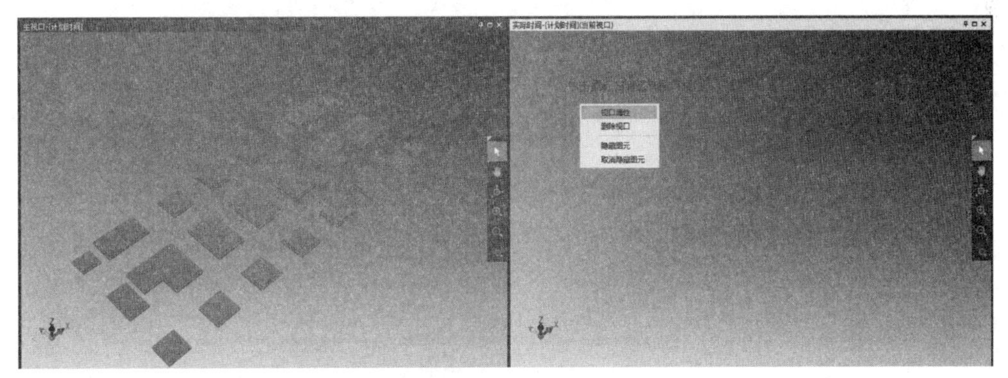

图 6-4-35　设置新建视口属性

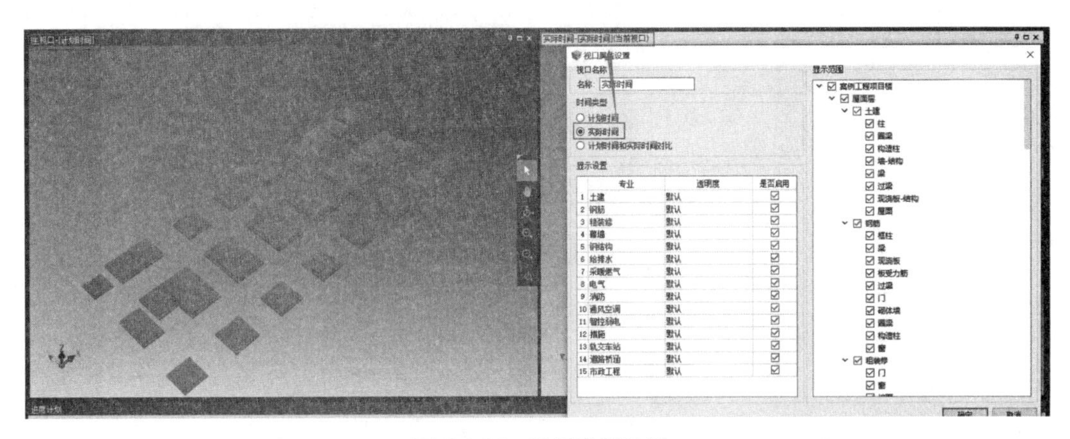

图 6-4-36　时间类型设置

(2) 通过一个视口,将视口属性的时间类型设置为"计划时间和实际时间对比",观察实际与计划的差异,如图 6-4-37。

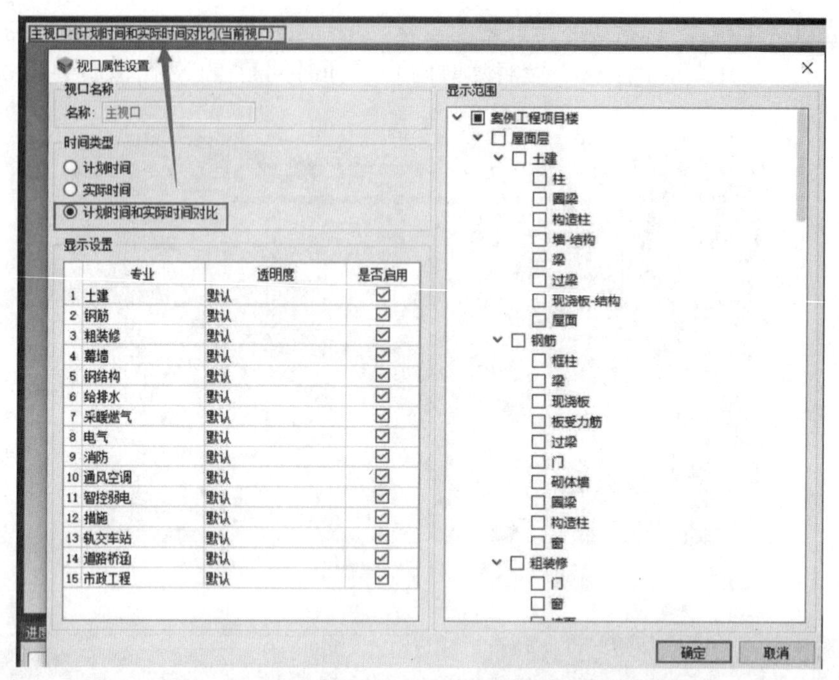

图 6-4-37　计划时间和实际时间对比时间类型设置

3. 显示设置

显示设置可设置显示样式，对显示方案、外观及效果、不同专业模型的构件模拟顺序进行设置，如图 6-4-18。

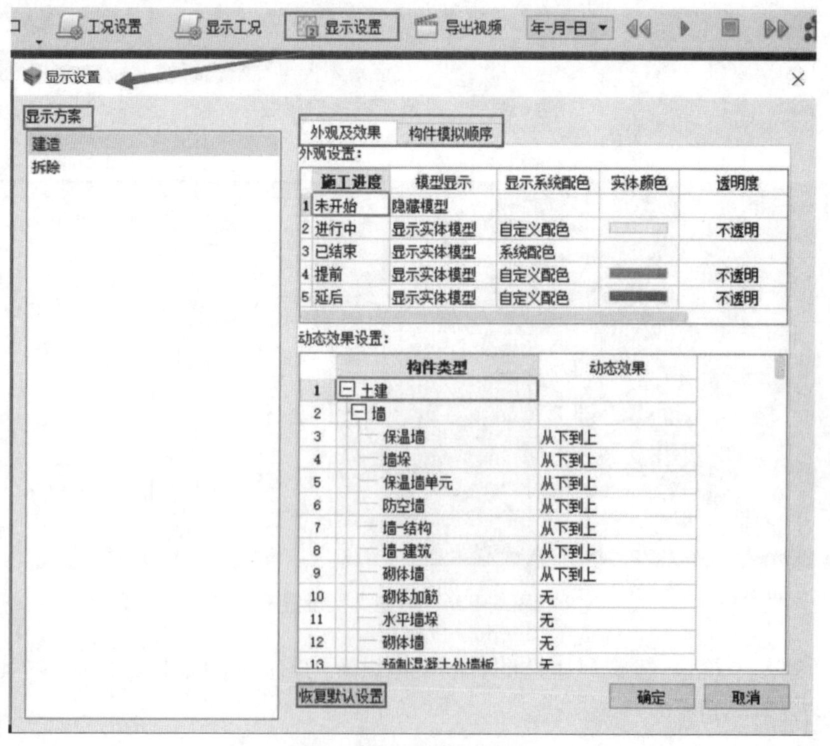

图 6-4-38　显示设置

4. 本节小结

（1）掌握在进度计划中录入实际时间的方法，注意通过编辑计划启动进度编制软件，在进度编制软件中录入实际开始和结束时间，保存退出后才可更新到 BIM5D 已导入的进度计划中。

（2）掌握计划时间与实际时间对比模拟的多视口模拟和单视口模拟方法。

（3）注意施工模拟过程中显示设置内容，同时明确五种状态的判断标准。

6.4.6　物资量提取

物资管理是指用计划来组织、指挥、监督、调节物资的订货、采购、运输、分配、供应、储备、使用等经济活动的管理工作。

项目的生产负责人要根据项目的进度计划上报相应的材料计划，使用 BIM5D 系统多维查询物资，可按时间、进度、部位、分包提量等为商务预算、库存校核提供数据支撑，为精细化管理及时提供可靠数据。负责人可通过 PC 端和手机端对物资量进行查询。

1. PC 端查询物资

PC 端查询物资的步骤为，切换至物资查询→设置专业→查询模式设定、自定义查询、导出物资量。

查询模式包括从时间、进度、楼层、流水段、自定义等模式进行查询，其中自定义查询还可以按照构件类型及规格型号进行查询，同时在自定义查询界面可以保存查询方案，如图 6-4-39～40。

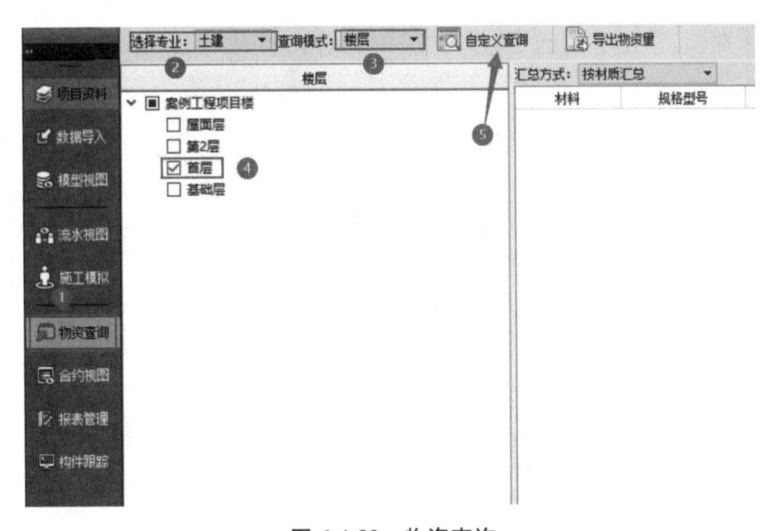

图 6-4-39　物资查询

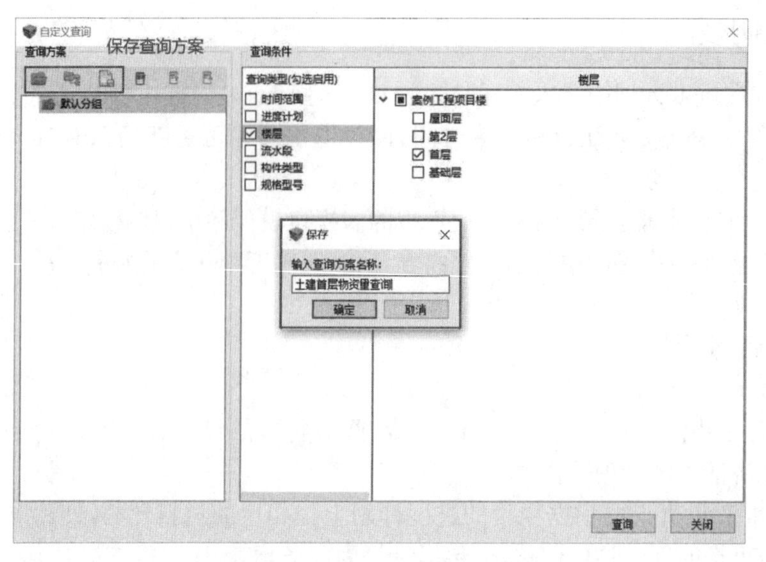

图 6-4-40　自定义查询方案设置

注意：可将查询结果导出到表格，交付其他部门协同使用，如图 6-4-41。

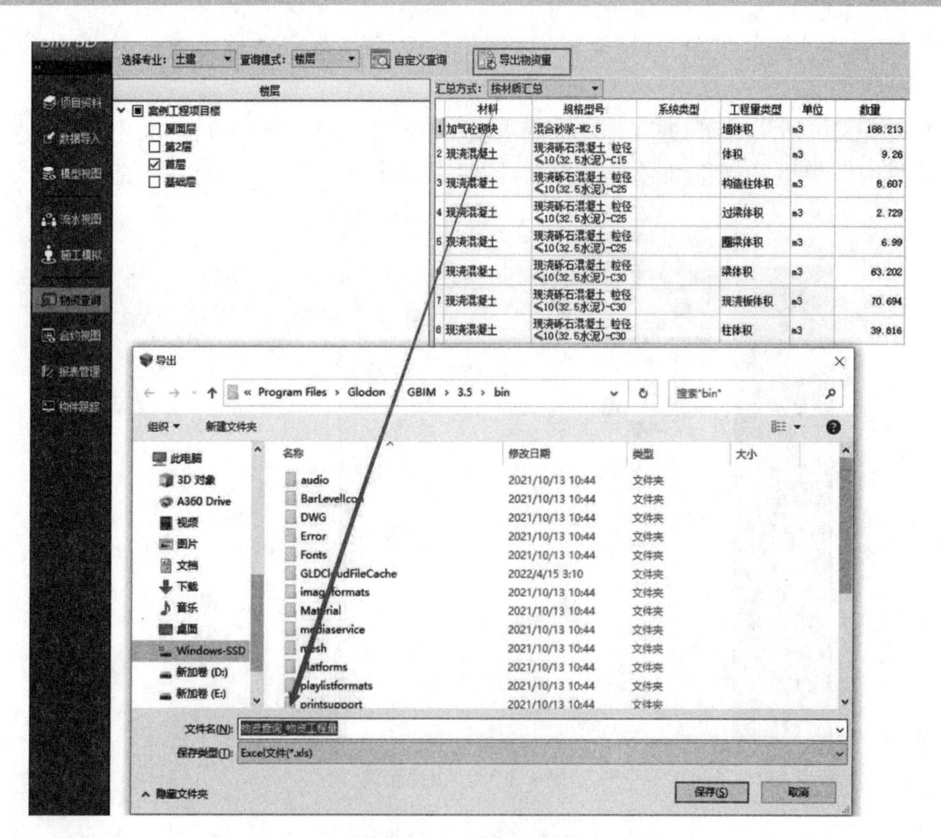

图 6-4-41　导出物资量

2. 手机端查询物资

通过手机端查询物资时，要先从 PC 端将物资数据进行云数据同步后才可查询。

操作步骤为：PC 端云数据同步→手机端点击物资查询→选择对应专业及查询模式查量。

BIM5D商务应用

6.6　BIM5D 商务应用

BIM5D 商务应用主要体现在以下方面：

(1) 成本关联；

(2) 资金资源曲线；

(3) 进度报量；

(4) 变更管理；

(5) 合约规划、三算对比。

6.6.1　成本关联

成本管理是企业管理的一个重要组成部分，要求系统全面、科学和合理，对于促进增产节支、加强经济核算，改进企业管理，提高企业整体管理水平具有重大意义。商务经理需要了解项目各个关键时间节点的项目资金计划，需分析工程进度资金投入计划，根据计划合理调整资源，保证工程顺利实施，采用 BIM 软件结合现场施工进度，提取项目各时间节点的工程量及材料用量。

在 BIM5D 中会涉及合同预算与成本预算两类预算文件，其中合同预算是指中标之后，和甲方签订合同并作为合同中的主要部分的内容，主要明确了各项清单的综合单价和各项其他费用；成本预算是指中标之后，总包单位进行内部实际成本核算的主要商务内容，包括实际材料价、人工价等。

利用 BIM5D 进行商务成本管理，将编制好的合同预算和成本预算文件导入到 BIM5D 系统，与模型进行关联，为项目成本管理奠定基础。

基于案例工程项目楼案例，将编制好的合同预算与成本预算导入到 BIM5D，并将土建专业进行清单匹配挂接，将钢筋专业进行清单关联挂接。

1. 预算导入

BIM5D 支持 2 种类型(合同预算和成本预算)、多份文件、多种格式文件(xlsx、GBQ4、GBQ6、GZB4、GTB4、TMT、EB3)的导入，为模型清单与预算清单匹配提供接口，以支持软件商务数据的提取和调用。

合同预算和成本预算相似，此处以合同预算为例进行说明。

(1) 添加预算书

新建分组，选中分组，添加预算书，如图 6-6-1 所示。默认导入文件为 GBQ 预算文件。

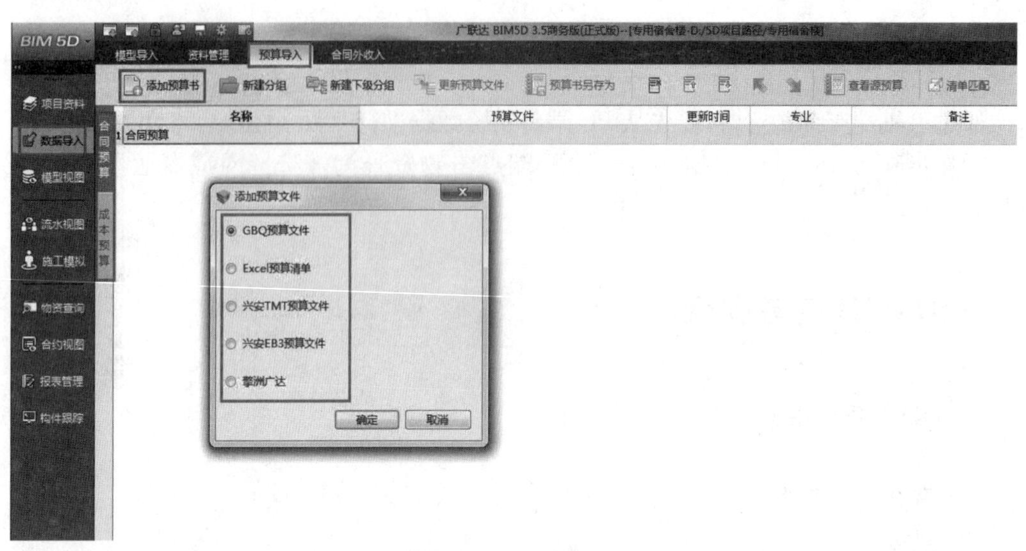

图 6-6-1　预算导入

(2) 更新预算文件

当预算书有变更时,用新预算书替换旧预算书。

注意:更新的预算文件中清单的编码、名称、项目特征、单位不变,仅单价变化,则无须重新清单匹配,已做的清单匹配记录自动保留。

2. 清单匹配

(1) 汇总方式:按单体汇总和全部汇总。

按单体汇总:选择要进行匹配的预算文件。

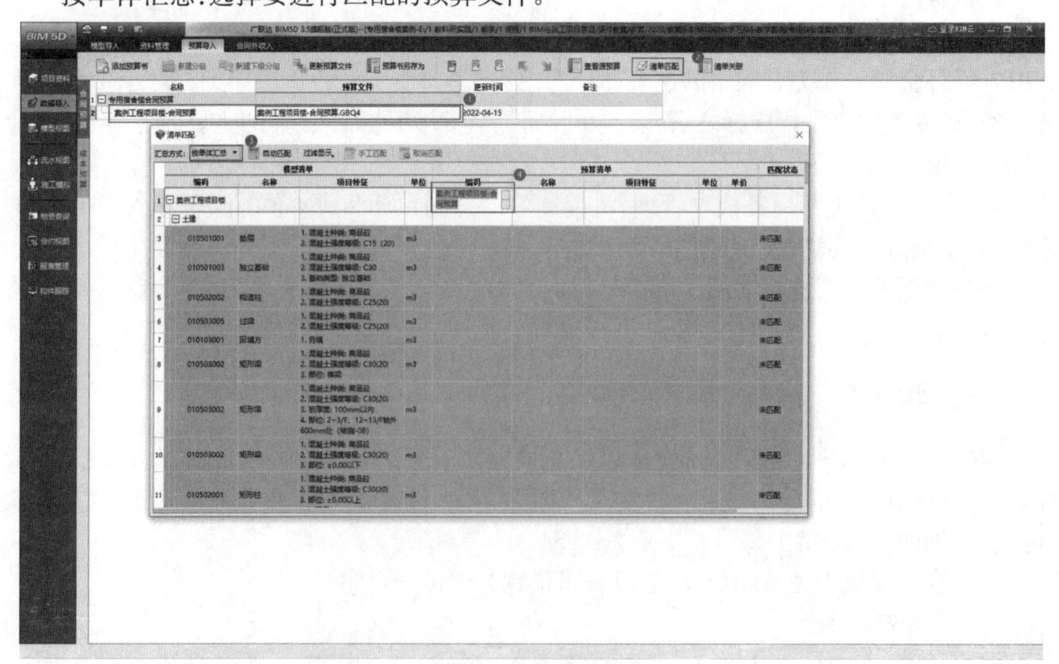

图 6-6-2　按单体汇总

全部汇总：所有模型清单和所有预算文件中的清单进行匹配，匹配时不需要选择预算文件。

注意：切换汇总方式时，会清空之前匹配好的清单。

(2) 自动匹配

点击【自动匹配】，弹出自动匹配对话框。

对话框各选项意义如下。

① **清单类型**。国标清单：模型清单和预算文件通过编码前 9 位＋名称＋项目特征＋单位四个字段做全匹配。非国标清单：模型清单和预算文件通过编码＋名称＋项目特征＋单位四个字段做全匹配。

② **匹配规则**。不管是按国标清单、非国标清单，均默认按编码＋名称＋项目特征＋单位四个字段匹配，可根据时间情况进行设置。

当匹配清单既有国标清单，又有非国标清单时，可以先进行“国标清单＋匹配全部”匹配后，再进行“非国标清单＋匹配未匹配清单”匹配。

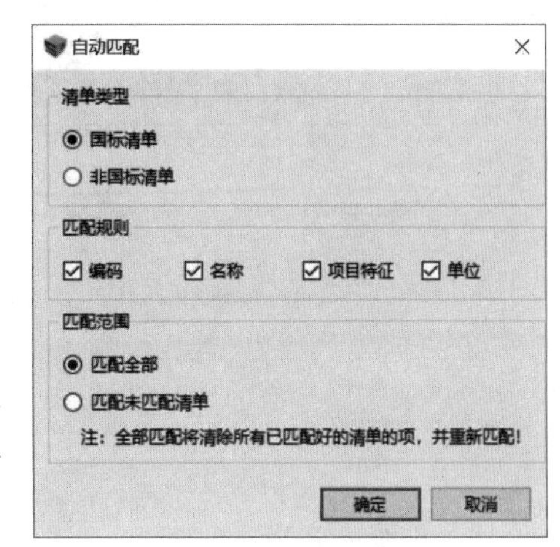

图 6-6-3　自动匹配

③ **匹配范围**。根据实际情况选择匹配全部或匹配未匹配清单。

(3) 自动匹配完成

清单匹配

汇总方式：按单体汇总　自动匹配　过滤显示　手工匹配　取消匹配

	模型清单				预算清单					匹配状态
	编码	名称	项目特征	单位	编码	名称	项目特征	单位	单价	
1	⊟ 案例工程项目楼				案例工程项目楼-合同预算					
2	⊟ 土建									
3	010501001	垫层	1. 混凝土种类：商品砼 2. 混凝土强度等级：C15（20）	m3	010501001001	垫层	1. 混凝土种类：商品砼 2. 混凝土强度等级：C15（20）	m3	436.14	已匹配
4	010501003	独立基础	1. 混凝土种类：商品砼 2. 混凝土强度等级：C30 3. 基础类型：独立基础	m3	010501003001	独立基础	1. 混凝土种类：商品砼 2. 混凝土强度等级：C30 3. 基础类型：独立基础	m3	406.08	已匹配
5	010502002	构造柱	1. 混凝土种类：商品砼 2. 混凝土强度等级：C25(20)	m3	010502002001	构造柱	1. 混凝土种类：商品砼 2. 混凝土强度等级：C25(20)	m3	588.73	已匹配
6	010503005	过梁	1. 混凝土种类：商品砼 2. 混凝土强度等级：C25(20)	m3	010503005001	过梁	1. 混凝土种类：商品砼 2. 混凝土强度等级：C25(20)	m3	525.32	已匹配
7	010103001	回填方	1. 夯填	m3	010103001001	回填方	1. 夯填	m3	18.36	已匹配
8	010503002	矩形梁	1. 混凝土种类：商品砼 2. 混凝土强度等级：C30(20) 3. 部位：梯梁	m3	010503002002	矩形梁	1. 混凝土种类：商品砼 2. 混凝土强度等级：C30(20) 3. 部位：梯梁	m3	437.59	已匹配
9	010503002	矩形梁	1. 混凝土种类：商品砼 2. 混凝土强度等级：C30(20) 3. 板厚度：100mm以内 4. 部位：2~3/F、12~13/F轴外600mm处（结施-08）	m3	010503002001	矩形梁	1. 混凝土种类：商品砼 2. 混凝土强度等级：C30(20) 3. 板厚度：100mm以内 4. 部位：2~3/F、12~13/F轴外600mm处（结施-08）	m3	437.54	已匹配
10	010503002	矩形梁	1. 混凝土种类：商品砼 2. 混凝土强度等级：C30(20) 3. 部位：±0.00以下	m3	010503002003	矩形梁	1. 混凝土种类：商品砼 2. 混凝土强度等级：C30(20) 3. 部位：±0.00以下	m3	437.62	已匹配
11	010502001	矩形柱	1. 混凝土种类：商品砼 2. 混凝土强度等级：C30(20) 3. 部位：±0.00以上	m3	010502001001	矩形柱	1. 混凝土种类：商品砼 2. 混凝土强度等级：C30(20) 3. 部位：±0.00以上	m3	518.53	已匹配

图 6-6-4　按单体汇总自动匹配完成

(4) 过滤显示

“过滤显示”功能能显示所有清单、显示已匹配清单、显示未匹配清单。

（5）手工匹配

选中未匹配清单，点击【手工匹配】，选择预算清单，点击【整个项目】，再选中需要匹配的清单项—双击或点击【匹配】按钮，如图 6-6-5 所示。若匹配项较难寻找时，也可以借助【条件查询】功能，输入“名称”或“编码”查找构件，进行匹配，如图 6-6-6 所示。

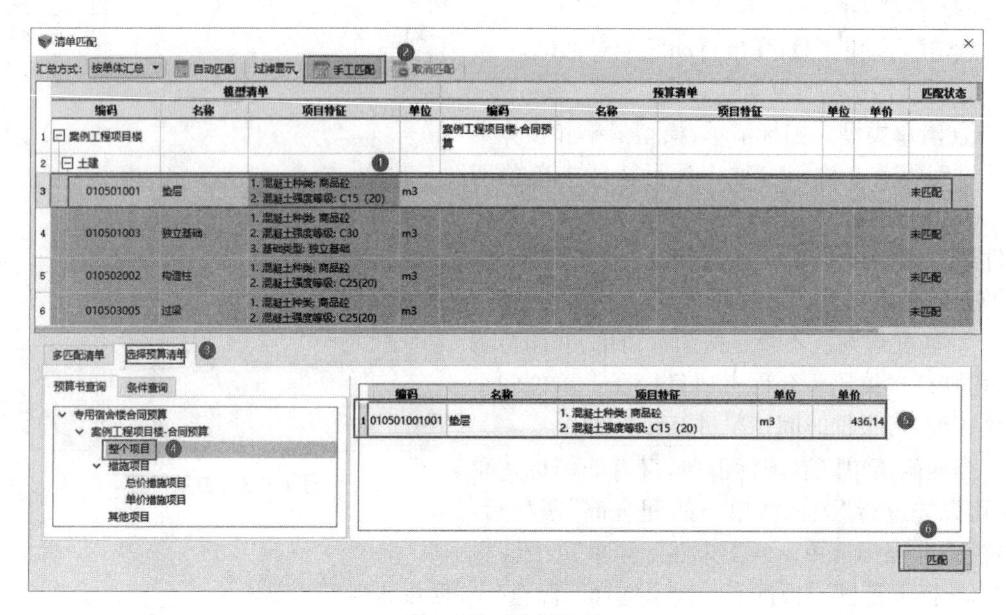

图 6-6-5　手工匹配

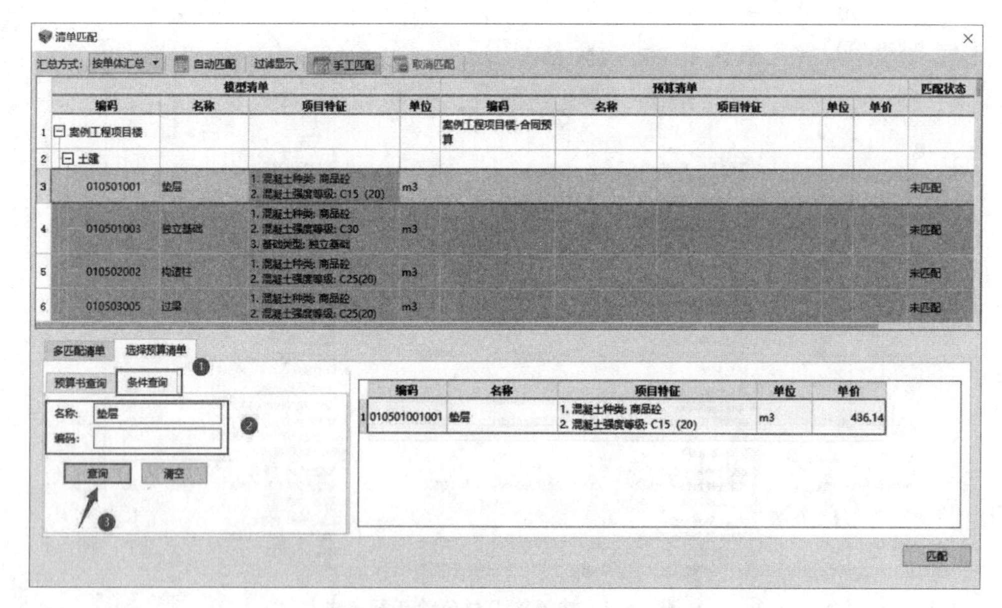

图 6-6-6　条件查询

（6）若匹配错误，选中错误匹配项，点击【取消匹配】，重新匹配。

（7）多匹配清单匹配过程中，若预算清单包含了多条模型清单，多条清单就会显示在多匹配清单下，以供选择。

注意：成本预算相关操作同合同预算；通过自动匹配、手工匹配后，对于未匹配清单的图元，可以通过【清单关联】→【查看未套清单图元】进行查询后套清单。

3. 清单关联

通过预算文件生成清单列表，根据清单项目特征，设置精细过滤条件，实现批量关联；点击模型或图元树实现单模型或单设备关联。若模型清单与预算文件清单匹配比较好，在完成清单匹配时，构件就完成了关联。未关联成功的构件，可单独手动关联。

以关联直径 10 以内的 HRB400 钢筋为例，在左侧预算文件里面点选该类别钢筋，右侧选择“钢筋关联”，勾选整个“案例工程项目楼”，专业只选择“钢筋”，钢筋属性项可全部勾选，工程量勾选“重量(kg)”，点击【查询】，右侧列表显示查询结果，符合直接 10 以内 HRB400 要求的钢筋直径有：6(1 063.674 kg)、6.6(217.460 kg)、8(24 933.814 kg)、10(3 201.362 kg)，逐条点选符合要求的钢筋重量，并点击“关联”，系统会自动累加钢筋重量，最终左侧关联好的，直径 10 以内的三级钢有 29.406 kg，与清单工程量 29.328 kg，仅有细微的差别。关联成功后，在左侧“关联”列会有关联成功的标志。

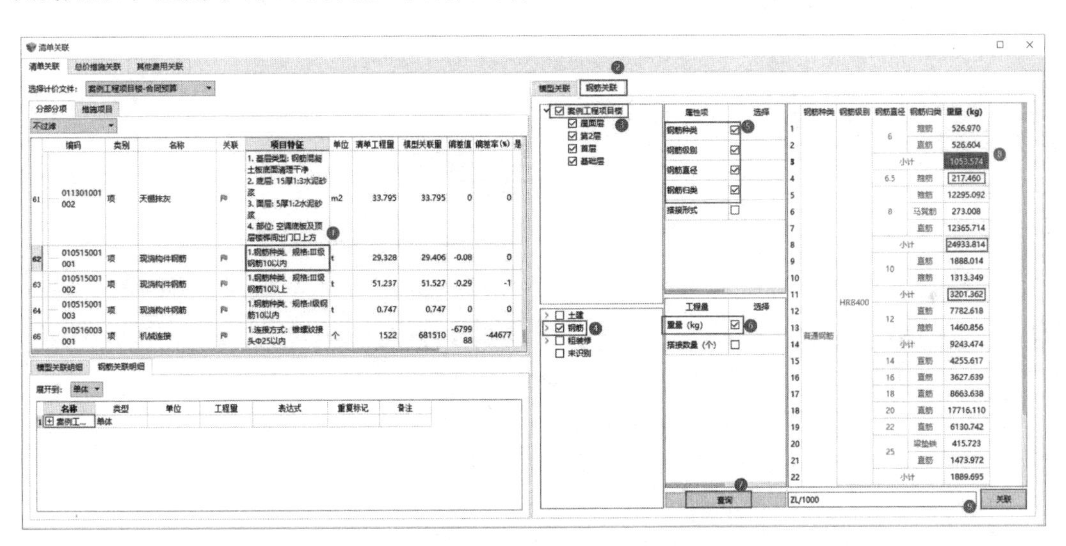

图 6-6-7　钢筋关联举例

4. 总价措施关联

总价措施与模型进行关联，计算措施费用。图 6-6-8 显示预算文件中的总价措施，选中一条措施项，选中该措施项对应的清单项，点击【关联】。

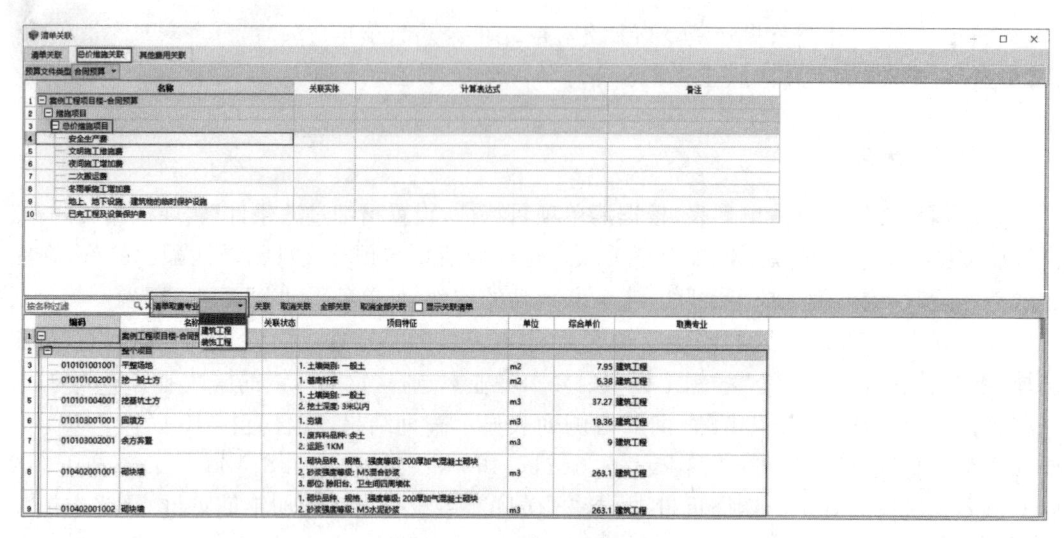

图 6-6-8　总价措施关联

关联完成后，选择表达式。

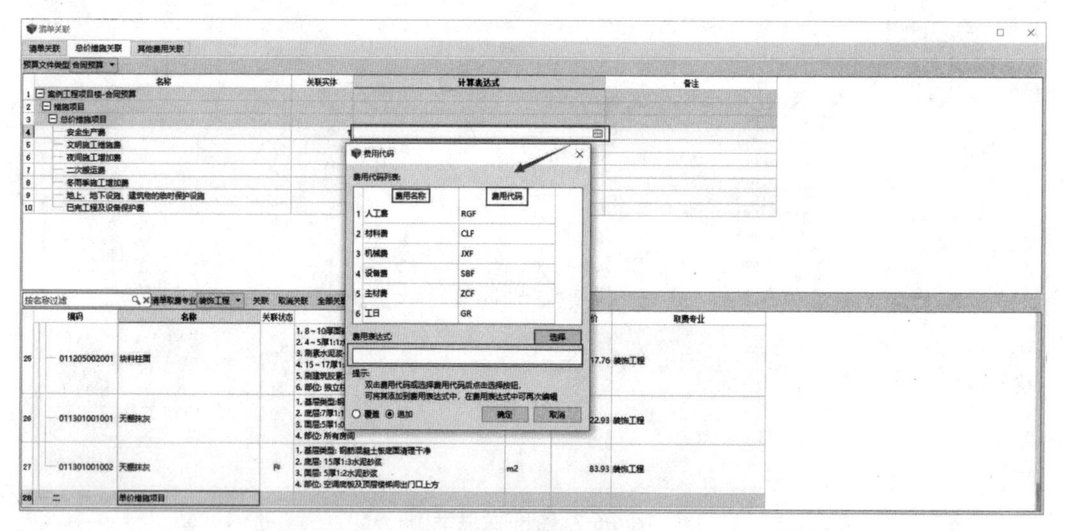

图 6-6-9　计算表达式

当措施项和清单关联并选择对应的计算式，且清单和模型关联，即可计算出该措施项的费用。

注意：合同预算与成本预算总结措施关联方法相同。关联可以按照建筑工程、装饰装修工程等过滤清单。

关联后，在施工模拟时间轴上，选择对应的施工时间，在【视图】→【清单工程量】→【措施费用、资金曲线】中查看金额。

5. 其他费用关联

增加录入其他费用，为后期商务部分做准备。

操作步骤一般为:新建标题→新建下级标题→新建费用。

清单关联

清单关联　总价措施关联　其他费用关联

选择预算类型:合同预算　新建标题　新建下级标题　新建费用　导入Excel　导出Excel

	序号	项目名称	单价(元/m2)	建筑面积(m²)	合价(万元)	合同约定全部支付(万元)	合同约定百分比支付(万元)	占总支出比(%)	计划支付时间	实际支付时间	备注
1	A	土地使用费用		0	4517.2	0	451.72	90.72			
2	A01	土地征用及迁移补偿费		0	3517.2		351.72	70.64	2015-03-17	2015-04-17	
3	A02	土地使用权出让金		0	1000		100	20.08	2015-03-17	2015-04-17	
4	B	建设管理费		0	415.9	0	41.59	8.35			
5	B01	工程质量监督费		0	200		20	4.02	2015-07-21	2015-07-28	
6	B02	工程监理费		0	165.5		16.55	3.32	2015-07-21	2015-07-28	
7	B03	建设单位管理费		0	50.4		5.04	1.01	2015-07-21	2015-07-28	
8	C	勘察设计费		0	46.26	0	4.626	0.93			
9	C01	设计模型制作费		0	30.25		3.025	0.61	2016-03-12	2016-03-14	
10	C02	初步设计费、施工图设计费		0	12.4		1.24	0.25	2016-03-12	2016-03-14	
11	C03	工程勘察费		0	3.61		0.361	0.07	2016-03-12	2016-03-14	
12	合计			0	4979.36	0	497.936	100			

图 6-6-10　其他费用关联

在合同预算录入完成后,可以导出录入的其他费用,导入成本预算或者导入工程文件,快速生成其他费用列表。

录入后,在施工模拟时间轴上,选择对应的支付时间,在【视图】→【清单工程量】→【其他费用、资金曲线】中查看金额。

6.6.2　资金资源曲线

资金计划和资源计划在 BIM5D 中以曲线表的形式进行展示,可以十分直观地反映项目的资金运作及资源利用情况,辅助资源分析编制项目资金计划。事前统计施工周期内所需资金量及主要材料量,根据其曲线做相应决策及准备。

利用 BIM5D 平台模拟进行资金曲线进行进度款分析,通过合理配置资金,最大程度节约资金成本。利用 5D 模拟进行资源曲线分析,针对提取的主材资源曲线在该进度时间中的合理性进行分析,找出波峰及波谷时间段的安排的不合理的地方,进行相应调整。

以案例工程项目楼为例,提取 2018 年 7 月 1 日至 7 月 31 日资金曲线,按周进行分析;同时提取该时间范围内的人工工日曲线和钢筋混凝土曲线,按周进行分析,均导出 Excel 表格用于数据分析。

1. 资金曲线

根据清单关联以及对时间的选择,可以在资金曲线中计算出对应时间的资金金额。

操作步骤如下:

(1) 进行“施工模拟”模块,单击【视图】,勾选“资金曲线”,如图 6-6-11。

(2) 在施工模拟的时间轴上选择时间范围,如图 6-6-12。

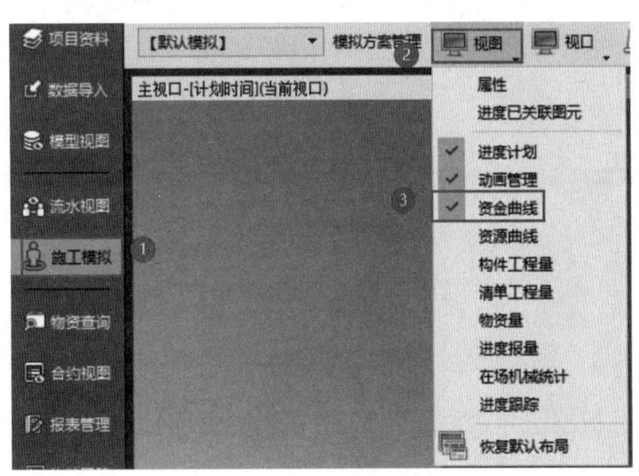

图 6-6-11　勾选资金曲线

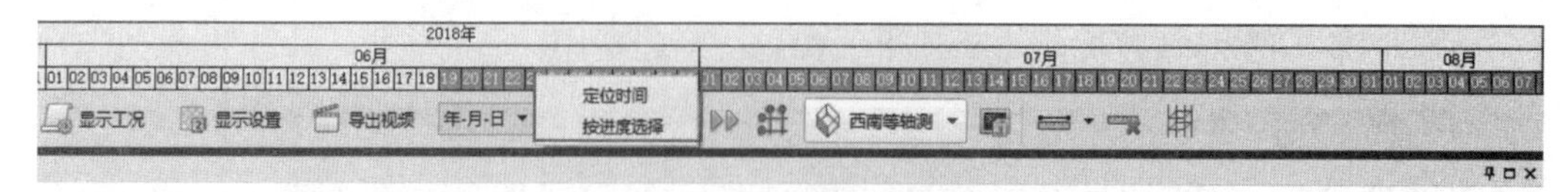

图 6-6-12　选择时间范围

(3) 单击【时间过滤】,设置时间范围为 2018 年 7 月 1 日至 7 月 31 日,点击【费用预计算】功能,计算出资金曲线。

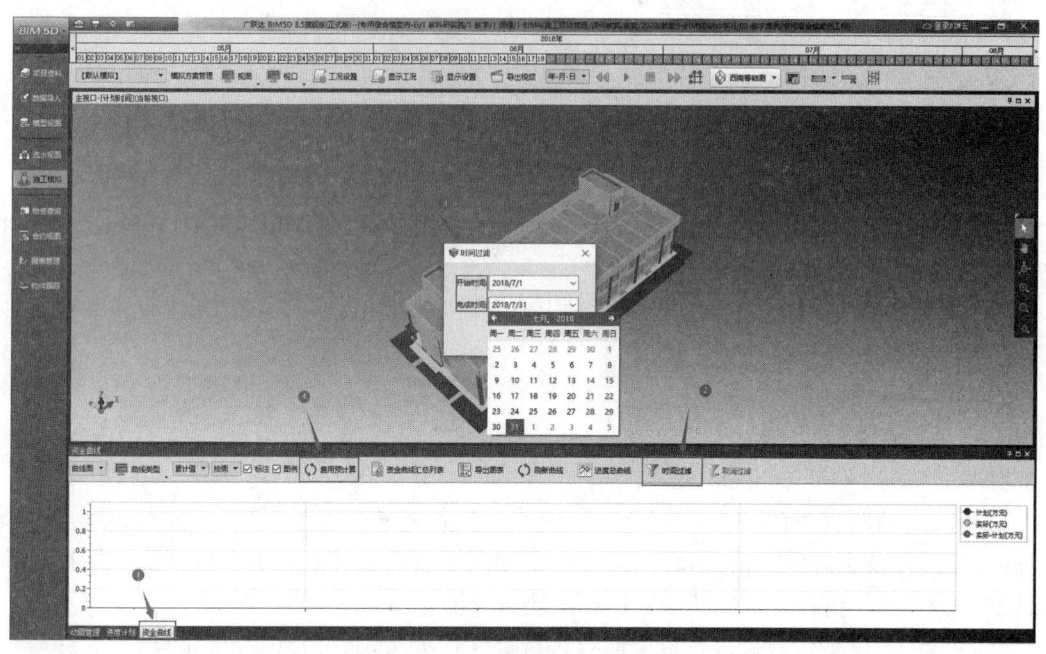

图 6-6-13　时间过滤及费用预计算

(4) 资金曲线按"周"显示,点击【刷新曲线】,即可让对应时间的资金曲线在曲线图中显示出来。

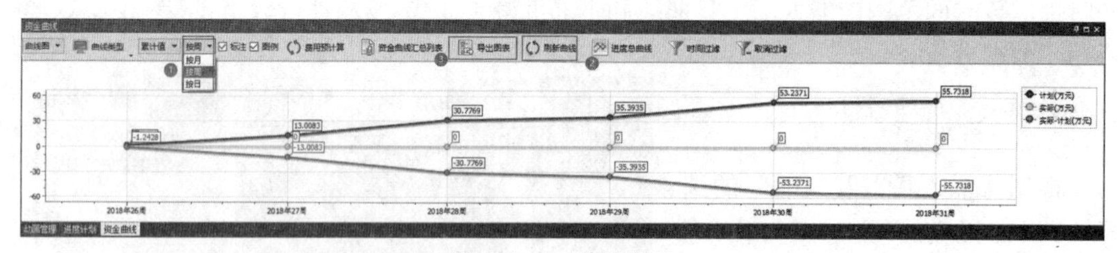

图 6-6-14　刷新曲线

(5) 导出资金曲线汇总列表和导出图表。

2. 资源曲线

根据清单关联以及对时间的选择,可以在资源曲线中计算出对应时间的资源需求量。操作步骤如下。

(1) 进入"施工模拟"模块,单击【视图】,勾选"资源曲线";

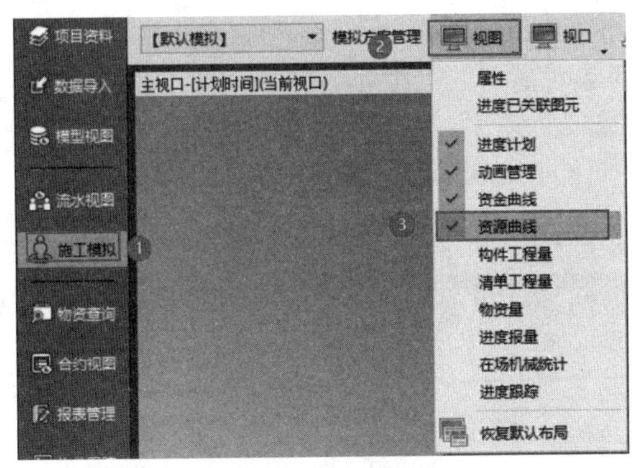

图 6-6-15　勾选资源曲线

(2) 资源曲线需先对提取哪些资源进行设置。单击【曲线设置】,左侧勾选材料,点击【添加到曲线】,弹出曲线设置对话框,可将资源添加到已有曲线,如无对应的曲线,可直接在输入框输入新的名称,点击【确定】,右侧区域创建对应的曲线。

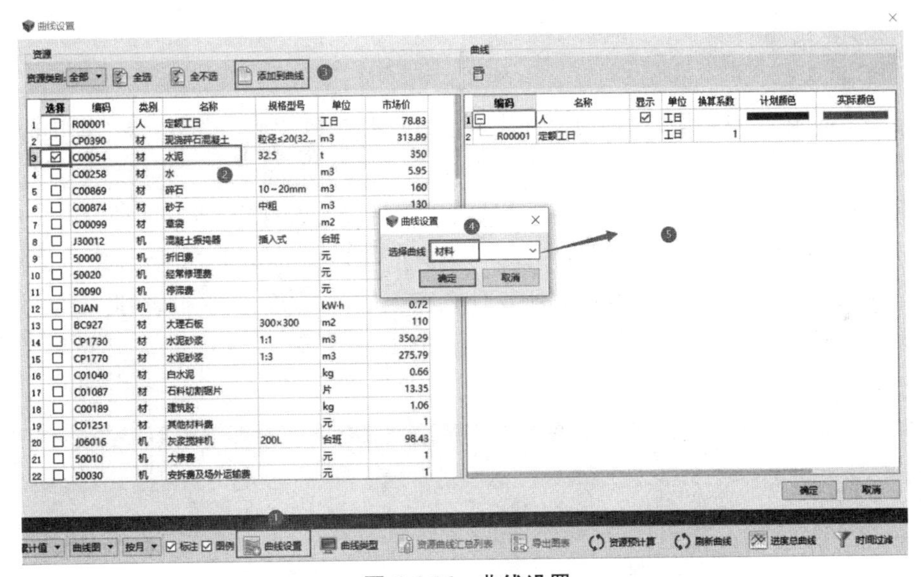

图 6-6-16　曲线设置

(3) 设置曲线类型。根据需求决定是只提取计划曲线或实际曲线,还是二者均提取,如图 6-6-17。

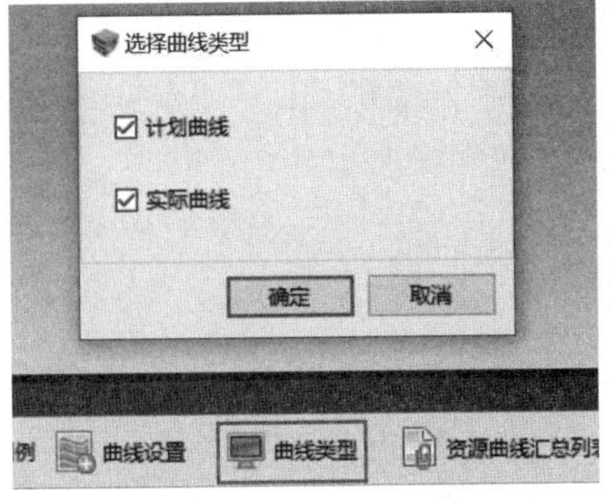

图 6-6-17　资源曲线类型

(4) 在施工模拟的时间轴上选择时间范围。

(5) 单击【时间过滤】,设置时间范围为 2018 年 7 月 1 日至 7 月 31 日,点击【资源预计算】功能,计算出资源曲线。

(6) 资源曲线按“周”显示,点击【刷新曲线】,即可让对应时间的资源曲线在曲线图中显示出来。

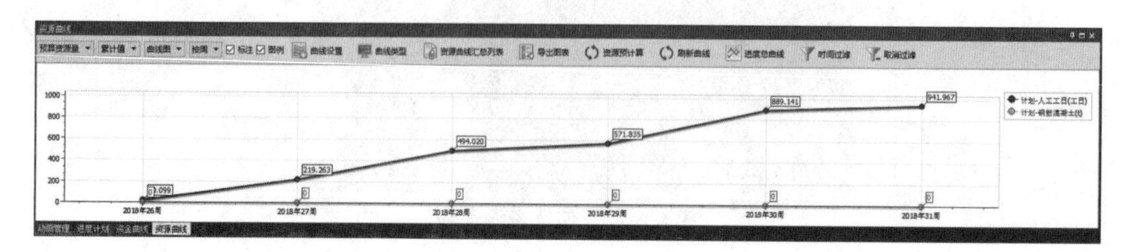

图 6-6-18　人工工日和钢筋混凝土七月份资源曲线

(7) 导出资源曲线汇总列表和导出图表。

6.6.3　进度报量

在实际项目施工过程中,根据项目合同中的进度款支付方式,需要根据工程进度对甲方上报形象进度工程量,对每月的工程量进行提报。

利用 BIM5D 进行进度报量工作,按月进行工程量提报,定期与甲方进行进度款结算。

在进度报量界面上方或点击鼠标右键,可对进度报量进行编辑,包括:新增进度报量、锁定/解锁、删除、上移、下移、从进度计划刷新计划完工量,从进度计划刷新实际完工量。

“施工模拟”模块下,点击“视图”菜单下【进度报量】,打开进度报量设置界面,如图 6-6-19。

进度报量
新增　锁定　删除　刷新
完工量对比　物资量统计对比　清单量统计对比　形象进度对比
查询:

进度报量	锁
1 总周期	

	构件	计划完成(%)	实际完成(%)
1	土建		
2	其他		
3	散水	100	0
4	案例工程项目楼-首层	100	0
5	台阶	100	0
6	案例工程项目楼-首层	100	0
7	土方		
8	基坑土方	100	0
9	案例工程项目楼-基础层	100	0
10	基础		
11	独立基础	100	0
12	案例工程项目楼-基础层	100	0
13	垫层	100	0
14	案例工程项目楼-基础层	100	0
15	墙		
16	墙-结构	100	0
17	案例工程项目楼-第2层	100	0
18	案例工程项目楼-屋面层	100	0

图 6-6-19　进度报量

1. 完工量对比

根据选择的时间段，通过施工模拟进度关联任务的完成率，对构件的完成量进行对比。其中实际完成中的“本期完成”可以手动修改，并且对后续任务可产生影响。

(1) 进度报量首次只生成计划完工量，需刷新后才能生成实际完工量。

(2) 只要对流水段或进度计划进行了编辑，在进度报量界面必须右键进行所有与进度计划相关的进度报量的“从进度计划刷新计划完工量”，“从进度计划刷新实际完工量”，这样后面的数据才是设置后的数据；

(3) 完工量百分比＝图元切割百分比×本期完工时间/总完工时间。

(4) 锁定一条进度报量，则它之前的进度报量也会被锁定(如图 6-6-20)；例如锁定 2022 年 1 月份的进度报量，则 2021 年 12 月会被锁定；

(5) 解锁一条进度报量，它之后的进度报量也会被解锁；例如解锁 2021 年 12 月份的进度报量，则 2022 年 1 月和 2022 年 2 月也会被解锁；

(6) 锁定功能只针对完工量，物资量和清单量不受影响，仍能刷新。

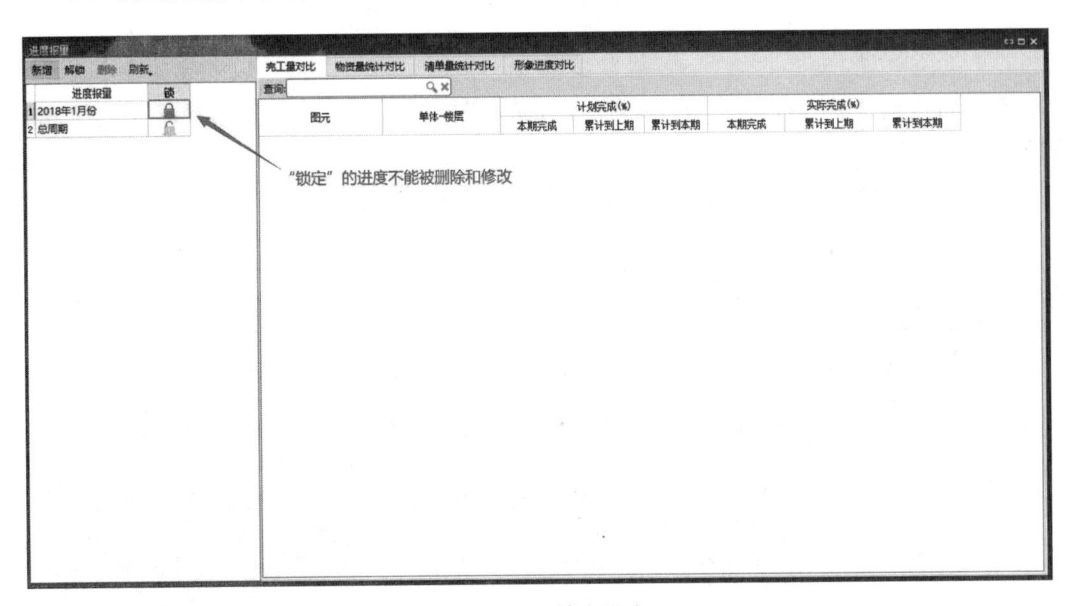

图 6-6-20　锁定进度

2. 物资量统计对比

“物资量统计对比”页签可输入材料、规格型号、工程量类型的关键字进行查询，并且可以导出查询结果。导出物资量统计对比时，可以按照同类型多个报量同时导出。

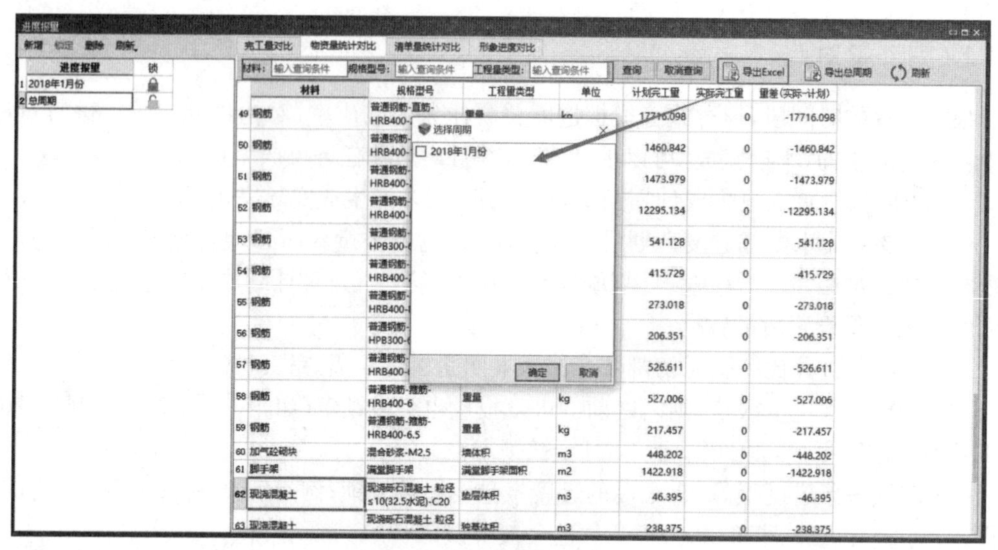

图 6-6-21　物资量统计对比

3. 形象进度对比

形象进度对比有四种状态：上一期已经完成，提前、正常、延后。这四种状态具体内容如下。

(1) **上一期已经完成**：截止到上期已经实际完成的进度计划模型；

(2) **提前**：下期的提前至本期的进度计划模型；

(3) **正常**：本期正常完成的进度计划模型；

(4) **延后**：本期延后至下期的进度计划模型；

形象进度对比显示设置的编辑方法同施工模拟界面的显示设置选项。

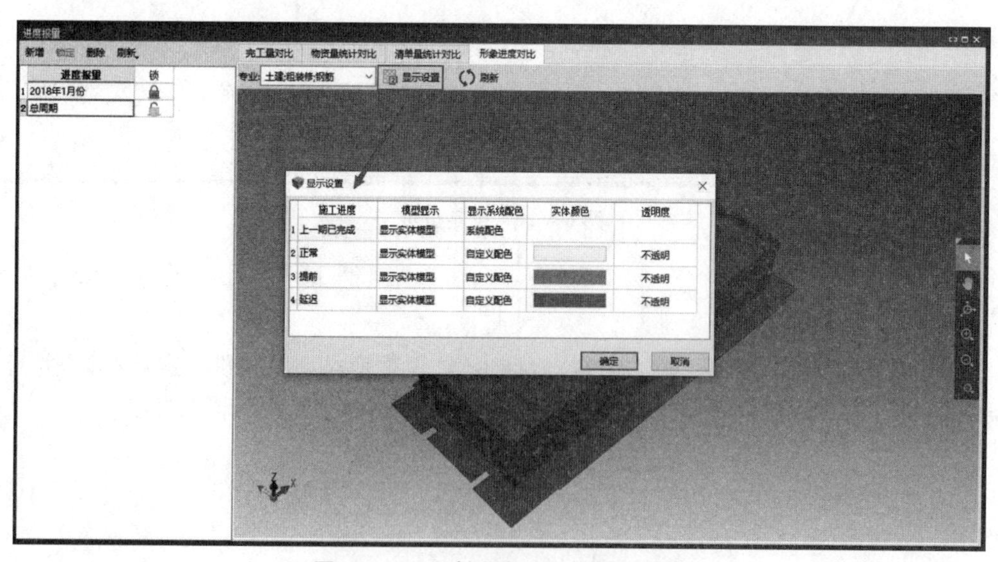

图 6-6-22　形象进度对比的显示设置

4. 进度报量

以案例工程项目楼为例，进行月度工程款提报。假定每月结算周期从本月 6 号到下月 6 号为一个月度周期，现需要将整个工期提取每月月度报量数据，作为报量依据。操作过程如下。

（1）点击“视图”菜单下【进度报量】，进入“新增进度报量”界面；

（2）新增 7～9 月的进度报量，如图 6-6-23～25；

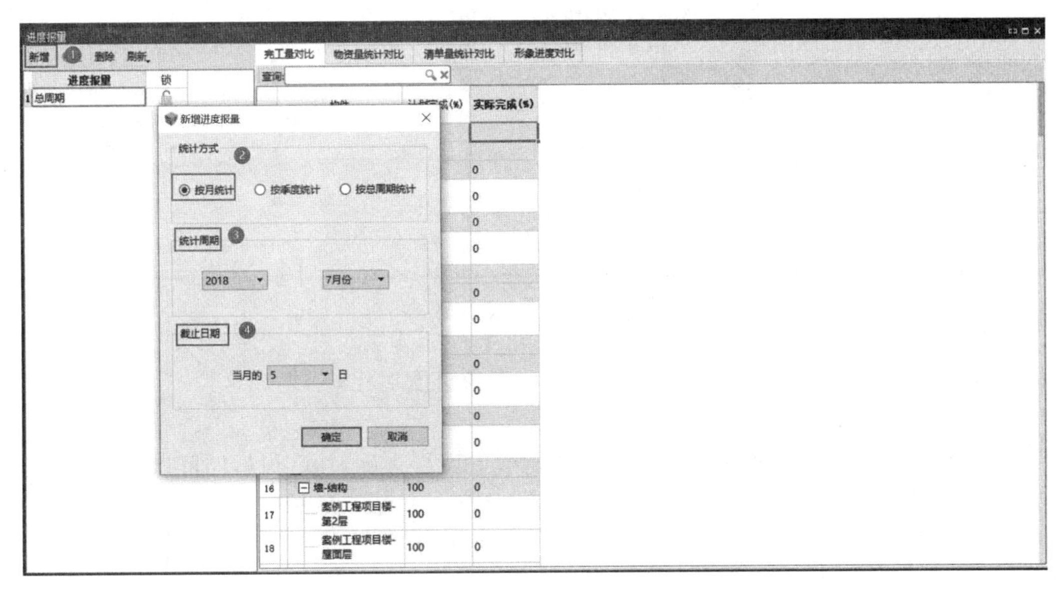

图 6-6-23　新增 7 月份进度报量

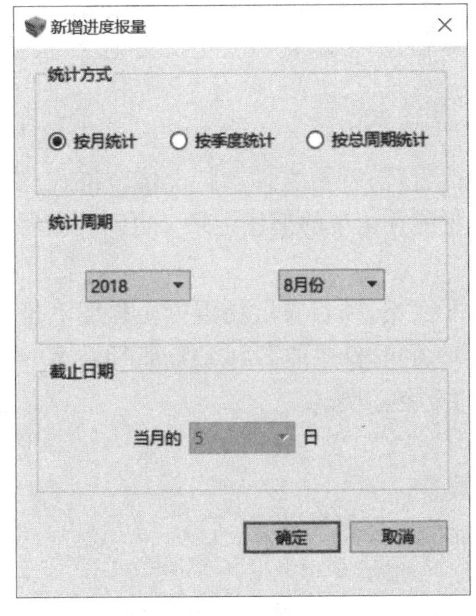

图 6-6-24　新增 8 月份进度报量

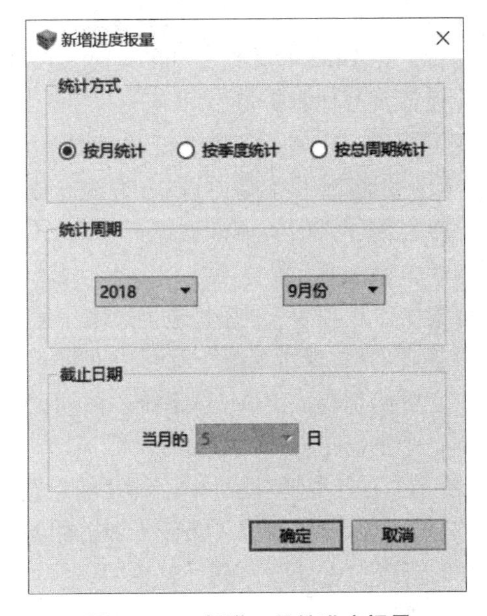

图 6-6-25　新增 9 月份进度报量

进度报量

新增 锁定 删除 刷新

	进度报量	锁
1	2018年7月份	
2	2018年8月份	
3	2018年9月份	
4	总周期	

完工量对比 物资量统计对比 清单量统计对比 形象进度对比

查询:

	图元	单体-楼层	计划完成(%)			实际完成(%)		
			本期完成	累计到上期	累计到本期	本期完成	累计到上期	累计到本期
1	⊟ 土建							
2	⊟ 柱							
3	KZ9-550*600<3-175,D+200>	案例工程项目楼-基础层	100	100	100	0	0	0
4	KZ23-500*500<14-150,D+150>	案例工程项目楼-基础层	100	100	100	0	0	0
5	KZ12-500*600<5,F+200>	案例工程项目楼-基础层	100	100	100	0	0	0
6	KZ3-500*500<1+149,D+150>	案例工程项目楼-基础层	100	100	100	0	0	0
7	KZ4-500*500<1-100,F+149>	案例工程项目楼-基础层	100	100	100	0	0	0
8	KZ2-500*500<1+149,C-150>	案例工程项目楼-基础层	100	100	100	0	0	0
9	KZ11-550*600<7,D+200>	案例工程项目楼-基础层	100	100	100	0	0	0
10	KZ6-500*800<3-150,F+300>	案例工程项目楼-基础层	100	100	100	0	0	0
11	KZ8-550*600<5,C-200>	案例工程项目楼-基础层	100	100	100	0	0	0
12	KZ10-500*600<7,A-200>	案例工程项目楼-基础层	100	100	100	0	0	0
13	KZ19-500*500<13,C-150>	案例工程项目楼-基础层	100	100	100	0	0	0
14	KZ17-500*500<12+150,D+150>	案例工程项目楼-基础层	100	100	100	0	0	0

图 6-6-26 进度报量

(3) 查看完工量、物资量统计、清单量统计、形象进度对比;

(4) 导出数据文件、数据提交。

另外,也可以通过“模型视图”模块下的【高级工程量查询】功能设置时间范围、楼层、流水段及构件类型等条件提取构件工程量和清单工程量,大家可自行尝试。

6.6.4 变更管理

项目施工过程中,会发生很多变更。大量的变更是否有效管理起来,决定后期结算能否顺利进行。在 BIM5D 系统中可以记录变更的基本信息,可以查看变更历史记录、根据变更号查看模型及其他数据等。

变更管理主要涉及变更登记和变更模型。变更登记可以录入各类变更信息,包括设计变更、现场签证、工程洽商,可以分类建立分组进行管理;变更文件支持上传全格式;变更模型可以将之前导入的实体模型进行替换,并对应变更登记中的信息记录。更新模型后,不影响原有的关联关系。

以案例工程项目楼为例,施工过程中遇到以下变更:项目首层柱混凝土强度不足,对项目质量造成隐患,现将混凝土标号由 C30 改为 C35,同时首层的 KZ6 纵筋直径由 20 变更为 22。将变更信息录入 BIM5D 系统,并进行模型的变更替换。

首先变更登记操作流程如下。

(1) 在“项目资料”模块中,点击【变更登记】页签;

(2) 通过【新建分组】、【新建下级分组】等功能实现分组管理;

(3) 新建变更,输入变更信息;

(4) 新建好变更后,选中变更项,点击子表中的【新建】,上传对应变更资料。上传好附件后,可对附件进行打开、删除、另存为等操作。

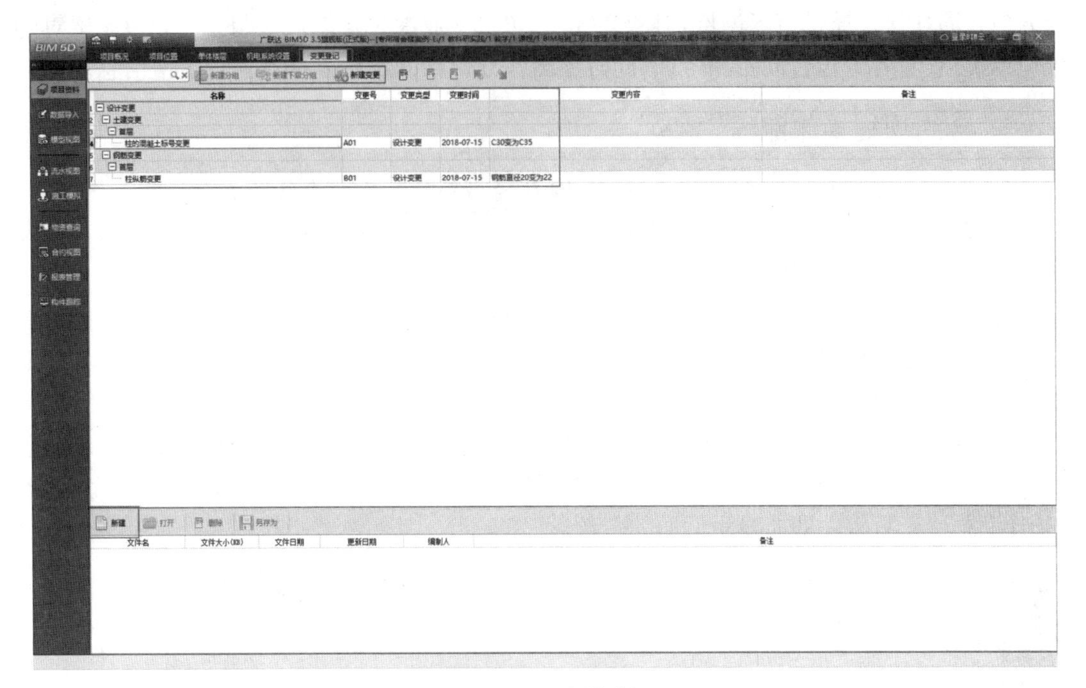

图 6-6-27　变更登记

然后更新模型操作流程如下。

(1) “数据导入”模块中，点击【模型导入】页签，左侧选择【实体模型】；

(2) 选中需要更新的模型，点击上方【更新模型】按钮；

(3) 左边选择更新模型对应的变更号，右边选择更新文件，描述更新说明，点击【确定】；

(4) 在软件下方点击更新至该版本，将新导入的模型文件进行替换。

6.6.5　合约规划、三算对比

合约规划是指项目目标成本确定后，对项目全生命周期内所发生的所有合同类金额进行预估，是实现成本控制的基础。合约规划也可以理解为以预估合同的方式对目标成本的分级，将目标成本控制科目上的金额分解为具体的合同。

三算对比是指根据中标清单工程量及单价、施工图预算工程量及单价、实际成本工程量及单价的三部分分别对比分析，利用收入一支出(清单收入一实际成本)得出项目盈亏情况，利用预算一支出(预算收入一实际成本)得出项目实际的节超情况。三算对比是项目成本管控分析的主要手段及方式。

在项目合同预算已经明确的情况下，在项目开工前需对投标清单进行合理的分解，需对整个项目拟分包的项目进行合理规划，确定劳务、专业分包拟招标范围及金额，进而完成分包项目的合约规划工作，从而保证项目招标工作正常进行。

基于案例工程项目楼案例，为了实现基于 BIM 技术对合约的规划及管理，在 BIM5D 软件合约视图中将合同预算进行划分，分别为劳务、物资采购及专业三类分包，将预算人工归类至劳务分包单位，钢筋、砌块分别归类至物资采购单位，防水相关归类为专业分包，分别进行分包合同挂接。通过市场询价，对劳务分包、防水专业承包及物资采购三类分包设置对外分包单价，查看各分包合同费用金额，同时导出各分包合同费用表格及合约表格信息。

1. 合约规划操作流程

(1)在“合约视图”模块中，点击【新建】或【从模板新建】，完成合约建立。

从模板新建包括“从 Excel 导入”和“从 13 清单规范导入”两种方式。

① 从 Excel 导入需要 Excel 文件的表头有编码列和名称列才能导入；

② 从 13 清单规范导入有三个层级，勾选不同的层级创建的费用主体级别不同，如下图，只勾选专业名称就创建到 02 层级，勾选分部名称则创建到 0201 层级，勾选分项名称则创建到 020101 层级。

这里选择新建的方式，单击【合约视图】，选择【新建】，“编码、名称”自行输入，“施工范围”分别选择“土建”“钢筋”，“合约预算”“成本预算”框内点选对应的预算文件，设置完成后，点击【汇总计算】，软件即能显示后面的金额。

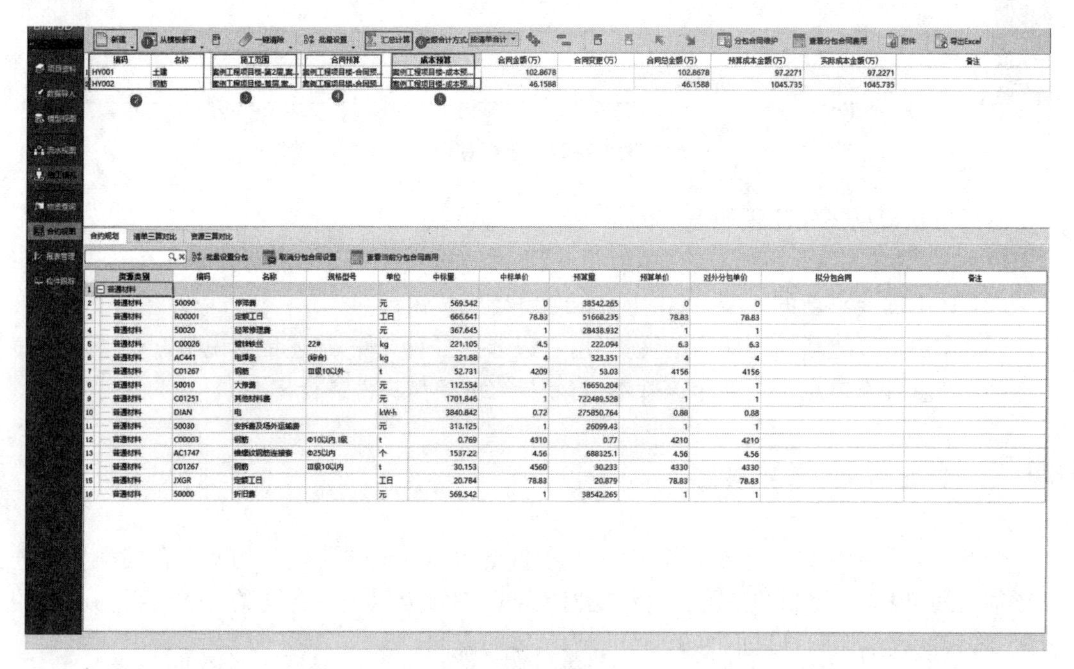

图 6-6-28　新建合约

(2) 建立分包单位。登录“BIM 云”，在网页端建立分包单位。

(3) 建立分包合同维护。单击“分包合同维护”，按任务要求新增劳务、专业及物资采购三类分包合同，如图 6-6-29。

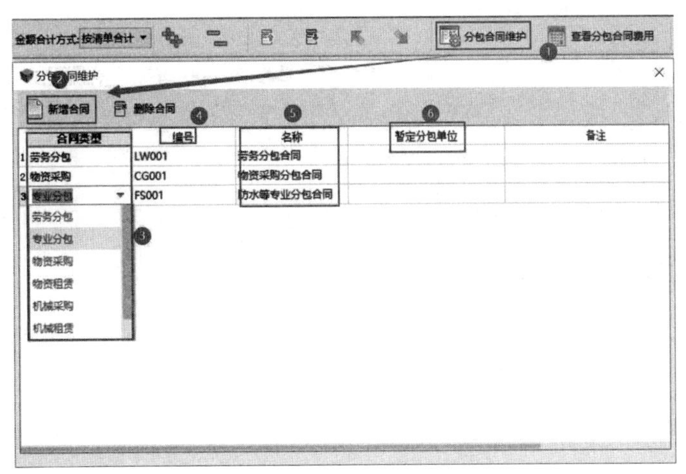

图 6-6-29　分包合同维护

(4) 设置拟分包合同。设置好拟分包合同后，可对“对外分包单价”按合同价格进行修改，如图 6-6-30。

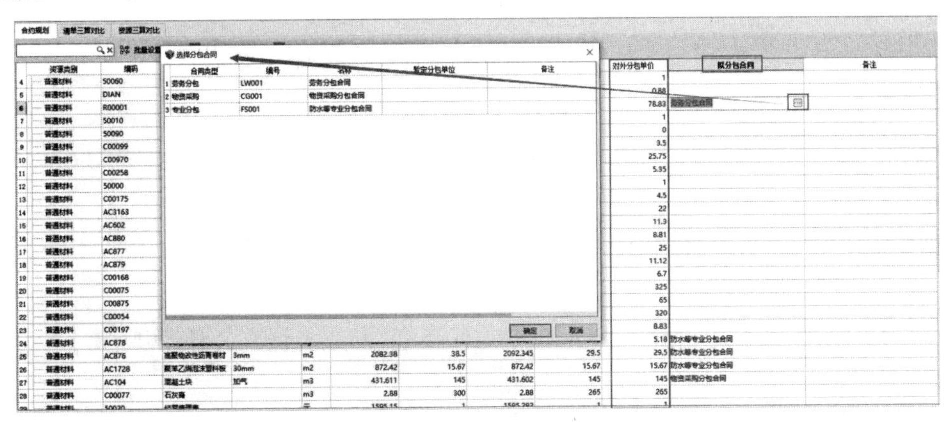

图 6-6-30　设置拟分包合同

(5) 查看各项分包合同费用，如图 6-6-31。

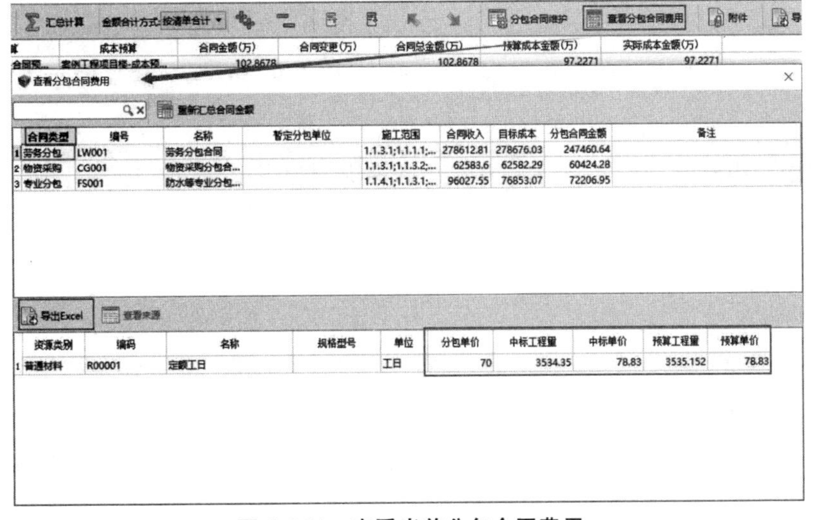

图 6-6-31　查看当前分包合同费用

2. 三算对比操作流程

(1) 在“合约视图”模块中，选择【土建专业合约】，点击【清单三算对比】进行查看，以清单维度查看盈亏和节超情况，如图 6-5-32 所示。

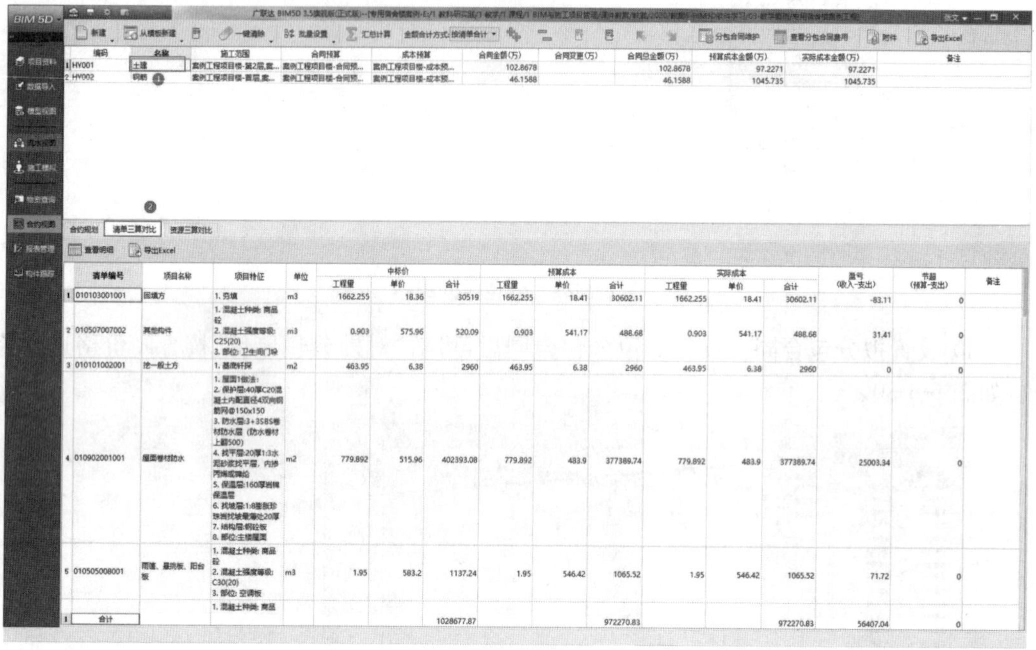

	编码	名称	施工范围	合同预算	成本预算	合同金额(万)	合同变更(万)	合同总金额(万)	预算成本金额(万)	实际成本金额(万)	备注
1	HY001	土建	案例工程项目楼-第2层,案...	案例工程项目楼-合同预...	案例工程项目楼-成本预...	102.8678		102.8678	97.2271	97.2271	
2	HY002	钢筋	案例工程项目楼-首层,案...	案例工程项目楼-合同预...	案例工程项目楼-成本预...	46.1588		46.1588	1045.735	1045.735	

	清单编号	项目名称	项目特征	单位	中标价			预算成本			实际成本			盈亏(收入-支出)	节超(预算-支出)	备注
					工程量	单价	合计	工程量	单价	合计	工程量	单价	合计			
1	010103001001	回填方	1. 夯填	m3	1662.255	18.36	30519	1662.255	18.41	30602.11	1662.255	18.41	30602.11	-83.11	0	
2	010507007002	其他构件	1. 混凝土种类：商品砼 2. 混凝土强度等级：C25(20) 3. 部位：卫生间门垛	m3	0.903	575.96	520.09	0.903	541.17	488.68	0.903	541.17	488.68	31.41	0	
3	010101002001	挖一般土方	1. 基底钎探	m2	463.95	6.38	2960	463.95	6.38	2960	463.95	6.38	2960	0	0	
4	010902001001	屋面卷材防水	1. 屋面1做法： 2. 保护层:40厚C20混凝土内配直径4双向钢筋网@150x150 3. 防水层:3+3SBS卷材防水层（防水卷材上翻500） 4. 找平层:20厚1:3水泥砂浆找平层，内掺丙烯或腈纶 5. 保温层:160厚岩棉保温层 6. 找坡层:1:8膨胀珍珠岩找坡最薄处20厚 7. 结构层:钢砼板 8. 部位:主楼屋面	m2	779.892	515.96	402393.08	779.892	483.9	377389.74	779.892	483.9	377389.74	25003.34	0	
5	010505008001	雨篷、悬挑板、阳台板	1. 混凝土种类：商品砼 2. 混凝土强度等级：C30(20) 3. 部位：空调板	m3	1.95	583.2	1137.24	1.95	546.42	1065.52	1.95	546.42	1065.52	71.72	0	
			1. 混凝土种类：商品													
1	合计						1028677.87			972270.83			972270.83	56407.04	0	

图 6-6-32　清单三算对比

① 中标单价和预算单价分别来自导入的合同预算和成本预算文件，实际成本单价默认等于预算成本单价；

② 中标量＝百分比×预算量；

预算量＝范围内模型工程量×对应预算下资源的定额含量；

③ 百分比＝当前范围模型/全部模型；

例如：当前模型共五层，每层一个梁，梁模型都相同，那么范围为一层的话，百分比就是 1/5，这个百分比就是当前范围与全部模型的同构件类型的构件的比值；

④ 全部模型量来源于流水段，所以统计时需将统计构件划分到流水段中。

(2) 选中对应清单，点击【查看明细】，以单价构成和资源对比维度查看选中的清单，如图 6-6-33 所示。

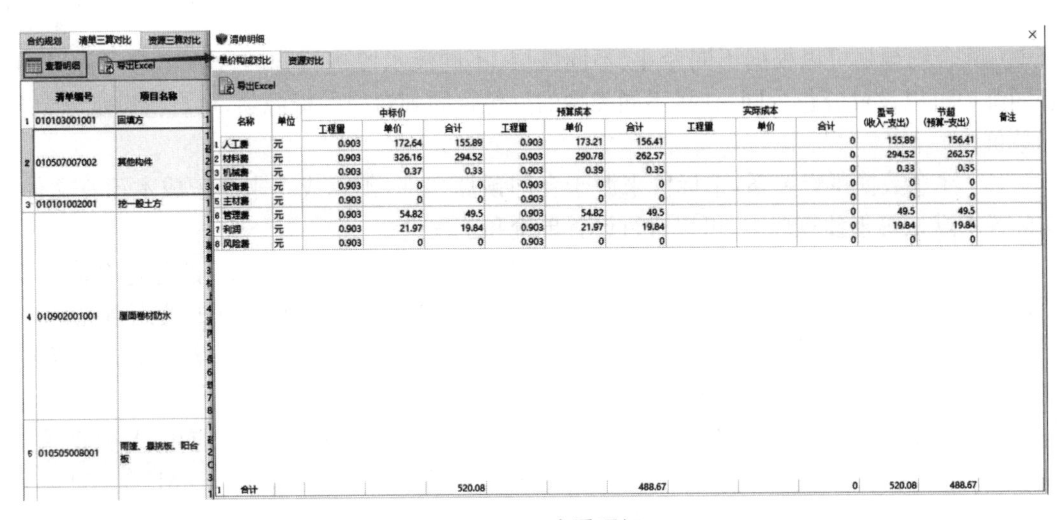

	名称	单位	中标价 工程量	中标价 单价	中标价 合计	预算成本 工程量	预算成本 单价	预算成本 合计	实际成本 工程量	实际成本 单价	实际成本 合计	盈亏(收入-支出)	节超(预算-支出)	备注
1	人工费	元	0.903	172.64	155.89	0.903	173.21	156.41			0	155.89	156.41	
2	材料费	元	0.903	326.16	294.52	0.903	290.78	262.57			0	294.52	262.57	
3	机械费	元	0.903	0.37	0.33	0.903	0.39	0.35			0	0.33	0.35	
4	设备费	元	0.903	0	0	0.903	0	0			0	0	0	
5	主材费	元	0.903	0	0	0.903	0	0			0	0	0	
6	管理费	元	0.903	54.82	49.5	0.903	54.82	49.5			0	49.5	49.5	
7	利润	元	0.903	21.97	19.84	0.903	21.97	19.84			0	19.84	19.84	
8	风险费	元	0.903	0	0	0.903	0	0			0	0	0	
1	合计				520.08			488.67			0	520.08	488.67	

图 6-6-33 查看明细

(3) 资源三算对比

“资源三算对比”功能可以显示被选中的费用主体(行)资源的三算对比情况,以资源维度查看盈亏和节超情况。

	资源类别	编码	名称	规格型号	单位	中标价 工程量	中标价 单价	中标价 合计	预算成本 工程量	预算成本 单价	预算成本 合计	实际成本 工程量	实际成本 单价	实际成本 合计	盈亏(收入-支出)	节超(预算-支出)	备注
1	普通材料							931143.86			874712.19			874712.19	56431.67	0	
2	普通材料	DC456	圆钉		kg	2.083	6.89	14.35	2.102	6.89	14.48	2.102	6.89	14.48	-0.13	0	
3	普通材料	C00280	石油沥青	10#	kg	127.056	2.95	374.82	128.296	2.8	359.23	128.296	2.8	359.23	15.59	0	
4	普通材料	50060	其他费用		元	216.154	1	216.15	216.154	1	216.15	216.154	1	216.15	0	0	
5	普通材料	DIAN	电		kW·h	1061.257	0.72	764.11	1061.651	0.88	934.25	1061.651	0.88	934.25	-170.14	0	
6	普通材料	R00001	定额工日		工日	3534.35	78.83	278612.81	3535.152	78.83	278676.03	3535.152	78.83	278676.03	-63.22	0	
7	普通材料	50010	大修费		元	450.327	1	450.33	450.345	1	450.35	450.345	1	450.35	-0.02	0	
8	普通材料	50090	停滞费		元	2483.33	0	0	2483.454	0	0	2483.454	0	0	0	0	
9	普通材料	C00099	草袋		m2	786.938	3.5	2754.28	787.074	3.5	2754.76	787.074	3.5	2754.76	-0.48	0	
10	普通材料	C00970	粘土		m3	26.77	30	803.1	26.951	25.75	693.99	26.951	25.75	693.99	109.11	0	
11	普通材料	C00258	水		m3	1680.724	5.95	10000.31	1680.955	5.35	8993.11	1680.955	5.35	8993.11	1007.2	0	
12	普通材料	50000	折旧费		元	2267.176	1	2267.18	2267.3	1	2267.3	2267.3	1	2267.3	-0.12	0	
13	普通材料	C00175	防水粉		kg	15.779	4.5	71.01	15.779	4.5	71.01	15.779	4.5	71.01	0	0	
14	普通材料	AC3163	聚丙烯纤维		kg	19.501	22	429.02	19.501	22	429.02	19.501	22	429.02	0	0	
15	普通材料	AC602	氯丁胶	XY401、88#胶	kg	25.659	11.3	289.95	25.659	11.3	289.95	25.659	11.3	289.95	0	0	
16	普通材料	AC880	石油液化气		kg	224.113	8.81	1974.44	225.185	8.81	1983.88	225.185	8.81	1983.88	-9.44	0	
17	普通材料	AC877	高聚物改性沥青卷材	2mm	m2	205.437	34.5	7087.58	206.42	25	5160.5	206.42	25	5160.5	1927.08	0	
18	普通材料	AC879	改性沥青粘结剂		kg	1041.19	11.12	11578.03	1046.173	11.12	11633.44	1046.173	11.12	11633.44	-55.41	0	
19	普通材料	C00168	二甲苯		kg	2.999	6.7	20.09	2.999	6.7	20.09	2.999	6.7	20.09	0	0	
20	普通材料	C00075	生石灰		t	5.657	420	2375.94	5.695	325	1850.88	5.695	325	1850.88	525.06	0	
21	普通材料	C00875	砂子	细砂	m3	0.024	60	1.44	0.024	65	1.56	0.024	65	1.56	-0.12	0	
22	普通材料	C00054	水泥	32.5	t	438.957	350	153634.95	439.001	320	140480.32	439.001	320	140480.32	13154.63	0	
23	普通材料	C00197	丙酮		kg	2.38	8.83	21.02	2.38	8.83	21.02	2.38	8.83	21.02	0	0	
24	普通材料	AC878	PVC卷材基层处理剂		kg	280.141	7.8	2185.1	281.481	5.18	1458.07	281.481	5.18	1458.07	727.03	0	
1	合计							931143.86			874712.19			874712.19	56431.67	0	

图 6-6-34 资源三算对比

(4) 导出数据文件,提交数据。

3. 本节小结

(1) BIM5D 合约视图模块可以进行合约规划、清单三算对比、资源三算对比的分析查看；

（2）合约规划可以根据不同专业、不同楼层、不同流水段进行分类合约建立，利用分包合同维护可以设置分包合同，挂接不同类型的分包合同到对应的资源项，可自行设定分包合同单价；

（3）注意数据逻辑关系，中标价来源于合同预算文件，预算成本来源于成本预算文件，实际成本默认等于预算成本，可以自行设置单价和工程量；

（4）“合约规划”下的“查看当前分包合同费用”只能查看选中行挂接的分包合同的费用，工具栏下的“查看分包合同费用”能显示分包合同维护中所有新增合同的费用情况；

（5）利用清单及资源三算对比，可以分析每一条清单或资源项的盈亏情况及节超情况，注意实际成本可以根据实际情况进行设定修改。

以上就是基于 BIM5D 协同管理软件的 PC 端应用，BIM5D 是由 PC 应用端、移动采集端和网页 BIM 云端三部分构成的，所以它的应用远不止于此。譬如，基于 BIM5D 移动端和 BIIM 云端构件跟踪、施工现场的质量安全问题追踪、安全定点巡视、不同部门之间的协同管理等，读者如有兴趣可继续寻找相关资料进行学习。

BIM技术应用

案例赏析6

第7章

施工场地布置软件实操

软件实操视频

7.1 施工现场三维布置概述

7.1.1 施工场地布置软件介绍

目前行业内常用的 BIM 场地布置专业软件主要有:广联达场地布置软件、品茗的 BIM 施工策划软件、红瓦科技的建模大师(施工)等。

场地布置软件是用于建设项目全过程临建规划设计的三维软件,可以通过绘制或者导入 CAD 电子图纸、3D Max GCL 文件快速建立模型,内嵌大量施工项目的临时设施的构件库,拖拽即实现绘制,节约绘制时间。所有模型均为矢量模型或者高清模型,模型都是仿真建立,且提供贴图功能,使用者可任意设计直观、美观的三维模型。同时软件内嵌消防、安全文明施工、绿色施工、环卫标准等规范,并自动生成临水、临电方案及临建工程量,使现场临设规划工作更加轻松、更形象直观、更合理、更加快速。

单位工程的施工平面布置图是进行施工现场布置的依据,是实现施工现场有计划有组织进行文明施工的先决条件,是单位工程施工组织设计的重要组成部分。

贯彻和执行科学合理的施工平面布置图,会使施工现场秩序井然,施工顺利进行,保证施工进度,提高效率和经济效果,不然,会导致施工现场的混乱,造成不良后果。

7.1.2 施工场地布置原则

(1) 在不影响施工的前提下,合理划分施工区域和材料堆放场地,根据各施工阶段合理布置施工道路,保证材料运输道路环通通畅,施工方便;

(2) 符合施工流程要求,减少对专业工种施工干扰;

(3) 各种生产设施布置便于施工生产安排,且满足安全消防、劳动保护的要求,临设布置尽量不占用施工场地。

(4) 总体施工开始后,对施工区域内影响施工的临设、库棚、堆场等设施进行相应调整、移位;

(5) 根据交叉施工原则的施工流程,按时间段进行分阶段布置;同时,现场机械将根据本工程地理、建筑、结构等特点进行布置,以满足整个现场及施工过程的需要;

（6）施工现场的临时设施的搭建不得损坏测量控制网的测量标志，不得影响测量标志的通视条件；

（7）在施工期间，建立有效的排水系统，并进行日常维修，防止对周边路面造成污染，做到工地临时排水措施畅通有效，达到“平时无积水，雨后退水快”的效果；

（8）在竣工验收合格后，自行拆除搭设的所有临时设施，且在 15 天内清运完毕；

（9）遵循建设法律法规对施工现场管理提出的要求。

7.1.3 施工场地布置内容

1. 施工场地布置的准备工作

（1）认真研究施工方案和进度计划，对施工现场以及周围的环境做深入的调查研究，充分分析设计施工平面图的原始资料，使所绘制的平面图与施工现场的实际情况相符合，使施工平面图设计确实能起到指导施工现场空间布置的作用。

（2）收集施工场地布置的依据资料，包括：拟建工程当地的原始资料；有关的设计资料、图纸等；单位工程施工组织设计的施工方案、进度计划、资源需要量计划等。

2. 施工场地布置的内容

（1）工程施工场地状况；

（2）拟建建筑物的位置、轮廓尺寸、层数等；

（3）工程建设用地（搅拌站、加工棚）、运输设施（塔式起重机等）、贮存设施（材料、构配件、半成品的堆放场地及仓库）、生活用房等；

（4）垂直运输设施（建筑电梯、井架升降机等）、供电设施、供水供热设施、排水排污设施、临时施工道路等设施；

（5）建筑工地内各种设施的分布，主要是办公室、临建安排、材料堆存、保管措施、设备卸车存放地点和保管计划、道路及运输方式、水电气供应及管线布置、安装临时设施和文化设施的布置、安装和管理等设施的分布。

（6）施工现场必备的安全、消防、保卫和环境保护等设施。

（7）相邻的地上、地下既有建（构）筑物及相关环境。

3. 施工场地布置软件的应用整体思路

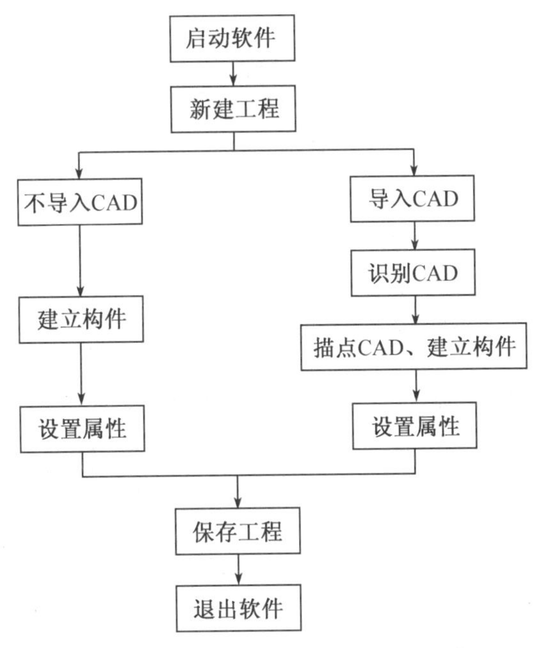

图 7-1-1　施工场地布置软件操作思路

7.2　案例工程简介及绘制思路

（1）本章案例为某工厂厂房，该工程根据 CAD 设计图的总平面为绘制框架，配合环境现状规划施工总区域，根据施工经验布置现场构件。施工总平面底图如下图 7-2-1，该案例采用的施工场地布置软件是广联达 BIM 施工现场布置软件 V7.5。

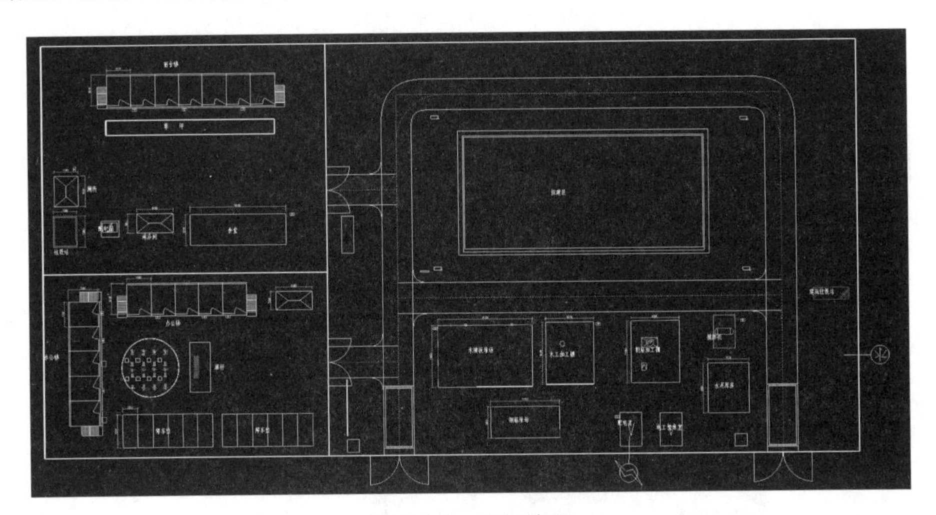

图 7-2-1　CAD 底图

(2) 施工场地布置图绘制整体思路

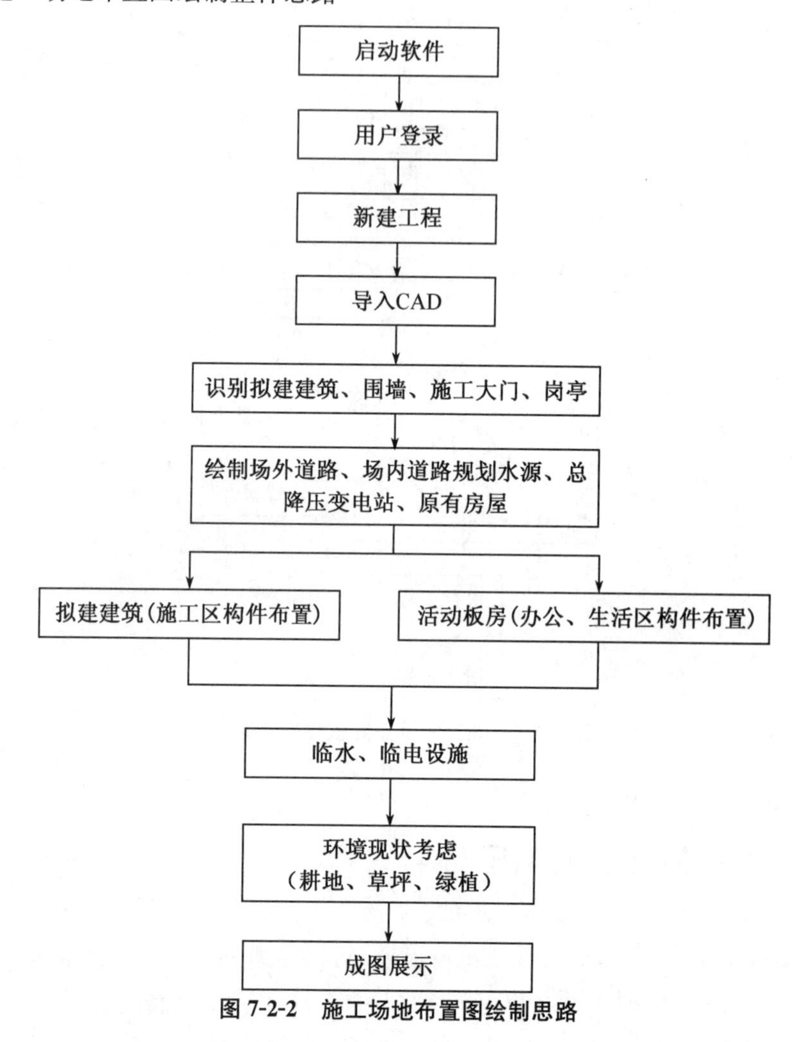

图 7-2-2　施工场地布置图绘制思路

7.3　工厂厂房三维场地布置图操作示例

工厂厂房三维场地布置图如图 7-3-1 所示。

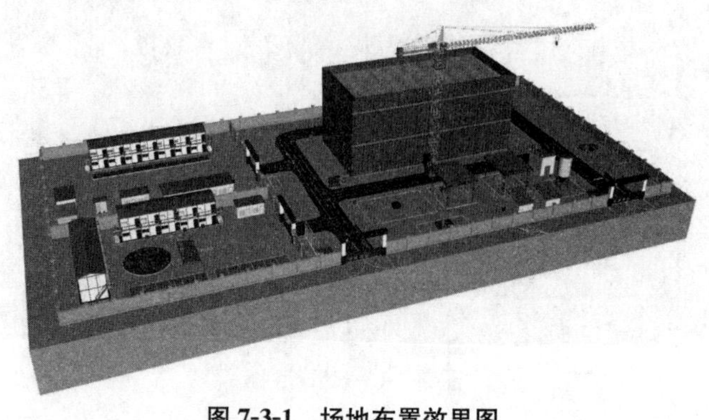

图 7-3-1　场地布置效果图

1. 启动软件

双击快捷图标启动如图 7-3-2 所示。

图 7-3-2　广联达 BIM 施工现场布置软件图标

2. 用户登录

启动软件后，进入用户登录界面，输入正确的用户名及密码即可登录。

(1) 若用户目前无账号，可点击【注册】注册 GSL 账号，也可以在广联达云施工平台网页注册；

(2) 若用户忘记账号密码，可点击【找回密码】，通过用户注册时的手机号或用户名验证重新设置密码；

(3) 用户可勾选【记住密码】来保存登录账号的密码。

3. 新建工程

点击【新建工程】如图 7-3-3 所示。

图 7-3-3　新建工程界面

广联达软件界面主要包括：快速访问栏、工具栏、绘图区域、构件设施区域、导航栏等。如图 7-3-4 所示。

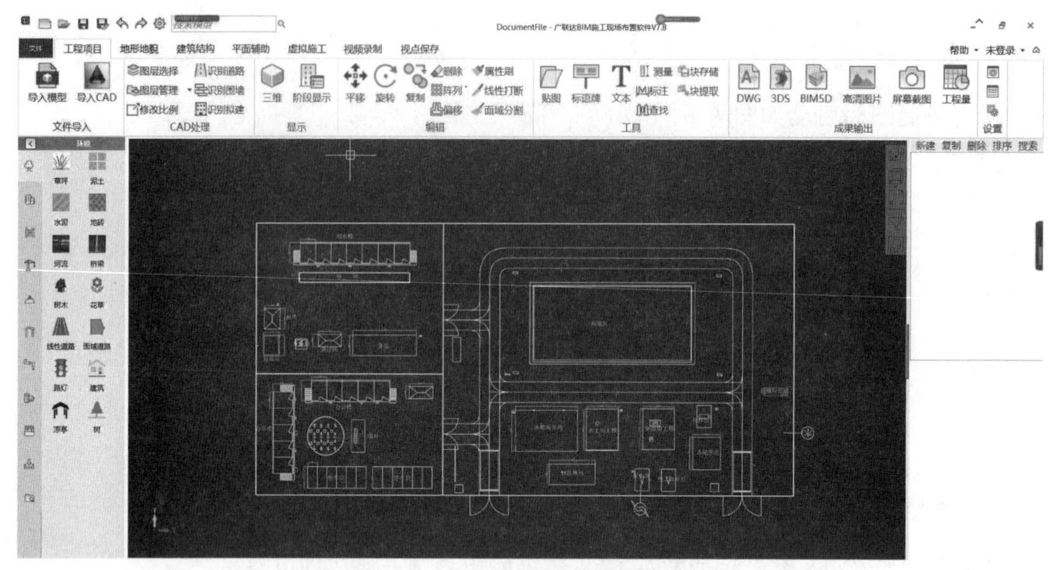

图 7-3-4　广联达场地布置软件界面

4. 导入 CAD

导入的 CAD 图纸主要是设计图纸的总平面图，可以用来设计施工现场总体布局。

新建工程后自动弹出窗口询问是否导入 CAD 平面图（如图 7-3-5），点击【确定】即可弹出 CAD 图纸路径选择窗口（如图 7-3-6），选择“教材案例工程—工厂厂房”，点击【打开】。

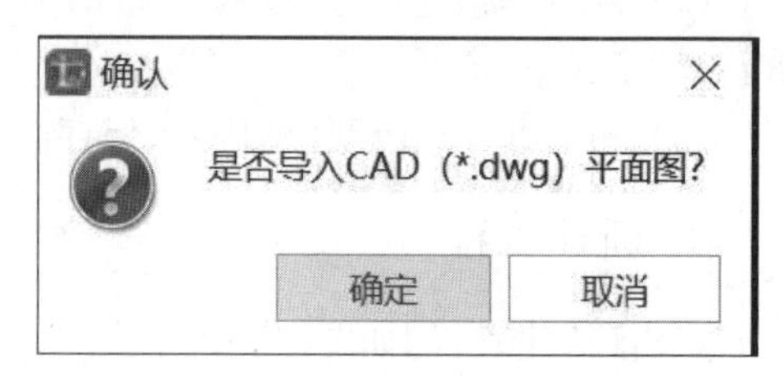

图 7-3-5　导入 CAD 平面图界面

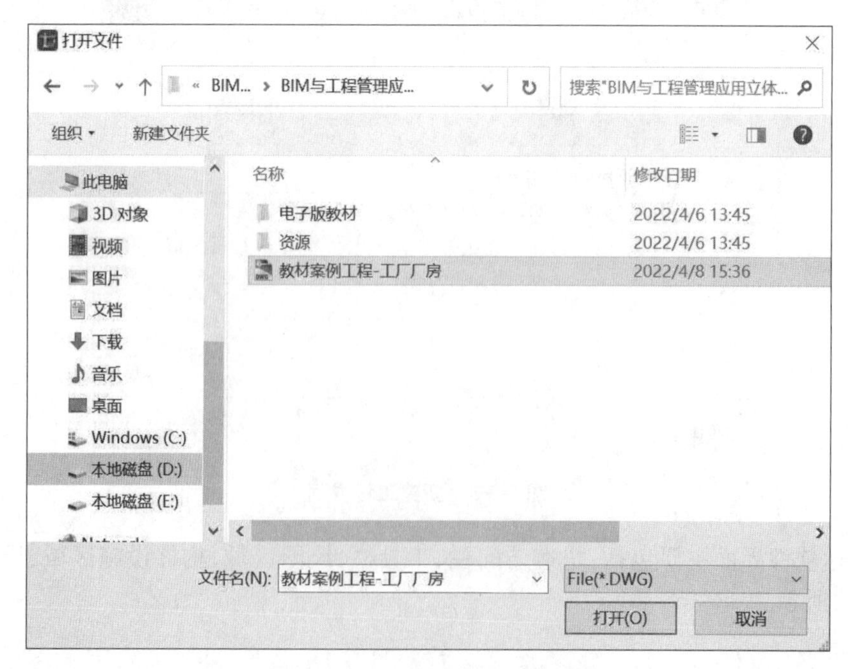

图 7-3-6　选择导入的 CAD 图纸

在绘图区域的任意位置点击，选择插入点（如图 7-3-7），即可导入 CAD 图纸，导入后提示“导入成功”（如图 7-3-8）。

图 7-3-7　选择插入点

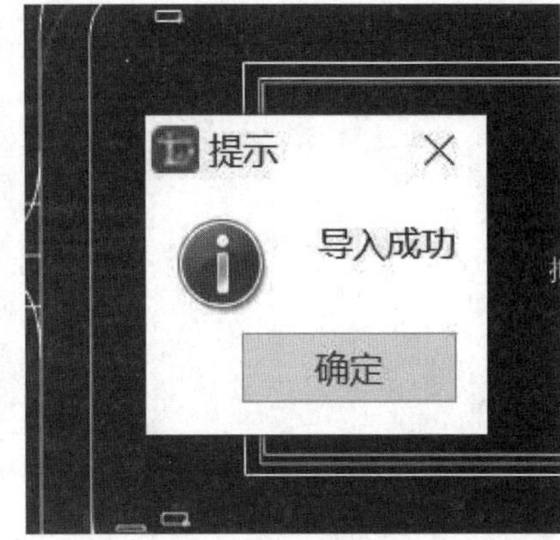

图 7-3-8　导入成功

注意：CAD 设计平面图内如有非必要内容，可根据实际情况在 CAD 内删除后再导入，也可以导入后删除非必要内容。

5. 围墙

工地必须沿四周连续设置封闭围挡或围墙，围挡材料应选用砌体、彩钢板等硬性材料，做到坚固、稳定整洁和美观。市区主要路段的工地应设置高度不小于 2.5 m 的封闭围挡。一般路段的工地应设置不小于 1.8 m 的封闭围挡。

围墙是现场施工的围挡用于隔离外界构件，绘制方法主要包括：识别围墙和绘制围墙。绘制围墙中可以采用直线、起点—终点—中点画弧、起点—中点—终点画弧、矩形、圆绘制五种方式，如图 7-3-9。

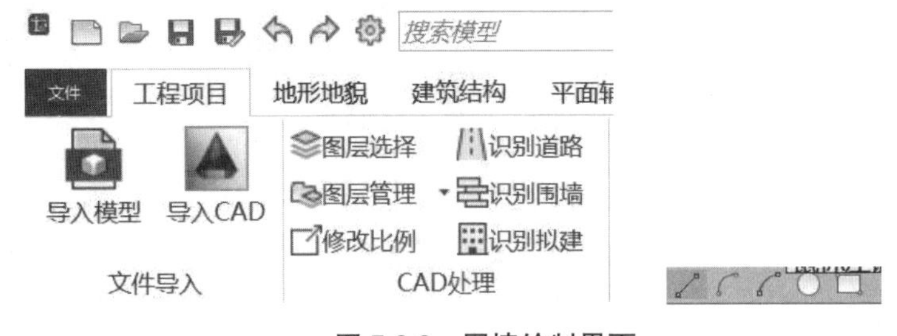

图 7-3-9　围墙绘制界面

本案例采用识别围墙的方法绘制，先选中场地四周的围墙 CAD 线（如图 7-3-10），点击【识别围墙】命令，软件默认属性的围墙即可生成如图 7-3-11，点击“显示”面板中的【三维】进行查看，可以利用导航栏中的【动态观察】命令对围墙进行动态查看，围墙三维图如图 7-3-12。

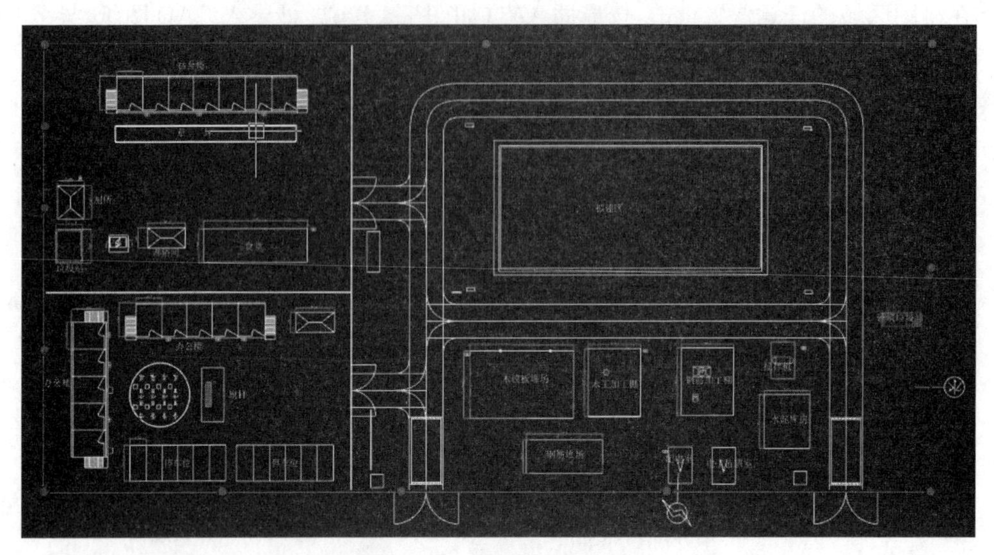

图 7-3-10 选中围墙 CAD 线

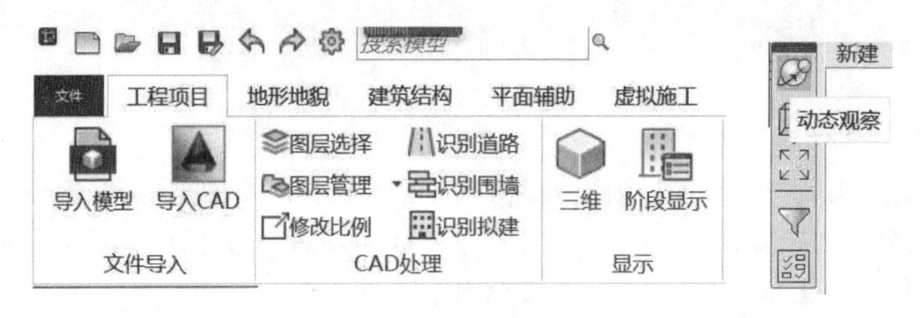

图 7-3-11 三维显示

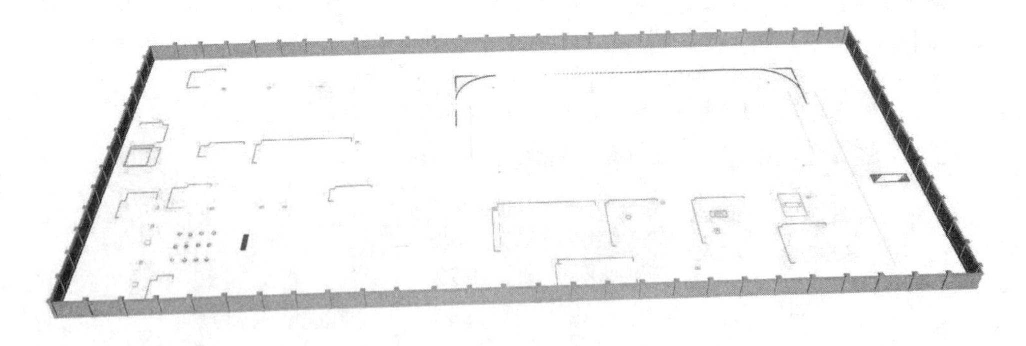

图 7-3-12 围墙三维图

围墙绘制完成之后，可以在属性栏中，对围墙的宽度、高度、有无墙基、墙基宽度、墙基高度、压顶样式、压顶高度、压顶宽度，墙柱样式、墙柱宽度、墙柱长度、墙柱高度、墙柱间距进行编辑，如图 7-3-13。

围墙	
名称	围墙
显示名称	☐
围墙宽度	125
围墙高度	3000
有无墙基	☑
墙基宽度	400
墙基高度	400
有无压顶	☑
压顶样式	样式一
压顶宽度	500
压顶高度	200
有无墙柱	☑
墙柱样式	样式一
墙柱宽度	样式一
墙柱长度	样式二
墙柱高度	样式三
墙柱间距	5000

围墙	
名称	围墙
显示名称	☐
围墙宽度	125
围墙高度	3000
有无墙基	☑
墙基宽度	400
墙基高度	400
有无压顶	☑
压顶样式	样式一
压顶宽度	500
压顶高度	200
有无墙柱	☑
墙柱样式	样式一
墙柱宽度	500
墙柱长度	500
墙柱高度	3000
墙柱间距	5000

围墙	
名称	围墙
显示名称	☐
围墙宽度	125
围墙高度	3000
有无墙基	☑
墙基宽度	400
墙基高度	400
有无压顶	☑
压顶样式	样式一
压顶宽度	样式一
压顶高度	样式二
有无墙柱	样式三
墙柱样式	样式四
墙柱宽度	500
墙柱长度	500
墙柱高度	3000
墙柱间距	5000

图 7-3-13　围墙属性栏编辑

6. 施工大门

施工现场进出口应设置施工大门，并应设置门卫值班室。施工现场出入口应标有企业名称或标识，并应设置车辆冲洗设施。

施工大门的绘制方法为点式绘制。点击“临建”中的【大门】，在 CAD 图纸的相应位置左键点击绘制。本案例工程有两个施工大门，用相同方法进行绘制，如图 7-3-14。

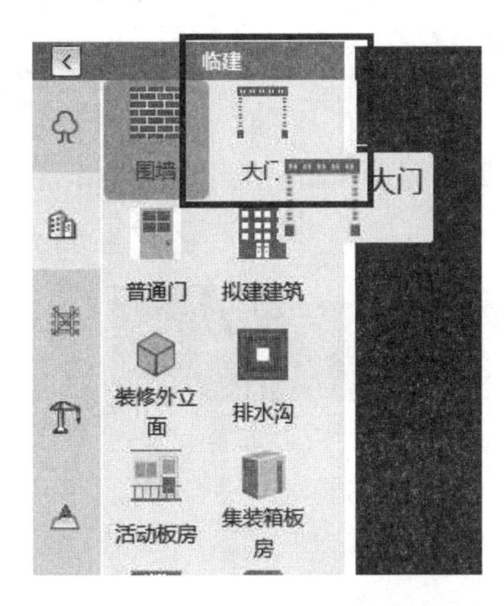

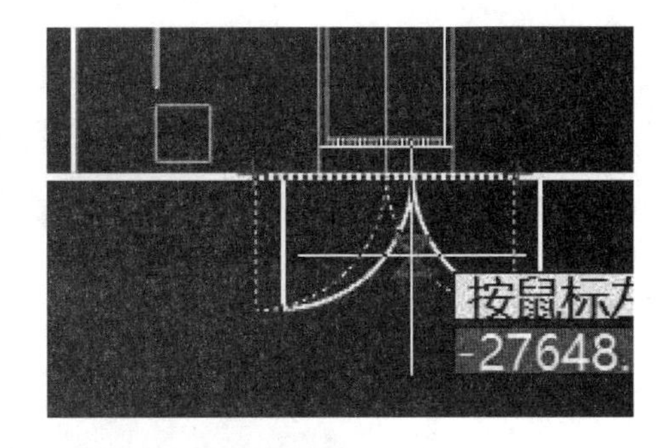

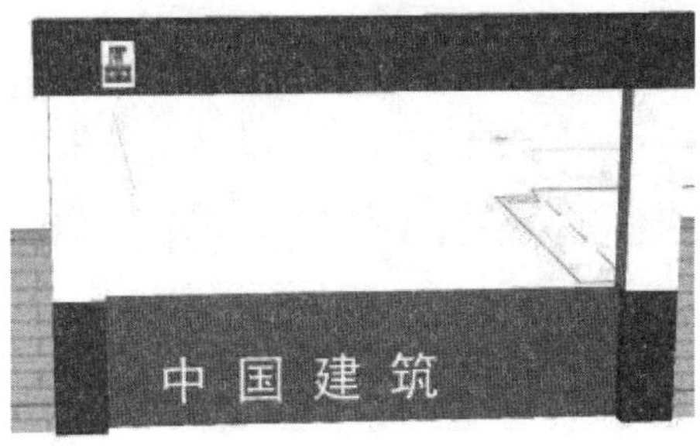

图 7-3-14　施工大门

施工大门属性说明如图 7-3-15 所示。

名称	大门
显示名称	☐
大门样式	默认样式
有无大门	☑
角度	0
门宽度(mm)	8000
门高度(mm)	2000
门材质	铁皮
有无角门	☐
门柱截面	矩形
门柱截面宽度(mm)	800
门柱截面高度(mm)	800
门柱高度(mm)	5000
门柱上部分高度(mm)	3000
门柱上部分颜色	白
门柱下部分高度(mm)	2000
门柱下部分颜色	蓝
有无柱帽	☐
有无横梁	☑
横梁截面宽度(mm)	800
横梁截面高度(mm)	1000
横梁截面长度(mm)	10000
横梁截面颜色	蓝
底标高(m)	0

图 7-3-15　大门属性栏

图 7-3-16

门样式:门的样式有三种,分别为“默认样式 A”“默认样式 B”“默认样式 C”,如图 7-3-16,可以根据工程的实际需要进行选择如图 7-3-17(a,b,c)。

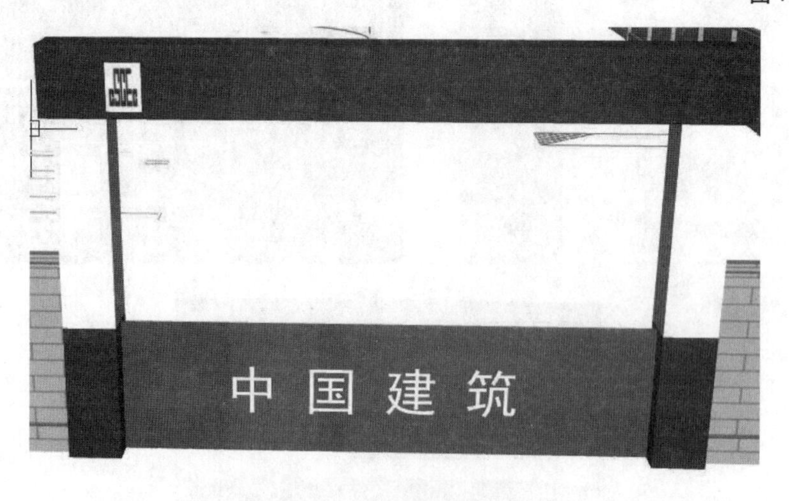

(a)　默认样式 A

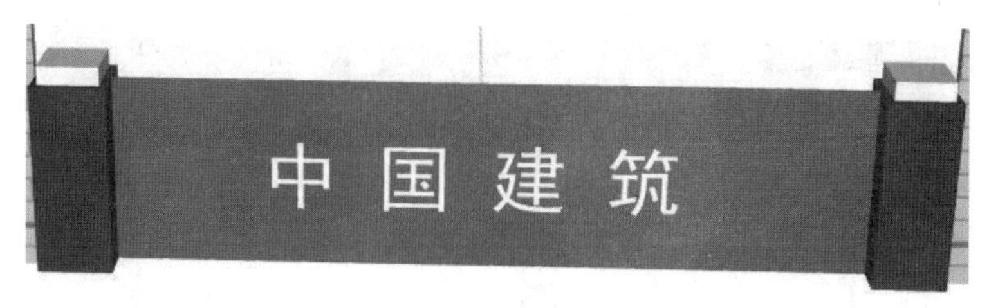

(b)　默认样式 B

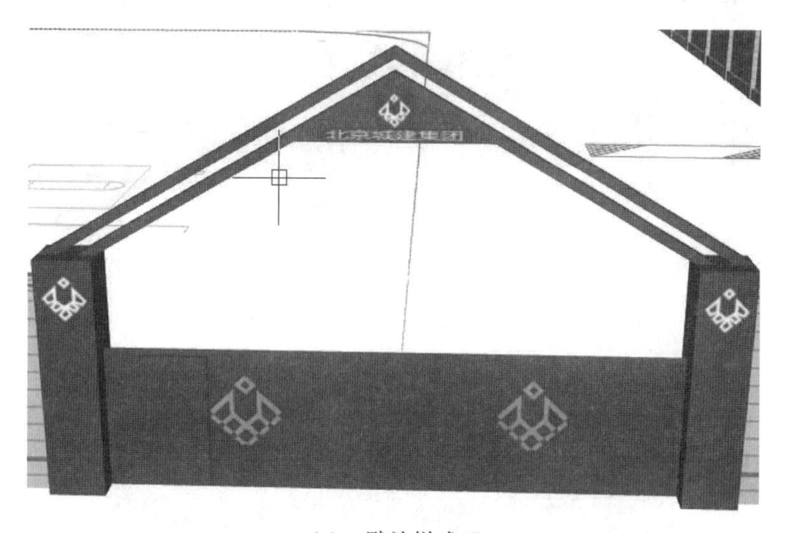

(c)　默认样式 C

图 7-3-17　大门默认样式

图 7-3-18　大门材质

门相关尺寸：门宽度、门高度、门柱截面宽度、门柱截面高度可直接输入数值进行编辑。

门材质：软件提供三种围墙常用材质，分别为：铁皮、钢木、电动门，默认材质为铁皮，可以点击材质下的其他材质来设置施工大门材质，如图 7-3-18。

门柱上/下、横梁部分颜色：下拉选择立柱上/下部分的颜色，软件默认上部分为灰色、下部分为蓝色、横梁为蓝色，根据软件中的颜色自行选择如图 7-3-19。门柱左、右标语有三种：默认标语、无标语、更多，如图 7-3-20。更多可以从标语库中进行选择应用，默认标语如图 7-3-21。对于柱帽，可以通过勾选方框□，选择柱帽。

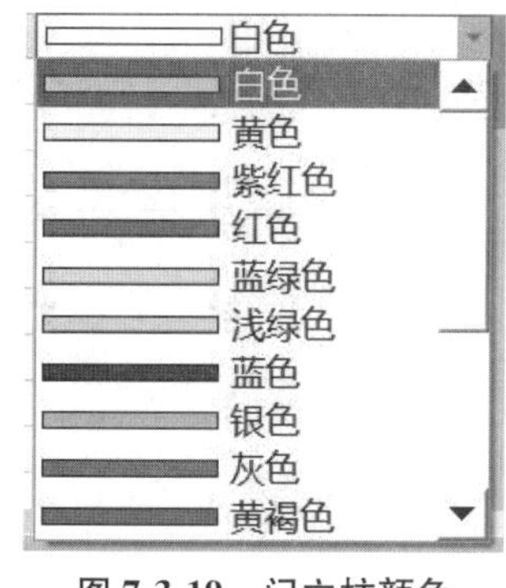

图 7-3-19　门立柱颜色

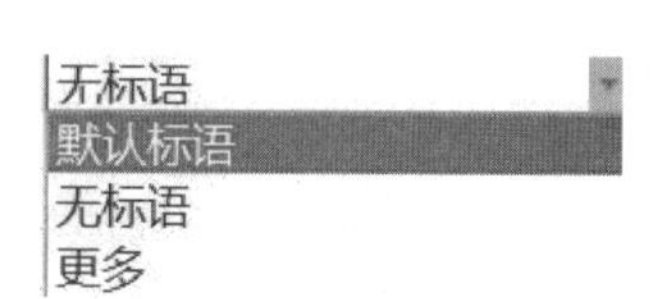

图 7-3-20　立柱标语选项

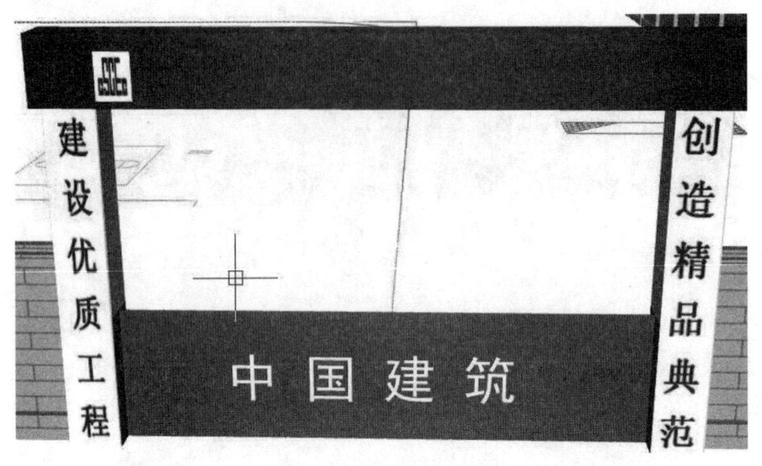

图 7-3-21　默认标语

横梁文字：输入文字，在横梁上显示，可以通过文字设置，进行字体、字号及字体颜色的设置，如图 7-3-22。

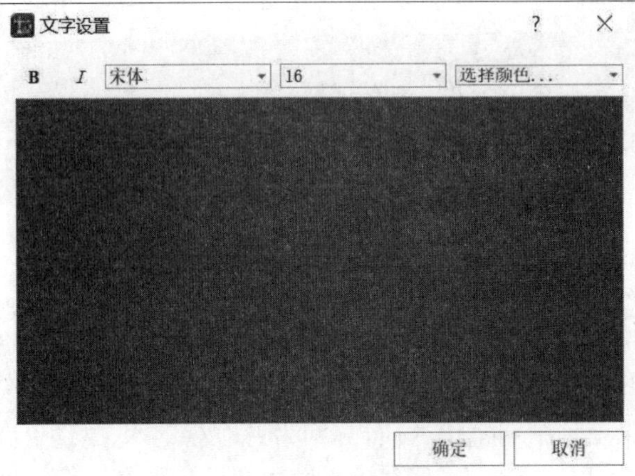

图 7-3-22　字体设置工具

企业徽标：包括默认徽标、无徽标、更多三种，如图 7-3-23。

图 7-3-23　企业徽标

横梁尺寸：横梁的截面宽度，横梁截面高度、横梁截面长度、角度、底标高可直接输入数值进行设置，截面颜色可自选颜色设置，如图 7-3-24。

横梁截面宽度(mm)	800
横梁截面高度(mm)	1000
横梁截面长度(mm)	10000
横梁截面颜色	
角度	360
底标高(m)	0
锁定	

图 7-3-24　横梁尺寸

7. 门卫岗亭

岗亭是用于大门入口的警卫用房，如图 7-3-25，绘制方式为旋转点布置。

图 7-3-25　门卫岗亭

门卫岗亭属性说明，如图 7-3-26 所示。

门卫岗亭	
名称	门卫岗亭
显示名称	☐
岗亭高度(mm)	2300
颜色方案	蓝白
屋顶	平顶
用途	岗亭
角度	0
底标高	0

图 7-3-26　门卫岗亭属性说明

显示名称：勾选选项框，即可显示名称。
颜色方案：包括红白和蓝白 2 种颜色方案，默认为蓝白。
屋顶：包括平顶、单坡、双坡 3 种屋顶样式，默认为平顶，如图 7-3-27。

名称	门卫岗亭
显示名称	☐
岗亭高度(mm)	2300
颜色方案	蓝白
屋顶	平顶 ▾
用途	平顶
角度	单坡
底标高	双坡

图 7-3-27　屋顶样式

用途：包括岗亭、电工值班室、警卫室等功能，如图 7-3-28。

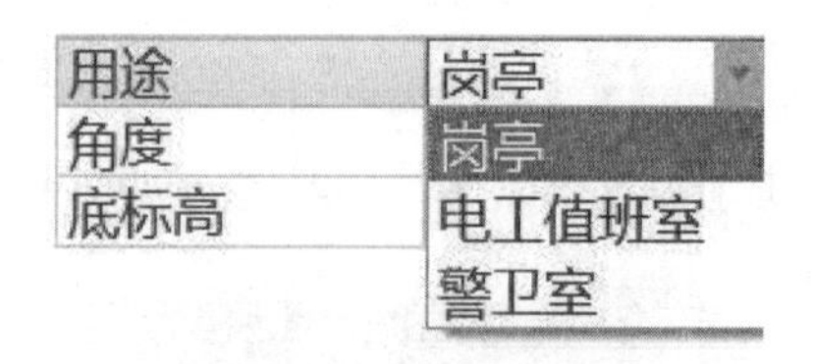

图 7-3-28　门卫岗亭用途

8. 道路

施工现场布置图中，道路包括施工现场的道路、场地内外的规划道路，创建方式包括识别道路和绘制道路。

识别道路，首先要选择道路的两条平行线，再进行道路的识别，如图 7-3-29。

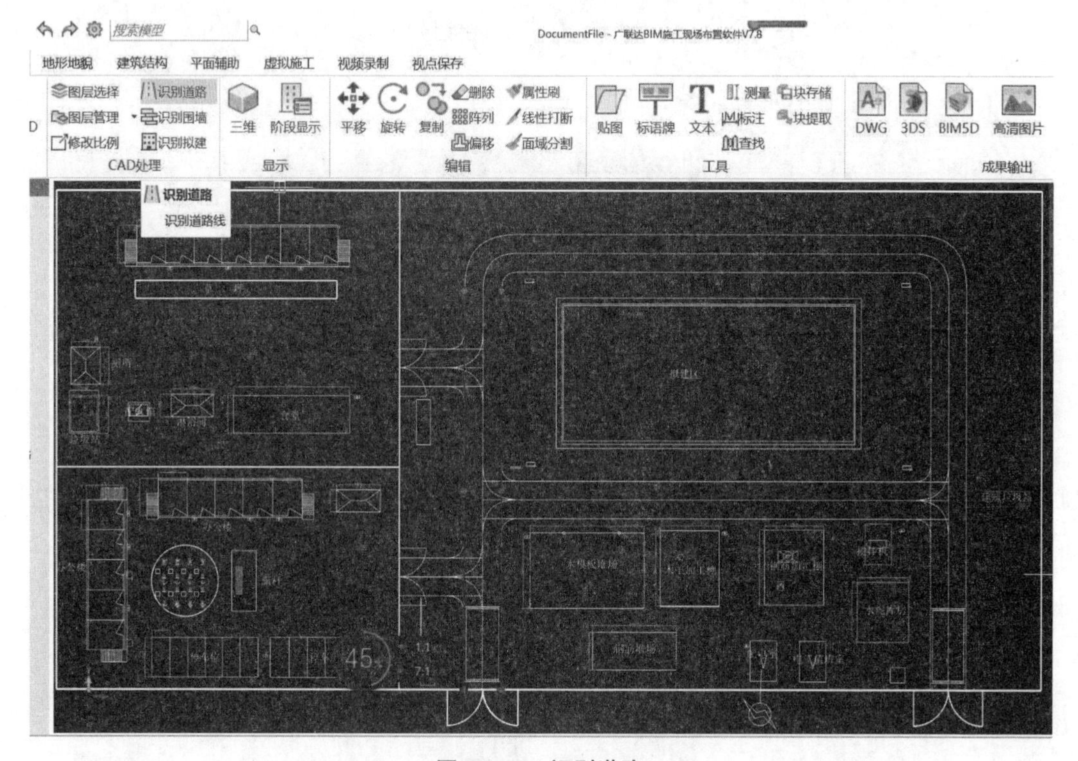

图 7-3-29　识别道路

自行绘制道路，主要有直线、起点—终点—中点画弧、起点—中点—终点画弧三种绘制方式，如图 7-3-30。

图 7-3-30　自行绘制方式

道路属性说明如图 7-3-31 所示。

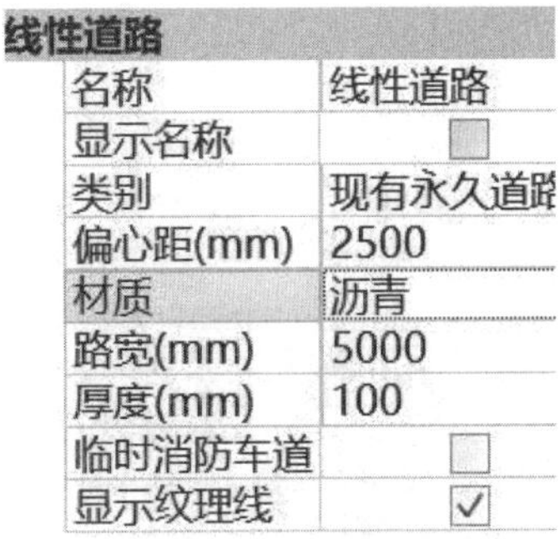

线性道路	
名称	线性道路
显示名称	☐
类别	现有永久道路
偏心距(mm)	2500
材质	沥青
路宽(mm)	5000
厚度(mm)	100
临时消防车道	☐
显示纹理线	☑

图 7-3-31　道路属性栏

类别:根据现实场景,软件提供现有永久性道路、拟建永久性道路、施工临时道路、场地内道路、施工通道 5 种道路类别。默认为现有永久性道路,可下拉选择其他类别,如图 7-3-32。

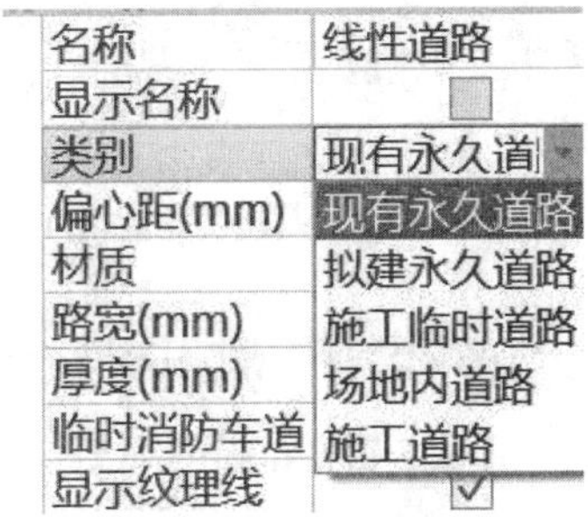

名称	线性道路
显示名称	☐
类别	现有永久道
偏心距(mm)	现有永久道路
材质	拟建永久道路
路宽(mm)	施工临时道路
厚度(mm)	场地内道路
临时消防车道	施工道路
显示纹理线	☑

图 7-3-32　道路类别

材质:软件提供沥青、混凝土、水泥、碎石 4 种常用道路材质。默认为沥青材质,用户可下拉选择其他材质,如图 7-3-33。且材质与道路类别可任意正交组合。

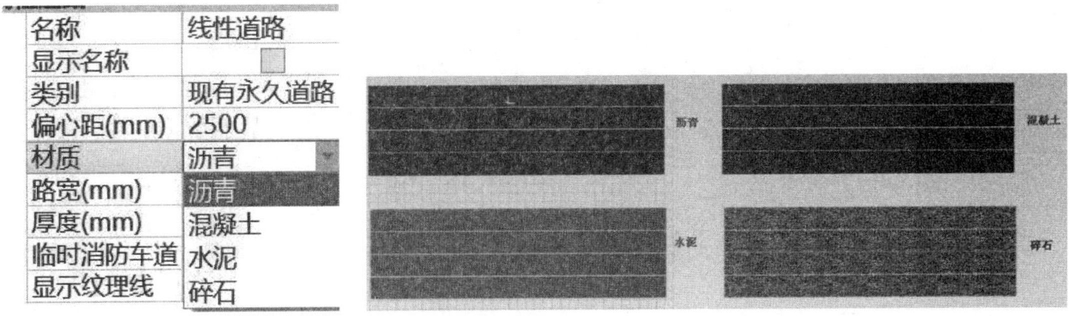

名称	线性道路
显示名称	☐
类别	现有永久道路
偏心距(mm)	2500
材质	沥青
路宽(mm)	沥青
厚度(mm)	混凝土
临时消防车道	水泥
显示纹理线	碎石

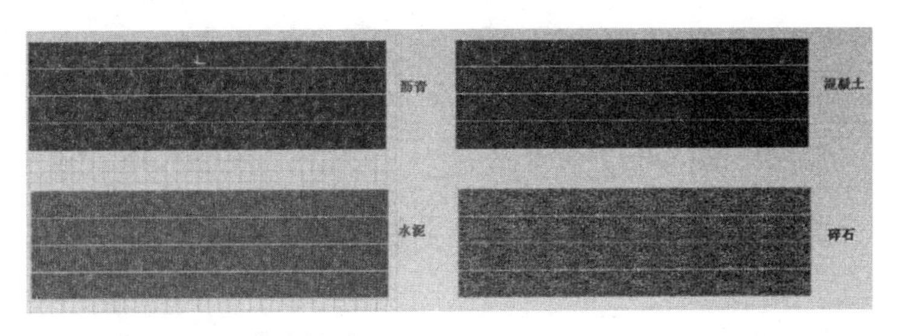

图 7-3-33　道路材质

9. 拟建建筑

拟建建筑的创建方法有识别拟建和自由绘制两种方法。

(1) 识别拟建

首先在 CAD 图中选择拟建建筑的闭合外轮廓线,然后点击【识别拟建】工具,完成拟建建筑的绘制，如图 7-3-34，效果图为 7-3-35。

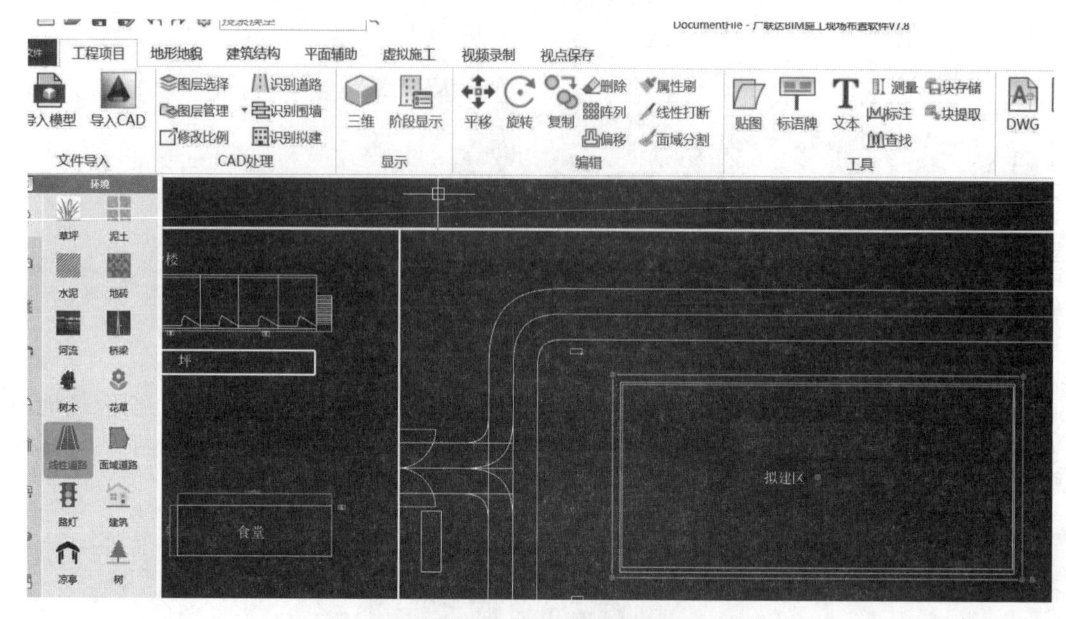

图 7-3-34　识别拟建建筑

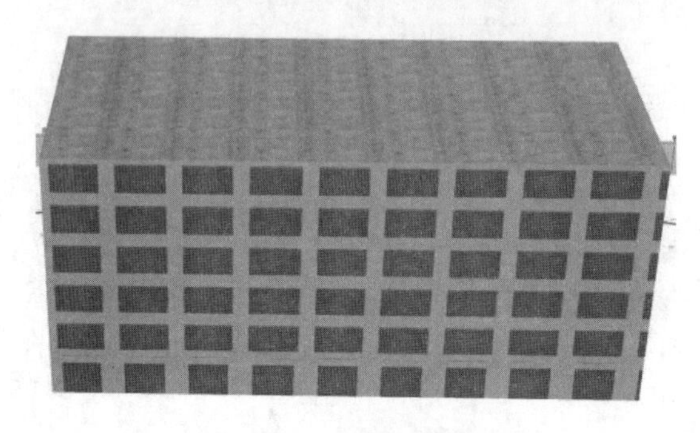

图 7-3-35　拟建建筑效果图

（2）自由绘制

自由绘制模式包含直线、起点—终点—中点画弧、起点—中点—终点画弧、矩形、圆形五种绘制模式，如图 7-3-36。

图 7-3-36　自由绘制模式

1）直线模式操作步骤

① 按鼠标左键指定第一个端点，按右键中止或按 ESC 键取消；

② 按鼠标左键指定下一个端点，按右键中止或按 ESC 键取消；

③ 绘制完成后，按右键或 ESC 键终止。

2）起点—终点—中点操作步骤

① 按鼠标左键指点圆弧起始点，按右键中止或按 ESC 键取消；

② 按鼠标左键指点圆弧终止点,按右键中止或按 ESC 键取消;

③ 按鼠标左键指点圆弧经过的一点,按右键中止或按 ESC 键取消;

④ 绘制完成后,按右键或 ESC 键终止。

3) 起点—终点—中点操作步骤

① 按鼠标左键指点圆弧起始点,按右键中止或按 ESC 键取消;

② 按鼠标左键指点圆弧经过的一点,按右键中止或按 ESC 键取消;

③ 按鼠标左键指点圆弧终止点,按右键中止或按 ESC 键取消;

④ 绘制完成后,按右键或 ESC 键终止。

4) 绘制圆操作步骤

① 按鼠标左键指点圆心点,按右键中止或按 ESC 键取消;

② 按鼠标左键确定圆半径,按右键中止或按 ESC 键取消;

③ 绘制完成后,按右键或 ESC 键终止。

5) 绘制矩形操作步骤

① 按鼠标左键指点矩形第一点,按右键中止或按 ESC 键取消;

② 按鼠标左键指点矩形的对角点,按右键中止或按 ESC 键取消;

③ 绘制完成后,按右键或 ESC 键终止。

由 CAD 图纸的底平面轮廓线可绘制简易的拟建建筑模型,点击【CAD 识别】菜单下的【描点 CAD 线端点生成拟建建筑】会自动识别直线描点,也可以通过直线、弧线、矩形绘制方式绘制拟建房屋。

拟建房屋属性说明如图 7-3-37 所示。

拟建建筑	
名称	拟建建筑
显示名称	☐
地上层数	6
地下层数	0
层高(mm)	3000
首层底标高(m)	0
地坪标高(m)	-0.45
设置外墙材质	
有无女儿墙	☐

图 7-3-37　拟建建筑属性栏

显示名称:勾选"显示名称",即可显示拟建建筑名称。

层数:可以直接输入地上层数、地下层数。

层高:根据拟建建筑的实际层高输入,默认值为 3 000 mm。

首层底标高:正负 0.000 标高。

地坪标高:室外地坪标高值。

设置材质:可选择本地图片设置为拟建房屋的材质,点击设置材质弹出选择楼层材质窗口,材质设置如图 7-3-38。

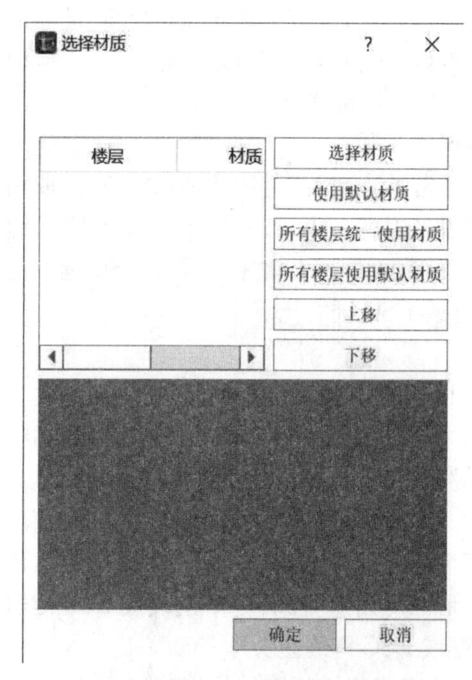

图 7-3-38　拟建建筑材质设置

> **注意**：可在主体阶段或装修阶段两个施工阶段进行材质设置。不同楼层可分别设置材质，也可设置为统一材质，也可单独或统一恢复为默认材质。材质可在楼层间上下移动。

默认外墙材质：提供灰墙、大理石、石材、瓷砖、涂料淡绿、涂料天蓝、涂料冰灰、涂料橘红、涂料橙红九种材质可供选择。

女儿墙：通过勾选选择框显示女儿墙，如图 7-3-39。女儿墙的高度、厚度、材质宽度可以输入数值进行修改。女儿墙的材质主要包括：混凝土、砖、砌块、铁艺、红白围栏、黄黑围栏几种，可在下拉选项中进行选择，如图 7-3-40。

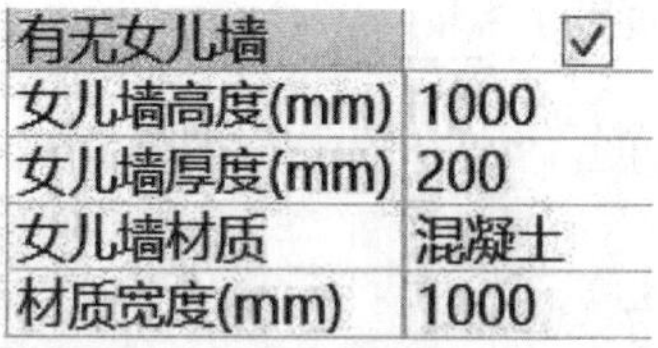

有无女儿墙	☑
女儿墙高度(mm)	1000
女儿墙厚度(mm)	200
女儿墙材质	混凝土
材质宽度(mm)	1000

图 7-3-39　女儿墙属性栏

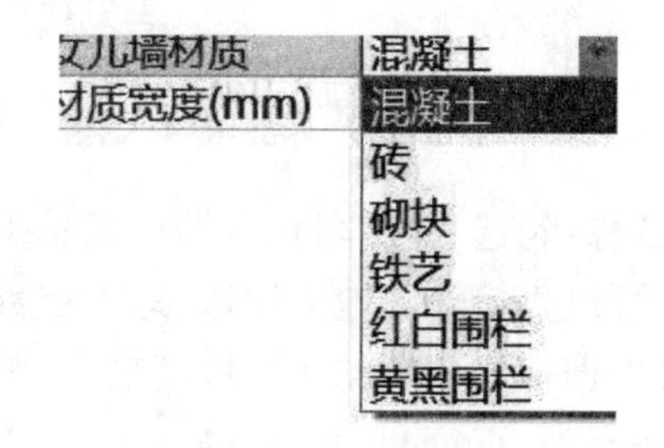

图 7-3-40　女儿墙材质

10. 施工区

绘制建筑后，进入施工区详细布置构件阶段，施工区的构件主要包括塔吊、施工电梯、堆场、加工棚、搅拌场、圆锯、弯曲机、调直机、排水沟、硬化路面等。

（1）塔吊

塔吊是建筑工地上最常用的一种起重设备，如图 7-3-41，以一节一节的接长（高），好像一个铁塔的形式，也叫塔式起重机，用来吊施工用的钢筋、脚手架等施工原材料的设备。是建筑施工一种必不可少的设备。在选择塔吊时，主要参照塔吊的工作幅度、起重高度和起重量，如图 7-3-42。绘制方式为点式绘制。

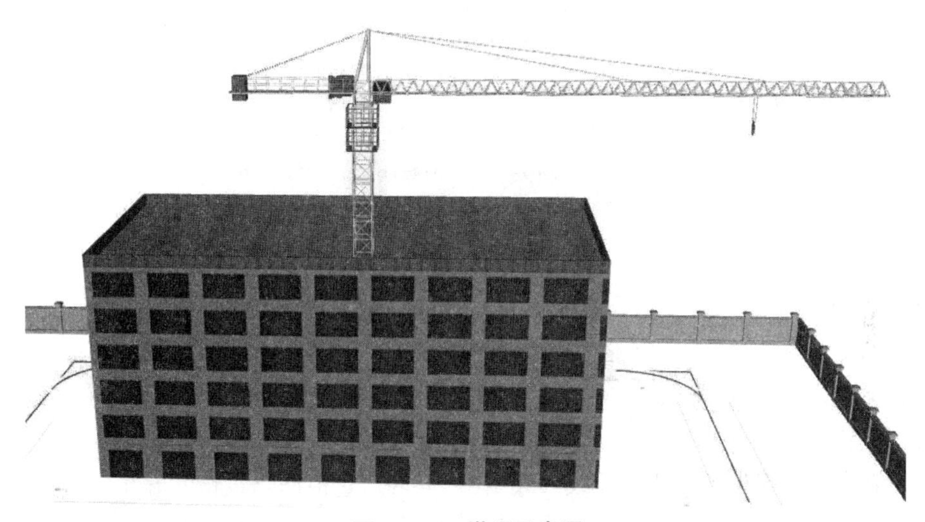

图 7-3-41　塔吊示意图

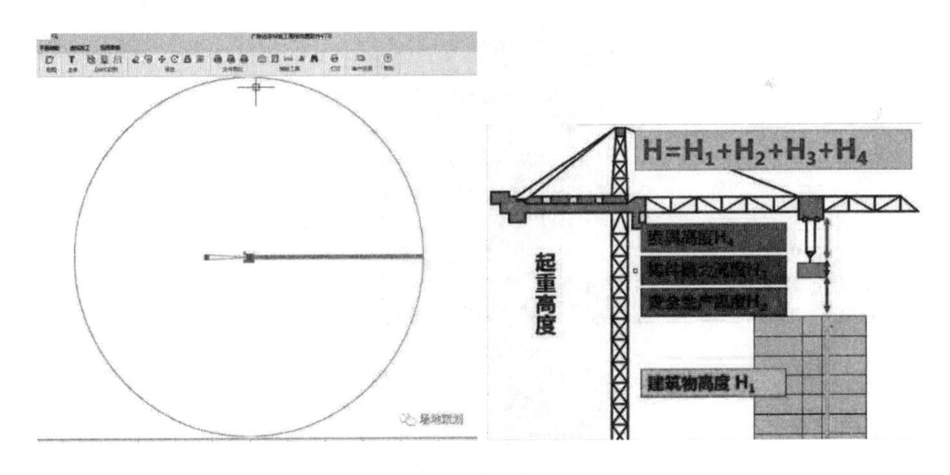

图 7-3-42　塔吊参数示意图

塔吊属性说明，如图 7-3-43 所示。

名称	塔吊
显示名称	
规格型号	QTZ5010
功率(KW)	23
吊臂长度(mm)	40000
后臂长度(mm)	10000
塔吊基础长度(mm)	2500
塔吊基础宽度(mm)	2500
塔吊基础高度(mm)	2000
塔吊基础角度	0
吊臂角度	0
颜色	黄色
公司名称	
公司LOGO	默认
基础底标高(m)	0

如图 7-3-43　塔吊属性

颜色：提供黄色和红色 2 种常用塔吊颜色方案，下拉即可选择。

公司 LOGO：软件默认为红旗标志，用户可下拉选择其他图片来设置自己公司 LOGO 为塔吊 LOGO，图片格式为 png 格式。

(2) 施工电梯

施工电梯是建筑中经常使用的载人载货施工机械，它根据建筑物外形，将导轨架倾斜安装，而吊笼保持水平，沿倾斜导轨架上下运行，如图 7-3-44。绘制方式为点式绘制。

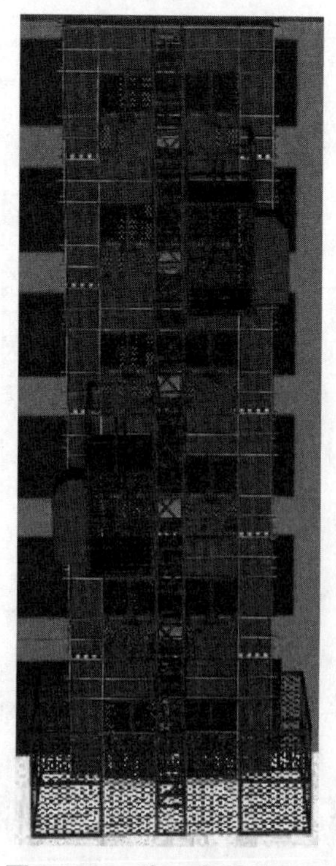

图 7-3-44　施工电梯效果图

施工电梯属性说明，如图 7-3-45。

电梯规格、功率：可直接输入相应的数值进行修改。

电梯层数：根据建筑物的层数输入，示例电梯层数为 6 层。

电梯层高：施工电梯层高，默认 3 000，单位 mm。

左吊笼距底高：左侧轿厢低到施工电梯基础底的高度，默认 6，单位 m。

右吊笼距底高：右侧轿厢低到施工电梯基础底的高度，默认 12，单位 m。

名称	施工电梯
显示名称	
规格	SC200/200
功率(KW)	20kw
电梯层数	6
电梯层高(mm)	3000
左吊笼距底高(m)	6
右吊笼距底高(m)	12
角度	0

图 7-3-45　施工电梯属性栏

(3) 堆场

堆场是施工现场用于堆放各种施工用材料的地方，如图 7-3-46(a)，主要堆场分类有脚手架堆、模板堆、砂石堆、砌块堆、原木、钢筋、型材、幕墙材料堆场、装饰材料堆场、机电材料堆场、钢板墙堆场、砾石碎石堆场、建筑垃圾站，部分常用形式如图 7-3-46 所示。绘制方法有直线模式、起点—终点—中点画弧、起点—中点—终点画弧、矩形 4 种绘制方式。

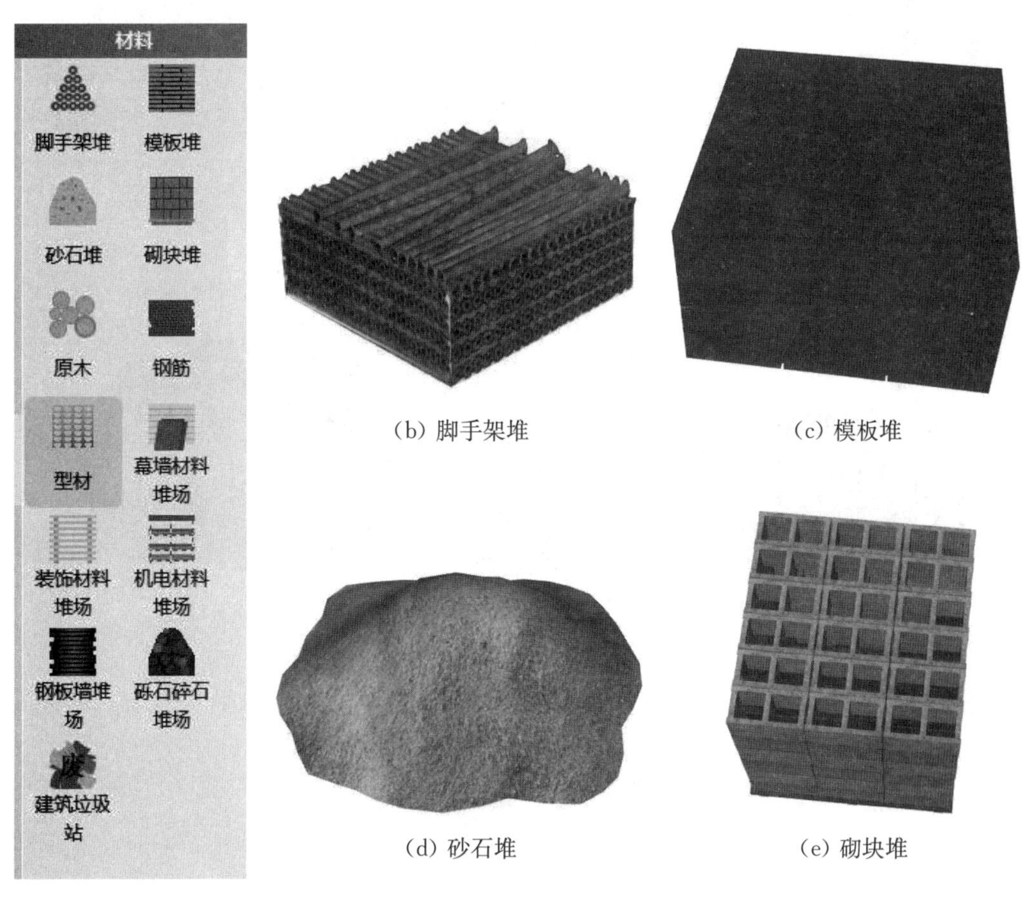

(a) 材料堆场　(b) 脚手架堆　(c) 模板堆　(d) 砂石堆　(e) 砌块堆

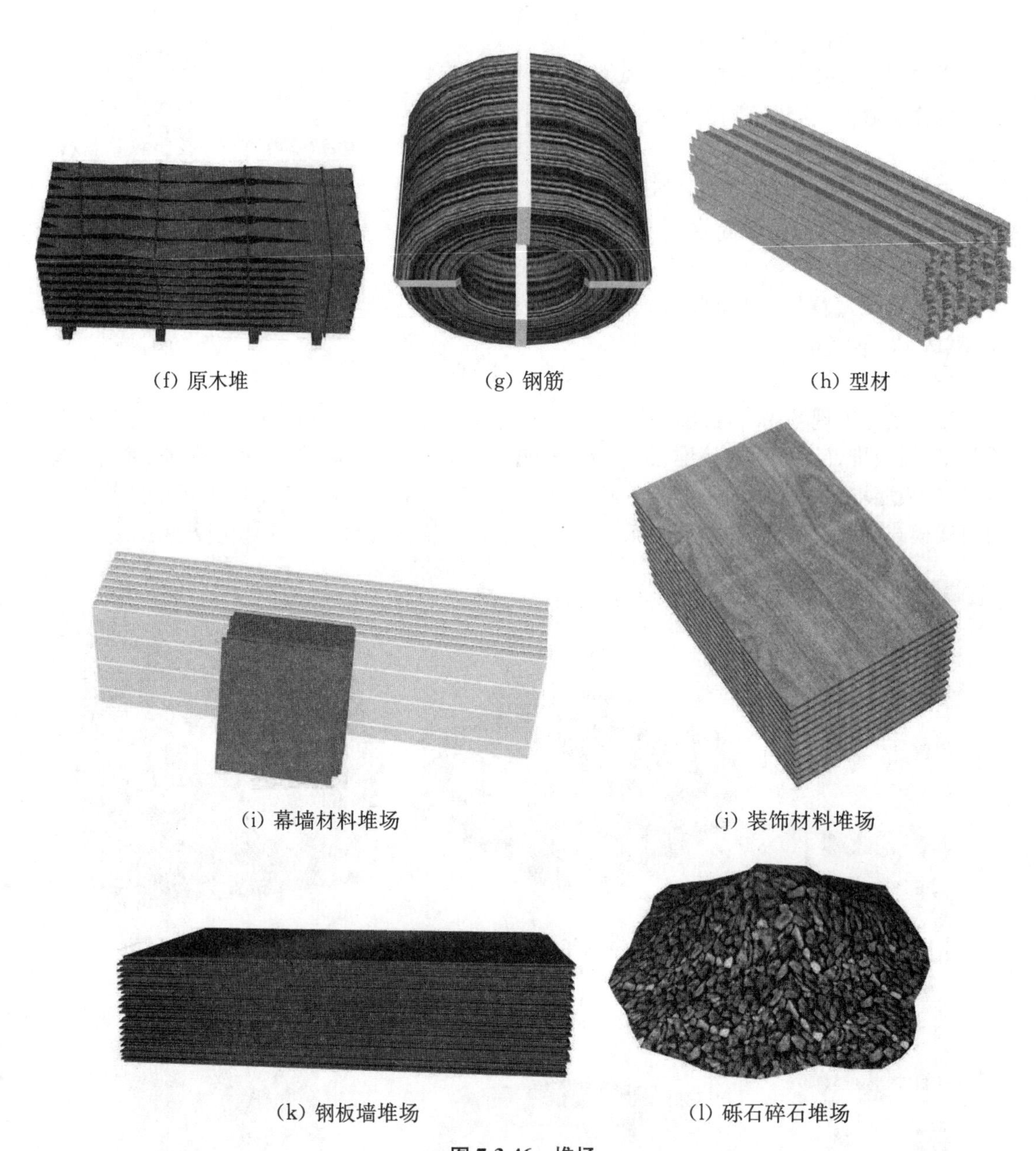

(f) 原木堆　(g) 钢筋　(h) 型材

(i) 幕墙材料堆场　(j) 装饰材料堆场

(k) 钢板墙堆场　(l) 砾石碎石堆场

图 7-3-46　堆场

堆场属性说明如图 7-3-47 所示。

模板堆	
名称	模板堆
显示名称	☐
显示面积	☑
底标高(m)	0
线宽	2
线型	——
颜色	白色

图 7-3-47　模板堆属性栏

显示名称：勾选显示名称，可显示堆场的名称。

显示面积：勾选显示面积，可显示堆场的面积。

线宽：设置堆场在二维下的线型宽度，可设置合理的线宽来控制二维堆场的打印效果。

线型：下拉线型属性即可选择三种系统线型，如图 7-3-48。

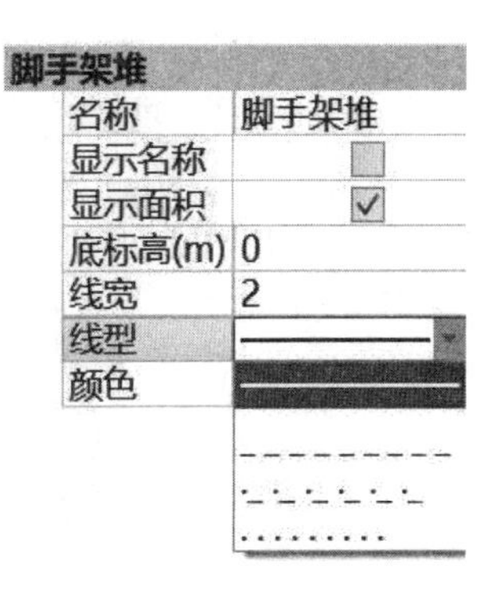

图 7-3-48　线型选项

(4) 加工棚

施工现场的加工棚是利用软件中的防护棚功能来创建的，加工棚也可以和堆场一起使用。绘制方式为矩形绘制，如图 7-3-49。效果图如图 7-3-50 所示。

图 7-3-49　防护棚绘制命令

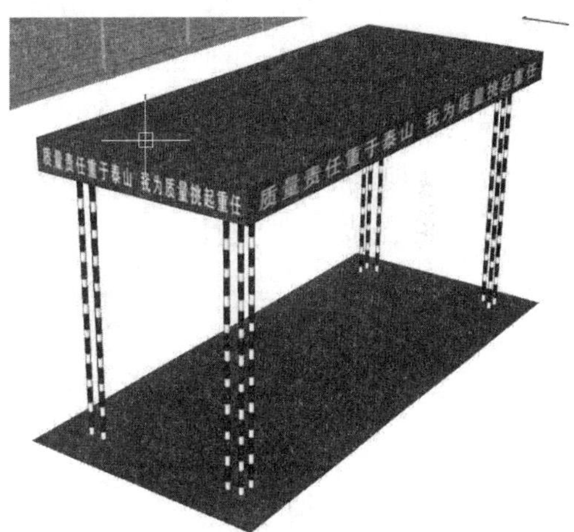

图 7-3-50　防护棚三维图

防护棚属性说明，如图 7-3-51。

名称	防护棚
显示名称	
高度(mm)	4000
防护层高度(mm)	600
防护层材质	木板
延长柱长度(mm)	0
立柱颜色	红白
立柱样式	圆柱
标语图(左)	常用标语1
标语图(右)	常用标语2
标语图(前)	常用标语1
标语图(后)	木工房
横向立柱个数	2
纵向立柱个数	2
立柱根数	3
立柱直径(mm)	100
用途	钢筋加工场
底标高(m)	0

图 7-3-51　防护棚属性栏

标语图(前、后、左、右)材质:根据现场施工的真实情况,本软件提供四张常用的标语图,如图 7-3-52。可选择任意图片在任意方向显示,也可以选择“其他材质”来选择用户自己的图片,图片格式为 png 格式。

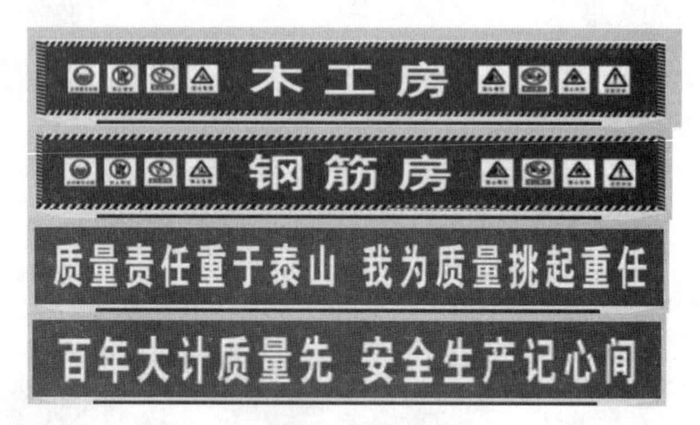

图 7-3-52 常用标语图

防护棚用途:防护棚的用途包括钢筋加工场、固定动火作业场、模板加工场、木材加工场、机电材料加工场和其他,如图 7-3-53,可根据防护棚的作用来进行选择。

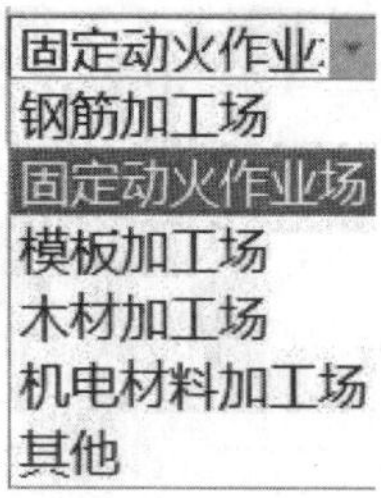

固定动火作业
钢筋加工场
固定动火作业场
模板加工场
木材加工场
机电材料加工场
其他

图 7-3-53 防护棚用途选项

11. 办公生活区

通常情况下,施工场地办公生活区包括活动板房、围挡、旗杆、封闭式临时房屋,此外还会有标牌、标语牌等,下面会介绍如何添加这些组件。

(1) 活动板房

活动板房适用于各种建筑工地做办公室、宿舍楼,也可用于平顶加层、各种仓库等其他用途,如图 7-3-54。绘制方式为直线绘制。

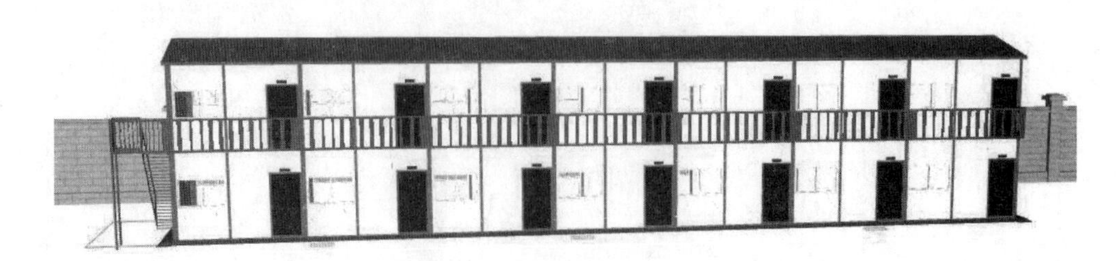

图 7-3-54 活动板房三维图

属性栏展示了活动板房的全部属性，如图 7-3-55 所示。

活动板房	
名称	活动板房_
显示名称	
房间开间(mm)	4000
房间进深(mm)	5000
楼层数	2
间数	7
高度(mm)	2850
楼梯	左侧
颜色方案	蓝白
朝向	前
屋顶形状	双坡
用途	办公用房
角度	0
标高(m)	0
锁定	

图 7-3-55　活动板房属性栏

名称	活动板房_3
显示名称	
房间开间(mm)	4000
房间进深(mm)	5000
楼层数	2
间数	7
高度(mm)	2850
楼梯	左侧
颜色方案	蓝白
朝向	前
屋顶形状	双坡
用途	办公用房

图 7-3-56　名称

显示名称：勾选显示名称，即可显示活动板房名称。二维视图方式下可方便辨识该图元。编辑“名称”时，可在属性栏直接输入，如图 7-3-56。

房间开间、进深、楼层数、高度：可根据工程实际，直接输入数值即可修改。

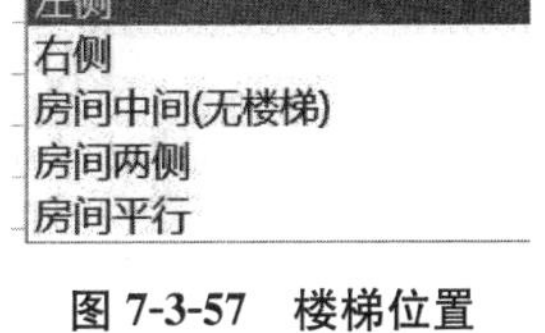

图 7-3-57　楼梯位置

间数：可对每层房间数进行设置。

楼梯：楼梯所在位置包括左侧、右侧、房间中间（无楼梯）、房间两侧以及房间平行，如图 7-3-57。

颜色方案：包括蓝白、红白两种，从下拉选项中进行选择。

楼顶形状：定义屋顶形状的属性，右平顶、双坡、单坡、四坡四种形式，默认平顶。

锁定：对图元进行锁定之后就不可移动位置。

(2) 围挡

现场施工的围挡为隔离外界构件，三维图如图 7-3-58。绘制方式有直线、起点—终点—中点画弧、起点—中点—终点画弧、矩形、圆绘制五种方式。

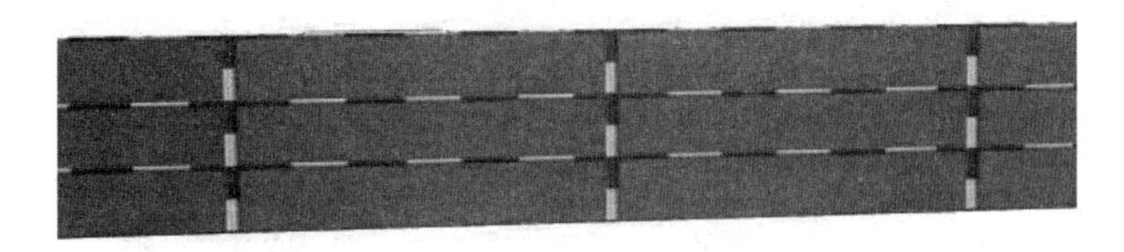

图 7-3-58　围挡三维图

围栏属性说明，如图 7-3-59 所示。

围挡	
名称	围挡
显示名称	
材质	密目网
宽度(mm)	240
高度(mm)	2000
基础高度(mm)	500
标高(m)	0

图 7-3-59　围挡属性栏

材质：围栏材质有铁丝网、铁艺围栏、红白围栏、黑黄围栏、密目网和其他材质，默认为密目网。可根据工程需要，自行选择材质。

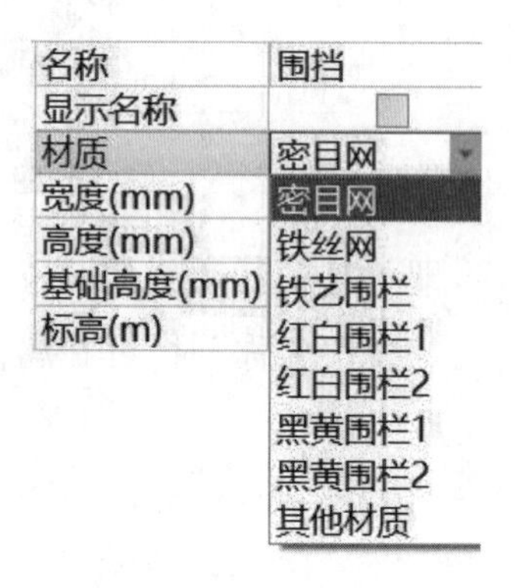

图 7-3-60　围挡材质

其他属性可直接输入相应数值进行设置。

(3) 旗杆

旗杆可用于悬挂国旗或本公司旗帜，可采用点绘制、旋转点绘制的方法。

旗杆属性栏，如图 7-3-61 所示。

旗杆	
名称	旗杆
显示名称	
旗台截面	梯形
旗台长度(mm)	3600
旗台下边宽度(mm)	850
旗台后边高度(mm)	700
旗台前边高度(mm)	300
旗台上边宽度(mm)	400
旗杆根数	3
底标高(m)	0
颜色	

图 7-3-61　旗杆属性栏

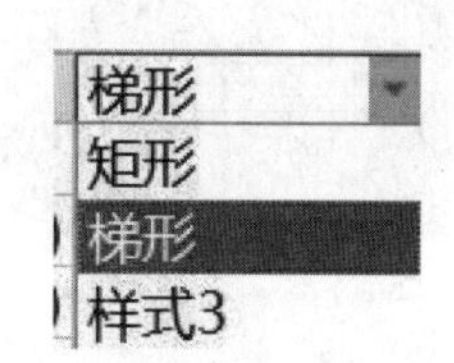

图 7-3-62　旗台截面形式

旗台截面：可根据选项卡进行选择矩形、梯形、样式 3 的形式，如图 7-3-62。

旗台长度、下边宽度、后边高度、前边高度、上边宽度、旗杆根数、底标高：可根据项目实际输入数值。

旗杆根数：可以直接输入数值。

颜色：可根据选项选择(如图 7-3-63)，或者自定义颜色(如图 7-3-64)。

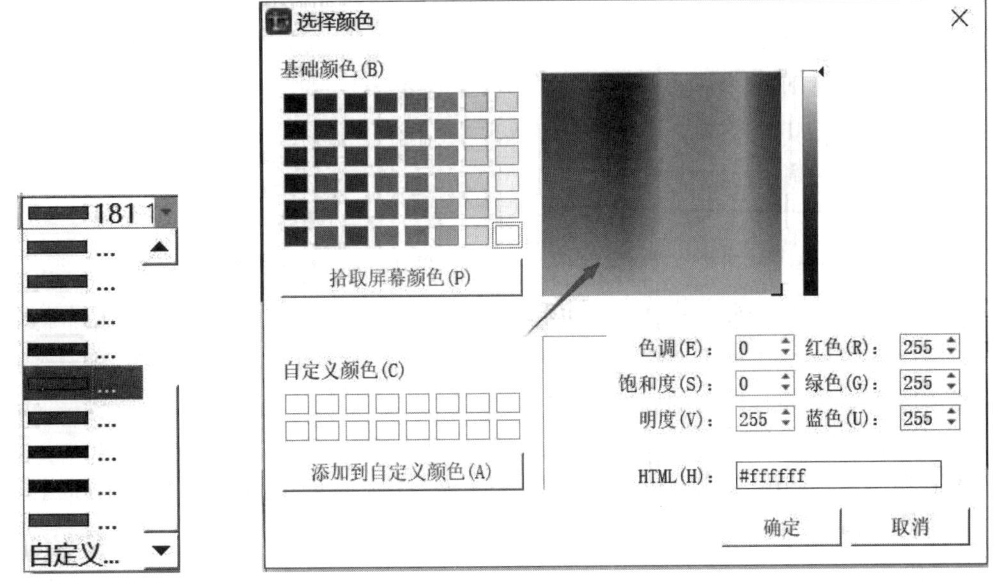

图 7-3-63　颜色选项

图 7-3-64　自定义颜色

(4) 封闭式临时房屋

封闭式临时房屋可用做垃圾站房、仓库、油料存储室、餐厅燃气罐存储室、实验室、厕所等，如图 7-3-65。绘制方式为矩形方式。在软件实现封闭式临时房屋建模的是“封闭式临建”功能。

图 7-3-65　封闭式临建三维图

封闭式临时房屋属性说明，如图 7-3-66 所示。

封闭式临建	
名称	封闭式临建
显示名称	
高度(mm)	2850
楼层数	1
屋顶形状	平顶
颜色方案	蓝白
楼梯	左侧
用途	
底标高(m)	0

图 7-3-66　封闭式临建属性栏

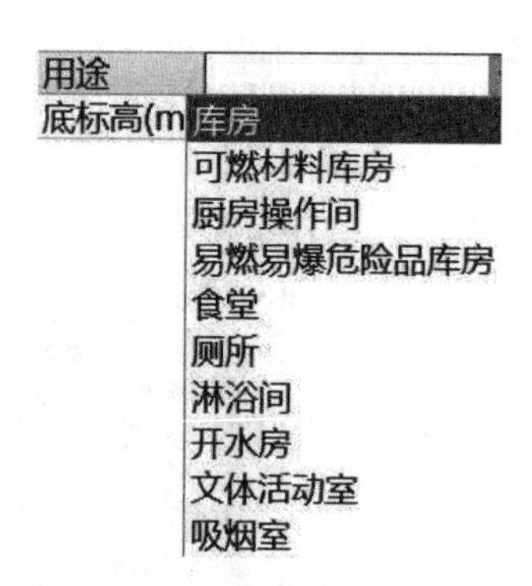

图 7-3-67　封闭式临建用途选项

层数:定义房屋层数的属性,默认一层。

高度:可根据不同需求设置房间的高度。

屋顶形状:定义屋顶形状的属性,分平顶、单坡、双坡,默认平顶。

颜色方案:定义房屋颜色方案的属性,分蓝白、红白,默认蓝白方案。

楼梯:定义楼梯相对于房屋位置的属性,分左侧、右侧、房间中间(无楼梯)、房间两侧。

用途:根据项目临建的用途进行选择,如图 7-3-67。

(5) 公告牌

公告牌主要用于文明施工、安全防范需要,同时展示工程信息等,如图 7-3-68。绘制方法两点绘制。

图 7-3-68　公告牌三维图

公告牌属性说明,如图 7-3-69 所示。

横幅宽度/横幅高度:定义标牌上部分横幅宽度/高度的属性,可根据需求进行设置。

横幅文字:编辑公告牌横幅文字显示的属性,可在横幅栏上添加文字,效果如图 7-3-68 所示。

设置图片:可根据需求对不同的标牌栏设置不同的图片,双击“设置图片”空白处即可跳出弹框,在图片路径编辑栏可插入或替换图片,标语栏宽度同样可进行设置,如图 7-3-70 所示:

名称	公告牌_1
显示名称	
立柱高度(mm)	3500
标牌高度(mm)	2500
离地高度(mm)	500
选择图片	
是否有横幅	
横幅宽度(mm)	100
横幅高度(mm)	500
横幅文字	创建一流工程
标高(m)	0
角度	90.09
锁定	

图 7-3-69　公告牌属性栏

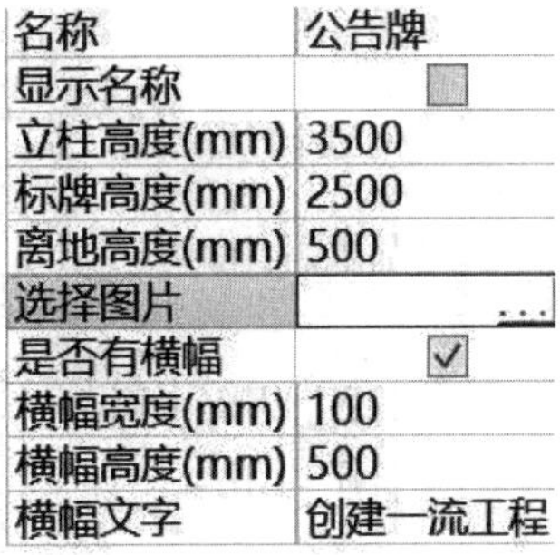

名称	公告牌
显示名称	☐
立柱高度(mm)	3500
标牌高度(mm)	2500
离地高度(mm)	500
选择图片	...
是否有横幅	☑
横幅宽度(mm)	100
横幅高度(mm)	500
横幅文字	创建一流工程

图 7-3-70　公告牌图片选项

选中当前标牌栏的情况下，可对其进行添加、删除、上/下移动操作，如图 7-3-71。

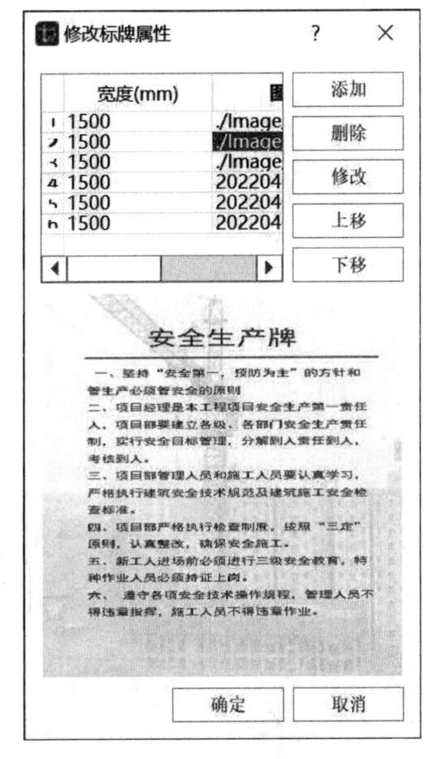

图 7-3-71　标牌属性栏

（6）标语牌

标语牌用于工地文明施工、提示，或贴于图元上起标识作用的标牌，可随意贴于图元上，如图 7-3-72。两点绘制，绘制方法同旗杆。示例如图 7-3-73。

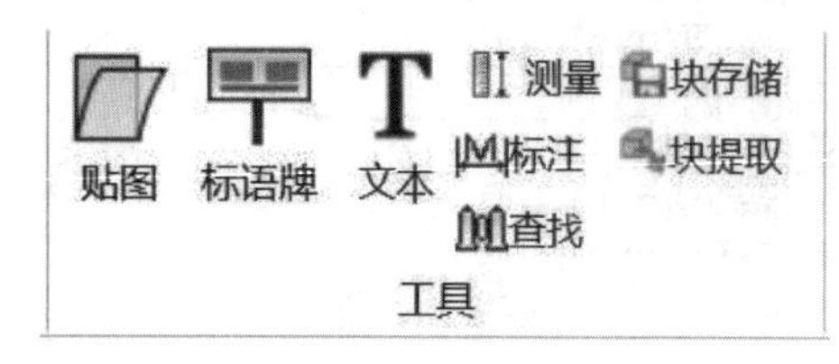

图 7-3-72　标语牌

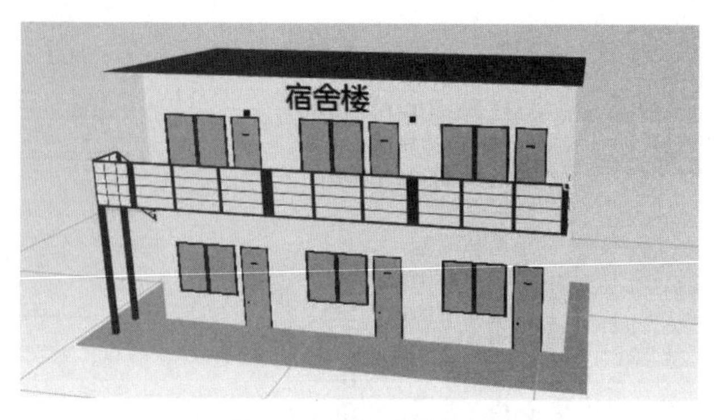

图 7-3-73　标语牌示例

标语牌属性说明，如图 7-3-74。

名称	标语牌
显示名称	
背景透明	
文字	宿舍
方向	横
标语牌高度(mm)	1000
标语牌宽度(mm)	4314.624
标高(m)	4.813
锁定	

图 7-3-74　标语牌属性栏

文字：编辑标语牌文字，首次新建标语牌，会弹出编辑框编辑文字(如图 7-3-75)，可以对文字的字体、字号、颜色进行编辑修改。

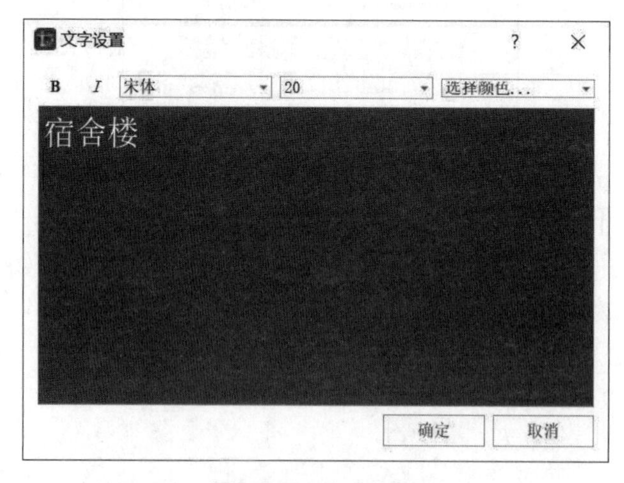

图 7-3-75　文字设置

(7) 配电箱

配电箱的绘制方式为点式画法，在图元库中选择配电箱，在屏幕右方点击鼠标左键绘制，再点击左键确定角度方向即可完成绘制，效果图与属性如图 7-3-76。

配电箱	
名称	配电箱
显示名称	☐
级别	二级
类别	动力配电箱
进深(mm)	1500
开间(mm)	2500
层高(mm)	2800
屋顶类型	平屋顶
角度	0
标高(m)	0

图 7-3-76　配电箱

可先绘制图元、然后在属性栏中选择所需级别，如图 7-3-77。

类别	动力配电箱
进深(mm)	动力配电箱
开间(mm)	消防配电箱
层高(mm)	照明配电箱
屋顶类型	控制箱
角度	事故...换屏
标高(m)	低压配电柜
	照明系统

配电箱	
名称	配电箱
显示名称	☐
级别	二级
类别	动力配电箱
进深(mm)	1500
开间(mm)	2500
层高(mm)	2800
屋顶类型	平屋顶
角度	平屋顶
标高(m)	单坡顶
	双坡屋顶

图 7-3-77　配电箱类别选项

（8）消防栓

消防栓的绘制方式为点式画法，在图元库中选择消防栓，在屏幕右方点击鼠标左键绘制，再点击右键确认即可完成绘制，如图 7-3-78。

用户可根据实际现场情况输入角度，另可根据实际需要放大比例。

消防栓属性设置，如图 7-3-79。

图 7-3-78　消火栓三维图

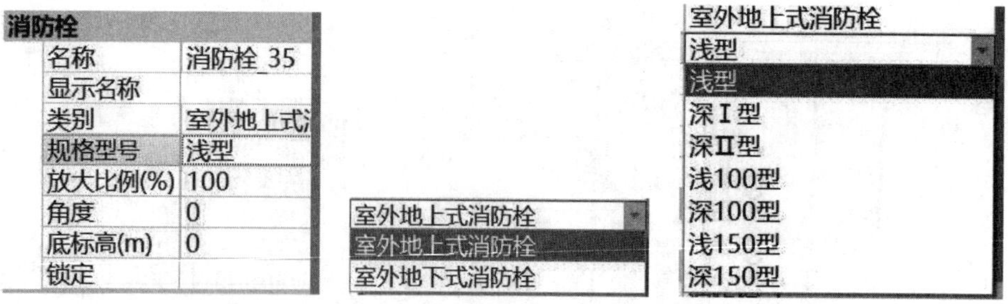

消防栓	
名称	消防栓_35
显示名称	
类别	室外地上式消
规格型号	浅型
放大比例(%)	100
角度	0
底标高(m)	0
锁定	

室外地上式消防栓
室外地上式消防栓
室外地下式消防栓

室外地上式消防栓
浅型
浅型
深Ⅰ型
深Ⅱ型
浅100型
深100型
浅150型
深150型

图 7-3-79　消防栓属性设置

（9）消防箱

消防箱的绘制方式为点式画法。在图元库中选择消防箱，点式布置，三维图如图 7-3-80。

图 7-3-80　消防箱三维图

消防箱属性说明，如图 7-3-81。

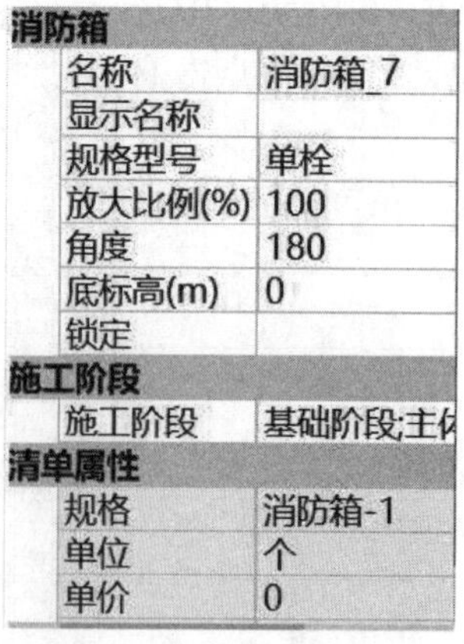

消防箱	
名称	消防箱_7
显示名称	
规格型号	单栓
放大比例(%)	100
角度	180
底标高(m)	0
锁定	
施工阶段	
施工阶段	基础阶段;主体
清单属性	
规格	消防箱-1
单位	个
单价	0

图 7-3-81　消防箱属性栏

消防箱的属性栏中可根据实际现场情况输入角度，另可按照实际需要放大比例。

通过底标高的调整，可以将消防箱布置在不同的楼层。

(10) 草坪

草坪绘制之前，需要绘制场地地形。在地形地貌选项卡中，选择【地形设置】，弹出“参数设置”界面，对地形地貌深度、地形地貌默认颜色进行设置，点击【确定】，完成绘制地形，如图 7-3-82。

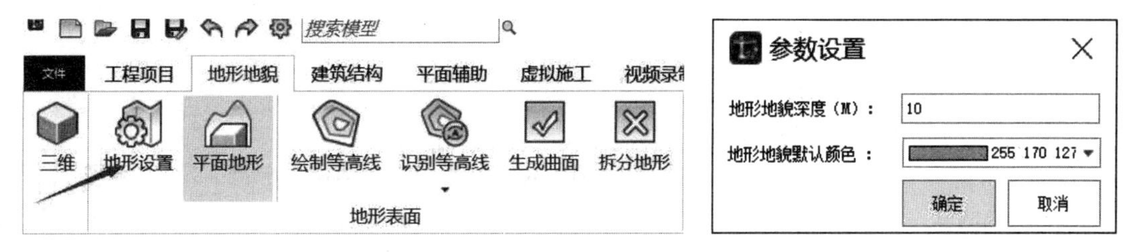

图 7-3-82　地形设置步骤

地形绘制完成后，进行草坪的绘制，绘制草坪的方式有直线模式、起点—终点—中点画弧模式、起点—中点—终点画弧模式、矩形、圆形等方式，如图 7-3-83。

图 7-3-83　地形绘制方式

草坪属性说明：包括显示名称、离地高度、锁定的设置。还可以设置施工阶段：施工段显示可以选择基础阶段、主体阶段以及装修阶段。清单属性也可以进行编辑，如图 7-3-84。

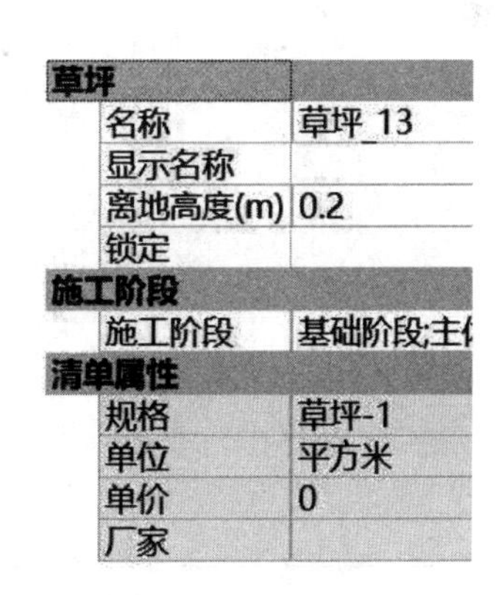

图 7-3-84　草坪属性设置

(11) 水源、电源

施工现场用水主要是施工用水、消防用水和生活用水，流量和压力满足施工用水和消防用水要求。在开工前，先在场地外寻找合适水源，沿土建开挖线外围敷设室外给水、消防主管，环管各处按用水点需要预留甩口。软件绘制水源的方式为点式绘制，显示方式为二维图标简易显示，如图 7-3-85。

软件绘制电源的方式为点式绘制，显示方式为二维图标简易显示，如图 7-3-86。

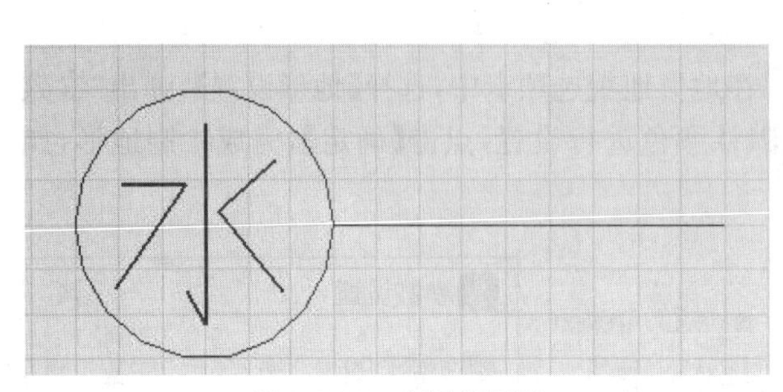

图 7-3-85　水源效果图

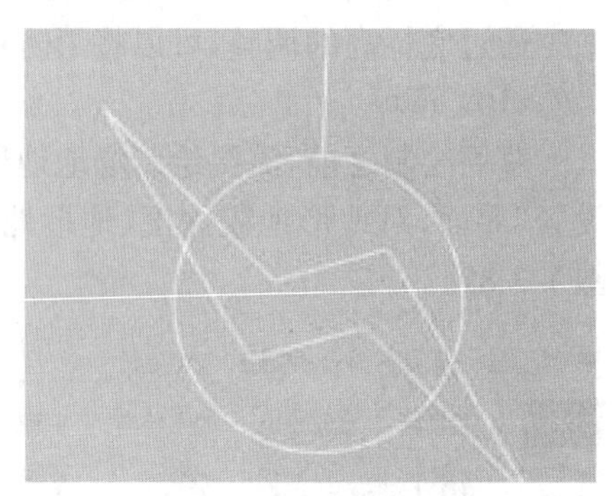

图 7-3-86　电源效果图

7.4　绘制技巧

1. 在绘制时调整构件大小及角度

选中后可用鼠标左击热点，拖动热点至目标点松开鼠标，进行大小调整，操作步骤如图 7-4-1。

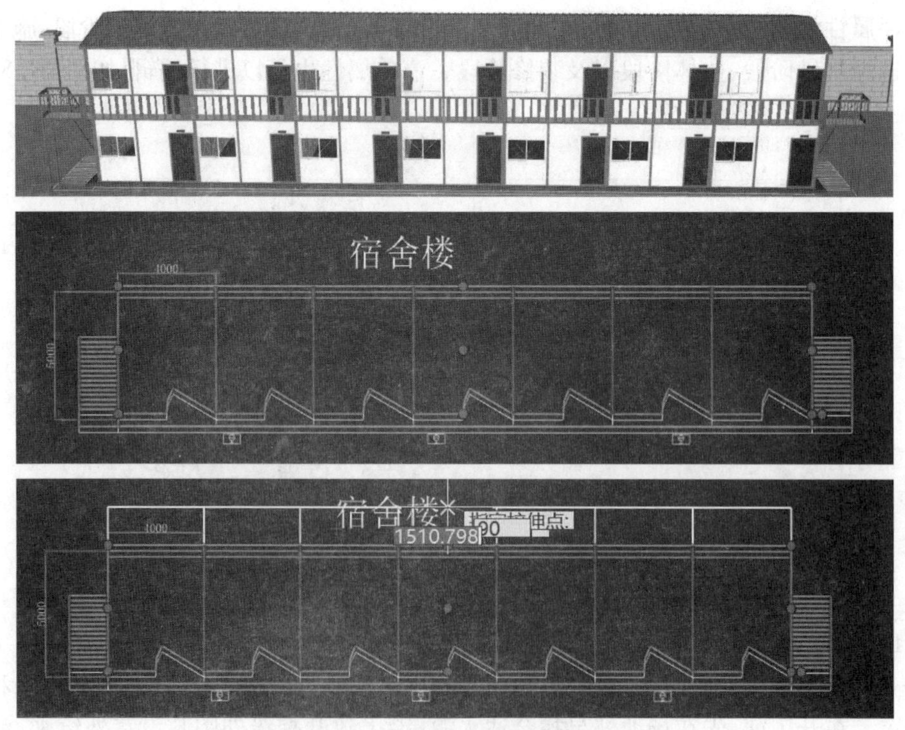

图 7-4-1　构件大小调整步骤

同时可拖动边框外的热点改变房屋角度，同样选中后可用鼠标左击热点，绕着定点旋转，拖动热点至目标点松开鼠标，操作示意如图 7-4-2。

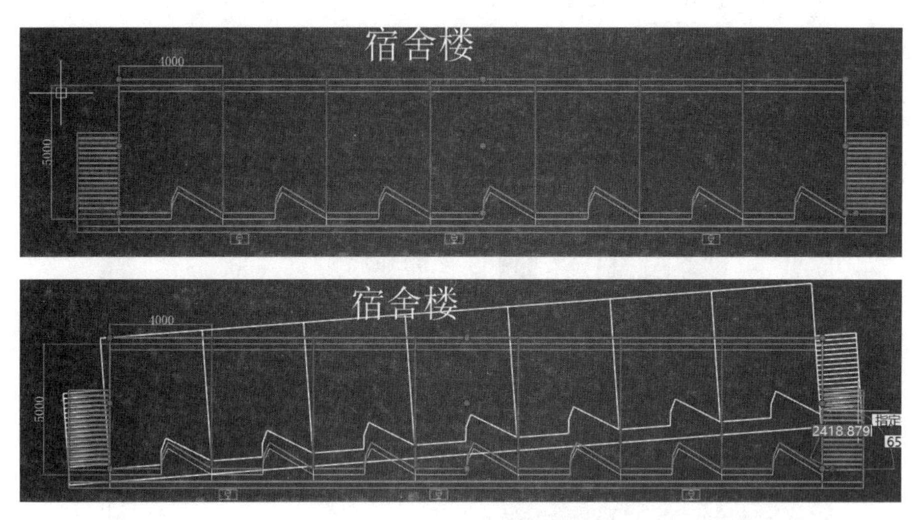

图 7-4-2　构件角度调整步骤

三维下也可执行此操作，热点位置如图 7-4-3 所示：

图 7-4-3　三维构件角度调整

注意：其他图元也可拖动热点进行大小调整和角度调整，方法与拟建房屋类似

2. 施工阶段设置

施工场地布置软件中可以自行选择图元显示的施工阶段（包括基础阶段、主体阶段和装修阶段）。根据场地布置的原则，对图元进行施工阶段的编辑与选择，如图 7-4-4 所示。

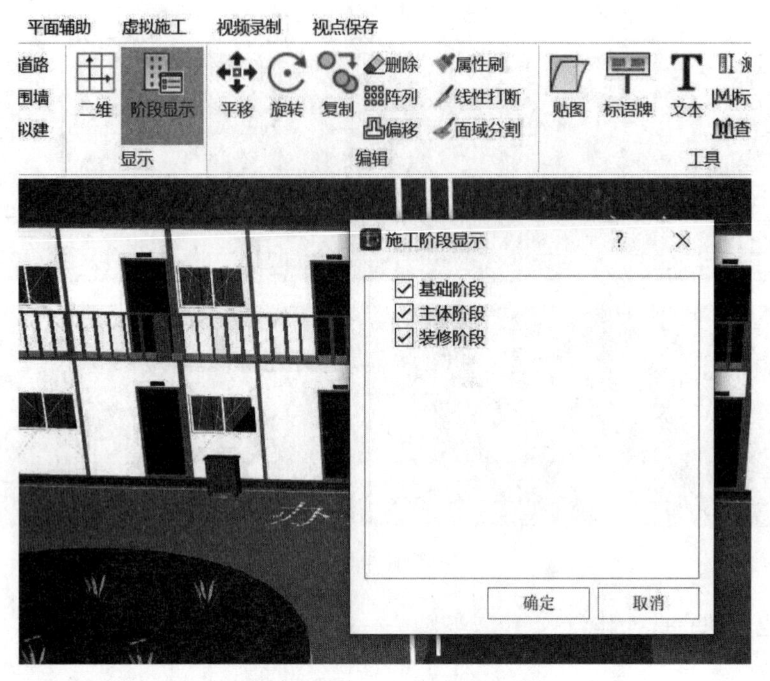

图 7-4-4 施工阶段显示选择

3. 绘图模式介绍

(1) **显示栅格**:是否显示栅格;

(2) **正交模式**:在该模式绘制图元时,确定一点之后,只能画水平和垂直的线,适用于需要画直角的情况;

(3) **对象捕捉**:可以捕捉端点、重合点、垂点、交点等;

(4) **极轴追踪**:利用锁定极轴来确定角度。

7.5 虚拟施工

施工场地布置中的虚拟施工功能,可以模拟建筑物建造过程和拆除过程,如图 7-5-1。

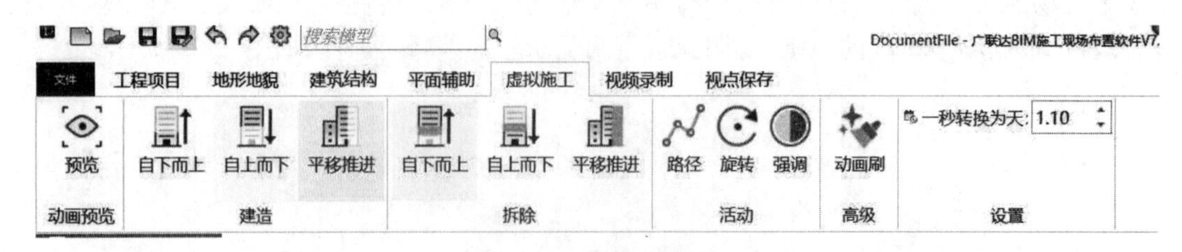

图 7-5-1 虚拟施工工具

操作步骤如下：

(1) 选中拟建建筑物，如图 7-5-2。

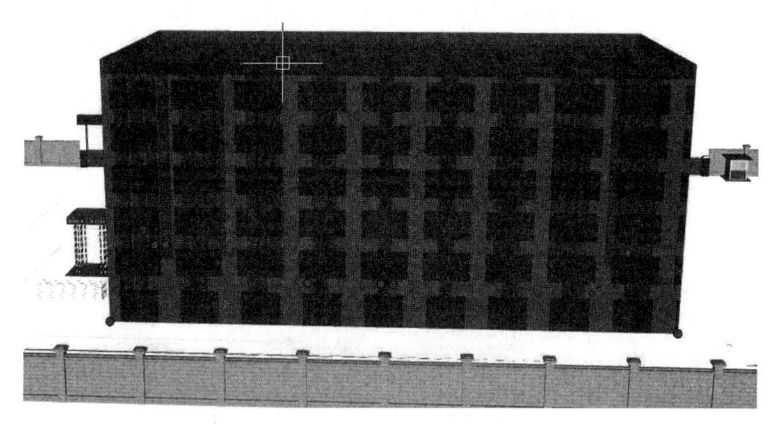

图 7-5-2　选择建筑

(2) 选择建造中的【自下而上】，如图 7-5-3。

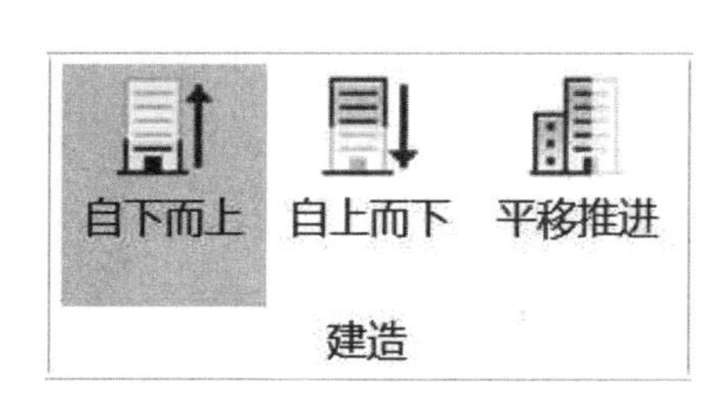

图 7-5-3　动画选项

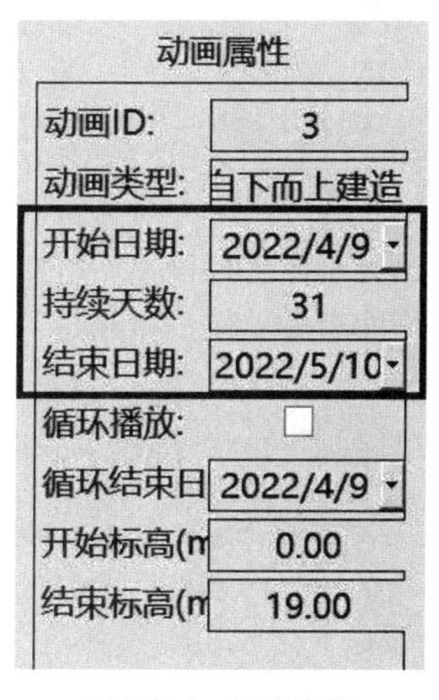

图 7-5-4　日期设置

(3) 在“动画属性”中选择动画的开始日期、结束日期，持续天数会随之自动修改，如图 7-5-4 所示。

(4) 点击预览工具，进行动画预览，如图 7-5-5 所示。

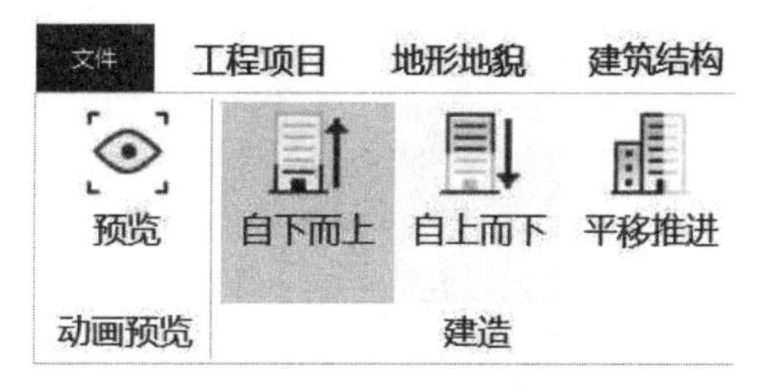

图 7-5-5　动画预览

勾选“循环播放”，动画可以实现循环播放。如果想显示建筑的某层或某几层进行虚拟施工模拟，可以对开始标高、结束标高进行设置修改，如图 7-5-6 所示。

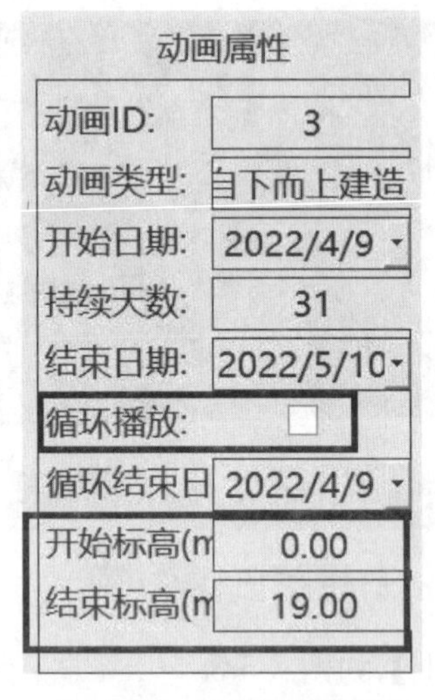

图 7-5-6　动画属性设置

7.6　视频录制

施工场地布置软件中可以进行视频的录制，具体步骤如下：

(1) 点击【动画设置】，可设置动画类型，选择“路线漫游”，设置行走速度、离地高度，拖动进度条可以调整行走速度和离地高度，设置完成后，点击【确定】，如图 7-6-1 所示。

图 7-6-1　动画设置

(2) 点击【绘制路线】,在场布图中点选【漫游路线】,右键确定,如图 7-6-2 所示。

图 7-6-2　绘制路线

(3) 点击"视频预览"中的【预览】功能,进行动画预览,如图 7-6-3 所示。

图 7-6-3　动画预览

(4) 点击【视频导出】,弹出"参数设置"对话框,设定存储路径,输入文件名称,点击【确定】,完成视频导出,如图 7-6-4 所示。

图 7-6-4　视频导出

BIM技术应用

案例赏析7

参考文献

1. 陆泽荣，刘占省. BIM 应用与项目管理[M]. 北京：中国建筑工业出版社，2018.
2. 刘占省，赵雪锋. BIM 技术与施工项目管理[M]. 北京：中国电力出版社，2015.
3. 丁烈云. BIM 应用 · 施工[M]. 上海：同济大学出版社，2015.
4. 赵彬，王君峰. 建筑信息模型(BIM)概论[M]. 北京：高等教育出版社，2020.